JN205337

詳説 航海計器

—六分儀から ECDIS まで—

2 訂版

神戸大学　教授

若林伸和 著

成山堂書店

本書の内容の一部あるいは全部を無断で電子化を含む複写複製（コピー）及び他書への転載は，法律で認められた場合を除いて著作権者及び出版社の権利の侵害となります。成山堂書店は著作権者から上記に係る権利の管理について委託を受けていますので，その場合はあらかじめ成山堂書店（03-3357-5861）に許諾を求めてください。なお，代行業者等の第三者による電子データ化及び電子書籍化は，いかなる場合も認められません。

はじめに

人類が船を利用するようになったのはいつごろのことでしょうか．おそらく川，湖や海岸付近などで短距離を移動するために使われたのがはじまりで，最初は板きれのようなものを水の上に浮かべたものであったと考えられます．それがいつごろのことかは特定することができないほど大昔のことでしょう．その歴史から考えればほんの最近のことかもしれませんが，今から数百年前，産業革命より少し前の，いわゆる「大航海時代」とよばれる頃，帆船による大洋航海が行われるようになりました．それは現在の感覚からすれば宇宙旅行にも匹敵するような，未知の世界に漕ぎ出す，半ば冒険のようなものであったかもしれません．すなわち，船で海へ出て，陸岸が見えるような沿岸を航行しているうちはよいものの，周りに何も見えない大洋では，航海し続ければ「そのうちどこかに着くであろう」というような危険な航海であったはずです．そこで，確実に大洋を航海するため，地上の目標物がない場所でも確実に航海するための技術として，星の位置と時間から自船の位置を決める天測（天文測位）に代表される航海術が開発されました．これは天文学の進歩と正確な時計の開発という技術にもとづいたものです．この他にも大航海時代以降，航海に関連する様々な近代化技術が実用化され，それらの成果は今日の航海技術に通ずるものも多く，船舶運航に携わる読者のみなさんはすでにいろいろと学んでおられることと思います．

時代が進んで，産業革命により発明された動力機関は，陸上において工場の機械を動かすための原動力や蒸気機関車などの交通機械の動力としての利用だけでなく，海上を航行する船舶の動力としても用いられるようになりました．蒸気船が実用化されてから現在まで200年も過ぎたかどうかというところです．そして20世紀（1901年〜2000年）に入ってからは，電波を利用した技術，すなわち無線通信技術を含む，電気電子工学を応用した多くの航海機器，航海計器が開発され実用化されました．さらに20世紀の後半にはコンピューターの普及により情報処理技術を利用した機器が船舶運航においても用いられるようになって，21世紀（2001年〜）に入った今日では，最新のコンピューター技術応用のシステムが利用されています．本書では，GPSやTTレーダー等の今日の船舶運航ではごく一般的に用いられるようになっている機器や，AIS，ECDISそしてVDRなど，現時点での新しい航海計器，機器について説明し，また，コンパスやログなどの20世紀から定着して現代の船舶運航にも必須の機器についても概要を説明します．航海士をはじめ船舶運航に携わることを目指して学んでいる人達を対象に航海計器に関連する必要な知識が広く得られることを目的としています．本書がみなさんの参考となり，それら知識が利用されることで安全かつ効率的な航海につながることを願っています．

本書は，第1部「21世紀に活用される最新航海計器」，第2部「20世紀に開発され現在も利用される航海計器」の2部構成となっています．第1部は比較的新しいものを中心に，第2部はすでに実用化されてから十分な時間が経っているものの現在でも不可欠なものを中心にまとめています．しかし，第1部にもレーダーなど十分に技術として定着しているものが含まれていますし，第2部にも海底探査のための最新システムの紹介も含んでいます．基本的には技術的な関連性を中心に章立てを行いました．

なお，本書の内容は，拙著「船用電気・情報概論―航海・機関計測の基礎知識―」成山堂書店（2011.4）の続編として位置づけられるものであり，基礎的な内容についてはその理解を仮定しています．必要に応じて参照ください．

2018年5月

著　者

改訂版発行にあたって

初版から約3年が経ちました．この間，船舶運航現場での目立った動きとしてはECDISの普及等があげられます．ECDISで使用するENCの規格の変更も予定されていますが，まだしばらく先のことのようです．このほか，AISの更新としてVDES（VHFデータ交換システム）が，また，船橋に装備される電子機器の増加にともない，それらから発生するアラートを総合的に処理するBAM（ブリッジ アラート マネジメント）などの新しい動きがありますが，いずれも2021年現在，実用化には至っていません．今回の改訂にあたっては，これらについて簡単にふれる程度とし，全体の内容として大きくは変更していません．一方，例題や問題の充実を重点的に行いました．読者の皆さんには，海技試験の対策としても利用していただくことを期待しています．これからの船舶運航では，自動運航，自律運航に向けた動きが加速してくるでしょう．そのような時代にも対応できる航海計器，機器への知識を，本書によって深められることを願っています．

2021年3月

著　者

2訂版発行にあたって

船舶運航技術や航海計器航海機器の技術進歩は目を見張るものがあります．初版から約6年が経ちましたが，その間には船舶の自動運航，自律運航，遠隔運航などの新しい話題が多くなりました．現時点ではまだ実用化されていないと理解しますが，それも時間の問題でさらに技術開発と実用化が今後加速するでしょう．

今回，2度目の改訂を行いました．百数十年前から今日に至るまで様々な計器，機器が開発され実用化されてきましたが，技術は日進月歩で現在でも新しいものが開発されています．それを本書のように教科書として書籍メディアで追い続けるには難しいものがあります．読者の皆さんには必要に応じて新しい情報を入手されることを期待します．

2024年7月

著　者

謝辞

本書中，実際の機器類の写真や表示例等には，JRC 日本無線株式会社より提供いただいたものを使用しています．また，株式会社 YDK テクノロジーズその他より提供いただいたものも含まれています．貴重な写真，技術情報を多数，提供いただきましたご厚意に対し謝意を表します．

著　者

目　　次

第 1 部　21 世紀に活用される最新航海計器

第 1 章　現代の航海計器

第 2 章　衛星測位システム

第 3 章　レーダーと TT

第 4 章　AIS

第 5 章　ECDIS

第6章　VDR・BNWAS

第2部　20世紀に開発され現在も利用される航海計器

第7章　コンパスとオートパイロット

第8章　ログ

第9章　音響計測機器

第10章　その他の計器・機器

付　録

第1部　21世紀に活用される最新航海計器

第1章　現代の航海計器

電気電子技術，無線（電波利用）技術，情報技術の進歩とともに，新しい航海計器，航海機器が開発され実用化されてきた．大型の汽船が使用されるようになった20世紀（1901年～2000年）の100年間，航海計器の技術進歩にはめざましいものがあった．20世紀の初期には無線通信が船舶で利用されるようになって，大洋航海中の船舶でさえ陸上との間で情報交換が可能になった．また無線が遭難時の連絡手段としても利用され安全性の向上がはかられた．20世紀の中頃にはレーダーが開発され，今日の船舶において一般的な航海機器として利用されている．レーダーは夜間や視界制限時の見張りには欠かすことができず，船舶運航の安全性向上に寄与している．そして20世紀の末になってGPSが現れその普及によって，従来の地文航法，天文航法といった航海技術は大きく様変わりした．GPSを用いれば利用者の熟練度に関係なく手軽に高精度の測位を行えるため，安全かつ効率的な船舶運航の重要な要素となった．以上は，船舶運航における電子機器の利用という視点から見た20世紀のエポックである．この他にもジャイロコンパス，電磁ログ，ドップラー ログ，音響測深機，無線方位測定機，そして，デッカ，オメガ，ロラン等の電波航法機器などは，いずれも20世紀に開発され利用されるようになったものである．そして21世紀に入って以降，AIS（Automatic Identification System：船舶自動識別装置），VDR（Voyage Data Recorder：航行データ記録装置）等が導入され，また，航海という観点で，あらゆるデータを集中させるという意味において究極と言ってもよい「ナビゲーション システム」が，ECDIS（Electronic Chart Display and Information System）としてコンピューター技術を利用して実現されている．ECDISは電子的な地図（電子海図）データを用いて画面上に海図を描き，GPS等で測位した自船位置をプロットすることでナビゲーションする（どちらへ行けばよいかを考える）ものであり，同時に様々な航海データを画面に表示できる．

一方で，無線方位測定機，デッカ，オメガ，ロラン等，20世紀に開発され，その時期には貴重な技術として利用されたが，21世紀に入った今日ではほとんど利用されなくなったものもある．技術の進歩とともに，現在，利用されているものでも，将来，さらに新しいものが開発，導入される可能性は常に考えられる．本書では，今現在（2023年頃）の新しい航海計器，機器を取り上げ，その具体的事項を説明する（第1部）．また，すでに利用が定着しており，航海に必須の機器類についても併せて説明する（第2部）．

航海計器は，航海を実現していく上で必要となる様々なデータを計測するためのものである．具体的に何を測るべきか．一般的には①方位，②速力，③位置，④周囲の状況（周囲物標に関する各種データ等），そして⑤気象海象等の環境データ，その他が考えられる．

1.1　方位（コンパスによる方位測定）

船舶の運航で最も基本的なデータは方位（Bearing）であろう．自身の船がどちらに向かっているのかを示す「船首方位（Heading）」，自船からみた他船や海上，陸上の物標などの方位を測るための計器を総称して「羅針儀」または「コンパス（Compass）」という．コンパスには「磁気コンパス（Magnet compass）」，「ジャイロコンパス（Gyrocompass）」そして最近の技術である「GPSコンパス（GPS compass）」などが利用されている．

コンパスは船舶運航において非常に重要であるため，比較的小さな船舶でも装備の義務が課せられており，大型船では通常用いるジャイロコンパスだけでなくバックアップのための磁気コンパス等，複数のコンパスを装備しなければならない．

なお，方位のうち，船首方位（Heading）と類似のデータに針路（Course）があり，以前はそれぞれのデータがあまり精密でなかった．また，針路はある程度の時間航走した後，位置測定により移動した結果から求めるなど，直接計測することができなかった．そのため，船首方位と針路をあまり区別することなく曖昧に用語が使われていた．しかし，現在では，GPSを用いることで地球上の位置の変化から進んでいる方向（針路）すなわち対地針路：COG（Course Over Ground）が正確かつ容易に計測できるようになったため，通常の航海中でも船首方位と針路は明らかに区別してとらえるべきである．すなわち，船が航走しているときには，風潮流による影響を受けて，船首方位からいくらか左右に流されながら進んでいくのが一般的なため，流潮航法などにもあるとおり，実際の船の移動は船首方位＝真針路とはならない．方位（とくに船首方位）と針路の違いを正しく認識しておく必要がある．

1.2　速力（ログによる速力計測）

「ログ」とは，船において速力を測る計器である．「ログ リーディング」等のログと同じことを示しており，航程（どれだけ航行したかを示す距離）の意味で使われ，航程を測るための機器もログという．航程は速力×経過時間を積算することで求められるので，航程を計算するには速力を求める必要があり，速力を計る計器のことをログと呼んだのが始まりである．

船における速力の単位は「ノット（knot）」を用い，英字で kt（複数形：kts）または kn と略して表記する．1ノットとは，時速1海里（Nautical Mile）：NM（または nmi と表記）のことである．すなわち［NM/h］のことを速力の単位ノットという．ちなみに，1海里は地球を球体と近似したときの緯度または，赤道における経度の1分の長さであると定義されている．キロメートルに換算すれば 1NM ＝ 1.852 km である．車の速度など陸上では，キロメートル毎時［km/h］や時速マイル［MPH］（陸上でのマイル：1マイル＝約 1.609 km）などを用いるが，船舶や航空機など，緯度経度を基準として航行する乗り物の運航には，速力の単位としてノットを用いるのが一般的である．なお，本書ではノットを kn，海里を NM と表記する（ログやノットの詳細については 8.1 節参照）．

実際に，船舶における速力を測定するための計器，すなわちログには「電磁ログ（EM Log）」，「ドップラー ログ（Doppler Log）」そして，近年の「GPS ログ」などがある．

【例題】　距離1海里（NM）は km 単位でいくらになるか，地球の外周の長さから概算せよ．

地球の外周は約 40,000 km.
赤道から北（南）極までは，その 1/4 なので約 10,000 km.
赤道から北（南）極までは 90 度．1度＝ 60 分なので，
　90 度＝ 5,400 分　（＝90°×60′）
緯度の1分＝1海里なので，
　10,000 km＝5,400 NM (′)
　$1\,\mathrm{NM} = \frac{10{,}000}{5{,}400} = 1.8518518\cdots \approx 1.852\,\mathrm{km}$

船舶における速力は，2種類を考える必要がある．1つは「対水速力（Speed Through Water：STW）」，もう1つは「対地速力（Speed Over Ground：SOG）」である．言うまでもなく船は水の上に浮かんでおり，その水の上を進んでいくので，船自体の周囲（水）に対する移動速度が対水速力である．しかし，その水は地球上の絶対的な位置から見れば，流れ（海における潮流や川の流れ）により水自体が動いている．その上で船舶が対水速力をもって移動しているので，地球の絶対的な位置に対する移動速度すなわち対地速力は，船の対水速力にその場所の水の動きをベクトル計算で加えたものになる．

具体的な計器として「電磁ログ」は，電磁誘導の原理（フレミングの右手の法則）により，船底の水（海水）の動きにより電流を発生させることで速力を求めるので，原理的に対水速力が測定される（8.2節）．

「ドップラー ログ」は，船底から海底に向けて超音波を発信し，反射して戻ってきたものを受信して，その発信と受信の周波数の変化から，ドップラー効果の式により移動速度を計算するものである．したがって，超音波が海底に届いて反射波が受信できる浅水域（一般的には水深200m程度以内）においては対地速力が計測できる．また，海底ではなく水中に存在する微小な物体（浮遊物など）からの反射により対水速力が計測でき，浅水域では対地速力と切り替えて対水速力も，それ以上の深いところでは対水速力のみが計測できる（8.3節）．

「GPS」は位置を計測する機器で，地球上の位置を緯度，経度で表すものであり，その精度は高く（通常でも10m程度の誤差，ディファレンシャル技術を利用すれば1m程度の誤差），さらに短い時間でみれば，その誤差の傾向はほぼ一定と考えることができ相対的な移動を短時間で計測すれば，十分な精度で移動のデータが得られる．したがってGPSは，一定の経過時間の位置の変化（距離）から計算により移動速度を求めることで，速力を計測する計器としても用いることができる．これは，地球上の位置の変化から速力を計算するので対地速力（SOG）である．同時に移動の方向も計算できるので，位置と同時に針路（対地針路：COG）も求められる．通常，10秒間程度の位置の変化から，針路，速力を計算している．最近では，GPSを応用した「サテライト ログ」という機器も開発されている（8.4節）．

1.3　位置の計測

船舶を運航する上で必要な位置の表示方法には，地球上で絶対的に位置を指定することができる「絶対位置」と，自船を中心として自船位置からの相対的な位置を表した「相対位置」の2つが考えられる.

このうち絶対位置は，沿岸においては顕著な陸上の物標からの「方位」,「距離」で表す方法，また，沿岸，大洋に限らず，地球上の絶対的な位置を「緯度」,「経度」で表す方法などが考えられる．海図作業においては，いずれの方法でも海図上への位置の記入等，位置データの利用が可能である．しかし，近年はECDIS等の電子海図装置に限らずレーダー等においても，電子的な地図上に自船位置をプロットする機能をもったものが普及し，位置データは緯度経度で表す方がデータの利用に都合がよい.

具体的に位置を計測するには，沿岸では古くから地文航法が利用され，自船から複数の陸上の物標の方位を測定し，海図上で作図により位置を求める交差方位法（クロス ベアリング）などが用いられてきた．また，大洋においては天文航法として知られる天測計算の方法が利用されてきた．これは，自船から見える天体の位置をもとに，予め天体位置を計算により予測したデータ（暦）を利用して計算と作図等によって求めるものである.

衛星測位システムの1つである「GPS」は，1980年代後半から開発が始まって1990年頃には実用化され，そして2000年をすぎた頃から急速に普及した．これは，船の歴史からみれば，また従来の航海学（地文航法，天文航法）の技術と比べても，ごく最近のことと言える．GPSは受信機により衛星からの電波を受信してその位置を計算し，緯度，経度の値により表示またはデータを出力するものである．電源を入れた後，最初の数分間は位置計算の準備が必要なものの，その後は1秒〜数秒ごとの緯度，経度の値を周期的に表示またはデータ出力できる．近年では，技術の進歩により受信機は小型化され，特別な操作を必要とせず，いたって手軽に利用でき，また，その精度も初期の頃から比べれば格段に高くなっている．通常の測位においては誤差10m程度，ディファレンシャル技術を利用すれば，誤差1m程度の精度が実現されている（第2章).

1.4　周囲状況の探知

大洋航海中であれば，自船の周りに1隻の船もないというような状況もあろう．しかし，沿岸では勿論のこと，周りに自船以外の船舶が存在する場合には，それらの動向も勘案しつつ，自船をどのような針路とすれば安全か判断しなければならない．そのためには，周囲船舶の動向を的確に把握する必要がある.

周囲の船舶など物標の動向を探知するための機器として「レーダー」がある．レーダーは，マイクロ波とよばれる非常に高い周波数の（すなわち波長の短い）

電波，具体的には3GHzまたは9GHz程度のマイクロ波を周囲に送信し，それが物標に当たって反射し戻ってきたものを受信して，送信から受信までにかかった時間から計算により自船からその物標までの距離を測るものである．その際，非常に狭い範囲（方向）に電波を送信するアンテナを用い（スロットアレイ アンテナやパラボラ アンテナなど），アンテナの方向を回転させて全周囲方向に対してその都度距離測定を行うことで，周囲のどの方向にある物標も探知できる．したがって，レーダーにより探知した物標の位置は，自船からの方位，距離で表される相対的な位置になる．このレーダーと組み合わせて用いるTT（Target Tracking．かつてはARPA（日本では“アルパ”と読むのが一般的である）と呼ばれていた）は，レーダーにより探知した物標を時系列で追跡することにより，その物標の動き（針路，速力等）を計算してデータを表示することができる（第3章）．

最近では「AIS（Shipborne Automatic Identification System）」が普及したことにより，AISを装備している周囲の船舶については詳細な情報が得られるようになった．これは，自船で計測した，位置，針路，船首方位や，船名，船舶の全長，全幅など，また，その航海の行き先や到着予定などの情報をVHFの無線によりデジタル データとして放送するものである．通常の航海中には2秒～10秒毎にデータが送信される．他船では，このデータを受信することで，送信した船舶の詳細な状況がわかる．AISは21世紀に入って利用されるようになった機器である（第4章）．

1.5　ナビゲーション システム

陸上を走行する自動車ではカー ナビゲーション システム（いわゆるカーナビ）が広く普及している．船舶においても，近年，ナビゲーション システムは「ECDIS（Electronic Chart Display and Information System＝電子海図情報表示装置）」として実現され，2018年までに順次，搭載の義務が課せられた．これは，上記の様々な機器・計器が電子的に実現されて自動化され，それぞれのデータがデジタル形式で得られるようになったため，それらのデータを集約して総合的に情報を処理できるようになった結果，実現されているものである．ECDISにより従来の紙海図を用いたチャート ワーク，船位測定や航行状況の確認，距離・時間の計算等が自動化される（第5章）．

1.6　デジタル航海データ

この他にも，気象，海象等を含む自船周囲の環境等の計測も必要な事項である．

以上に挙げた各種データは，最近の計器ではデジタル形式で出力されるものが増えている．「VDR（航海データ記録装置）」は，そのようなデジタル データを中心に，アナログ データについても A/D 変換によりデジタル形式に変換して過去のデータを一定時間さかのぼって記録するものである．これは航空機のいわゆるブラック ボックス（フライト データ レコーダーおよびコックピット ボイス レコーダー）に相当するもので，主に海難事故の際の原因調査等にそのデータが利用される．なお，VDR の旧規格では記録時間が短かったなどの問題があったため，現在では様々な変更がなされている（第6章）．

次章以降，第1部では，これら様々な計測を実現するための計器のうち，比較的新しい技術で実現されているものとして GPS，レーダー，AIS，そして電子海図を利用する ECDIS，また，これらのデータを記録する VDR および保安装置としての BNWAS などを取り上げて説明する．その後，第2部では，以前から技術が確立され今日の船舶運航においても利用されている計器，機器のうちコンパス（磁気コンパス，ジャイロ コンパス）とオート パイロット（第7章），ログとして電磁ログ，ドップラー ログ，サテライト ログ（第8章），超音波を利用した音響計測機器として音響測深機，潮流計など（第9章），現代の航海においても必須の機器を紹介する．

【例題】　航海計器について名称と得られるデータの種類を列挙せよ．

磁気コンパス	方位（磁針方位）
ジャイロコンパス	方位（真方位）
電磁ログ	対水速力・航程
ドップラー ログ	対地・対水速力・航程
GPS	位置（緯度経度），移動針路，対地速力など
GPS コンパス	方位，移動針路，対地速力など
レーダー（TT）	物標の方位・距離，移動針路・速力など
AIS（船舶自動識別装置）	他船の位置，針路，速力，船首方位，航行状態，喫水，船名，目的地など
音響測深機	水深（魚群）
潮流計（ADCP）	潮流の流向・流速
気圧計	気圧
風向風速計	（相対）風向，（相対）風速
温度計	乾球温度，湿球温度，海水温度
六分儀	天体の水平線高度，2物標の夾角
クリノメーター	傾斜（ロール）角

クロノメーター(船用基準時計)　　時刻

など

第2章　衛星測位システム

ナビゲーションの基本は「地図」と「測位」である．ある地点から別の地点まで移動するとき，準備されたその周辺の地図上で移動の経路を計画する．移動の実行段階においては，自分がどこにいるかをその地図上で確認しながら，計画どおりに航海が進んでいるか時々刻々監視して，つぎにどちらへ向かえばよいかを判断する．船舶運航におけるナビゲーションの過程は，航海術が確立された当初から電子機器を利用する現在まで変わることはない．本書で後に取り上げるECDIS（電子海図情報表示装置）では，電子海図上での「航路計画（Route Planning）」と衛星測位を基本とした自船位置を確認しながら進む「航路監視（Route Monitoring）」という2つの過程でナビゲーションが実現される．最新技術を用いていても本質は変わっていない．

自船位置を確認するための測位は古くから「地文航法」が，また大航海時代以降「天文航法」の技術も用いられてきた．地文航法は，沿岸航行中，周囲に見える顕著な物標（例えば山頂や灯台，煙突，高い建物など）を目印として，それが自船から見てどの方位に観測されるかを，複数の物標について測定することで自船位置を海図上で作図して決定する．この際，方位の測定にはコンパス（Compass：羅針儀）を用いるのが一般的である．コンパスには磁気コンパス，ジャイロコンパス等が利用され，現在ではGPSコンパスも利用可能である．夜間など物標が直接見えない状況では，コンパスではなく無線方位測定機（Radio direction finder）を用いる時代もあった．これも同様に陸上の物標（電波の発信源）の方位を計測して位置を求めるものである．

一方，天文航法は，まわりに物標となるようなものが何も見えないところ（大洋航海中など）で，天体（太陽，月やその他の星）の位置（水平線高度）を観測し，正確な時刻（船用基準時計で計る）を用いて，予め算出された天体位置（天測暦の値）との比較について計算することで推測位置を決定する．その際，太陽や惑星，恒星などの天体の高度を観測するために「六分儀（Sextant）」が用いられる（第10章）．

このような位置を測定するための技術の現代版として，人工衛星と無線通信およびコンピューター技術を利用した「衛星測位システム」が開発された．

衛星測位システムは英語ではGlobal Navigation Satellite Systemであり，その頭文字から「GNSS」と表記される．実用化されているGNSSには，GPS（アメリカ），GLONASS（ロシア），Galileo（EU），BeiDou（中国）等がある．また，日本の「みちびき」やインドのNavICは，それぞれ特定の地域を対象としたシステムであり，RNSS（Regional Navigation Satellite System）に含まれると言える．本章では主に米国のGPSについて説明し，GPS以外のシステムについては2.9節で紹介する．

【例題】 ナビゲーションの要素を説明せよ．

・地図（map/chart）
＋
・測位（positioning）
⇒ ナビゲーション（Navigation）

2.1 電波航法システム

航法とよばれるものには具体的には「距等圏航法」，「平均中分緯度航法」，「漸長緯度航法」，「大圏航法」などがある．ここでの航法とは，地球上のある地点からある地点まで移動する際のそれら地点間の距離と針路（方位）を算出するための様々な方法（手段）である．航法計算をするにはその条件となる出発点と到着点の位置（緯度，経度）が必要である．各種航法の算法は確立されているので，実際に船舶が航海する際，現在地からどちらに向かえばよいか決定する上で自船の位置データの取得すなわち測位が重要となる．「航法システム」という用語は「測位システム」とほぼ同義としてとらえてもよい．

GPSに至る前にも，衛星ではなく主に地上波の電波（無線）技術を利用した航法システムが20世紀の間にいくつか開発され利用されてきた．これらを総称して「電波航法システム」と呼ぶ．電波航法システムは，さらに「双曲線航法システム」と「衛星航法システム」に大別できる．双曲線航法システムとは，地上（一般には陸上）の定点からの識別電波を2点から受信し，受信時の時間を測定することで距離に変換する．2点からの距離差が一定の点をつなげば双曲線になり，それが自船の位置の候補ということになる．2組の双曲線を測定により求めれば自船の位置が決定できるという原理によるものである．そのシステムの実例には，ロラン（LORAN），デッカ（DECCA），オメガ

(OMEGA) 等があった．これら双曲線航法システムは現在ではほとんど運用が終了している．一方，衛星航法システムは人工衛星から送信される電波を受信し，そのデータを処理することで位置を算出するもので，具体的には，古くはNNSS（Navy Navigation Satellite System）が，また，最近ではGPS等が実用化され，現在ではGPSが電波航法システムの一般的かつ重要なシステムとして利用されている．現在用いられている航法システムという観点から分類するとつぎのようになる．

航法システム（測位システム）

従来のシステム
- 沿岸の顕著な山・人工物（灯台，煙突，山頂，ビル）などの目標物
  - →　地文航法　（平面的）
- 星の仰角計測と精密時計（クロノメータ）
  - →　天文航法　（地球を真球とする）

電波航法システム
- 双曲線航法システム　LORAN-A，DECCA，LORAN-C，OMEGA
  - 地上（定点）からの電波を利用
  - （双曲線：2定点からの距離差の一定な点の軌跡）
- 衛星航法システム　NNSS，GPS（米），GLONASS（ロシア），Galileo（欧州）……
  - 衛星からの電波を利用

現在，航法システムは衛星測位システムの全盛時代ということができる．しかし，無線やコンピューター技術を利用したシステムは電源の喪失により，たちまち利用できなくなる他，個々の機器やシステム全体の不具合がいつ起こるか分からないというリスクがある．そのため従来の測位方法（地文航法，天文航法等）も船舶運航の現場では，常に利用可能なように準備しておくべきである．

《問題》　航法システムについて，簡潔にまとめよ．

表2-1には，航法システムのうち，今日の電波航法システムにつながる技術や関連するシステムの発展の経緯を簡単に示す．電波を利用した無線による通信がはじまって100年余りであるが，1950年代以降に電波を利用した各種の航法システムが開発され実用化されてきた．

表2-1　電波航法システム関連の発展の経緯

年　代	事　項
1865	マクスウェル　電磁波を理論的に予言
1899	マルコニー　電磁波（電波）を用いた通信に成功（英仏海峡で実証実験）
1902	無線方位測定の試み
1935	レーダーの実用化
	DECCAの実用化
1942	LORAN-A　業務開始
1950	レーダーの国内輸入許可
1951	国内初のレーダー製造許可
1957	LORAN-C　業務開始
1970年代	OMEGA，NNSS業務開始（1990年代 終了）
1980年代後半	GPS　業務開始
2000年以降	Galileo，準天頂衛星システム等　新技術の開発

衛星航法にしぼった発展の経緯を表2-2に示す．

表2-2　衛星航法の発展の経緯

年　代	事　項
1957	スプートニク1号（世界初の人工衛星）打ち上げ（ソ連）
1960	トランジット衛星打ち上げ（米国）
1964	NNSS（Navy Navigation Satellite System）が実用化
1967	NNSSが一般利用可能に
1972	NAVSTAR / GPSの開発開始
1978	最初のGPS試験衛星打ち上げ（1985年までに試験衛星計11機）
1993	GPS運用開始を正式に宣言（24機の衛星配備でシステムが完成，随時更新）
2000.5	GPSのSA（Selective Availability：選択利用性）解除
2010以降	ガリレオ（EU），QZSS＝準天頂衛星（日本）など

2. 2　GPSの概要

衛星測位システムのうち，いち早く実用化されたものに米国のGPS（Global Positioning System：全地球規模測位システム）がある．GPSは，衛星からの電波を利用して，地球上の位置を測るものである．その地点の緯度および経度を数値で表示することで，直接，測位結果が得られる．GPSの普及により地文航法，天文航法などの知識がなくても，自動的に誰でも手軽に地球上の位置を正確に知ることができるようになった．

GPSは地球上の任意の地点で人工衛星からの電波を受信する機能をもった

専用の端末により，その地点の緯度，経度および高度を測定するシステムである．陸上の自動車で普及しているカーナビゲーション システムいわゆる「カーナビ」も，その測位にGPSを利用していることは広く知られている．他の衛星測位システムが実用化されるまではGPSという語は衛星利用の測位システムを意味する一般名称として用いられることもあった．本章で詳しく説明する米国のGPSは，正式にはNAVSTAR（Navigation System with Time And Ranging）／GPSと呼ばれる．以下，本書では単にGPSと表記したものは基本的にNAVSTAR／GPSのことを指す．GPSのシステム概要をまとめると表2-3のようになる．GPSのシステムは現在でも改良が進められており，表2-3に示した内容は実用化当初からの基本的なものである．

表2-3　GPSのシステム概要

項　目	仕　様
衛星軌道	ほぼ円（準同期）軌道
高　度	約20,200km
周　期	0.5恒星日（約11時間58分）
衛星数	約30機（2017年現在）
周波数	1,575.42MHz 1,277.6MHz
変調方式	位相シフトキーイング （PN符号拡散スペクトル）
ビットレート	1.023Mbps（C/Aコード） 10.23Mbps（P(Y)コード）
帯域幅	約2MHz　（C/Aコード） 約20MHz（P(Y) code）
測位方式	距離測定（単独）・位相測定（干渉）
応　用	船舶・航空機・ロケットの航法援助， 時刻比較，測量・地殻変動の測定

GPSは陸上海上の区別なく，ほぼ同じ条件で利用でき高精度の測位が可能である．船舶における利用を考えたとき，沿岸においても従来の航法に比べて非常に簡単に高精度で測位できる．大洋航海中でも，従来の天文航法は1日のうち限られた時間帯に，天候等に左右されつつ天体高度の測定と計算および作図といった技術と手間を要していた．それに比べて，GPSでは手軽にかつ高精度の測位が可能となった．従来の航法との比較を考慮したGPSの利点（長所）および欠点（短所）をまとめるとつぎのようになる．

GPSの利点

利用精度　　：　高精度
利用時間　　：　常時・全天候
利用範囲　　：　地球上すべての場所（全地球規模）
対妨害電波性：　信号がスペクトル拡散されている
応用範囲　　：　陸上・海上・上空　……　車，船舶，航空機，
ロケット（ミサイル，衛星）など

GPSの欠点

米国（空軍）が運用しているため，いつ利用できなくなるかわからない
衛星が直接見えない場所では測位できない　（マイクロ波の性質）

GPSの利点は，概ね10～100m以内（条件による）の誤差で地球上のすべての場所において測位（緯度，経度の算出）が可能であり，昼夜の別や天候に関わらず24時間いつでも利用できる．現在では陸上において車両のカー ナビゲーション システムとして広く用いられている他，船舶においても21世紀に入った頃からGPSが手軽に利用できるようになって急速に普及している．航空機では，従来，慣性航法と無線航行援助の利用が主流で，GPSは補助的に利用されているが，今後はRNAVと呼ばれるGPSを利用した航法も普及するものと思われる．また，GPS機器が小型化されハンディGPSが市販されている他，携帯電話（スマートフォン）などの端末にGPSや他の衛星測位システムの受信機が組み込まれて測位の機能を有したものが一般的となりマップアプリなどで利用され急速に普及している．

一方，欠点についても正しく理解しておかなければならない．GPSのシステムは米国がもともと軍用として開発し，現在も米国空軍により管理運用されている．その利用はひろく民間にも解放されていて誰でも可能であるが，ミサイル誘導などの軍用にも利用可能なことから，公表されていない事項も多い．また，世界情勢が著しく悪化し紛争が激化するような事態が起きれば，GPSの精度が悪化したり，システムの利用自体ができなくなる可能性もないとは言えない．

現在，GPSは利用者がとくにコストを負担することなく民間用途で誰でも利用可能であるが，もともと軍用として開発され，現在でも基本は軍事用途が第一である．かつてはGPS衛星からの信号に意図的に誤差を加えるという操作が，システムを運用する米国によって行われていた．これをSA（Selectable Availability：選択的利用可能性）という．公開されていない暗号化された信号は米軍のみが利用でき高精度の測位が可能であり，民間利用と差別化するた

め，公開されている信号の方にはその時々でランダムに誤差をわざと生じるような衛星信号への操作が行われていた．そのため，当時は現在よりもGPSによる通常の測位精度は悪く，100m以上の測位誤差が避けられなかった．2001年5月以降，このSAが解除され，民間利用においても意図的な誤差はなく利用できるようになったとされている．その後，米国の政治的判断により，再びSAを行うことはないとされているが，種々の状況による米国および米軍の判断次第では，予告なく再びSAが行われることが絶対にないとは言えない．

GPSは衛星から送信されるマイクロ波帯の電波を受信することで測位するので，その電波が受信できなければ利用することができない．地下街やトンネルの中などGPS衛星からの電波が届かない所では原理的に測位は不可能である．海上では基本的に衛星からの電波が遮られることがなく，すべての場所で利用可能であるが，橋梁の下などでは一部問題となる場合もありえる．

《問題》　ＧＰＳの利点と欠点について説明せよ．

2.3　GPS衛星と電波

GPSは，人工衛星から送信される電波を地上または付近（航空機が飛行する程度の高度）で受信し，それに含まれる信号や，送信から受信までにかかった時間などから受信地点の位置を求めるものである．衛星から地上の受信機に向けた一方向の通信である．GPS衛星は人工衛星であり，現在，地球の周りを約30機が周回している．ここで説明しているGPSはNAVSTAR GPSであり，その衛星も正式にはNAVSTAR衛星と呼ばれる．

インマルサット等の通信衛星は静止衛星であるのに対し，GPS衛星はそれより低い高度約20,200kmの軌道を，1周約11時間58分（= 0.5恒星日）で周回している．衛星の軌道は赤道に対していずれも55度傾斜した円軌道で，地球の周りに6つの軌道面がある．衛星軌道は図2-1のようなイメージである．

2.3.1　GPS衛星の打ち上げ

現在，正常に稼働した状態で運用されているGPS衛星の個数は約30機であると言われている．衛星には寿命があり古くなると使用できなくなるほか，故障を起こして修理不能となると使用をあきらめざるを得ない．初期のGPS衛星は30年以上が経過し，ほとんどが運用からはずされている．そのままでは当初打ち上げた数から減少する一方なので，必要に応じて新たに衛星を打ち上げるということが現在でも行われている．

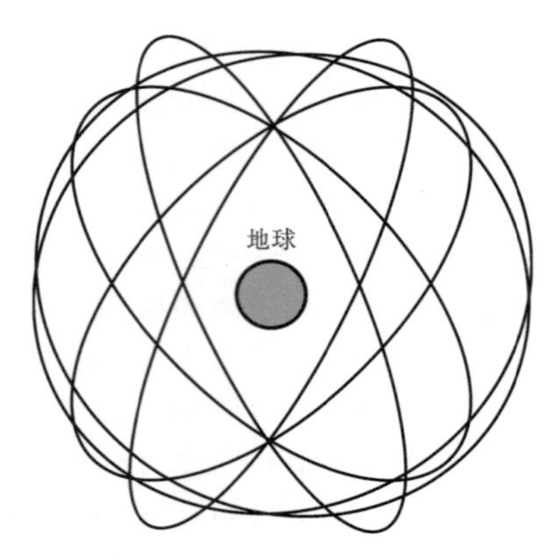

図 2-1　GPS衛星の軌道のイメージ

このようにGPS衛星は更新が続いており，同じ世代の衛星を「ブロック」と呼んで区別している．最初のGPS衛星は1978年に打ち上げられ，1985年までの間に打ち上げられた衛星で，これらをブロックⅠと呼び，GPSのシステム実用化の検証に利用され，後の実用および普及時代への基礎となり，以降のGPS衛星の開発に活かされた．なお，ブロックⅠの衛星軌道は現在のものと若干異なり，高度は同じく約20,200 kmであるが，赤道に対して63度傾斜した軌道であった．

ブロックⅡは1989年～1990年にかけて打ち上げられた．ブロックⅠおよびブロックⅡ衛星の設計寿命はそれぞれ5年および7年半で，すでにブロックⅡまでの衛星はすべて運用が終了している．なお，ブロックⅡ以降はすべて高度約20,200 km，傾斜角度55度の衛星軌道である．

続いて，ブロックⅡAの衛星が1990年～1997年までに19機打ち上げられた．このうち，2023年現在，半数以上は運用を終了しているが，運用中のものも残っている．その後は，ブロックⅡRの衛星が1997年～2004年までに12機の打ち上げに成功し2017年現在も運用が続いている．

2005年から2009年までは，ブロックⅡRMの衛星が打ち上げられ，一部を除き運用が続いている．このブロックⅡRMは，軍用の精度と対妨害電波性を向上させ，民間用でも信号の強度を強くするなどの変更がなされ，GPSのシステム性能の向上の努力がなされている．そして2010年以降にブロックⅡF衛星が打ち上げられている．

このように，実験的な第1世代のブロックⅠ衛星に続き，実用化した第2世代のブロックⅡ，ブロックⅡA，ブロックⅡR，ブロックⅡRM，ブロックⅡ

Fの衛星がこれまでに打ち上げられ，現在ではブロックⅡA以降の衛星約30機が運用されていて測位のための信号（電波）を送信している．

現在では第3世代のブロックⅢ衛星の実用化が始まっている．2018年から打ち上げられ，さらに打ち上げが予定されている．ブロックⅢ衛星を用いたシステムは「GPSブロックⅢ」と言われ，衛星は「従来の3倍の測位精度，8倍の耐ジャミング性（耐妨害電波性）」を備えた信号を送信し，より長い軌道上寿命を持つよう設計されている．より大きな出力で測位信号を送信するため耐雑音性が向上する．測位信号には第2世代で送信されていたものに加えて，第3世代から新たに加えられたものもある．

GPSのシステムでは測位の原理上，正確な時間情報が必要となるため，すべてのGPS衛星にセシウムまたはルビジウムを用いた高精度の原子時計が搭載されている．

2. 3. 2　衛星から送信される信号（電波）

GPS衛星からの信号は当初のシステムでは2種類あり，Lバンドの電波で送信されているので，それぞれL1波，L2波と呼ばれる．L1波の送信周波数は1575.42 MHz（1.6 GHz帯），L2の送信周波数は1226.70 MHz（1.2 GHz帯）で，波長にすると20 cm～25 cm程度のマイクロ波である．

この電波（搬送波）にのせて，位相シフト キーイング（Phase Shift Keying＝PSK）変調によりスペクトル拡散された形で低速のデジタル データが送信される．L1波とL2波の周波数は，それぞれ10.23×154［MHz］と10.23×120［MHz］であり，154対120の比率である．それらは位相関係も一定になるよう同期している．送信される内容には，C/A（Clear and Acquisition または Course and Access）コードとP（Precision または Protect）コード（現在はYコード）の2種類があり，C/AコードはL1波のみで送信され内容が公開されているので民間での利用が可能であるのに対して，P(Y)コードはL1波およびL2波で暗号化されて送信され，非公開のため民間では利用できない．P(Y)コードの方が測位精度は高く，GPSの測位誤差とも関係するが，2つの周波数の電波を用いることで誤差の原因の1つである電離層の影響を軽減する工夫がなされている．

送信内容は「航法メッセージ」と呼ばれ，衛星の軌道データとGPS時刻などが含まれる．この航法メッセージは50 bps（bit per second）すなわち1秒間に50 bitという低速のデジタル データで，1,500 bitの長さのフレームと呼ばれる単位で送信される．1,500 bitを50 bpsで転送するので1フレームの情報を送信するのに30秒かかる．航法メッセージは12分30秒ごとに繰り返し送信される．

GPS衛星からの信号を受信機で受信すると，拡散された信号からもとのデータに戻さなければならないが，そのためにはあらかじめ用意したコードパターンと受信信号を掛け合わせることで逆拡散してデータを解読する．このコードパターンはC/Aコードのみ公開されているがP(Y)コードは軍用で秘密なので，民間ではC/Aコードしか利用できない．

なお，Pコードについては長年の使用の間に機密であったはずのコードが漏洩したり解読されたりして機密でなくなった疑いが高くなり，現在はYコードと呼ばれる高度に暗号化された新たな機密のコードに変えられている．

航法メッセージには，衛星内の時計の補正データ，エフェメリス（Ephemeris：放送暦）データ，電離層補正パラメータ，UTC補正パラメータ，衛星の健全性情報やアルマナック（Almanac：天体暦）データなどが含まれる．これらのデータのうち各衛星固有のエフェメリス データや衛星内時計の補正データなど衛星ごとに異なるもの以外は，共通のデータが送信されている．航法メッセージに含まれるエフェメリス データおよびアルマナック データの内容を表2-4に示す．

現在は，送信周波数1176.45MHzのL5波も民間向けに使われている．L5波では従来のL1波，L2波に比べて，より強い電波で送信され帯域幅も広いため妨害や混信に強く，高精度の位置測定を可能にしている．なおL3波（1381.05MHz）およびL4波（1379.913MHz）も用いられているが，研究用その他で詳細は不明である．当初，2波を利用していたものから，用途も拡がり現在もシステム全体の改良が進められている．

【例題】　GPSの電波の送信方法であるスペクトル拡散方式による効果をあげよ．

- 秘匿性がある
- 干渉や雑音，妨害に強い
- マルチパスに強い
- 高速の拡散符号を用いるので，時間分解能が高く距離測定に適している

表 2-4　GPS 衛星から送信される航法メッセージの内容

データ	内　容
アルマナック	
ID	衛星の番号
Health	衛星の健全性
t_a	現 GPS 週におけるアルマナック軌道要素の基準時刻
$\sqrt{a}$	軌道長半径の平方根
e	離心率
M_0	基準時刻における平均点離角
ω_0	近地点引数
i_0	軌道傾斜角
l_0	基準時刻における昇交点経度
$\Omega \cdot dot$	昇交点の摂動
a_0	時計の位相バイアス
a_1	時計の周波数バイアス
WN	週番号（1980.1.6 からの週の数）
エフェメリス	
AODE	エフェメリス軌道予測の年代
t_e	現 GPS 週におけるエフェメリス軌道要素の基準時刻
$\sqrt{a}$	軌道長半径の平方根
e	離心率
M_0	基準時刻における平均点離角
ω_0	近地点引数
i_0	軌道傾斜角
l_0	基準時刻における昇交点経度
Δn	平均運動の補正
$i \cdot dot$	軌道傾斜角の摂動
$\Omega \cdot dot$	昇交点の摂動
Cuc, Cus	緯度引数 u の補正係数
Crc, Crs	軌道半径 r の補正係数
Cic, Cis	軌道傾斜角 i の補正係数

《問題》　次の下線部に入れるべき適切な語句を記入せよ．

GPS において位置測定に用いる衛星は，＿＿＿＿＿＿軌道衛星で，地球の上空約＿＿＿＿＿＿km の軌道に，約＿＿＿＿個が配置されている．衛星の軌道は全部で＿＿＿つあり，各軌道面は赤道に対して約＿＿＿＿度傾斜している．衛星の周期は約＿＿＿時間＿＿＿分（＝＿＿＿恒星日）である．地球上のどの位置からでも常に最低＿＿＿個程度の衛星が観測できるよう配置されている．

【例題】 GPSの衛星から送信される航法メッセージ中のデータの概要について説明せよ.

○データの概要
衛星時計の補正データ
衛星の健康情報
エフェメリス（Ephemeris：放送暦）データ
アルマナック（Almanac：天体暦）データ
電離層補正パラメータ
UTC補正パラメータ　　など

2.4　位置の計算（測位の原理）

2.4.1　測位の方式

GPSにおける測位は，次項（2.4.2）で説明する位置計算の原理に基づいて行われるが，測位方式には大別して，受信地点（測位地点）の絶対位置を単独で決定する「単独測位」と，すでに位置が分かっている基準点に対して，測位地点の相対位置を決定する「相対測位」の2つがある．一般に単独測位はある地点の概略位置を求めるのに用いられ，相対測位はより精密に位置を決定するために利用される．相対測位にはD-GPS（ディファレンシャルGPS）など，衛星からの電波とは別に補正情報を地上の基準局や別の衛星（通信衛星など）からGPS衛星とは異なる電波で送信して補正することにより精度を上げる「擬似距離補正方式」と，GPS衛星からの電波を離れた2地点で受信し，その位相関係を利用して精密に測位する「干渉測位方式」がある．干渉測位方式にはスタティック測位，キネマティック測位，RTK-GPS（Real Time Kinematic GPS）などがあり，精度は数センチメートルからミリメートル単位の誤差で精密に測位でき，土地測量や土木工事の位置決めなどにも利用される．

測位において，GPS衛星は前述のとおり航法メッセージの情報を電波で送信し続けている．一方，地上で測位する側は，GPS衛星の電波を受信し，そのデータを元に位置を算出する演算機能をもった「GPS受信機」を用いる．GPS受信機は衛星からの電波および補正情報の電波を受信するだけであり，送信することは一切ない．

【例題】　GPSの測位方式とそれぞれの測位精度の概略を説明せよ.

単独測位　……　通常の測位，手軽にできる
　誤差：　100m〜10m 程度
　（衛星からの電波の受信状態その他の要因で精度が変わる）

相対測位
・擬似距離補正方式　(Differential GPS，WAAS，MSAS など)
　……　精度が高くなる
　誤差：　数m 以内
・干渉測位方式　(キネマティック GPS など)
　誤差数cm 以下のものもあり，土木建設工事などに利用される

2.4.2　位置計算の原理

以下，単独測位における位置計算の考え方を説明する.

GPS 衛星は約 30 機が地球の周りを周回している．地球上のある地点で任意の時間に必ず複数（通常 6 機以上）の GPS 衛星を上空に仰ぎ見ることができるよう配置されているので，1 つの受信機で同時に複数の GPS 衛星からの信号を受信できる.

もし，受信している衛星の時計と，GPS 受信機内部の時計が同期して完全に時間が一致していれば，電波の送信時刻と受信時刻の差から，電波が到達するのに要した時間がわかる．その時間に電波の速度（約 3.0×10^8 m/s）をかければ衛星と受信地点の距離がわかる．すなわち，送信時刻を t_s，受信時刻を t_r とすると，電波が到達するのに要した時間 t は

$$t=t_r-t_s \qquad (2.1)$$

となる．電波が移動した距離 R はその時間に速度をかけて

$$R=c\cdot t \qquad (2.2)$$

となり，これが衛星と受信地点間の距離となる.

今，衛星の位置が宇宙空間中で正確にわかっているとすると，その衛星から距離 R である等距離の点（位置）の集まりは 3 次元的に等距離の宇宙空間上のすべての点となり，その図形は球の表面（球面）になる．すなわち，ある点（衛星の位置）から等距離の面は「位置の面」とでも言うべき半径 R の球面上であり，測位している受信機の地点はその面上のどこかにあることを意味す

る．同時にいくつかの物標から複数の位置の面（球面）を用意することで，すべての位置の面がそれぞれ互いに交わる点として位置（観測地点＝GPS受信機の位置）が決定できる．

これを図示したのが図2-2である．同図（a）はまず，2つの衛星からそれぞれ等距離の面として2つの球面ができる．ただし，2つの球は一部が重なった状態で配置されている．2つのボールが押しつけられて一部が他方に食い込んだ状態である．その食い込んでいる部分の表面の形はどのような形状であろうか．それは空間中に置かれた1つの円である．2つの衛星からの距離を用いて，位置の候補はこの円上のいずれかの点に絞られる．別のもう1つの衛星からの等距離の点である球面と先の2つの球の交わりである円とが重なる地点は空間中でどうなるか．図2-2(b）のように円と球が重なるように位置している場合，一般に円が球面を突き抜ける2点が球面と円の共通の点ということになる．従って，衛星3つを用いることで，受信位置の候補は宇宙空間中の2点のみに絞られた．ここで，2次元測位といって，地球の地表面上の東西，南北の座標値（ナビゲーションでは緯度，経度で表すのが一般的）のみを測位するの

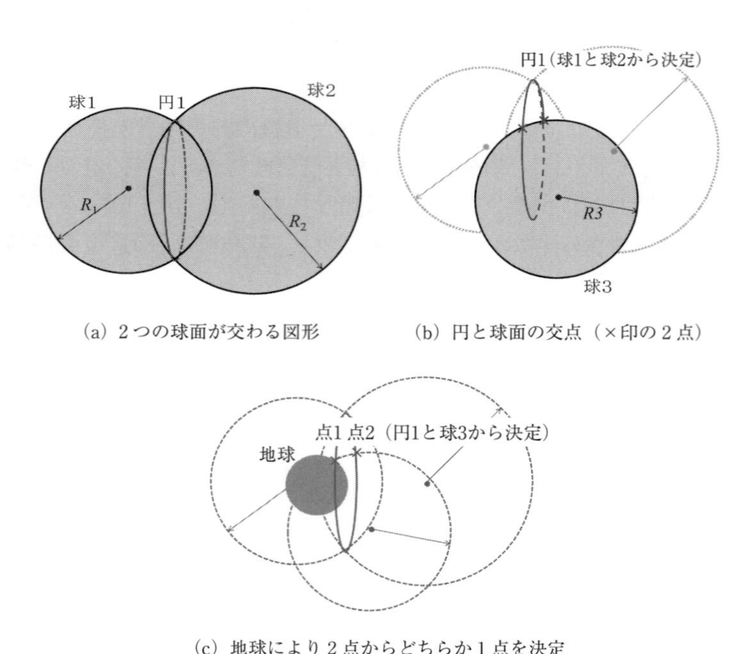

（a）2つの球面が交わる図形

（b）円と球面の交点（×印の2点）

（c）地球により2点からどちらか1点を決定

図2-2 GPS位置決定のイメージ

であれば，絞られた候補２点のうち，１つは地球表面からかけ離れた点になるのが一般的なので，それを排除すれば，結局，もう１つの点が受信地点として位置の決定ができる（図 2-2(c)）．このためには，最低３つの衛星からの電波が良好な状態でデジタル信号である航法メッセージがエラーなく受信できている必要がある．

以上がもっとも基本的なGPSの単独測位の原理をイメージとして理解するための説明である．しかし，これには衛星から受信機までの電波の到達時間が正確に計測できるという大前提が必要である．そもそもGPS衛星と受信機の時計の同期をとりつづける（常に完全に時計があっている）ことは不可能であり，実際にこの前提を満たすことは困難である．また，上空約20,200 kmから地表まで電波が届く間には，電離層や対流圏等の電波の伝搬が不安定となる要素があり，一般には２地点間の完全な直線距離よりも経路が長くなって時間がかかる傾向となる．そのほかにも様々な要因で衛星と受信地点間の距離の測定には誤差が含まれる．従って，上述の原理により実用的な精度で測位するには，位置計算の過程において工夫を要する．これら時計のずれと距離の誤差による影響を考えるために，上記前提において非現実的な仮定となる，距離が分かっていない離れた２地点間での時計のずれも考慮した位置計算の方法を考えなければならない．

GPS衛星内の時計による送信時刻と，ずれている可能性がある受信機の時計による受信時刻から計算した測定距離を「擬似距離（Pseudo Range）」という．イメージとしては図 2-3のように真の距離と擬似距離は衛星ごとにそれぞれ差があるため，一般に１点で交わらず，精度良く位置を決定することができない．

受信機の時計の誤差を含んだ擬似距離から，真の受信地点の位置を推定するために複数の衛星を用いてそれぞれについて距離に関する方程式を作り，複数の連立方程式を解くことで位置を求める．ここで，すべてのGPS衛星の時計の時刻が正確であるとすれば，複数の衛星に対して１つの受信機の時計のずれは同じなのでその分の未知数は１つであり，図 2-4のような座標系における受信地点の空間座標値（x, y, z）の未知数３つと合わせて，計４つの未知数を解く必要がある．すなわち連立方程式は４つ必要となる．先に最低３つの衛星からの電波で地球表面上の測位ができると説明したが，実際には受信機の時計がずれているために未知数が増えるので，もう１つ必要で最低４つの衛星からの受信データによる擬似距離を用いる必要がある．計算手順の概略は，

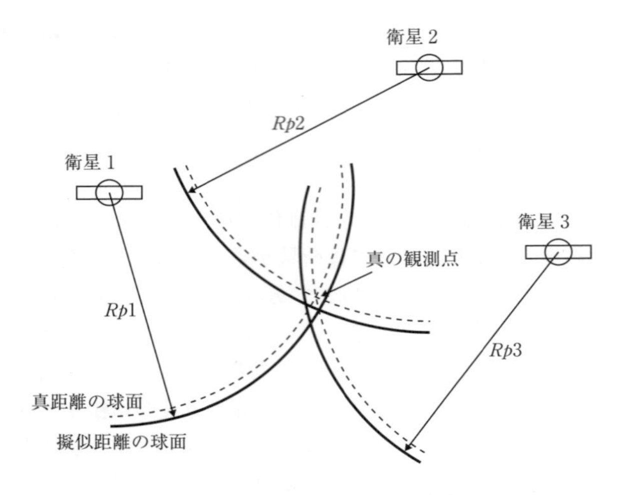

図 2-3　擬似距離による球面の交点

《問題》　一般の船舶で使用されている GPS 受信機で，船位（緯度，経度）を求めるためには少なくとも何個の衛星を必要とするか．衛星からの擬似距離を表す計算式も示して説明せよ．

① 測位時の瞬間の衛星位置を決定
② その位置から観測点までの電波の伝搬時間を測定
③ 伝搬時間　×　電波の速度（光速 c）　=　擬似距離を計算
④ 擬似距離の組から受信機時計の誤差と真の位置を計算

となる．

この手順を定式化するために，地球を中心に考えた宇宙空間中の任意の3次元位置を表すための座標系を導入する．厳密には地球は完全な球体ではないが，地球の中心を原点（0, 0, 0）として，中心（原点）から経度0度の赤道（緯度0度）の点への方向を x 軸，x 軸と直交し経度90度の赤道（緯度0度）地点方向を y 軸，x 軸および y 軸と互いに直交し中心から北極地点方向を z 軸とする．このイメージを図 2-4 に示す．

GPS の測位においては，地球の表面付近のある受信地点（1カ所）で複数の衛星からの電波を受信して位置を算出する．1つの衛星 i に関して衛星の位置

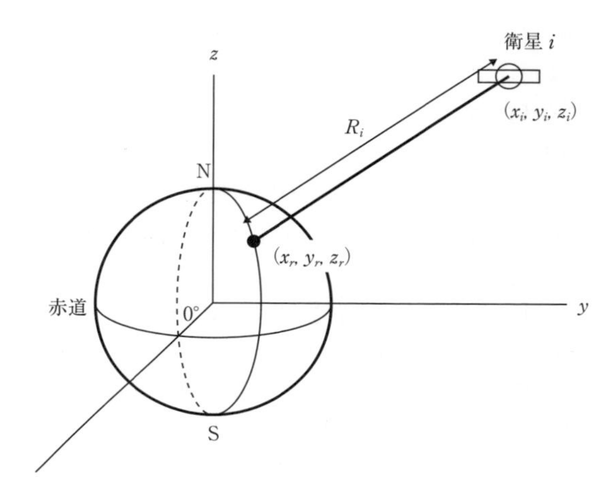

図 2-4　空間中の位置を表すための座標系の導入

$(x_i,\ y_i,\ z_i)$ と受信地点 $(x_r,\ y_r,\ z_r)$ 間の距離 R_i は

$$R_i = \sqrt{(x_i - x_r)^2 + (y_i - y_r)^2 + (z_i - z_r)^2} \tag{2.3}$$

で表され，これは真の距離である．しかし，電波を受信して送信時刻と受信時刻から電波の到達に要した時間により距離を計算しても，この真の距離が計算されるわけではない．その本質的な原因は，送信側の衛星の時計と受信機の時計が合っていないためである．したがって，測定により電波の到達時間から計算した距離は，時計のずれによる誤差を含んだものとなる．これが擬似距離であり，衛星 i の擬似距離 R_{pi} は

$$R_{pi} = R_i + c\Delta t_r + b_i \tag{2.4}$$

$$= \sqrt{(x_i - x_r)^2 + (y_i - y_r)^2 + (z_i - z_r)^2} + c\,\Delta\,t_r + b_i \tag{2.5}$$

で表される．ここで，

R_{pi}　：　擬似距離
R_i　：　真の距離
c　：　電波の速度
Δt_r　：　受信機内時計のずれによる時間の誤差
b_i　：　衛星時計のずれによる距離の誤差

である．

このとき，衛星の位置座標 x_i, y_i, z_i と b_i は既知（受信した航法メッセージによる）で，R_{pi} は測定で得られた値である．x_r, y_r, z_r が求めたい受信地点の位置座標であり，受信機の Δt_r とあわせて4つの未知数を解かなければならない．したがって（2. 5）式により4つの衛星に対して4つの方程式を立て，それを連立方程式として解けば，受信地点の位置座標とともに受信機の時計のずれも求めることができる．そのとき，実際にGPS受信機内部ではこの連立方程式を，式の変形や展開等により解くのではなく，コンピューターによる計算に適した繰り返し計算（ニュートン法など）により解を求める．

この解法について正確に理解する必要はないが，参考までに展開の例を示す．はじめに大体の位置を初期値として与える必要がある．受信位置の初期値を（x_0, y_0, z_0）とし，求めるべき受信地点の位置を初期値との差分 Δx, Δy, Δz で表すと，

$$x_r = x_0 + \Delta x \tag{2. 6}$$

$$y_r = y_0 + \Delta y \tag{2. 7}$$

$$z_r = z_0 + \Delta z \tag{2. 8}$$

となる．

$\xi_0 = (x_0, y_0, z_0, 0)$，$\Delta\xi = (\Delta x, \Delta y, \Delta z, \Delta t_r)$ とし Taylor 展開を行う．

Taylor 展開で2次以上の項は $\|\Delta\xi\| = \sqrt{(\Delta x)^2 + (\Delta y)^2 + (\Delta z)^2 + (\Delta t_r)^2}$ が十分小さいとき誤差項とみて

$$R_{pi} = R_{pi}(x_0 + \Delta x,\ y_0 + \Delta y,\ z_0 + \Delta z,\ \Delta t_r) \tag{2. 9}$$

$$= R_{pi}(\xi_0 + \Delta\xi) \tag{2. 10}$$

$$= R_{pi}(\xi_0) + \frac{\partial R_{pi}}{\partial x_r}(\xi_0)\Delta x + \frac{\partial R_{pi}}{\partial y_r}(\xi_0)\Delta y + \frac{\partial R_{pi}}{\partial z_r}(\xi_0)\Delta z + c\Delta t_r + \underbrace{O(\|\Delta\xi\|^2)}_{\text{2次程度の誤差という意味}} \tag{2. 11}$$

$$\fallingdotseq R_{pi}(\xi_0) + \frac{\partial R_{pi}}{\partial x_r}(\xi_0)\Delta x + \frac{\partial R_{pi}}{\partial y_r}(\xi_0)\Delta y + \frac{\partial R_{pi}}{\partial z_r}(\xi_0)\Delta z + c\Delta t_r \ \text{（1次近似）} \tag{2. 12}$$

$$= R_{i0} + \frac{\partial R_{pi}}{\partial x_r}(\xi_0)\Delta x + \frac{\partial R_{pi}}{\partial y_r}(\xi_0)\Delta y + \frac{\partial R_{pi}}{\partial z_r}(\xi_0)\Delta z + c\Delta t_r \tag{2. 13}$$

ただし，$R_{i0} = R_{pi}(\xi_0) = R_{pi}(x_0, y_0, z_0, 0)$ であり，

$$\frac{\partial R_{pi}}{\partial x_r}(\xi_0)=\frac{-(x_i-x_0)}{\sqrt{(x_i-x_0)^2+(y_i-y_0)^2+(z_i-z_0)^2}} \tag{2.14}$$

$$\frac{\partial R_{pi}}{\partial y_r}(\xi_0)=\frac{-(y_i-y_0)}{\sqrt{(x_i-x_0)^2+(y_i-y_0)^2+(z_i-z_0)^2}} \tag{2.15}$$

$$\frac{\partial R_{pi}}{\partial z_r}(\xi_0)=\frac{-(z_i-z_0)}{\sqrt{(x_i-x_0)^2+(y_i-y_0)^2+(z_i-z_0)^2}} \tag{2.16}$$

$\Delta R_{pi} \fallingdotseq R_{pi}-R_{i0}$ とすると

$$\Delta R_{pi} = \frac{\partial R_{pi}}{\partial x_r}(\xi_0)\Delta x+\frac{\partial R_{pi}}{\partial y_r}(\xi_0)\Delta y+\frac{\partial R_{pi}}{\partial z_r}(\xi_0)\Delta z+c\Delta t_r \tag{2.17}$$

となる．

$$\Delta S = c\Delta t_r$$

とおき，x，y，z に関するこれら偏微分項を連立方程式の係数ととらえて α_i，β_i，γ_i とすると，4つの衛星（$i=1,4$）に対して

$$\begin{pmatrix}\Delta R_{p1}\\ \Delta R_{p2}\\ \Delta R_{p3}\\ \Delta R_{p4}\end{pmatrix}=\begin{pmatrix}\alpha_1 & \beta_1 & \gamma_1 & 1\\ \alpha_2 & \beta_2 & \gamma_2 & 1\\ \alpha_3 & \beta_3 & \gamma_3 & 1\\ \alpha_4 & \beta_4 & \gamma_4 & 1\end{pmatrix}\begin{pmatrix}\Delta x\\ \Delta y\\ \Delta z\\ \Delta S\end{pmatrix} \tag{2.18}$$

なる行列を用いた式で表される．これは４つの方程式を１度に表したものである．この式により，位置の補正値（Δx，Δy，Δz）および受信機の時計の補正値（ΔS）が十分に小さくなるまで，繰り返し逐次計算する．

すなわち，

$$A = \begin{pmatrix}\alpha_1 & \beta_1 & \gamma_1 & 1\\ \alpha_2 & \beta_2 & \gamma_2 & 1\\ \alpha_3 & \beta_3 & \gamma_3 & 1\\ \alpha_4 & \beta_4 & \gamma_4 & 1\end{pmatrix} \tag{2.19}$$

$$\Delta P = \begin{pmatrix} \Delta x \\ \Delta y \\ \Delta z \\ \Delta S \end{pmatrix} \tag{2.20}$$

$$\Delta R = \begin{pmatrix} \Delta R_{p1} \\ \Delta R_{p2} \\ \Delta R_{p3} \\ \Delta R_{p4} \end{pmatrix} \tag{2.21}$$

とおくと，

$$\Delta R = A\Delta P \tag{2.22}$$

$$\Delta P = A^{-1}\Delta R \tag{2.23}$$

と表すことができる．ここで A^{-1} は行列 A の逆行列である．

具体的な計算手順はつぎのとおりである．

手順1：　$(x_r,\ y_r,\ z_r)$ に適当な初期値 $(x_0,\ y_0,\ z_0)$ を設定する．

手順2：　ΔR_{pi} を求める．

手順3：　行列 A を求める．

手順4：　(2.29) 式により　ΔP　を求める．

手順5：　ΔP の要素 $(\Delta x, \Delta y, \Delta z)$ が十分小さいかどうか判定する．

→　十分小さければ $(x_0,\ y_0,\ z_0)$ を解として出力して終了.

→　十分小さくなければ $(x_0,\ y_0,\ z_0)$ に $(\Delta x,\ \Delta y,\ \Delta z)$ を加え，手順2に戻る．

以上の手続きは4つの衛星からの信号を受信して計算に用いる場合の説明である．現在のGPS受信機では同時に最大12の衛星からの信号を受信できるものが一般的で，実際には同時に受信できる衛星が4つ以上となるのが通常である．受信状況にもよるが，これは未知数4つに対して方程式は4つより多くなり（受信衛星数だけ）過剰となる．そのため，実際にはそれらすべての方程式を用いて，最小自乗法のような手法を用いて誤差の自乗和が小さくなるような解を算出する工夫がなされている．さらに各衛星に対する誤差が一定ではなく，あらかじめその大小が分かっている場合（衛星の配置により誤差の大小が決まる）には重み付き最小自乗法が用いられる．

このように繰り返し計算で位置を算出するため，初期値の与え方により計算に要する時間が異なる．しばらく測位をしていなかった受信機では電源を入れると初期値が実際の地点からかけ離れていることがあり，繰り返しの計算回数も増えるので，衛星からの航法メッセージを受信して位置を算出するまでに数分かかる．一度測位に成功し受信機の動作を続けていれば，結果をつぎの計算の初期値に用いることができ，計算時間は短くなりまた精度もあるところまでは向上する傾向となる．現在のGPS受信機は，電源を入れてから5〜10分程度，最初の測位にかかるが，連続測位中には1秒ごとに更新して結果を出すものが一般的である．時速1,000 km近い航空機の移動中でも追従して測位可能で，船舶での移動速度であれば移動中の測位には十分対応できる．

なお，GPSでは原理的に位置を算出する際に受信機の時計のずれも算出されるので，これを用いてGPS受信機内部の時計を照合することで，測位中には正確な時刻が維持される．GPS衛星の時計は精度の高い原子時計であり，GPS受信機は十分に精度の高い時間源として利用されることもある．

以上は，時計のずれのみを考慮した説明であるが，実際には擬似距離と真距離との差には，衛星から受信機までの間に電離層や対流圏を通過する際の電波伝搬の遅れも影響し，(2.4) 式は，

$$R_p = R_t + c(\Delta t_r - \Delta t_s) + c\Delta t_d$$

R_p ：　擬似距離
R_t ：　真の距離
c ：　電波の速度
Δt_r ：　受信機内時計のGPS時間からのずれ
Δt_s ：　衛星時計のGPS時間からのずれ
Δt_d ：　電離層や対流圏通過時の電波伝搬遅延時間

となる．このような電波伝搬の過程による距離への影響が，次の2.5節で説明する測位誤差の要因となり得る．

【例題】　GPS の測位原理と擬似距離について図および式を用いて簡潔に説明せよ.

図：省略（図 2-3 参照）

真の距離と擬似距離の関係は,

$R_{pi} = R_i + c\Delta t_r + b_i$

で表される．ただし,

R_{pi}　：　擬似距離

R_i　：　真の距離

c　：　電波の速度

Δt_r　：　受信機内時計のずれによる時間の誤差

b_i　：　衛星時計のずれによる距離の誤差

である.

すなわち，$c\Delta t_r + b_i$ だけ擬似距離の方が長い（電波の到達が遅れる場合).

2.5　GPS の測位誤差

一般に計器や測定器により計測した値には誤差が含まれていると考えなければならない．GPS においても測位誤差は不可避である．単独測位における GPS の測位誤差には，一般的な物理現象として電波の伝搬に関わる不確実性などの自然現象による誤差要因だけでなく，人為的なものも含まれることがある.

2.5.1　系統的誤差と偶然誤差

一般に，原理的な不正確さ，計器の校正の程度，計器の精度および読み取り技術などにより測定結果の有効桁が限られる，などの要因のため，計器を用いた物理量の計測において真値が得られることはなく，精度によりその大小の違いはあっても誤差は必ず含まれるものであると言ってよい．測りたい物理量の真の値を「真値」，計器で測定して得た値を「計測値」といい，計測値から真値を引いた差が「誤差」と定義される．一方，真値から測定値を引いた差を「校正値」といい，この校正値が予め分かっていれば計測値に校正値を加えることで真値を推定することができる.

誤差はその原因から,

系統的誤差

偶然誤差

過失誤差

の3種類に分類される.

系統的誤差は，測定原理やその測定器の校正の状態などにより測定値が真値から，ある傾向をもって離れた値を示すものである．これは，より精度の高い校正用の計器により誤差の傾向を予め知っておくなど経験的な方法等によって小さくすることができる.

偶然誤差は，まったく傾向がなく偶然その時の状況により起こる誤差であり，なんらかの補正によって修正されるものではない．偶然誤差を減らすには，同じ値に対して時間をおいて何度か計測しその平均値を計測値とすることで，一般に誤差の影響を少なくすることができる．とくに誤差が傾向なくばらついて起こる状況ではこの方法は有効である.

過失誤差は，計器の利用者が計測値を読み取る際に，単純に間違って値を取ってしまうというものである．メーターの指針の指示値を読み間違うなどの過失により誤った値を計測してしまうことがある．利用者の不注意によるものであり，そのようなことにならないよう注意を払う必要があるが，過失誤差に気づいたときは，すぐに再計測を行うなどして間違った値が使われることを防ぐ必要がある.

【例題】 一般に計測における誤差の種類を挙げよ.

系統的誤差（Systematic Error）
　測定値が真値に対して一定方向に偏っている誤差
（計測によって修正（校正）できる）
偶然誤差（Random Error）
　測定値がはっきりしない原因によって真値の付近でばらつく誤差
（修正（補正）できない．数回の観測の平均など）
過失誤差（Error by mistake）
　計器の表示の読み違えなどによる誤差
（計測者の技量等にも依存する．間違えに気づいたときは再計測する）

2.5.2　GPS における人為的精度劣化

以上のような一般的な各種誤差以外に，GPS 測位では人為的な精度劣化がある．これは，わざと測位結果に誤差が生じるように，GPS 衛星から送信される信号に誤差要因を人為的に加える操作を行うものである．これを SA (Selectable Availability = 選択利用性) という．なぜ，わざと測位精度を落とすようなことをするのかというと，GPS 測位システムの本来の目的が米国による軍事利用だからである．自軍と同じ精度の測位が敵にも可能となれば，ミサイル誘導，攻撃目標の照準設定など高度な軍事利用が敵も同様に可能となる．そのため，公開しているコードに GPS システムを管理している米国の意図次第で，わざと誤差要因を含む信号を送信することができるようになっていた．これは民間に公開している C/A コードに誤差を加えるもので，かつて SA が実施されていた時には測位誤差が 100 m 程度かそれ以上悪く精度を低下させていた．SA を実施するかどうか自体，軍事機密と考えられるので，どこまでその状況を米国が公表しているかは不明であるが，2000 年 5 月に SA が解除され，それ以降，現在（2023 年）に至るまで SA は行われていないようである．したがって，現在は民間利用でも人為的な精度の劣化はなく GPS の原理に基づく精度での測位が可能となっている．

SA を実施するかどうかは，政治的，軍事的判断に依ることになるが，2007 年には米国大統領の判断で，それ以降の GPS 衛星には SA の機能自体を持たせないこととした，と発表されている．

2. 5. 3 GPS の誤差要因

このように GPS を運用している組織の意図により人為的に誤差が起こされ得るが，それは別として，GPS 測位の原理により起こる誤差要因には次のようなものが考えられる．これらは系統的誤差，偶然誤差のいずれかに該当する誤差の要因である．

- **受信機の時計の誤差**……測位計算で工夫されている（本質的）

  受信機内部の時計自体はそれほど高精度のものではなく，また，衛星の時計と同期しているわけでもない．したがって，そのままの時間では測位の計算には用いることはできず，4 つの衛星からの情報を用いることで，受信機の時刻を未知数として位置を算出するように考慮されているため受信機時計の誤差の影響は受けない．

- **衛星の時計の誤差**……航法メッセージに含まれる

  一方，GPS 衛星からの情報に含まれる時刻情報のもととなる衛星内部の時計が正確でなければ，測位原理上，致命的な誤差をもたらす．そのため，衛星の時計には高精度の原子時計が使用されている．それでも，衛星内部の原子時計の誤差は避けることができない．これを減少させるため，衛星の原子時計の誤差を，分かる範囲で衛星から送られる情報（航法メッセージ）に含めており，受信機で補正できるようになっている．

- **電離層による電波の遅延**……複数の周波数の電波を用いて軽減可，1波でも補正情報を用いて改善可

地球の上空約80km～400kmあたりのところには，電波を反射したり屈折させたりする「電離層」が存在する．反射や屈折の様子は電波の周波数により異なり，GPSに用いられる電波は透過するが，実際にはわずかな屈折を繰り返して電離層内を通過するため電波は完全に直進できず，伝搬する距離が若干長くなる．すなわち伝搬時間は長くなり，測位結果に誤差をもたらす．電離層の発生は太陽活動に関係しており，昼夜や季節により発生する位置（高度）や密度（電波の反射の度合いに関係する）は異なりその正確な予測は不可能である．GPSの電波に対する電離層通過時の伝搬遅延は，一般に夜間に比べて昼間の方が数倍大きくなるとされている．従って，電離層の影響による測位誤差は夜間よりも昼間の方が大きくなる．

電離層による影響は急激に変化することはなく，ゆっくりと変動するので，誤差の傾向が急に変わることはなく，後述するディファレンシャルGPSやSBAS（2.7節参照）により補正できる．また，単独測位でもL1波とL2波の周波数の異なる2波の電波を用いることによりその影響を軽減することができる．

- **対流圏（大気）による電波の遅延**……補正情報を用いて改善

測位に用いる衛星の迎角（衛星を見上げたときの水平線から衛星までの角度）が低い場合，電波は受信地点まで地表面に対して斜めに到達するため，地球の大気圏を長く通ってくることになる．大気の影響で電波の信号が弱まり，反射による影響を受けやすくなったり，直進性に影響して伝搬経路が変わることがある．これが原因で測位結果に誤差をもたらす．ある程度予測でき，系統的誤差と考えられる．なお，一般的に迎角の低い衛星からの信号は測位の計算に使用しないように設定されている．

- **マルチパスによる電波の遅延**……不可避（周囲の状況による）

GPS衛星から地上に到達する電波は極めて微弱である．またその電波はマイクロ波であり，直進性や物質の透過に関して光に似た性質があり，遮蔽物の影や屋内（とくにコンクリート造りの建物内部）では一般に受信できない．また，受信できたとしても何れかの物体に反射して到達した電波である可能性が高い．屋内に限らず，衛星から受信機まで電波が伝搬する間に，建物などの構造物や大地などに反射されたものも受信される場合があり，同時に同じ衛星から送信された電波でも最短距離で直接到達する

以外にも複数の経路を通って受信されることがある．これをマルチパス（multi path）といい，ある程度の強度でマルチパスの電波が受信されてしまった場合には，一般に反射等を繰り返すなどして到達する分，電波の行程が長くなるので衛星の位置が遠いことになってしまい測位原理上，誤差の原因となる．マルチパスによる誤差はGPS受信機（アンテナ）のおかれている周囲の状況に影響され，その予測は困難であり偶然誤差と考えることができる．

- **空気中の水蒸気量による遅延**……不可避（これを気象学に利用することもある）

電波の進む速度は真空中では光速と等しくなるが，大気中ではそれより少し遅くなることが知られている．速度が遅くなる要因として大気中の水蒸気の影響がある．大気中の不均一な水蒸気の分布はGPS衛星からの電波の進行を乱して遅延をもたらすので，測位結果に影響する誤差要因の1つとなる．これは衛星から受信機の地点まで電波が到達する間に必ず大気中を通過するので不可避の誤差であるが，測位の計算において大気遅延を推定する手法が確立している．

測位には誤差をもたらす水蒸気による電波の遅延であるが，逆にこの遅延量が計測できれば，それを気象の予測に用いることができるのではないかという提案がなされている．

- **GPS衛星の配置による精度低下**……DOP値で評価

GPS衛星は約30機が複数の軌道を周回しており，地球上のある地点から観測できる衛星の配置は時々刻々変化する．測位時の衛星の配置状態は精度に影響する．例えば，測位の計算に用いる4つの衛星がほとんど同じ方向にあると精度は劣化して誤差が大きくなるのに対して，見渡せる上空の半球面にかたまることなく分散して配置されていると精度は向上する．衛星の配置の状態を後述するDOP（Dilution of Precision）という値で表して測位精度の評価に用いる．

2.5.4 測位精度の評価

地文航法において複数の物標の方位または距離を用いて測位する際，それらの物標はできるだけ散らばっている方が好ましい．たとえば3物標を用いる場合には，おおむね60度ずつ方位が異なる物標を用いると精度が良くなる．逆にほぼ同じ方位にある物標を複数用いても，位置の線が鋭角に交わり，物標の方位測定誤差により結果の位置が大きくずれることになって測位精度に影響する．GPSの測位精度も考え方としてはこれに似ており，GPS衛星の配置が受信地点の半球上になるべく散らばっている方がよい．ただし，GPSの場合は衛星からの電波を受信するため，地平線からの迎角が極端に低い場合は，電波伝搬において誤差が増加するため好ましくない．

このように受信時のGPS衛星の配置は測位精度に影響するので，その配置の良否を数値で表す．これを「精度劣化係数（DOP：Dilution of Precision)」という（精度低下率，精度劣化指数ともいう）．これは係数なので無次元の数で，単位はない．GPS測位の位置誤差は，利用者等価距離誤差（User Equivalent Range Error = UERE）にDOP値をかけたものとなり，UEREは距離なので単位はメートル，DOPは無次元の係数であり，位置の距離誤差（メートル単位）は次の式で表される．

$$\text{位置誤差} = \text{UERE} \times \text{DOP} \tag{2.24}$$

ここで，DOP値は，標準偏差（1σ）で評価し，空間的な誤差と時間的な誤差に分け，空間的な誤差は平面のx方向，y方向および高度のz方向の3つの成分，そして時間的な誤差はt成分とする．

平面（2次元）の精度劣化係数（HDOP：Horizontal DOP）は，

$$\text{HDOP} = \sqrt{\sigma_{xx}{}^2 + \sigma_{yy}{}^2} \tag{2.25}$$

高度方向の精度劣化係数（VDOP：Vertical DOP）は，

$$\text{VDOP} = \sigma_{zz} \tag{2.26}$$

この2つの係数を合わせた形で，空間的位置の精度劣化係数（PDOP：Position DOP）は

$$\text{PDOP} = \sqrt{\sigma_{xx}{}^2 + \sigma_{yy}{}^2 + \rho_{zz}{}^2} \tag{2.27}$$

となる．そして時間（時計のずれ）の影響に関する精度劣化係数（TDOP：Time DOP）は，

$$\text{TDOP} = \sigma_{tt} \tag{2.28}$$

である．これらすべてを1つの劣化係数としてまとめたものがGDOP（Geometric DOP）であり，

$$\text{GDOP} = \sqrt{\sigma_{xx}{}^2 + \sigma_{yy}{}^2 + \rho_{zz}{}^2 + \sigma_{tt}{}^2} \tag{2.29}$$

で表される．これは劣化の係数なので，1が最も小さく，値が小さいほど精度はよく，大きいと精度が悪くなることを意味している．

GDOP値は測位に用いる，すなわち衛星からの電波を受信して位置の計算に用いている複数の衛星の配置に影響される．これは，測位時にどれだけ衛星の配置が良い状況で受信できているかということである．この様子を図2-5に示す．たとえば，ビルの窓際で測位すれば，その窓の側にある衛星からの電波は受信できるが，反対側の衛星からの電波は受信しにくい．このような場合には，GDOP値は大きくなり測位精度は悪化する（同図(a)のような場合）．一方，広い平地や海上などで全天球を望める位置に受信アンテナを置いた場合には，多くの衛星からの電波が受信でき，結果的にその配置によるGDOP値は小さくなり，測位精度は良くなる（同図(b)のような場合）．

位置誤差は（2. 24）式により与えられ，このうちDOP値については，上記のとおりである．もう1つの項であるUEREに影響する要素は，

a：衛星の時計誤差
b：衛星の軌道誤差
c：電離層遅延誤差

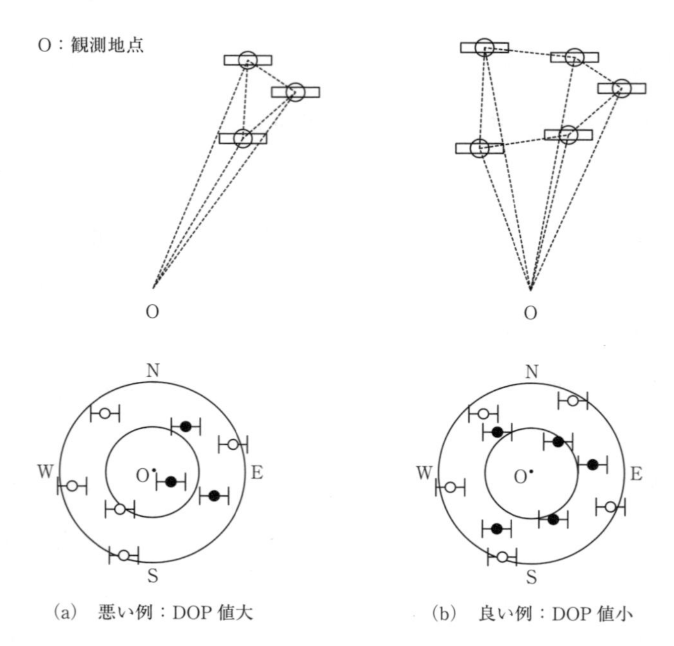

図2-5　衛星配置とDOP値の関係

d：対流圏遅延誤差
e：受信機雑音
f：マルチパス
g：選択利用性（SA）

があり，UERE は，

$$\mathrm{UERE}=\sqrt{a^2+b^2+c^2+d^2+e^2+f^2+g^2} \tag{2.30}$$

となる．

これらの誤差要因は 2.5.3 項で説明したものである．g の選択的利用性については，現在は廃止されておりこの項目は誤差要因としてはないものと考えられる．また，これ以外の UERE の要因はそれぞれ不可避で，ある時刻に，ある場所において測位しているとき，通常の単独測位では一般に改善することは難しい．

測位精度を良くするには，

・DOP 値を小さくする
・連続的に計測する
・ディファレンシャル技術を利用する（D-GPS，SBAS など）

が挙げられる．

DOP 値を小さくするには，受信（測位）地点とその時受信している複数の衛星を結んだ多面体の体積が大きくなるようにすればよい（図 2-5）．そのためには，できるだけ多くの GPS 衛星からの電波を受信できるようにする必要がある．マイクロ波の性質（直進性や建物その他による減衰）を考えると，受信地点において，上空を広く見渡すことができるように GPS 受信アンテナを置く必要がある．屋外で，できるだけ広く空が見渡せる場所が望ましい（図 2-6）．

まとめると，GPS で精度良く測位するには，

DOP 値を小さくする
↑
衛星を結ぶ多面体の体積を大きくする
↑
できるだけ多くの衛星からの信号を受信する
↑
上空を広く見渡せる位置に受信アンテナを置く

ここで，矢印の向きを上向きとして説明したのは，下の事項を満たせば上のことが実現されるという意味である．逆に精度をよくするためにはDOP値を小さくする必要があり，そのためにはできるだけ多くのGPS衛星からの受信状態をよくするために，結局，上空を広く見渡せる位置にGPSの受信アンテナを置く必要があるということである．

継続的に計測すると，あるところまで誤差が減り精度が良くなるのは，GPSの測位原理上，連立方程式を解く際に，ある初期値から解を求める繰り返し計算を行うので，その初期値が実際の地点に近いと，同じ回数の繰り返しでも，精度の高い解を求めることができるためである．

以上は，単独測位における測位精度向上についての説明である．先に記したとおり，これでは避けることのできない誤差要因もある．さらに改善するための方法として，ディファレンシャル技術がある．詳細は2.7節で説明する．

〇 受信しやすい

上空が直接広く見渡せる
(例)
・視界が広がった屋外
・空が広く見渡せるビルの屋上
・直接空が見える（橋の下などを除く）海の上

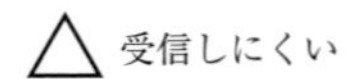

空が見える範囲が制限されている
電波をさえぎるものがある
(例)
・ビルの谷間
・木々の付近，森や林の中
・駅（地上）など
・窓のある室内

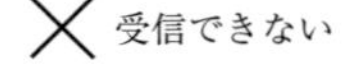

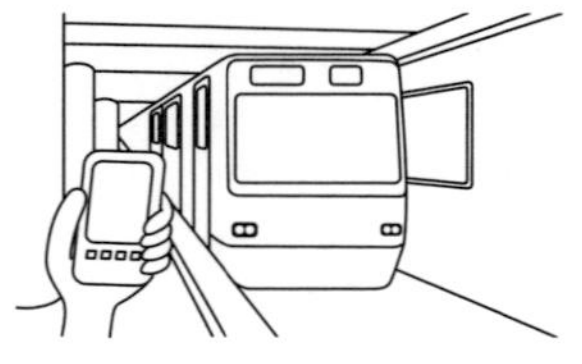

空が見えないまたは受信をさまたげるものがある
(例)
・窓のない屋内
・地下
・トンネル内
・ノイズを発する機器，無線通信を行う機器の近く

図2-6　GPS受信状況のイメージ

【例題】 GPSの位置誤差は，UERE × GDOP　で表される．UEREの要素を挙げ，計算式を示せ．

a：衛星の時計誤差
b：衛星の軌道誤差
c：電離層遅延誤差
d：対流圏遅延誤差
e：受信機雑音
f：マルチパス
g：選択利用性（SA）

$$\mathrm{UERE} = \sqrt{a^2 + b^2 + c^2 + d^2 + e^2 + f^2 + g^2}$$

※単位は，すべてm（メートル）．

《問題》 GPS受信機で求められた衛星までの擬似距離には，どのような原因による誤差が含まれているか．項目を列挙せよ．

《問題》 GPSにおいて，測位に使用する捕捉中の衛星の配置と測位精度の関係について述べよ．また，衛星の配置による測位精度を評価する数値（係数）として用いられるものには何があるか．

2.6　測地系

測位原理で説明したとおり，地球上の位置を示すためには座標系を設定しなければならない．その際，いくつかの問題がある．具体的には地球の形と位置の基準の問題である．

地球上の位置は緯度，経度で表すのが一般的である．図2-7のとおり，緯度については赤道を0度として赤道（0度）から北極（90度）まで「北緯」，赤道から南極（90度）まで「南緯」として地球中心にできる赤道からの角度で表す．経度については，英国ロンドン郊外の旧グリニッジ天文台の東西位置を0度として，そこから西向きには西経，東向きには東経で，それぞれ180度まで地球中心になす角度で表す．

精密に緯度，経度で位置を表すために，まず考えなければならないのは地球の形である．地球の形は球なのか．厳密に言えばほぼ球であり真球ではない．

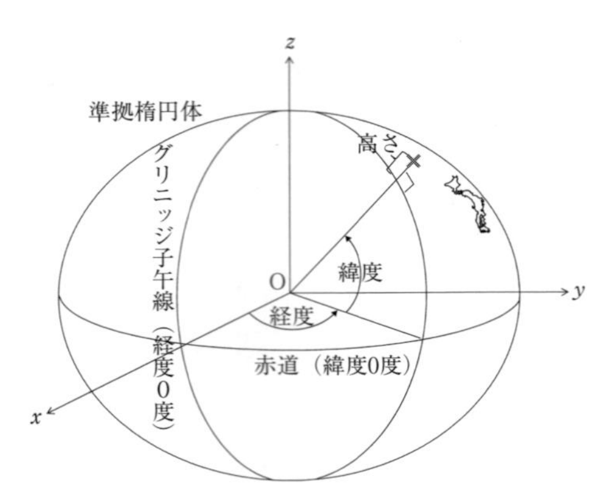

図 2-7 緯度・経度の座標系

高精度の測位ができなかった時代には，緯度，経度で地表の位置を表す際に，地球の形を真球と考えてもさほど問題はなかった．しかし，GPS時代となって，誤差数メートルの精度で位置を測ることができるようになると，地球の形が完全には球でないことが問題となった．近代の航海学においては，地球は真球ではなく，楕円体（平面上の楕円を空間的に，長軸または短軸のまわりに一回転させたときに描かれる形）であるということが教えられる．しかし，地球の形は実際には楕円体に完全に一致するわけでもなく，あくまで近似として考えなければならない．さらに，昔，地図を作成した際には，全世界の地図を1つの基準点からの座標値で作成するというようなことはできず，またその必要もなかったので，それぞれ地域において独自に基準点を設定して地図が作製されていた．たとえば日本では，東京日本橋に位置の基準となる地点が決められており，そこからの緯度，経度の差または方位，距離，および標高の差等，基準点からの相対的な位置によって地形図が作成されてきた．しかし，それは全地球的な基準点ではない．

GPSにより高精度に全地球上のあらゆる点を測位できるようになると，地域ごとの基準点がずれているということが顕在化した．そこで，地球の形をどのような楕円体として近似するか，また，緯度，経度の基準点をどこに設定するかを定義した「測地系（Geodetic System／Geodetic Datumまたは単にDatum)」を考える必要がある．

過去の測量結果は膨大な資産であり，地域ごとに地図が作成されていたものを一挙に全地球規模で1つの座標基準に移行（変換）するというのは現実的でなく，現在でも地域ごとにそれぞれ異なった座標基準として複数の測地系が存在する．そのような測地系は100種類以上が存在している．現在では世界で測地系を統一するのが流れであるが，いまだ完全に統一される状況にはない．

個々の測地系は，近似として考える楕円体（準拠楕円体＝Reference ellipsoid）の形や，基準点の位置が異なる．なお楕円体の形は長半径（長い方の軸の半径）と扁平率（長半径に対して短半径（短い方の軸の半径）がどれだけ短いかという差の比率）で表す．すなわち

$$短半径=長半径\times(1-扁平率) \tag{2.31}$$

である．

測地系で採用している準拠楕円体の種類には表2-5に示すように20数種類がある．

表2-5　測地系における準拠楕円体の種類

楕円体 (Ellipsoid)	長半径［m］(Semi-major axis)	扁平率 (flattening)
Airy 1830,	6,377,563.396	0.0033408506
Modified Airy	6,377,340.189	0.0033408506
Australian National	6,378,160.000	0.0033528919
Bessel 1841 (Namibia)	6,377,483.865	0.0033427732
Bessel 1841	6,377,397.155	0.0033427732
Clarke 1866,	6,378,206.400	0.0033900753
Clarke 1880,	6,378,249.145	0.0034075614
Everest (India 1830)	6,377,276.345	0.0033244493
Everest (Sabah Sarawak)	6,377,298.556	0.0033244493
Everest (India 1956)	6,377,301.243	0.0033244493
Everest (Malaysia 1969)	6,377,295.664	0.0033244493
Everest (Malay. & Sing.)	6,377,304.063	0.0033244493
Everest (Pakistan)	6,377,309.613	0.0033244493
Modified Fischer 1960	6,378,155.000	0.0033523299
Helmert 1906	6,378,200.000	0.0033523299
Hough 1960	6,378,270.000	0.0033670034
Indonesian 1974	6,378,160.000	0.0033529256
International 1924	6,378,388.000	0.0033670034
Krassovsky 1940	6,378,245.000	0.0033523299
GRS 80	6,378,137.000	0.0033528107
South American 1969	6,378,160.000	0.0033528919
WGS 72	6,378,135.000	0.0033527795
WGS 84	6,378,137.000	0.0033528107

現在，船舶の運航において世界共通で一般的に使用されている測地系は，「世界測地系（WGS-84：1984年に制定されたWorld Geodetic System)」である．一方，昔から日本において用いられてきた測地系は「日本測地系（TOKYO Datum)」である．世界測地系（WGS-84）と日本測地系（TOKYO Datum）の準拠楕円体の具体的な値はつぎのとおりである．

世界測地系（WGS84）……　WGS84 楕円体
　長半径（A）　=　6378137.000［m］
　扁平率（F）　=　0.0033528107

日本測地系（TOKYO Datum）……　Bessel 楕円体（1841）
　長半径（A）　=　6377397.155［m］
　扁平率（F）　=　0.0033427732

測地系について，船舶の運航ではWGS-84に統一するというのが流れである．各測地系と世界測地系（WGS-84）の間で変換するためのパラメータが計算されている．これは，図2-4に示した座標系において，x方向（中心から経度0度の赤道地点の方向）の差をΔX，y方向（中心から経度90度の赤道地点の方向）の差をΔY，z方向（中心から北極方向）の差をΔZとし，それぞれ加減する値をメートル単位で示している．測地系が異なれば準拠楕円体の形も異なるので，このパラメータは地球上のどの地点でも有効なのではなく，限られた地域において簡便に変換するための近似的なものであり，同じ測地系でも適用地域によって異なったパラメータが必要な場合もある．そのため，100種類以上の測地系に対して200種類以上のパラメータが用意されている．表2-6に測地系と地域ごとのWGS-84への変換パラメータの抜粋を示す．ただし，表中のΔX，ΔY，ΔZの値は概算値であり，さらに詳細な値が公表されている場合もある．

たとえば，日本の付近では，日本測地系（TOKYO Datum）による位置は世界測地系（WGS-84）位置とx方向に-148m，y方向に507m，z方向に685mの差があることを示している．準拠楕円体も異なるため複雑な計算が必要となり，ここでは省略するが，緯度，経度の座標により変換すると，直線距離の差は稚内付近では約400m，東京付近では約450m，北九州付近では約420m，世界測地系の地図では日本測地系の地図よりそれぞれほぼ北西方向に移動したかのような値となる．実際には同じ地点だが緯度，経度の数値が測地系により異なって表示されることを意味している．

表 2-6　測地系と変換パラメータ（抜粋）

測地系 (Datum)	準拠楕円体 (Ellipsoid)	ΔX	ΔY	ΔZ	適用地域 (Region of use)
North American 1927	Clarke 1866	−12	130	190	Mexico
North American 1983	GRS 80	0	0	0	Alaska (Excluding Aleutian Ids)
North American 1983	GRS 80	−2	0	4	Aleutian Ids
North American 1983	GRS 80	0	0	0	Canada
North American 1983	GRS 80	1	1	−1	Hawaii
South American 1969	South American 1969	−60	−2	−41	Brazil
South American 1969	South American 1969	−75	−1	−44	Chile
South American 1969	South American 1969	−44	6	−36	Colombia
Tokyo（日本）	Bessel 1841	−148	507	685	Japan
Tokyo（日本）	Bessel 1841	−148	507	685	MEAN FOR Japan; South Korea; Okinawa
Tokyo（日本）	Bessel 1841	−158	507	676	Okinawa
Tokyo（日本）	Bessel 1841	−147	506	687	South Korea
Tristan Astro 1968	International 1924	−632	438	−609	Tristan da Cunha
Viti Levu 1916	Clarke 1880	51	391	−36	Fiji (Viti Levu Island)
Voirol 1960	Clarke 1880	−123	−206	219	Algeria
Wake Island Astro 1952	International 1924	276	−57	149	Wake Atoll
Wake-Eniwetok 1960	Hough 1960	102	52	−38	Marshall Islands
WGS 1972	WGS 72	0	0	0	Global Definition
WGS 1984	WGS 84	0	0	0	Global Definition

【例題】 測地系について，つぎの問いに答えよ．

(a)「測地系」を英語でなんと言うか．

Geodetic System　または　Datum

(b) 現在，世界で（とくに船舶運航で）統一して使用することになっている測地系は何か．

WGS-84　(World Geodetic System)

(c) 前問(b)の測地系の長半径と扁平率の値を記せ．また，そのイメージを図示せよ．

長半径（A）　=　6378137.000 m
扁平率（F）　=　0.0033528107

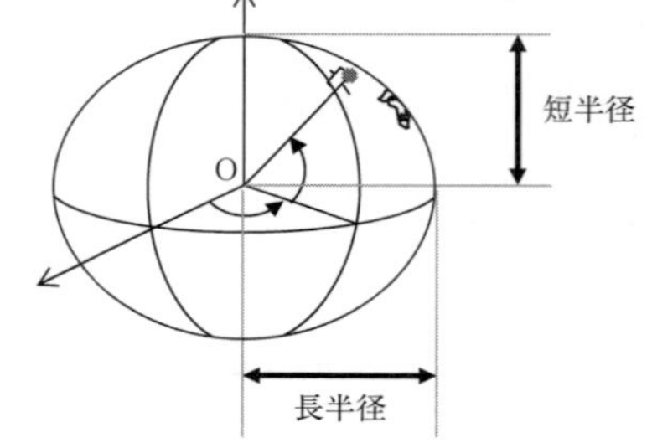

(d) 従来，日本で用いられていた測地系は何か（日本語と英語で）

日本測地系　　TOKYO Datum

2.7　ディファレンシャル GPS（D-GPS）と SBAS

2.7.1　D-GPS

GPSの測位方式には大別して単独測位と相対測位の2つがある．これまで説明したGPSの測位原理は単独測位による基本的な測位についてのものである．単独測位では，状況が良いときでも種々の誤差の影響により距離誤差10m程度（現在では4m程度まで改善されている）の測位精度が限界である．また，かつてSA（選択利用性）により人為的に誤差を大きくするようなデータを送信するという運用をしていた頃には，単独測位による精度では不十分なこともあった．そこで，単独測位の精度を改善するために考案されたのが，GPS衛星から受信機までの電波の伝搬において誤差を生じるような影響を，受信機で補正するためのデータを測位計算の際に加味して精度を向上させるという方法である．簡単に言えば正確な位置（緯度，経度）が既知である地点でGPS測位をしてみて，その結果が真の値からどれほどずれているかということから補正に関する値を割り出し，その情報を何らかの方法で付近のGPS受信機に伝送するというものである．これは基準地点からの相対的な位置関係を算出するという意味で「相対測位」方式と呼ばれ，そのようなシステムを広い意味で「ディファレンシャルGPS（Differential GPS：D-GPS）」という．

具体的にディファレンシャル情報には，その時のその地域での電波伝搬状態等により影響をうける擬似距離を補正するための情報が含まれており，これを用いて，GPS受信機内部では補正した擬似距離を用いて位置計算を行うことで，測位結果の精度を向上させる．

この補正情報を送る手段により，地上から長波～中波の電波で送信する狭い意味での「ディファレンシャルGPS」と，衛星（GPS衛星ではなく，他の通信衛星など）から地上で得た結果を送信する「SBAS（Satellite-based Augmentation System ＝衛星利用精度補強システム）」に大別される．

日本付近の海上での利用を目的としたディファレンシャルGPSの補正情報は海上保安庁により運用されており，200 kHz～300 kHz帯の周波数の電波により陸上から放送されていた．しかし，海上保安庁が運用する地上からのディファレンシャル情報の送信は2019年3月に廃止された．現在ではつぎに説明するSBASを中心とした補正情報の利用が主流となっている．

2.7.2　SBAS

地上で計測して用意した補正情報を陸上から各受信機に送るのではなく，いったん上空の衛星（通信衛星など）まで送信して，そこから測位している地上のGPS受信機に放送するシステムをSBASという．これに利用するのは，GPS衛星とは別の衛星である．

日本ではMTSAT（運輸多目的衛星）を利用したシステム（MSAS）があったが2020年3月にその運用が終了し，準天頂衛星システム（2.9.2項参照）のみちびき3号（静止衛星）に引き継がれQZSS-SBASとしてサービスされている．

SBASには，利用する地域や衛星により異なった名称があり，米国が運用し，主に北米およびハワイ地域で利用可能なものはWAAS（Wide Area Augmentation System）と呼ばれる．ほかにもEGNOS（European Geostationary Navigation Overlay Service：欧州静止衛星ナビゲーション オーバーレイ サービス）や，現在ではその他いくつかのSBASの種類がある．

現在，GPS受信機ではSBAS利用可能なものが主流となっている．

GPSによる測位の精度は，衛星からの電波の伝搬状況に左右されるので一概には言えないが，一般に単独測位では状況が良いときでも（2. 30）式による位置誤差は10m程度（現在では4m程度）の測位精度なのに対して，SBASを利用した測位の場合，位置誤差は1m程度に改善される．

【例題】　WAASについて簡潔に説明せよ．

WAAS（Wide Area Augmentation System）はSBAS（Satellite-based Augmentation System）の具体的なシステムの名称である．ディファレンシャルと同様，GPSの測位精度向上のために補正情報を衛星から送るシステムで，静止衛星を用いており，北米およびハワイで利用可能である．

【例題】　GPS受信機で求めた衛星からの擬似距離の誤差要因のうち，ディファレンシャル技術（DGPSやSBAS）を利用することにより軽減させることが期待できる誤差と，できない誤差をそれぞれあげよ．

（軽減が期待される誤差の種類）

・衛星内部の時計の誤差　…　航法メッセージにも含まれる．

・対流圏（大気）による電波の遅延　…　迎角の低い衛星からの電波の場合，大気圏を長く電波が通ってくるため影響が大きくなるが，ある程度予測できるため，補正情報により軽減できる．

・電離層による電波の遅延　…　複数の周波数の電波を用いることで軽減されるが，1波でも補正情報で軽減可．

・衛星の軌道情報のずれ　…　精密軌道暦を受信することで，測位精度を上げることができる．

（軽減されない誤差の種類）

・マルチパスによる電波の遅延　…　衛星から複数の経路を通って受信機まで電波が到達することがあり，周囲の状況によりその変化は予測できないため，補正情報では軽減できない．

・空気中の水蒸気量による遅延　…　空気中の水蒸気量による影響は，場所，時間ともに予測不可能であり，補正情報では軽減できない．

・受信機の時計の誤差　…　本質的に受信機内部の時計は衛星内の原子時計などと比べれば精度がかなり悪い．測位の計算において，これも未知数として位置を算出するようになっており，補正情報で軽減されるものではない．

・その他雑音や信号減衰　…　受信機内部を含め，周囲の雑音等の影響や，衛星からの電波の減衰など，データの受信が欠落することにより精度が低下することがあり，これは補正情報では軽減できない．

2.8　GPS受信機とその使用

2.8.1　GPS受信機の構成

GPS受信機の一般的な構成（ブロック図）を図2-8に示す.

GPS衛星から送信された電波をアンテナで受信し，プリアンプ（前置増幅器）を通して，①高周波の信号からデータを取り出す機能，②そのデータをもとに位置を計算する機能，③一定時間前の位置データと現在のデータから移動速度と移動針路を計算する機能，④それらの結果を表示する機能から構成されている．この他，それらのデータを外部に出力するために，出力インターフェイス（通常，シリアル インターフェイス）を装備するものも多い．さらにSBASの補正情報を含んだ電波を受信する機能を有しているものも増えている.

GPS受信機はその測位原理上，同時に複数の衛星からの電波を受信する必要がある．かつてはこれを1つの受信回路（1チャネル）で順番に受信するという方式がとられていた．すなわち，その時，受信可能な1番目の衛星からのメッセージを受信し，それが終われば2番目，3番目……というように時間をかけて順に受信するものである．これを「1チャネル シーケンシャル受信方式」という.

これに対して，現在では「多チャネル同時受信方式」が一般的である．これは，1つのGPS受信機に複数の受信回路を内蔵して，同時並行で別の衛星からのメッセージを受信することができるようにしたものである．現在では12

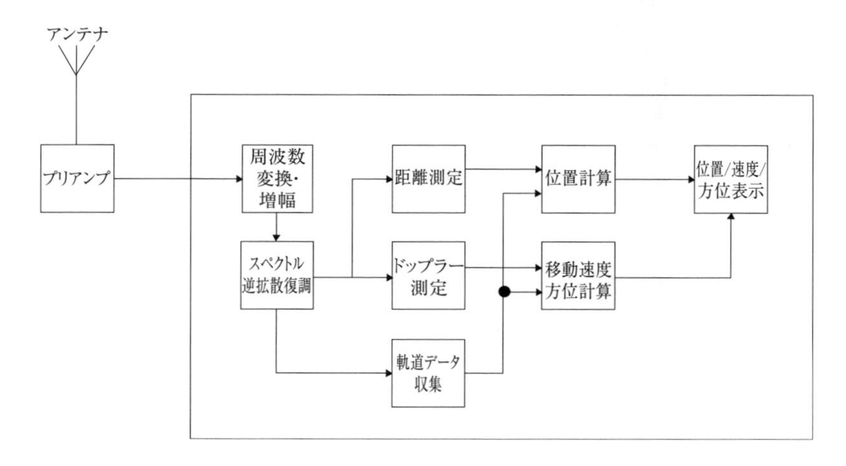

図2-8　GPS受信機の構成

チャネル同時受信というGPS受信機が一般的であり，GPS衛星の配置から考えれば，地上のある地点で同時に観測できるGPS衛星の数が12を超えることはほぼないと考えられるので同時受信は12チャネルで十分であり，当面それ以上のチャネル数のGPS受信機は船舶運航用を含め一般には市販されないであろう．

図2-9にGPS受信機（表示器）の外観の例を示す．GPS衛星から送信される電波は「円偏波」と呼ばれる伝わり方をする種類の電波なので，これを受信するために，受信用のアンテナは「ヘリカル アンテナ」が一般的に用いられる．ヘリカルとは「らせん状」という意味である．実際の舶用GPSでは「マイクロストリップ アンテナ」または「パッチ アンテナ」という形式で，図2-10のようにキノコ型の外観のものを用いることが多い．これをマストの上など，受信状況の良い位置に取り付け，受信機との間を給電線（同軸ケーブル）で接続する．最近では，このアンテナと同じ筐体の中に受信機も内蔵した一体型で，表示器のみを別の装置として，無線の信号ではなくデータのみを信号ケーブルでやりとりする方式のものもある．そのような方式では，受信アンテナから離れた受信機までのケーブルにおける電波の減衰による受信性能の劣化を防ぐ効果も期待できる．

図2-9　GPS受信機（表示器）外観

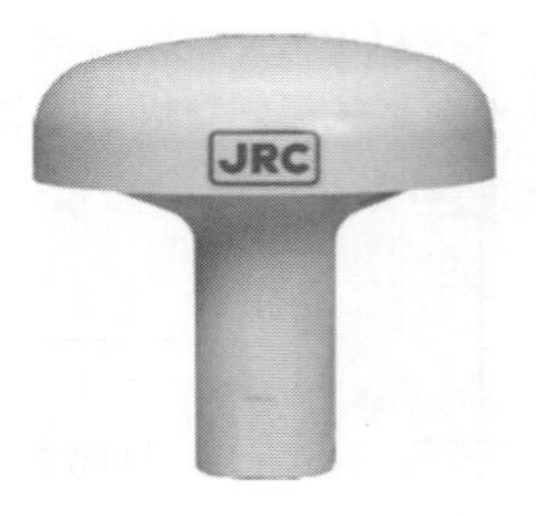

図2-10　GPS受信アンテナ

2. 8. 2　GPS受信機から得られるデータ

表2-7にGPS受信機から得られるデータを示す．

表 2-7　GPS受信機から得られるデータ一覧

直接得られるデータ
- ・緯度，経度（測地系の設定により値を出力）……　基本機能
- ・高度
- ・GPS時刻　：　UTCで表示される（2.8.4項参照）

受信機で計算（過去数秒～10秒程度の位置（緯度，経度）の変化から計算する）
- ・真針路（COG：Course Over Ground）
- ・対地速力（SOG：Speed Over Ground）

付加的機能（受信機によってはナビゲーション機能もある）
- ・時計の自動修正と表示
- ・簡易ナビゲーション（経路の管理，目的地の設定とウェイポイントまでの方位距離）
- ・地図表示および地図上への位置，航跡のプロット（GPSプロッタ）
- ・データ出力（インターフェイスを介してPC他の機器へデータ転送）（2.12節参照）

2.8.2.1　位置（緯度，経度，高度）

GPS受信機から得られる最も基本的かつ最低限の機能は位置データであり，緯度，経度の値で表示される．また，衛星配置や受信衛星数の状況により3次元測位が可能なときには，これに加えて高度（Altitude）の値も得られる．高度のデータはメートル［m］またはフィート［ft］単位で表示される．

測地系が基準としている地球の形は回転楕円体であるが，高度を表す際の基準とする海抜0m（平均水面）は，地球上で均一ではなく地域によって準拠楕円体からの起伏がある．地球の自転による遠心力，地球の重力密度の地域的な偏りなどの影響を受けるためである．この起伏を含んだ地球表面を表す海抜0mの基準面を「ジオイド面」という．陸地における標高はその地域の平均水面を陸地まで延長した面を基準とするので，GPSで測定した楕円体の面からの高度を標高に換算するには，ジオイド面と楕円体表面との高度方向の差（ジオイド高という）を減じる必要がある．ジオイド高は，地球上の各地域において不均一である．そのため楕円体のような何らかの単純なパラメータで表現することは不可能であり，地域ごとに複雑なモデルで表される．GPS受信機でその地点のジオイド高が分からなければ，標高に換算することはできず準拠楕円体面からの高度しか分からない．GPS受信機によってはジオイド高を加味した標高を表示するものと，楕円体面からの高度を表示するものがあり，注意が必要である．ジオイド高は地域によって－100m～100m程度の所もあり，ジオイド高を加味していない高度のデータは標高から数十メートル以上（最大

で－100m～＋100m程度）の誤差があるという状況も少なくない．

2.8.2.2　針路・速力

GPSで測位した平面的位置（緯度，経度）は，単独測位の場合で，ある程度の誤差が含まれていたとしても，系統的誤差はその付近で，またそれほど時間をおかずに計測した場合には同じ傾向の誤差を含んでおり，1つの受信機で短い時間をおいて計測した2点の相対的な位置関係は，十分な精度のデータが得られると仮定できる．これを利用して，少し前の計測位置と現在位置との差から，その間に移動した方位と距離が計算できる．一般的に10秒程度の間隔で過去の位置と現在位置から，航法計算により方位，距離を計算する．

この方位はGPS受信機（厳密にはアンテナ位置）が移動した方位であり，真針路（Course over Ground）に相当する．また距離を時間間隔で割って，単位時間あたりの移動距離を計算すれば速力の値となり，これはGPSで測位した位置から計算しているので地球上の絶対的な移動であり，対地速力（Speed over Ground）である．

計算に用いる2地点の時間間隔は，長くすれば，その間の平均速力としては精度がよくなるが，速力が変化しているときには追従性は悪くなる．一方，短くすれば速力が変化しているときの追従性はよくなるが，移動距離に対して測位誤差が相対的に大きくなるため，計算結果の速力の精度は落ちる．

船舶運航で用いる場合，GPS受信機から出力される針路，速力は，対地の値として十分に利用できる精度であると考えてよい．それらの値はレーダーやAISに入力され利用される．

2.8.2.3　その他の機能

GPS衛星には精度の高い原子時計が搭載されており，またGPSの測位原理から，受信機内部の時計のずれを算出している．そのため，高精度の時刻を得ることができるというのも1つの機能である．GPSシステムの時刻情報などについては，後の項（2.8.4）で説明する．

GPS受信機には他の航海機器との間でデータを通信するためのインターフェイスを有しているものがあり，船用のGPS受信機等はもちろんのこと，ハンディGPSでもそのようなインターフェイスを備えているものもある．GPS受信機のインターフェイスを介して出力されるデータについては2.11節で説明する．

2.8.2.4　GPS受信機の形態

今日のGPS受信機はかなり小型化されており，片手で握って持つことができる程度のものが一般的である．そのためハンディGPSと呼ばれる持ち運びを目的として電池で動作するものも広く普及している（図2-11）．さらに小型化して腕時計程度の大きさのものもある．現在では，ほぼすべてのスマートフォンにも内蔵されている．一方，船用のGPS受信機は取り付けや操作性等を考慮して，本体は10～20cm四方で厚さ（奥行き）数センチから10cm以内のものが一般的である（図2-14）．

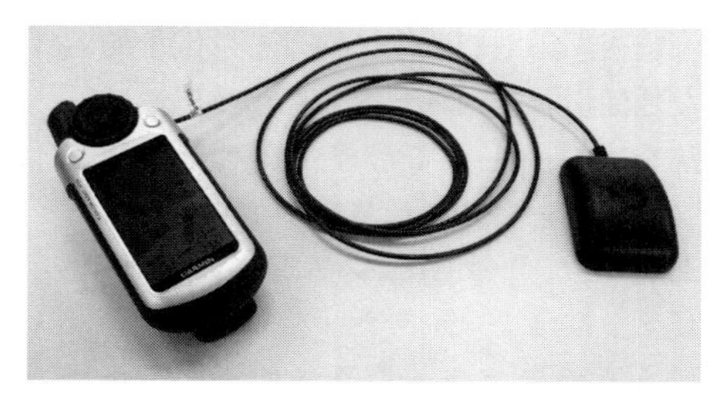

図2-11　ハンディGPSと外付けアンテナ

最も基本的なGPS受信機は位置情報のみを出力するもので，画面表示もなく直接パソコンのUSB端子に接続してデータのみを転送するような，安価な製品も市販されている．ハンディのGPS受信機は，数インチの小型液晶ディスプレイが付いていて，基本的な機能として緯度，経度や移動速度，移動針路などを数値で表示する．このほか，現在地と目的地の位置情報から，どちらの方位に進めばよいかを示す簡易ナビゲーション機能をもったものもある．さらにハンディGPSでも，ハイキングやトレッキングなどの用途で，電子地図を内蔵していて地図上に位置をプロットし，目的地までの経路を示すものがあり，最近ではメモリカードのスロットなどを備えて詳細な電子地図データを利用できるようになっていて，カラー液晶に精度の高い地図を表示できるものがある．ハンディ型でも陸上の道路地図を内蔵していて，カー ナビゲーション システムとして機能し，電池内蔵で持ち歩けるようなものもある．自動車に装備するカー ナビゲーション システムもGPS受信機の一種であり，少し大きめのカラー液晶ディスプレイを備え，電子的な道路地図を内蔵し，目的地までの経路探索機能と，交差点などでどちらに行けばよいかをその都度教えてくれる機能を有している．これは船用のナビゲーション システムであるECDISの「航路計画（Route Planning）」と「航路監視（Route Monitoring）」の機能とも同様である．

船用のGPS受信機は，商船など大型の船舶では，レーダーやAIS，ECDISなどの他の機器へ位置情報を送信することが重要な機能であり，複数のインターフェイスを備えているのが一般的である．受信機本体は簡単なモノクロディスプレイにより受信機の状態を表示したり，メニュー画面で出力データや測地系その他の各種設定をしたりできるようになっている．受信機本体でナビゲーションなどの機能を利用することは少ない．

一方，小型船舶等に向けて，電子的な地図情報を内蔵し，自船の位置や航跡をプロットする機能を有したGPSプロッターと呼ばれる機器がある（図2-12）．これはGPS受信機にカー ナビゲーション システムと同程度か若干大きめのカラー液晶画面などを備え，単体で位置の表示と簡単なナビゲーションが実現されている．

図2-12　GPSプロッターの例

【例題】　GPS（GPSコンパスを除く.）の針路，速力の測定は，どのように行われているか．その原理を述べよ．

衛星から送られてくる信号の中に含まれている軌道情報から，受信しようとする衛星の移動速度と衛星からの距離を求め，電波の周波数変化分からドップラーシフトを求めて速力を計算する．

または，GPSにより測位した位置と過去の位置との距離と方向により速力と針路を算出している．

---

2. 8. 3　受信機の使用

GPSの使用はいたって簡単であり，基本的には電源を入れるだけである．ただし，GPS衛星からの電波を受信できる状態にする必要があるため，アンテナの準備が必要である．また，測地系を適切なものにあわせるなどの初期設定が必要な場合がある．GPS受信機使用の手順をまとめるとつぎのとおりである．ここでは，図2-14に示すGPS受信機を例に説明する．

(1) アンテナを衛星からの電波が受信できるよう準備

船舶に設置する場合は，受信アンテナは通常，マストの上部など受信状況の良い地点に装備される（図2-13）．ハンディGPSなどは受信アンテナを内蔵した一体型が一般的であるので，船橋内などで使用する場合には窓際に置くなどの注意が必要である．ただし，窓際でも衛星からの電波の受信状態はあまり期待できないので，できれば外付けアンテナをハウスの外に設置して受信機と接続するのが望ましい．

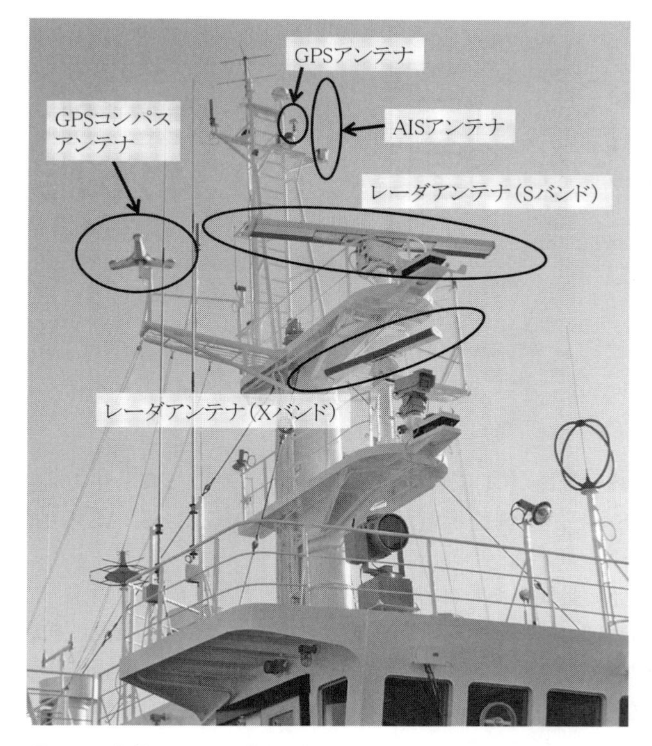

図 2-13　船舶のマストに装備したGPS アンテナとその他のアンテナ類

(2)　電源を入れる

電源を投入すると衛星画面が表示されるものが多いので，受信状態（受信衛星数，信号強度等）が良好であることを確認する．前に電源を切ったときから時間が経過し，また場所が大きく変わった場合には，緯度，経度が表示されるまでしばらく（数分程度）かかることがある．電源投入後，しばらくして位置測定の計算ができて緯度，経度の値が表示されることを確認する．

図 2-14　GPS 受信機（表示器）の例

図 2-15(a)は衛星画面の例で，左上の部分には衛星の配置を簡易的に図で示しており，右側の部分には，衛星番号と受信しているその衛星からの電波の強度を棒グラフで示している．

図 2-15(b)は測位中の結果を示す画面の例で，①緯度，②経度，③移動速度

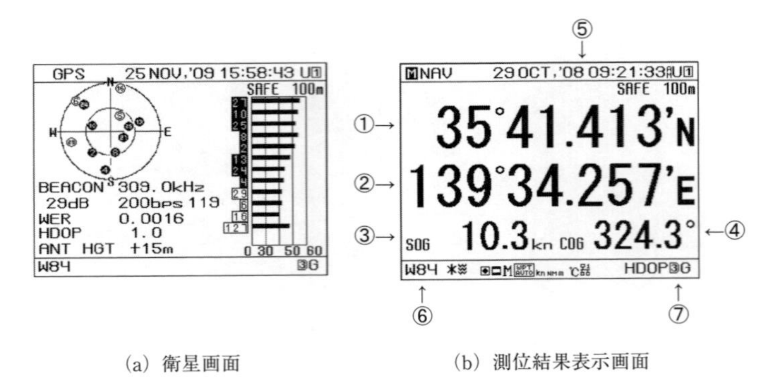

(a) 衛星画面　　(b) 測位結果表示画面

図 2-15　GPS 受信機の表示画面の例

(SOG)，④移動針路（COG)，⑤時刻（例ではUTCで表示)，⑥測地系（この例ではWGS-84)，⑦測位状態（3次元測位，D-GPS・SBASの利用等）を意味している．

(3) 設定確認・必要であれば設定する

必要があれば，メニュー画面等を用いて設定する．例えば，測地系，ディファレンシャルやSBAS等の使用の有無，表示単位（oo度oo分oo秒かoo度oo.oooo分など)，出力インターフェイスごとのデータの種類やデータ出力の周期等を設定する．なお，これらのうち多くの項目は機器の設置時，最初に一度設定すればその状態が記憶されるので，通常は電源投入の都度に行う必要はない．必要に応じて，また他の機器でのデータ利用において，GPS位置データに不安があるときには，設定を確認し必要があれば正しく設定しなおす．

図 2-16　GPS 受信機の操作部

具体的に設定を行うには，図2-16の例のような簡易なキー（ボタン）の操作により行う．図2-17は，メニュー（MENU）キーを押して表示される画面の例で図2-17(a)はシステム設定のメニュー，同図(b)はGPSの測位モードやディファレンシャル，SBASの設定等を行うメニューの例である．

さらに画面を変更して図2-18の例のようなインターフェイスの入出力データの設定を行うため

のメニューを用いて転送データの設定を行う．図2-18(a)はインターフェイスのポートごとのデータの規格を選択している様子，同図(b)はそのポートから出力するNMEAセンテンスの選択と，出力周期の時間の設定を行っている様子である．GPSから他の機器類へのデータ出力については，2. 11節で説明する．

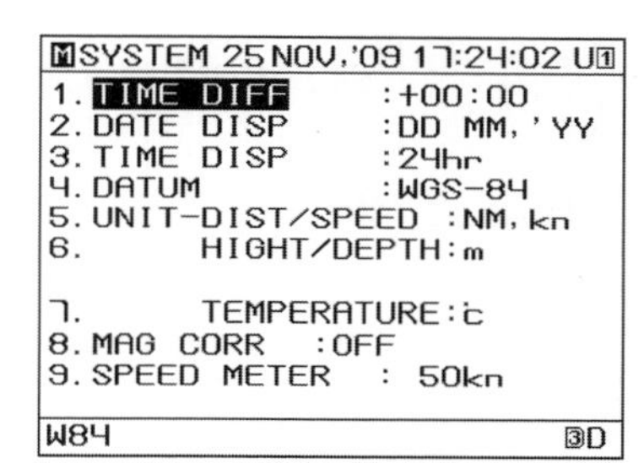

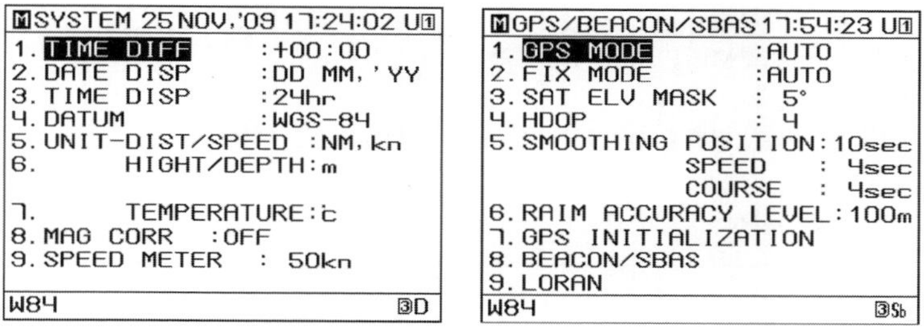

(a) システム設定　　(b) GPSモード等

図2-17　GPS受信機のメニュー画面の例

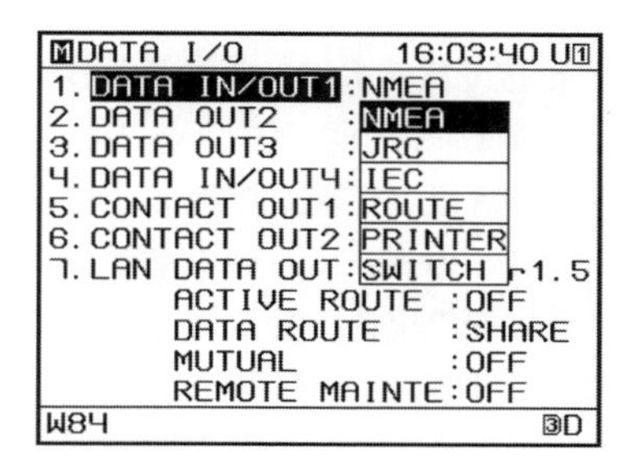

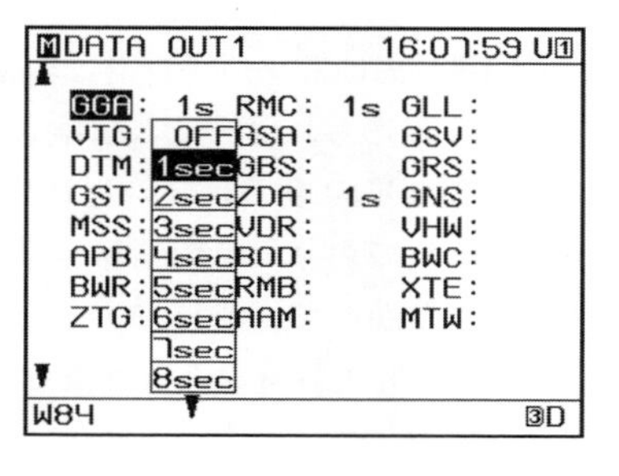

(a) データ出力選択　　(b) データ出力1設定

図2-18　GPS受信機のインターフェイス設定画面の例

《問題》　GPSの受信アンテナとして一般的に用いられるアンテナの形式は何か．

【例題】 GPS受信機から得られるデータの種類を列挙し説明せよ.

・位置 緯度, 経度
 単位：度 分（小数点以下4位程度）または 度分秒
・高度
 単位：m または ft
・移動速度（対地速力：SOG）
 通常10秒の位置変化から移動距離を計算して速度を算出
 単位：km/h, MPH（Mile/h）または kn
・移動方位（真針路：COG）
 通常10秒の位置変化から針路（course）を算出 単位：度
・GPS時刻
 精度の高い日付と時刻（UTCで表示）

2. 8. 4 GPS時

GPSの測位原理には正確な時間の情報が必要であり，その時間源として各GPS衛星には原子時計が搭載されている．この原子時計は精密に管理されており，すべての衛星の原子時計の時刻をもとに「GPS時」という1つの時刻系として管理している．原子時計は非常に正確ではあるが，それでもわずかな遅れや進みは避けられず，それは測位精度の低下につながる．基準としてのGPS時との各衛星の原子時計の遅れや進みの情報が衛星から送信されるメッセージに含まれており，時間情報を用いるGPSの測位において精度が維持されている．したがって，測位によりGPS受信機の位置が分かれば，衛星からの電波の到達に要する時間等も見積もることができるため，その補正を行うことにより受信機において精度の高い時間情報を得ることができる．GPS受信機では時刻源として十分に正確なGPS時が利用できる．GPS時がいかなる時刻系なのかを考えるためには他の時間基準を理解する必要がある．天文測位による航海を行っていた大航海時代から正確な時刻を知ることは船舶運航において重要な事項であり，時間に関する知識は航海士にとって重要である．

2. 8. 4. 1 秒の定義と国際原子時

古来より時間を規定するためには，天体の運動を用いてきた．すなわち，地球の自転周期をもとにしており，1回の自転に要する時間を1日＝24時間＝1,440分＝86,400秒としている．地球の自転一周の時間の86,400分の1が1秒ということになる．これが天体の運動をもとにした時間の基準でありUT1という．世界時をUT（Universal Time）と言い，現在はUT1を指す．

国際単位系（SI）で秒の単位は1967年につぎのように定義され現在も使われている．

「1秒はセシウム133の原子の基底状態の2つの超微細準位の間の遷移に対応する放射の周期の9,192,631,770倍に等しい時間」

これは国際度量衡総会で決議され日本では計量単位令に規定されている．この定義をもとにして，セシウム原子を実際に使用した精密な時計が作られるようになった．これが原子時計である．原子時計は，天体の動きには関係なく，上記の定義にしたがって時間の基準を厳密に作り出し，これを1秒1秒，数え続けることで時間を計っている．国際原子時（International Atomic Time, 一般にフランス語表記での頭文字を取ってTAIと略す）という時刻系が定義されており，世界50カ国以上に設置されているセシウム原子時計を数多く含む約300の原子時計により維持され，それらの時刻の加重平均である．国際原子時は国際度量衡局という国際的な標準化団体が運用，管理している．（10. 6. 1. 3 原子時計参照）

2. 8. 4. 2　UTCとうるう秒

以前は，世界標準時として「グリニッジ標準時（GMT, Greenwich mean time)」が用いられていた．これは天体の運動をもとに時間を定義していた時代から，経度0度00分（当初，ロンドンにあるグリニッジ天文台の位置と定義された）の時刻を標準時とするというものである．時計の精度が著しく高くなり，現在では，協定世界時（UTC, Coordinated Universal Time）が世界の時刻標準として使用されている．UTCは国際原子時（TAI）に由来する原子時系の時刻で，UT1 世界時に同調するべく調整された基準時刻とされる．1971年に現在の協定世界時（UTC）が規定された．

原子時計が実現され時間計測の精度が顕著に高くなったため，天体（とくに地球の回転）の運動の周期が実は一定ではないことが明らかになった．したがって，地球の自転を基にした世界時（UT）と原子時計の時間は年月の経過とともに一致しなくなるという現象が現れる．そこで，旧協定世界時（UT2）の1958年1月1日0時0分0秒を国際原子時（TAI）の1958年1月1日0時0分0秒とすることが取り決められた．それ以降，TAIは前述のとおり1秒の定義に則って時間を刻み続けている．

1958年1月1日0時0分0秒（UT2）＝1958年1月1日0時0分0秒（TAI）

世界時（UT）は，天体（とくに地球の自転）の動きに影響されることを述べたが，地球の自転速度は微妙に速くなったり遅くなったりの揺らぎがあるものと考えられている．原子時計の精度で計測できるようになったここ50〜60年の間では，原子時計のほうが少しずつ進んでいるようにみえる．これはこの数十年の計測で少しずつ地球の回転が遅くなる傾向にあるものの，その影響よりもセシウムを用いた原子時計の1秒の定義における係数がほんの少し小さかったことが主な要因と言われている．しかし，いったん決めたこの係数を変えるとあらゆる物理定数に影響を及ぼすため，今のところそのままにされている．

全世界で用いる標準の時刻系として協定世界時を用いることが，原子時計が利用されるようになる前から決められていた．もともと協定世界時は，地球の自転を基にした時間基準であり，UTCがUT1（地球の自転に基づいて決められる世界共通の時刻系）より遅れまたは進みのいずれも0.9秒以上ずれないようにUTCを調整することになっている．その時間源として1972年からは，原子時計による国際原子時を基にすることとなった．国際原子時の計時は原子を用いた秒の定義に厳密に従って時を刻み続けて，以前の時計と比べて精度は格段に向上したが，上述のとおり主に係数の問題によるUT1とTAIの差を調整する必要が生じた．そこで，この1秒単位のずれを調整するために「うるう秒（Leap Second）」が導入された．

前述のとおりTAIは1958年にそのときの世界時（UT2）と合わせることとして計時を続けており，UTCの基準としてTAIが利用されることになった1972年1月の時点では，すでに1958年からの間にUT1がTAIより10秒ほど遅くなっていたので，1972年1月1日の時点でUTCをTAIより10秒遅れた時間（逆にTAIはUTCより10秒進んで計時している）と定義した．

UTC ＝ TAI － 10［秒］　　　（1972年1月1日において）

それ以来，2017年1月までに1回につき1秒ずつ，計27回（27秒分）の正の（UTCの方を遅らす）うるう秒が実施されたため，2017年1月時点で

UTC ＝ TAI － 37［秒］　　　（2017年1月1日において）

の関係がある．すなわち，UTCはTAIより37秒遅れている．2023年末現在，最後にうるう秒が実施されたのは2017年1月1日であり，つぎにうるう秒が実施されるまでこの関係は変わらない．

なお，うるう秒には「正のうるう秒」と「負のうるう秒」の可能性がある．負のうるう秒は，地球の自転が原子時計の計時より速くなったときにUTCの

方を進めるためにUTCの計時において1秒とばす（抜く）という操作が行われる．具体的には23時59分58秒（UTC）の次の秒を翌日の0時0分0秒（UTC）として23時59分59秒に相当する1秒をとばす．これに対して正のうるう秒は，地球の自転が遅くなったときにはUTCの方を遅らせなければならないのでUTCの計時において1秒増やす（追加する）という操作を行う．具体的には，通常，23時59分59秒のつぎに23時59分60秒という通常はありえない1秒を追加し，その次の秒を翌日の0時0分0秒とする．1972年以降，これまでに実施されたうるう秒は正のうるう秒（UTCをTAIより遅らせていく）のみで，負のうるう秒は実施されたことがない．なお，うるう秒は世界で同時に実施される．

なお，2022年の国際度量衡総会で，2035年以降はうるう秒が停止されることが決議された．通常はあり得ない秒を挿入することでコンピューター ソフトウェアへの影響があり各種のシステムで障害が発生する可能性を考慮してのことである．しかし，実際には廃止されるのではなく，これまでのUT1とUTCの差の許容値を0.9秒としているものを2035年までに増加させることを決定した．具体的には少なくとも100秒に延ばし，今後100年以上の間，UTCの調整をしなくてよいようにするものである．

2. 8. 4. 3　GPS時

以上，国際原子時（TAI）と協定世界時（UTC）という2つの時刻系の関係を説明したところで，つぎにGPS時なる基準の時刻系について述べる．GPS時は，各GPS衛星内部および地上施設の原子時計を総合して1つの時刻系としている．各衛星の時計も原子時計なので，国際原子時の基となる複数の原子時計の精度ととくに違いはない．これまでGPS時とTAIの秒がずれるということは起こっていない．しかし，GPS時はTAIより後に計時を始めたので，TAIとGPS時の間には一定の秒のずれがある．GPS時は

GPS時 ＝ UT　　　（1980年1月6日において）

とされた．その時点ではうるう秒が9回実施されたあとだったので，TAIはUTCより19秒進んでいた．GPS時とTAIの間には，

GPS時 ＝ TAI － 19［秒］

の関係があり，その差が変わることはなくGPS時はTAIより常に19秒遅れている．

GPS時はうるう秒が実施されても，TAIとの関係は変わらず19秒の差があ

るので，うるう秒が実施される度にUTCとGPS時との差が変化する．2017年1月現在でUTC＝TAI－37［秒］なので，GPS時＝UTC＋18［秒］の関係があり，この関係はうるう秒が実施される度に変化する．

さて，TAIやGPS時はUTCと違って，なぜうるう秒により調整せず，ある時点（TAIは1958年，GPS時は1980年）からの秒をそのまま数え続けているのであろうか．その1つには，日，月，または年をまたいで，ある時刻からある時刻までの通算の秒数を計算したいとき，その間にもしうるう秒などで秒が調整されていれば，2つの時刻の間に秒の調整が何度行われたかを考慮しなければ，通算の秒数が計算できないことになってしまう，ということがある．地球が1周自転するのに要する時間が長くなっても短くなっても，セシウム原子による秒の定義に従って時計が数えている1秒が長くなったり短くなったりするわけではないので，このようなややこしいことになる．そのため，TAIやGPS時は天体の動きとずれることとなっても，秒を調整せずそのまま計時をつづけている．

なお，GPS受信機では，通常，GPS時そのものではなく，対応するUTCに変換した（うるう秒も加味した）時刻を表示するようになっている．GPS時とUTCの差がGPS衛星から送信されるメッセージの中に情報として含まれているため，UTCへの変換が可能である．

GPS以外の測位システム（2.9節）では，欧州のシステムであるGalileo時刻や日本のみちびき時刻はGPS時刻と実質同じである．中国の北斗時刻（BeiDou Time；BDT）は2006年1月1日を基準としており，BDT－TAI＝－33秒となるが，やはり，うるう秒による調整は行わない．ロシアのGLONASS時刻はUTC＋3時間（モスクワ時刻）としており，協定世界時に準拠した（うるう秒による調整を行う）システムになっている．

2.8.5　GPS週番号

2.8.5.1　ユリウス暦とグレゴリオ暦

秒について，うるう秒が必要になったのは時計の精度が高くなったここ数十年のことである．一方，地球が太陽のまわりをまわる公転周期が，地球の自転（すなわち1日）の何回分かということについては，何千年も前から知られていた．すなわち，1年が何日かという問題である．平均すると1年は365日よりは長く366日よりは短いことが知られている．現在では4年のうち3年は365日で，残りの1年は366日とする暦が用いられている．4年に1度が「うるう年」になる．日本をはじめ世界中の多くの国で採用している暦は「グレゴリオ暦」と呼ばれるものである．

グレゴリオ暦のうるう年の規則は，実はもう少し複雑で，西暦の4の倍数の年はうるう年として2月を1日増やして29日までとし，1年を366日とする，それ以外の年は1年を365日とする．例外として西暦の100の倍数の年は4の倍数でもあるが，うるう年とはしない．さらにその例外として400の倍数の年は100の倍数でもあるが，うるう年とする．という規則で地球の公転周期と1年の長さを合わせる工夫をしている．

このグレゴリオ暦の規則では400年のうち97回366日の年があり，残りの303回が365日の年であるから，平均すると1年は365.2425日となる．2015年時点での観測による公転周期は365.2422日（天文年鑑2015では365.24218944日）とされており，グレゴリオ暦の方が1年で約26秒長いことになる．

今日のグレゴリオ暦につながる暦の歴史を簡単にふり返ると，古代ローマ暦がその起源と考えられる．月の動きを基にした古代ギリシャの「太陰暦」をもとに，紀元前750年頃，ローマで最初の「ローマ暦（ロムルス暦）」が使われ始めた．このときの1年は304日であった．1年のはじまりは3月1日で，前の年の最後の日である12月30日の次の日から3月1日の前の日までの約61日間は日付がなかった．さらに毎年必ず61日間の日付のない日の後を3月1日とするのではなく，春めいてきた日を1年のはじまりの日であると王が宣言する，といういささかのどかなものであったと考えられている．このとき，1年は3月から10月の10か月で，各月は30日か31日で，今日の「月」の概念に近いものでそれぞれ名前が付けられていた．なお，正確にはヨーロッパでは月は数字で数えるのではなく名前を付けて呼ぶので，1年の始まりが現在の3月に相当する月であったという意味である．

紀元前713年には，現在の1月と2月に対応する2か月分が加えられ1年は12か月となった．各月は29日か31日とされ，平年の1年は355日で，2年に1度，もともとの2月の日数を減らした上で，うるう月（2月のつぎに1か月（27日または28日）を挿入し，その年は1年が13か月となる）を採用していた．これは「ヌマ暦」と呼ばれる．

その後，数度の改暦を経て紀元前46年にユリウス暦に改暦されるまでの間，ローマ暦が古代ローマにおいて用いられていた．このローマ暦の途中から，1週間を7日としてそれぞれに曜日の名前をつける七曜日が用いられるようになった．以降，改暦によって月，日がある日突然変わっても（日がとんだり，繰り返したりが生じても），とばすことはなく曜日は必ず毎日順番に7日ごとに繰り返して現在に至っており，今後もそれが続けられることであろう．

紀元前46年まででローマ暦は廃止され，紀元前45年1月1日からは「ユリウス暦」が用いられることとなった．ユリウス暦は，太陽の運動（実際には地球の方が動いているので見かけの運動ということになる）を基にした太陽暦の一種である．ユリウス暦では，平年の1年を365日とし（各月の日数は現在のグレゴリオ暦とも同様），4年に1回（西暦年で4の倍数の年）は必ず2月を29日までとして通常の年より1日増やすうるう年とする．これにより，1年は平均365.25日となり，実際の太陽年の日数にかなり近づいて精度の高いものとなった．その後，暦法としての不備が指摘されユリウス暦の1582年10月4日（木曜日）の次の日をグレゴリオ暦の1582年10月15日（金曜日）と定め，さらに精度の高いグレゴリオ暦に改暦され現在に至っている．グレゴリオ暦の規則では約3200年で平均太陽日と1日ずれることになり，当面，日の調整は必要ない．

2. 8. 5. 2　ユリウス通日と修正ユリウス通日

GPSの航法メッセージには週番号のデータがある．前述のとおり，改暦して月，日が変わろうとも，七曜日を用いるようになったときから曜日の連続性は保証されている．しかし，暦によりうるう年についての違いがあって，何年何月何日が何曜日かを計算で求めるのは単純ではない．ある基準の日から数えて何日目かということが分かれば，それを7で割れば何週目かということが分かるし，7で割った剰余からはその日が何曜日かということも分かる．このような目的で，ある日を基準としてその日から単純に何日目かを数えた日数を「通日（つうじつ）」と呼ぶ．通日は，ある日から別の日までの日数を計算するのにも便利なため用いられる．すなわち，月や年をまたぐと，暦のところで説明したとおり各月の日数は異なるし，年によってうるう年か否かで1年の日数も異なる．そのため，何日が経過したのかを算出するのは単純ではない．しかし，通日を用いれば単純に差を求めれば何日経過したのかを簡単に計算できる．

紀元前4713年1月1日の正午（世界時）から数えて何日目かという日数を「ユリウス通日（Julian day：JD)」という．紀元前4713年にはまだ暦自体が使われていなかったので，これは仮想的な日数の計算であり，後に計算して年月日を割り当てたユリウス暦の紀元前4713年1月1日を0日目として数えるということである．また，ユリウス通日は，深夜の0時に日が変わるのではなく，正午に日数が1日増える．これは一般的な日の概念とは異なるが，夜間に行う天体観測などには都合がよい．

しかし，西暦2000年を過ぎた今の時代のある日をユリウス通日で表すと桁数が多すぎるので，ユリウス通日から単純に2,400,000.5日を引いた「修正ユリウス通日（MJD）」を用いることも多い．これは1858年11月17日0時（世界時）から数えた日数である．一般的な日の概念とも合っていて，深夜の0時に日が変わる．

なお，ユリウス通日，修正ユリウス通日は暦法とは関係なく，ある日が何曜日かを計算で求めるために利用される．

GPSが開発されたのは1970年代以降のことであり，言うまでもなく修正ユリウス通日の0日目（1858年11月17日）よりも後のことなので，GPS時における日数の計算は修正ユリウス通日を用いるのが合理的である．

グレゴリオ暦の西暦年，月，日から修正ユリウス通日MJDを算出するには次の公式を用いればよい．yを年（西暦），mを月，dを日とすると，

$$\begin{aligned}\mathrm{MJD} = &\mathrm{INT}(365.25 \times y) + \mathrm{INT}(y \div 400) - \mathrm{INT}(y \div 100)\\ &+ \mathrm{INT}(30.59 \times (m-2)) + d - 678912\end{aligned} \tag{2.32}$$

ここで，INT（　）は整数部分のみを求める関数である（四捨五入ではなく切り捨て）．

なお，1月（$m=1$），2月（$m=2$）はそれぞれ前年（$y-1$）の13月（$m=13$），14月（$m=14$）として計算する．

GPS時のはじまりである1980年1月6日（日曜日）0時0分のユリウス通日（JD）は2444244.5日，修正ユリウス通日（MJD）は，44244日であり，航法メッセージ中の週番号の値は，

$$\mathrm{WN} = \mathrm{INT}\left(\frac{\mathrm{JD} - 2444244.5}{7}\right) \tag{2.33}$$

または

$$\mathrm{WN} = \mathrm{INT}\left(\frac{\mathrm{MJD} - 44244}{7}\right) \tag{2.34}$$

となる．なお，MJD＝44244　は水曜日なので，剰余を求める演算（MOD）を用いて，

$$\text{曜日判定} = (\mathrm{MJD} - 44244)\ \mathrm{MOD}\ 7 \tag{2.35}$$

が0のとき水曜日，1のとき木曜日，2のとき金曜日，……6のとき火曜日として，曜日の判定もできる．

2.8.5.3　週番号とロール オーバー

ところで，GPS衛星から送信される航法メッセージ中の週番号は10ビット長となっている．10ビットの2進数で表現できる符号なし整数は10進数で0〜1023（$=2^{10}-1$）であり，1023週目のつぎは0週に戻ってしまう．これをロール オーバーという．1年は約52週であり，1024週は

$$1024 \div 52 \fallingdotseq 19.7\text{年} \tag{2.36}$$

となり，GPS時の始まりである．1980年から19年目にあたる1999年の8月にこの現象がおきた．このとき，この問題に対応していないソフトウェアを使っていたGPS受信機は使用不能となった．測位において必要なGPS衛星の位置のデータを正しく解釈できなくなったことが主な原因と考えられている．

さらに，このことが知られてから，受信機内部での週番号の開始を1980年ではなくその製品が発売されるより少し前の日を基準とするようなソフトウェアを使っているGPS受信機もあり，その場合，いつロール オーバーが起きるかわからない．この例として，ある日突然，日付がまったくでたらめな値として表示（またはデータ出力）されるようになったという現象が報告されている．測位もできない場合と，測位はできるが日付がでたらめになるという場合があったようである．この現象はメーカーによって発生する時期が異なり，2020年の頃にもGPS受信機から出力される年月日のデータが誤った値となるという現象が確認されている．

2.9　その他の測位システム

これまで説明してきた米国のNAVSTAR/GPSシステムは現在のところ，GPS受信機さえ準備すれば，測位のサービス自体は無償で費用の負担なく利用することができる．今日，GPSは様々な用途での利用が広まり，その1つが商船など民間船舶の運航である．しかし，常にまた将来的にサービスが利用できるという保証はない．そのため，NAVSTAR/GPSが利用できなくなった場合でも，衛星測位が可能なようにシステムを構築して運用している例がある．

衛星測位システムにはGPSのような全地球規模のもの（GNSS：Global Navigation Satellite System）と，日本の準天頂衛星（みちびき）システムのような地域限定のもの（RNSS：Regional Navigation Satellite System）に分類される．

NAVSTAR/GPS以外の具体的なシステムには，GNSSとしてロシアの

「GLONASS（グロナス）」，欧州の「Galileo（ガリレオ）」や中国の「BeiDou（北斗2号，3号）」がある．RNSSには現在，日本の準天頂衛星システム（QZSS，みちびき）やインドのNavIC（Navigation Indian Constellation）がある．

2. 9. 1　全地球規模のシステム

2. 9. 1. 1　GLONAS

GLONASSは，1970年頃から旧ソビエト連邦により計画された全地球規模の衛星測位システムである．1991年頃には12機の衛星が運用されて限定的に利用可能となった．ソビエト連邦崩壊後の1996年には24機の衛星がそろい，同年，ロシア運輸省は今後少なくとも15年間は無償で自由にこの測位システムが利用できるよう民生用としてサービスを提供すると発表した．しかし，開発と運用を引き継いだロシア連邦政府は経済状況の悪化などの諸事情によりシステムを保守することができなくなり，約6年間で稼働している衛星が6機程度にまで減り，測位システムとしての機能が失われていった．その後ロシア連邦政府はこのシステムの再建と近代化を進めることを決定し，また2004年からはインド政府とも協力してロシアおよびインド領域でシステムが利用可能なように整備を進めるとの合意がなされた．

GLONASSの測位原理は精密な時刻情報と衛星の軌道情報から自分の位置を連立方程式を解くための計算を行うというもので，GPSと同様である．全地球を覆うように配置する衛星の数も最低24機と，GPSと同様である．測位精度も10m程度と，GPSと同等である．

衛星の軌道は，GPSが高度20,200km，周期11時間56分のほぼ円軌道なのに対して，GLONASSは高度19,100kmで，周期11時間15分と若干異なる．またGPSは軌道傾斜角55度で異なる6つの軌道にそれぞれ4機の衛星を配置するのに対して，GLONASSは軌道傾斜角64.8度で3つの軌道にそれぞれ8機を配置するように設計された．使用する電波の帯域はGPSと同じLバンドだが，変調方式はGPSがCDMA（符号分割多元接続）という方式を使っているのに対して，GLONASSはFDMA（周波数多重分割）という方式を採用した．信号のフォーマットも若干異なっている．

このようにGLONASSのシステムは米国のGPSと似通っている点も多く，通信方式を統一すれば，技術的には相互に利用可能であるとされている．そのため，2006年にはロシア連邦政府と米国政府の間でGLONASSの通信方式をGPS等（次に述べるガリレオ等も含む）に合わせて信号パターンを共通のものとすることは有益であるという認識が確認された．現在では米国のGPSに加えてGLONASSの信号も利用できる受信機も見られるようになった．

2. 9. 1. 2　Galileo

EU（欧州連合）では，米国のNAVSTAR/GPSとは別に独自のGalileoという全地球規模衛星測位システムを開発，実用化し，現在システムが運用されている．GPSやGLONASSと違い，Galileoは軍用ではなく，はじめから民用として計画された．ただしGPSやGLONASSと同じく，暗号化され国家機関や軍が使用する信号も送信している．

技術的には高度約23,222 kmの上空に衛星数30機，3つの軌道にそれぞれ10機の衛星を配置する．NAVSTAR/GPSよりも高精度の測位（誤差約4 m）を目指していた．現在ではGPSの精度も当初の誤差約10 mから約4 mに改善されており，ほぼ同等となった．

測位に使用する信号は複数の種類が用意されており，1つにはオープン サービス（Open Service = OS）という無償で提供される信号がある．ほかに有償で民間が利用できるより高精度，高機能の商用サービス（Commercial Service = CS）があり，これはガリレオ特有の信号で，測位サービスそのものをビジネス化するものである．そしてGPSやGLONASSと同じく，暗号化された国家機関や軍が使用するパブリック レギュレーテッド サービス（Public Regulated Service = PRS）という信号も送信されている．

2005年末に最初の試験衛星が打ち上げられたが，その後，衛星の打ち上げが遅れ，2019年までに26機が打ち上げられ，そのうち22機が運用中であるとされている．

2. 9. 1. 3　北斗（BeiDou）

中華人民共和国（中国）も独自の衛星測位システムの実用化を目指し，最初の試験衛星が2000年のうちに2機，それぞれ静止軌道に打ち上げられた．2012年末には，「北斗」がアジア太平洋地域で利用可能となり，「北斗2号」または「コンパス ナビゲーション システム」とした．その後，最終的には計35機の衛星を打ち上げて全地球規模で利用可能な衛星測位システム（北斗3号）とする計画を発表している．NAVSTER/GPS，GLONASS，Galileoの衛星はいずれもMEO（Medium Earth Orbit：中高度軌道）のみであるのに対して，北斗の衛星は，測位で利用されるMEO，IGSO（Inclined Geosynchronous Orbit：傾斜対地同期軌道），GEO（Geostationary Orbit）と呼ばれる静止軌道の3種類の軌道をそれぞれ使用している．

2.9.2　地域限定衛星測位システム

日本においては，主に日本付近の地域を対象とした地域衛星航法システムとして「準天頂衛星システム（QZSS：Quasi-Zenith Satellite System）」の開発が進められている．これは，単独のシステムではなく，あくまで米国のGPSと組み合わせて測位精度の向上を目的としたシステムである．2010年9月に最初の衛星「みちびき」が打ち上げられて技術実証がはじまり，2017年にはもう3機（2号機～4号機）が投入され2018年からは衛星4機体制で運用されている．なお，さらにもう3機を増やして衛星を合計7機にすれば，米国のGPSが利用できなくなっても，日本付近ではシステム単独で継続的に測位できるとされている．なお，初号機はすでに使用を終了し，2022年から代替機が運用されている．

「宇宙基本計画」において「2023年をめどに持続測位可能な7機体制での運用を開始する」と決定され，2024～2025年度中に5～7号機が打ち上げられ7機体制となる．さらに確実にするためにもう3機増やして計11機体制にする必要性も提唱されている．

みちびきの準天頂軌道は図2-19のようなイメージで，軌道高度は近地点32,618 km，遠地点38,950 km，軌道傾斜角は41度，周期は1恒星日（約23時間56分）である．なお，すべての衛星が準天頂軌道というわけではなく，現時点の計画では最終的に7機のうち2機は静止軌道（GEO）で1機が準静止軌道となる予定である．それ以外はすべて準天頂軌道（IGSO）である．静止衛星はSBASの信号を送信するためにも用いられる．

表2-8に準天頂衛星システムが提供するサービスの一覧を示す．

他にRNSSとしてインドのNavIC（インド地域航法衛星システム）がある．2013年に初号機が打ち上げられ，2016年には7機すべての衛星を軌道に投入した．このうち3機の衛星はインド洋上空の静止軌道に配置されている．

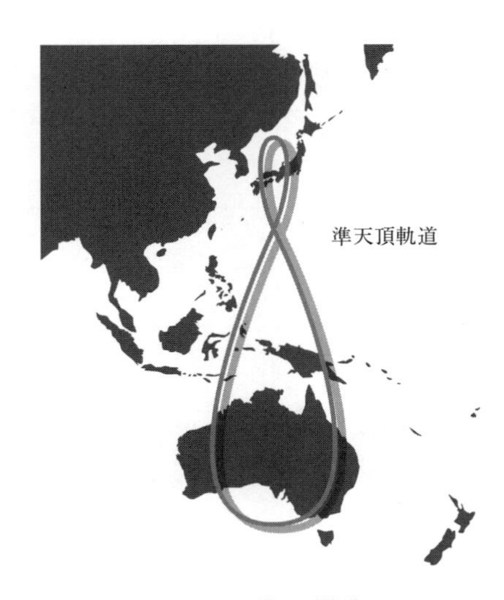

図2-19　準天頂軌道

《問題》 GPSの測位精度を補強するために用いられる次のシステムは，どのようなものか．それぞれ概要を述べよ．

(1) SBAS：Satellite-based Augmentation System（衛星航法補強システム）
(2) QZSS：Quasi-Zenith Satellites System（みちびき準天頂衛星システム）

表 2-8　準天頂衛星システムが提供するサービス

周波数帯（中心周波数）	信号名称	初号機後継機	2号機	4号機	5号機	3号機	6号機	7号機	配信サービス
		準天頂軌道				静止軌道	準静止軌道		
1575.42 MHz	L1C/A	◎（※1）	◎	◎	—	◎	—	—	衛星測位サービス 信号認証サービス （※2）
	L1C/B	◎（※1）	—	—	◎	—	◎	◎	衛星測位サービス 信号認証サービス （※2）
	L1C	◎	◎	◎	◎	◎	◎	◎	衛星測位サービス 信号認証サービス （※2）
	L1S	◎	◎	◎	—	◎	—	—	サブメータ級 測位補強サービス 災害・危機管理通報 サービス
	L1Sb	—	—	—	—	◎	◎	◎	SBAS配信サービス
1227.60 MHz	L2C	◎	◎	◎	—	◎	—	—	衛星測位サービス
1176.45 MHz	L5	◎	◎	◎	◎	◎	◎	◎	衛星測位サービス 信号認証サービス （※2）
	L5S	◎	◎	◎	—	◎	◎	◎	測位技術実証サービス
1278.75 MHz	L6D	◎	◎	◎	◎	◎	—	—	センチメータ級 測位補強サービス
		—	—	—	—	—	◎	◎	高精度 測位補強サービス
	L6E	◎	◎	◎	◎	◎	◎	◎	高精度 測位補強サービス 信号認証サービス （※2, 3）
2GHz帯	Sバンド	—	—	—	—	◎	—	—	衛星安否確認サービス

※1：5号機の運用開始と合わせて，L1C/B信号の配信を開始し，L1C/A信号の配信は停止する予定
※2：2024年度より配信を開始する予定
※3：GPSのL1C/A, L1C, L5及びGalileoのE5a, E1bの認証データを配信する予定

2.10　GPSコンパス

GPSを利用した航海計器である「GPSコンパス」は，2000年以降に実用化された新しい計器で，ジャイロ コンパスにも匹敵する精度で真方位を測定す

ることができる．GPSという名称が付いているが，方位測定には原理的にGPS衛星からの電波そのもの（搬送波の信号）を用い，GPS測位により方位を求めるわけではなく，送信されているデータの内容を利用するものではない．

簡単に方位測定の原理を説明する．数十cmから1m程度の距離をおいて固定して設置した2組のGPSアンテナとGPS受信機を用いる．同じGPS衛星からの電波は，2つのアンテナの位置関係により，一方のアンテナには他方のアンテナよりわずかに遅れて電波が届くので，その時間差が分かれば衛星からの距離差が分かる．その時の衛星の位置が分かっていれば，2つのアンテナの位置関係（ベクトル）が分かり，そのベクトルが地球上のどちらを向いているかで真方位を決定する．ただし，時間差はごく短いものとなるので，時計で計るのではなく受信した搬送波の位相差から計算するように工夫されている．

2.10.1　GPSコンパスの特徴

GPSコンパスはその用途，目的から主にジャイロコンパスと比較して，つぎのような特徴が挙げられる．

- 停止時でも船首方位が求まる

  通常のGPSは移動中には針路を計算により求めることができるが，停止時には針路は求められない．位置の変化から針路を計算して求めるので，移動していないときにはどちらの向きに移動したかという針路が求められない．またGPSで移動中に計測できるのはあくまで針路であり方位が計測できるわけではない．船舶運航においては，船首方位と針路はほぼ同じと考えられる場面もあるので，かつては船首方位を針路と混同して用いることもあった．しかし，方位および針路がそれぞれ高精度で計測できるようになった今日では，ジャイロコンパスなどで計測する船首方位（Heading）と，GPSなどで実際の移動から計算する対地針路（Course Over Ground）とは明確に区別して扱われる．GPSコンパスは停止時でも方位（真方位）が計測できる．

- 地磁気の影響を受けない

  地球では地磁気の影響があり，機械的な方法ではどうしてもその影響を受けることになる．これに対して，GPSコンパスは衛星からの電波をもとに方位を計測するもので機械的な部分はなく，地磁気の影響は受けない．

- ジャイロコンパスに比べて起動に要する時間が短い

  ジャイロコンパスは，起動してから静定して方位測定が可能になるまで3〜4時間程度かかるとされている．GPSコンパスは通常，起動後数分程度で方位が計測でき，その後は連続計測を行うことができる．
- 保守作業の必要がない

  ジャイロコンパスは，ジャイロが高速で回転しているため可動部分があり，摩耗により消耗する部品などは定期的に交換などの保守を行う必要がある．一方GPSコンパスには可動部分はなく電子回路で構成されているので，その電子部品が壊れる等の障害がない限り，特別な保守は必要ない．
- 高緯度地域でも精度の低下はない

  磁気コンパスは，原理上，高緯度地域では精度が低下する．またジャイロコンパスは計測している地点の緯度により補正する必要がある．これに対してGPSコンパスは地球上のどの地点においても，方位測定の精度にとくに違いはない．
- 慣性センサー（加速度計等）により追従性をよくする

  GPSコンパスはジャイロコンパスに比べて方位が変化している（回頭中のような）状況では，追従性がよくない．すなわち，止まっているときには十分な精度で測定できるが，方位が短時間に大きく変化しているときには，計測結果が遅れて表示される．そのため，GPSコンパスには加速度計等のセンサーを内蔵し，急速な方位変化のときにはそのデータにより方位変化を用いてGPSコンパスの方位測定結果を補正するような機能を備えている．これは特徴と言うより，GPSコンパスの弱点を補うための方策として工夫されているものと言える．

《問題》 GPSコンパスの特徴について説明せよ．

2. 10. 2 GPSコンパスの原理

GPSコンパスは，2つのGPS受信アンテナを1m程度の距離をおいて，船舶に装備する際には通常，船首尾線と同じ向きになるよう設置されている．本来GPSは位置を求めるものであるが，1m程度の距離で配置したそれぞれのアンテナの位置データから方位を計算したのでは，十分な精度は得られない．GPSコンパスの方位計測は，同じ衛星から2つのアンテナ位置までの距離の差を求めて方位を算出する．GPS衛星からの電波を2つのアンテナで受信するイメージを図2-20に示す．

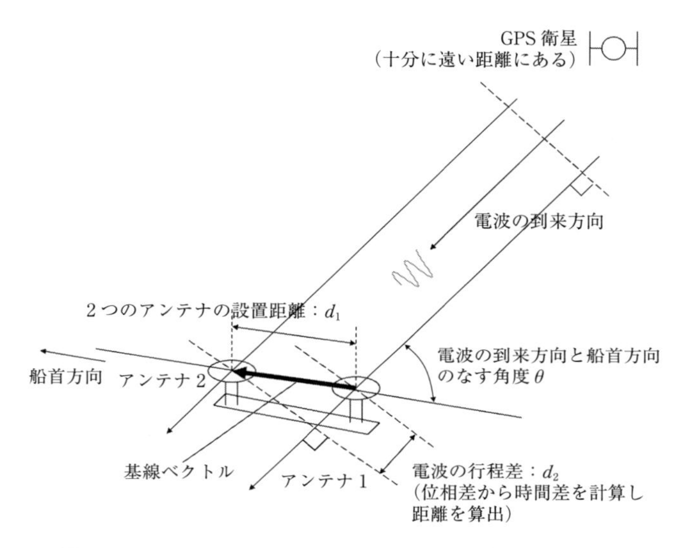

図 2-20　GPS コンパスの２つのアンテナで電波を受信するイメージ

1m 程度離して配置した２つのアンテナに同じ衛星からの電波が到達する時間の差はきわめて微少であり，これを時計により計るのは困難である．そこで GPS 衛星から送信される電波の搬送波は周波数一定の正弦波なので，２つのアンテナで受信した瞬間の位相差から時間差に変換するという方法が可能である．

図 2-21 に示すようにそれぞれ受信した振幅レベルから搬送波（正弦波）の位相がわかる．アンテナ１では搬送波の位相 φ_1 のときに受信し，アンテナ２では φ_2 のときに受信したとすると，その位相差がどれだけの時間差に相当するかは，搬送波の周期（周波数の逆数）に１周期の位相（2π ラジアン）のうち位相差の割合（位相差／2π）をかけたものが時間差となる．これに電波の速度をかければ衛星からの距離の差（行程差 d_2）が求められる．

搬送波の周波数　f[Hz]　とすると

周期　$$T=\frac{1}{f}\quad[\text{sec}] \tag{2.37}$$

時間差　$$t=\mathrm{T}\left(\frac{\varphi_2-\varphi_1}{2\pi}\right)\quad[\text{sec}] \tag{2.38}$$

行程差　$$d_2=3.0\times10^8\times t\quad[m] \tag{2.39}$$

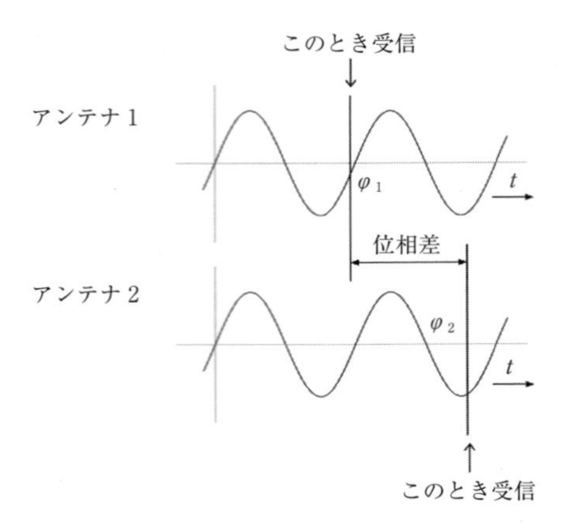

図 2-21　位相差から時間差を算出

2つのアンテナの設置間隔（距離）d_1 と行程差 d_2 から，2つのアンテナ設置の基線に対する電波の到来の角度 θ が逆三角関数により求まる．GPS衛星の位置は航法メッセージのデータから分かるので，この基線の向きが真方位で計算される．

なお，実際には電波の行程差による位相差は1周期を超える場合があるが，受信した情報からは，それが1周期以内なのか1周期を超えた位相差なのか，または2周期を超えた位相差なのかは判別できない．そのため，電波到来の角度を計算してみて，いくつかの衛星からの計算結果をあわせて，何周期目の位相差なのかを決定する．

【例題】　GPSコンパスにおいて，2つのアンテナで受信した搬送波の位相差が90度の行程差を計算せよ．ただし，衛星から送信される電波（搬送波）の周波数を1.5［GHz］とする．

周波数　$f = 1.5\times10^{9}$　[Hz]

周期　$T = \dfrac{1}{f} = \dfrac{1}{1.5\times10^{9}} = \dfrac{1}{1.5}\times10^{-9}$[sec]

1周期は位相360度分であり，位相差90度に相当する時間 t は

$$t = T\times\frac{90}{360} = T\times\frac{1}{4} = \frac{1}{6}\times10^{-9}$$

この時間で電波が進む距離は，

$$d = \frac{1}{6}\times10^{-9}\times3\times10^{8} = 5\times10^{-2}[m]$$
$$= 0.05[m] = \underline{5[\mathrm{cm}]}$$

---

2. 10. 3　GPS コンパス使用の実際

GPS コンパスは，測位原理のため2つの GPS 受信アンテナを数十 cm から1m 程度離して固定されたものであるが，精度向上のために2組の基線の方向を計算するために3つの GPS 受信アンテナを120度ずつに配置したものもある．特徴的な形状をした GPS 受信アンテナ2つまたは3つからなるセンサー ユニット（アンテナと GPS コンパス処理装置が一体化したもの）と表示器から構成されるのが一般的である．なお，計測したデータを他の航海機器等に入力するために用いることを目的として，データ出力インターフェイスのみを備えており専用の表示器がないものもある．

図2-22(a)に GPS コンパス表示器の例を示す．同図(b)と(c)は3つの GPS 受信アンテナを用いるセンサー ユニットで，その配置間隔に違いがある．同図(d)は2つの受信アンテナを用いるタイプのものである．

なお，GPS コンパスは，デジタル データで信号を出力して他の機器に入力して利用する場合が多く，表示器は一般に簡易な表示を行うためのものである．ジャイロコンパスや磁気コンパスのように方位を表示するものではない．図2-23に画面表示の例を示す．同図(a)はコンパス画面で船首方位をコンパス風のグラフィックスで示している．GPS コンパスは，方位を計るための計器であるが，GPS 受信機を内蔵しているので，緯度，経度も計測している．同図(b)は緯度，経度画面の例である．GPS で計算した真針路（COG）と対地速力（SOG）も表示している．同図(c)や(d)は数値で船首方位を表示する画面で，

(a) 表示器（ディスプレイ ユニット）

(b) 受信アンテナ（アンテナ3個型）

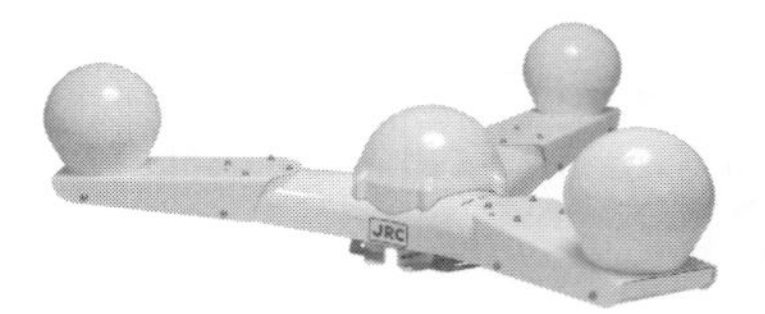

(c) 大型受信アンテナ（アンテナ3個型）

(d) GPS コンパス（受信アンテナ2個型）

図2-22　GPS コンパスの例

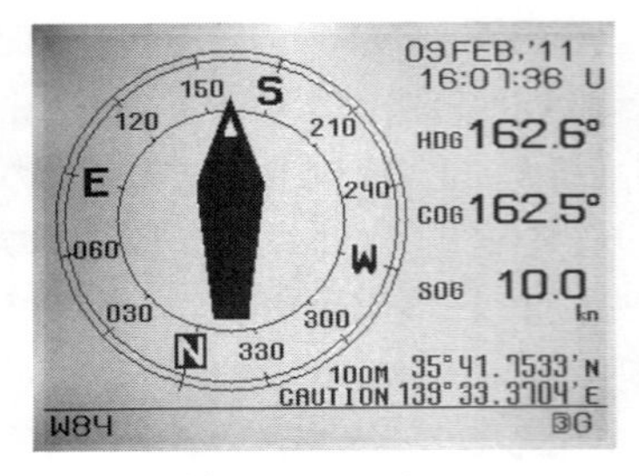

(a) コンパス画面

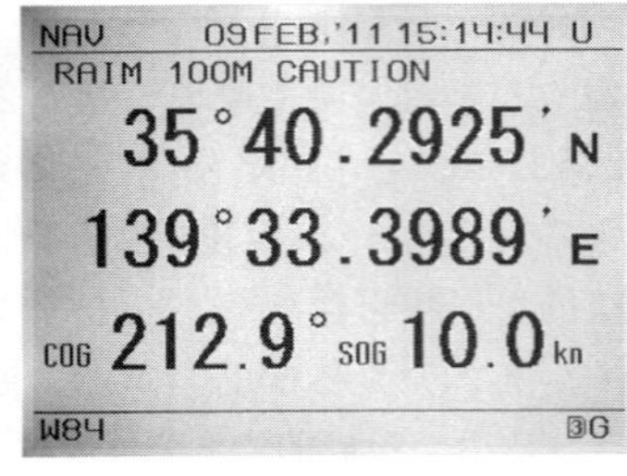

(b) 緯度経度画面

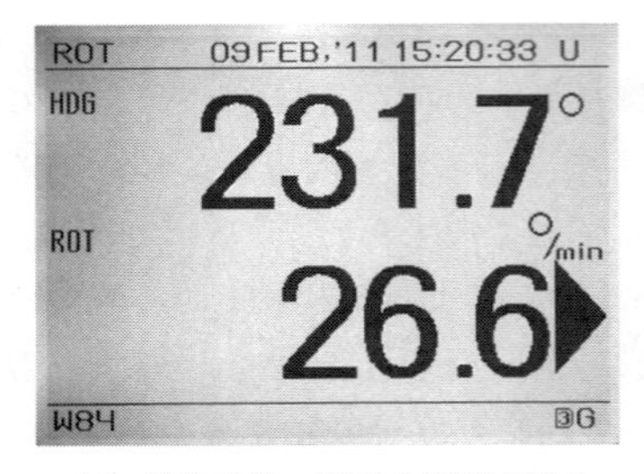

(c) 船首方位・回頭角速度画面1

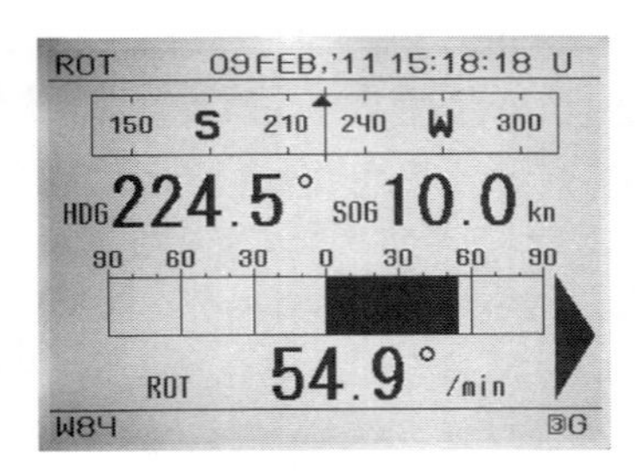

(d) 船首方位・回頭角速度画面2

図 2-23 GPSコンパス表示画面の例

同時に回頭角速度も表示している．これらの表示はメーカーにより異なる．データの出力形式やGPS測位の測地系，SBASの設定などはGPS受信機と同様でメニュー画面から操作する．

データ（船首方位，回頭角速度等のコンパスデータと緯度，経度，真針路，対地速力等のGPSデータ）は，IEC61162（RS-422）やRS-232Cなどのシリアル インターフェイスからNMEA-0183（2. 12節）などのフォーマットでデータ出力される．

最近では，ジャイロコンパスに外部入力としてGPSコンパスで計測した方位データを入力できるものがある．ジャイロコンパスの方位計測機能に障害が起きた時のバックアップ機能として，GPSコンパスで計測したデータをレピーターコンパスやHCS（Heading Control System）に出力できるようになっている．

2. 11　関係法規

船舶におけるGPSの搭載は，SOLAS（1974年海上における人命の安全に関する条約）V章において，IMOの性能基準を満たすGPS受信機の設置が義務づけられている．

国内法では，船舶設備規程に「衛星航法装置等」として規定されている．ここで規定される第一種衛星航法装置および第二種衛星航法装置の性能基準は「航海用具の基準を定める告示」として国土交通省告示で規定されている．

電波法関係では，電波法施行規則第二十八条（義務船舶局の無線設備の機器）において衛星無線航法装置として，備えなければならない無線設備に規定されている．なお，GPS受信機は受信のみを行い電波を送信するものではないので，無線局免許状に周波数や変調方式の指定はなく，備え付けの有無のみ記載される．

2.12　データ転送フォーマット（GPS・GPSコンパス）

船舶に装備されるGPS受信機は単独で用いることはほとんどなく，計測したデータを他の機器に入力するために使用されることが多い．GPSはレーダー，AIS，ECDIS等の機器にデータを提供する．その際の接続方法は，IEC61162-1またはIEC61162-2で規定されたシリアル インターフェイスを用い，センテンスでデータを送るのが一般的である．IEC61162：Maritime navigation and radiocommunication eqipment and systems-Degital interfaces（船用の航海と無線通信機器とシステムのデジタル インターフェイス）規格は，従来のNMEA 0183とほぼ互換である．

GPS関係のトーカーおよびセンテンスにはつぎのようなものがある．

トーカー：

GP	（GPSから出力の場合）
GPまたはHE	（GPSコンパスからの出力の場合，いずれか選択）

センテンス（いずれも出力）：

HDT	-Heading true	（GPSコンパスのみ）
THS	-True heading and status	（GPSコンパスのみ）
ROT	-Rate of turn	（GPSコンパスのみ）
ZDA	-Time and date	
GGA	-Global positioning system（GPS）fix data	
VTG	-Course over ground and ground speed	
RMC	-Recommended minimum specific GNSS data	
GBS	-GNSS satellite fault detection	
DTM	-Datum reference	

GSA	–GNSS DOP and active satellites
GSV	–GNSS satellites in view
GNS	–GNSS fix data
MSS	–MSK beacon receiver signal status
GST	–GNSS pseudo range noise statistics
GLL	–Geographic position–latitude/longitude

NMEA 0183の形式については，文献：「船用電気・情報概論―航海・機関計測の基礎知識―」成山堂書店（2011.4），付録1（pp.263～）参照．また，各センテンスについては本書巻末の付録A1参照．

第3章　レーダーとTT

「レーダー(Radar)」という名前は古くからあった語ではなく，英語で“Radio detection and ranging”の各単語の文字の一部を並べて1つの単語としたものである．日本語に直訳すれば「無線（電波）で探知して距離を測る」という意味になる．すなわち，電波を用いて周囲の物標（電波を反射する何らかの物体）までの距離を測ることができる装置を意味している．現在，とくに航海用に限って考えれば，レーダーは周囲物標の距離だけでなく方位も測る計器である．しかし，語が示しているようにレーダーの基本的な機能は距離を測ることであり，方位については探知するための電波を送受信するアンテナの方向を回転させることで計測できるよう工夫されている．

レーダーは応用範囲が広く様々な分野で利用されており，船用（航海用）以外では距離のみを測定するためのレーダーも存在する．また，移動している対象物の速度を計測するためのドップラー レーダーなどもある．さらに，航空機の航行および航空管制用のレーダー，気象観測用レーダーなど民生用に広く使われている．このほか対空レーダーやミサイル攻撃等のための照準用，さらにイージス システムにおけるフェイズド アレイ レーダーなど軍事目的で用いられるものもある．レーダーは第2次世界大戦前から戦中にかけて敵の航空機を早期に探知する目的で開発が始まったと言われており，現在でも軍用で兵器の一部として利用されるものがある．

船舶運航に用いる「航海用レーダー」では，雲や雨，雪なども電波を反射するので，他船等を探知するために邪魔なものであり雑音として捉えられる．一方，気象用レーダーは雲の様子を積極的に捉えて，天気予報などに利用するものである．航空機のレーダーでも前方の雲を捉えることは重要である．気象用レーダーとして日本では1965年に運用を開始した富士山レーダーが有名であった．レーダーは高い位置で観測するほど遠くまで探知できるので，日本一高い富士山の山頂にレーダーを設置することで，関東一円の雲の状況をとらえることができていた．ただし，現在では気象衛星を用いて宇宙から雲の様子を観測するのが一般的になり，広範囲を対象とした気象用レーダーの利用は減少し，富士山レーダーによる観測も1999年に廃止された．反面，昨今は局地的な豪雨等を観測するためにレーダーの利用が注目されている．レーダーには位置だけでなく移動速度も計測できるドップラー レーダーがあり，気象用レーダーの特殊なものとして風速を計かることができるドップラー レーダーが利用されている．以下では，船舶で使用される一般的な航海用レーダーにしぼって説明する．

レーダーは電波を利用して周囲の物標をとらえることができる．航海当直において直接目視による見張りを補完する，いわば「電波による目」ということができる．人間の目では視認できない状況においても，レーダーでは物標が捕捉できる場合もある．例えば夜間や濃霧の中など直接は見えないまたは見にくいときでもレーダーでは物標をとらえることができる場合がある．一方，海面に存在する波をあやまって物標と捉えてしまったり，波が高くレーダーの調整が悪い場合など，波の雑音に埋もれて自船から至近距離の小型船舶や漁具などの小さな物標は捉えにくい（このようなレーダー像上の雑音を「海面反射雑音」という）．また，強い雨や雪の中ではレーダーの電波がそれらに妨害されて必要な物標を捉えにくい（これを「雨雪反射雑音」という）．このような雑音による影響があることなどレーダーの特性をよく知った上で，直接目視による見張りとレーダーによる見張り，さらに現在ではAISも含め，これらを効率的に組み合わせて操船判断のもととなる情報を得る必要がある．

また，一般的な航海用以外に，冬期の北大西洋航行中で氷山を見つけるためにレーダーが用いられるというものもあり，氷山への衝突の危険性が軽減されている．

レーダーは，物標の方位，距離を測定するための航海計器である．原理的に，ある瞬間に物標が自船から見てどちらの方位，どれだけの距離に存在しているかという情報が得られる．そのときに物標が止まっているのか動いているのか，また動いている場合，どちらの向きにどれほどの速力で動いているのかという情報はその瞬間には得られない．そのため，他船やその他の物標の動きをレーダーで知るためには，時間の経過を追ってその動向を判断するということを行う必要がある．当初は手作業で行っていたプロッティング作業を自動的に行う機能が航海用レーダーに組み込まれるようになった．この機能をARPA（Automatic Radar Plotting Aids：日本では「アルパ」と読むのが一般的）と呼ぶ．現在では，レーダーARPA機能以外にAIS（Automatic Identification System，第4章参照）からも同様に他船の動向に関するデータが得られるよ

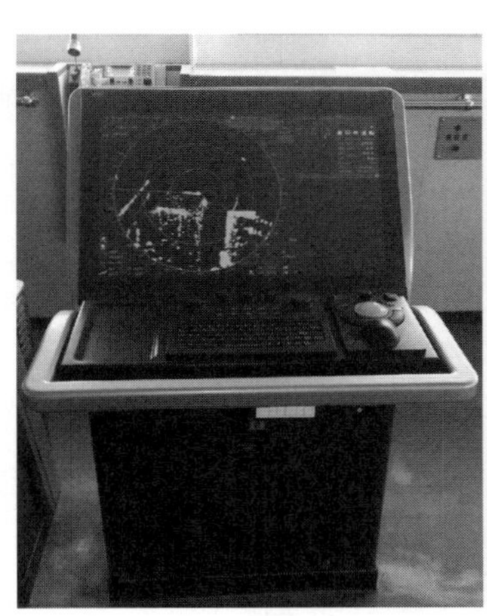

(a)　船橋に置かれたレーダーの表示器

(b)　マストに設置されたアンテナ

図3-1　航海用レーダーの例

うになり，AISターゲットと区別する意味でARPAは「TT（Target Tracking）＝ターゲット（物標）トラッキング（追跡）」と呼ぶようになっている．レーダーで得た物標追跡情報はとくにレーダーTTという．現在では，航海用レーダーにAISターゲット情報も重畳表示（画面上に重ね合わせて表示）が可能である．またレーダー ターゲット，AISターゲットともECDIS（第5章参照）等の電子的なナビゲーション システムの画面に表示できるようになり，利用者（おもに航海士）が先進的な機器によりデータを統合的に得られる環境が船橋に提供されている．

図3-1に航海用レーダーの例を示す．レーダーは，電波を利用して周囲の物標の状況を探知するものなので，送受信機とアンテナ（空中線）が主な構成要素であり，さらに受信機で得た信号を処理して，画面に表示するための表示器が必要となる．

3.1　物標の探知

3.1.1　物標探知の原理

図3-2に，レーダーによる物標探知の原理を図示する．レーダーの機能の基本は物標までの距離を測ることである．その原理は，電波を周囲に発射し，その電波が物標に反射して戻ってくるまでの時間を計測することで，その“時間”に“電波の速度”を掛けて距離を算出するというものである．

図3-2において，アンテナから送信した電波は，周囲の電波を反射する物体にあたるとそこで反射し，物体の形状により様々な方向に散乱するが，そのうち，もとのアンテナの方へ帰ってくるものを受信すれば，送信と受信の時刻の差から，電波が物標まで行って帰ってくるのに要した時間が計測される．その時間の半分がアンテナから物標まで電波が進むのに要する時間となり，これに伝播速度を掛ければアンテナと物標間の距離が計算される．

cは電波が進む速度（3.0×10^8[m/s]），tは電波を送信してからその反射波を受信するまでの時間［s］とすると，電波の送信地点から反射した物標までの距離R[m]は，

$$R=\frac{c\times t}{2} \tag{3.1}$$

で計算される．tは往復の時間なので，その半分が距離に相当するため2で割っている．

図3-2のように，電波を反射する物標が異なる距離の位置に複数存在すれば，同じ時に送信した電波は，それぞれの物標までの距離に比例した時間の経過後に受信される．それぞれについて距離を計算すれば，複数の物標がある場合でも，それぞれの距離が分かる．

具体的にどのような電波をレーダーに用いるのかというと，航海用レーダー

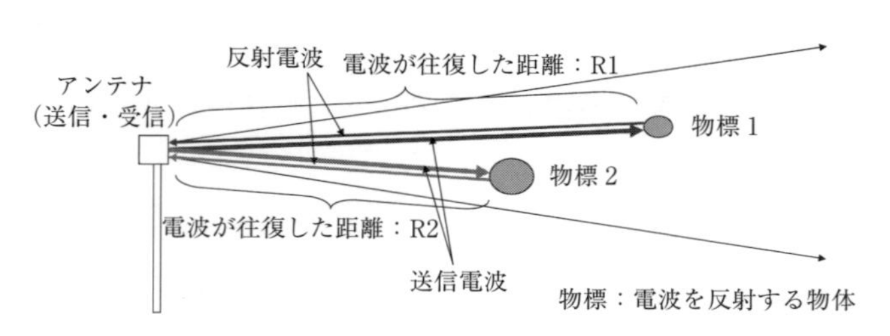

図3-2　レーダーによる物標探知の原理

の場合にはマイクロ波と呼ばれる高い周波数が用いられる．現在，SOLAS 条約等に規定され実際に船舶の運航に用いるレーダーの電波の周波数は 3GHz 帯と 9GHz 帯であり，それぞれ S バンド，X バンドと呼ばれる周波数帯なので，3GHz 帯の電波を用いるものを「S バンド レーダー」，9GHz 帯の電波を用いるものを「X バンド レーダー」と呼ぶ．船舶におけるレーダーの搭載は SOLAS や GMDSS の規定により義務化されている．航行区域にもよるが一般に比較的小規模の船舶には X バンド レーダー1 基を，大規模の船舶には X バンド レーダーと S バンド レーダーを各 1 基，搭載する必要がある．具体的な装備義務は条約等の規定を参照されたい．

レーダーの距離測定原理では，電波を送信してから受信するまでの時間を計る必要がある．受信した電波がいつ送信されたものであるかを見分けるには工夫が必要で，電波をパルス状にして送信している．この方式のレーダーを「パルス レーダー」と呼び，とくに信号は含んでおらず搬送波のみの無変調の電波である．無変調の電波を連続して送信していれば，物標に反射した電波を受信したとしても，いつ送信した電波が反射してきたのか判別することができない．そのため，レーダーが送信する電波は，搬送波の送信をパルス状にしている．パルス レーダーにおける送信電波の詳細は 3. 2. 2 項（送信部）で説明する．

レーダーは物標に反射してこだまのように帰ってきた電波を受信するので，受信信号のことを「レーダー エコー」という．

周波数が高く波長が短い電波であるマイクロ波をレーダーに用いるのは，

・直進性が強く，物標にあたったとき透過より反射が強くなり距離を測定しやすい
・周期が短いのでパルス幅を短くできる
・波長に対してアンテナを大きくできるので指向性の鋭いアンテナが実現でき，方位の測定に向いている
・小さな物標でも電波をよく反射する

などの利点があるからである．

では，方位はどのようにして計測するのか．レーダーの原理では本質的に方位の計測はできない．そこで，電波を送受信するためのアンテナを工夫する必要がある．そのために指向性の鋭いアンテナを用いて，ある特定の方向のみマイクロ波を送受信することで，その時にアンテナが向いている方向で，探知した距離のところに物標があるというように，方位と距離を計測している．航海用レーダーには，「スロット アレイ アンテナ」と呼ばれるものを用いるのが

一般的で，これは指向性アンテナの中でもとくに鋭い指向性をもつ，すなわち，非常に狭い範囲のみ高利得で電波を送受信するものである．

スロット アレイ アンテナの詳細については，3. 2. 1項（空中線）で説明する．

《問題》 レーダーの電波に波長の短い電波（マイクロ波）が用いられる理由を説明せよ．

【例題】 航海用レーダーに用いられる電波のおよその周波数と波長およびその周波数帯（バンド）の名称を2種類述べよ．

Xバンド：　9GHz帯（3cm波）

Sバンド：　3GHz帯（10cm波）

【例題】 レーダー電波の送信周波数が3,050MHzの場合，その波長はいくらか．

波長：λ[m]，周波数：f[Hz]，電波の速度：$c = 3.0 \times 10^8$[m/s]　とすると，

$$\lambda = \frac{c}{f} = \frac{3.0 \times 10^8}{3050 \times 10^6} = 0.0984[\mathrm{m}] = 9.84[\mathrm{cm}]$$

答． 9.84cm

【例題】 自船から4.5kmの距離にある物標に反射して電波が帰ってくるまでの時間を計算せよ．

電波を送信してから反射波を受信するまでの時間：T[s]

アンテナから物標までの距離：R[m]

$$R = \frac{c \times t}{2}$$

（c：電波の速度 = 光速 3.0×10^8m/s）

なので，

$$2R = c \times T$$

$$R = \frac{2R}{c}$$

$$T = \frac{9.0 \times 10^3}{3.0 \times 10^8} = 3.0 \times 10^{-5} = 30 \times 10^{-6} = 30\,\mu\mathrm{s}$$

答． 30マイクロ秒

---

3. 1. 2　レーダーの表示方式

探知した情報をどのように提示するか工夫が必要である．

3.1.2.1　Aスコープ

初期のレーダーの表示は，図3-3(a)のようなもので，電気電子計測に用いるオシロスコープの機能を利用して受信した電波（信号）の強度を示すというものである．このようなレーダー表示を「Aスコープ（A Scope）」という．オシロスコープはもともと電気信号の波形を観測するためのもので，ブラウン管や，現在では液晶ディスプレイに2次元的な図形を像として現すことで波形を示す．オシロスコープの画面表示は，横軸が時間経過，縦軸が周期的に変化する信号の時々刻々の強度（一般には電圧）変化を2次元グラフとして線で示している．これをレーダーに応用し，横軸は送信してから受信するまでの経過時間，縦軸を物標に反射して戻ってきた電波の強度として示すと，そのときにアンテナが向いている方向で，例えば時間 t_1 のところに物標Aの信号が，時間 t_2 のところに物標Bの信号が示されれば，それぞれ

$t_1[\mathrm{s}] \times c[\mathrm{m/s}] \div 2 = R_1[\mathrm{m}]$ …… 物標A

$t_2[\mathrm{s}] \times c[\mathrm{m/s}] \div 2 = R_2[\mathrm{m}]$ …… 物標B

の距離に電波を反射する物標があるということを示している（c は電波の速度 $= 3.0 \times 10^8 \mathrm{m/s}$）．

図3-3(a)は，Aスコープの説明であり，横軸が距離と記述されているが実際には時間軸である．上式の意味は，送信から物体で反射して受信するまで時間に電波の速度をかけて，往復なので2で割れば距離が計算されるということである．これは時間に比例するので，横軸を送受信地点から物標までの距離とすることで，オシロスコープを利用して物標までの距離を表すことができる．Aスコープを用いていた初期のレーダーはアンテナの向きを手動で回して物標の方向を探るというものであった．

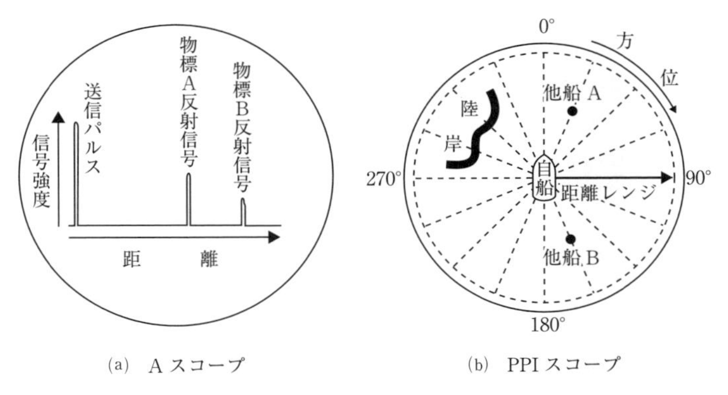

(a)　Aスコープ　　(b)　PPIスコープ

図3-3　レーダーにおける物標の表示方法

3.1.2.2　PPIスコープ

これに対して，図3-3(b)は，「PPI（Plain Position Indicator）スコープ」という表示方式の例で，現在の航海用レーダーで一般的に使用されている表示方法である．自船周囲の状況を地図と同じような形で，2次元的に一目で見ることができる．アンテナを回転させて，ある方向にアンテナが向いているとき，物標が存在する距離に比例したところに像を映す．360度全周に対してそれぞれの方向で探知した物標の位置に像を描くことを繰り返せば，全周方向を極座標形式（方位と距離）で表すことになり，中心を自船位置として周囲の物標の位置を地図上で見るのと同じようにとらえることができる．その際，中心から一定距離までの像を表示するので，表示範囲の形は図3-3(b)のように円形になる．このような映像は，レーダー エコーを表した像なので「レーダー エコー像」という．PPIスコープでは円の半径が表示範囲の自船からの距離に相当し，これを何段階かに切り替えて表示できる．この円の半径に対応する距離を「レンジ（Range)」と呼ぶ．レンジを小さくしたり大きくすることで，拡大または縮小して表示することになる．IMO（国際海事機関）基準に準拠したレーダーでは，0.25, 0.5, 0.75, 1.5, 3, 6, 12, 24NMのレンジに切り替えて表示することが求められている．

この他「Bスコープ」と呼ばれるレーダーの表示方式もある．これは横軸に方位，縦軸に距離を示す方式で，戦闘機などの空対空レーダーや艦船の射撃管制レーダーに利用されていた．

《問題》 レーダーの表示に用いられるAスコープとPPIスコープについて説明せよ．

3.1.3　探知可能距離

航海用レーダーでは一般にXバンド（9GHz帯）またはSバンド（3GHz帯）のマイクロ波を用いて物標を探知する．これらは無線通信に一般的に用いられてきた電波よりかなり高い周波数（すなわち短い波長）であり，その伝わり方は光と似た性質を示し，直進性が高く，物体に当たると反射する．レーダーの物標探知原理としてこの性質を利用しているわけで，電波が届かないところは探知することができない．水はマイクロ波を反射するが透過はしないため，海の向こう側，すなわち水平線の向こうはレーダーで探知することはできない．したがって海面すぐのもの（海面からの高さがほとんどない物標）は水平線距離までが探知可能な距離となる．このような幾何学的条件のほか，電波の強度（空中線電力）や，物標が電波を反射する実効面積などでも制約される．

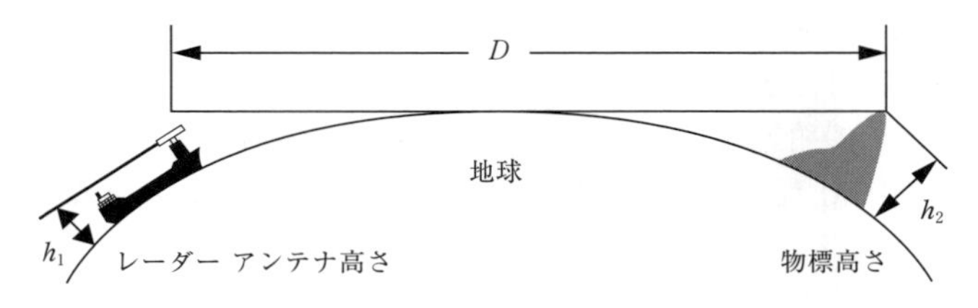

図 3-4　レーダーの探知距離の概念

幾何学的な条件について考えると，水平線の距離は視点が高くなるほど遠くなるので，自船のレーダー アンテナの設置位置が高いほど遠くまで電波が届くことになる．また，水平線の向こうでも物標の高さが高ければさらに遠くまで見通すことができる．この様子を図 3-4 に示す．

このようにレーダーの探知可能な距離は，電波の強度等の性能は別として，理論的に電波が届く距離は自船のアンテナの海面からの高さおよび，物標の高さの関数となり，

$$D = 2.23(\sqrt{h_1}+\sqrt{h_2}) \tag{3. 2}$$

で表される．ここで，D は電波の到達可能な距離［NM］，h_1 は自船のレーダー アンテナ高さ［m］，h_2 は物標の高さ［m］である．なお，高さ h_1，h_2 は m（メートル）単位であるのに対して，距離 D は NM（海里）単位であることに注意を要する．

(3. 2) 式の係数 2.23 はレーダーで用いる電波についてのものである．灯台の地理的光達距離の計算式と形は同じであるが，その場合の係数は 2.083 となる．灯台の光よりレーダー電波の方が少し遠くまで届くことを意味している．

【例題】　自船のレーダー アンテナ高さを 16m，物標の高さを 9m としたとき，この物標が探知できる最大距離はいくらか．

$$D = 2.23(\sqrt{16}+\sqrt{9})$$
$$= 2.23 \times (4+3) \fallingdotseq 15.6\,\mathrm{NM}$$

答. 約 15.6 海里

この例題のように，アンテナ高さが海面上 16m の船舶のレーダーでは，海面からの高さ 9m の物標（船舶など）が探知できるのは，約 15NM 程度より近い場合に限られるということである．物標の高さが高ければより遠くまで電波が到達するので，電波が減衰しても受信することができる強度があれば，高

い山などはもっと遠くまで探知可能となる．航海用レーダーでは96NMレンジまで切り替え可能としているものが多い．

一方，海上の船舶等は，そのような遠いものまで探知することはできず，せいぜい15～20NM程度であることを認識しておかなければならない．物標が小型の漁船やプレジャー ボートなど，高さの低いものであれば，探知可能な距離はさらに短くなる．これを考慮して，航海中にレーダーを使用する際には，必要以上の，また原理的に探知可能距離以上の長距離レンジを用いないよう注意する必要がある．さらに，この幾何学的な探知可能距離以内であってもレーダー エコーがとらえられるかどうかは，レーダーの送信電力，アンテナの性能，物標が電波を反射する実効面積などによっても変わる．このような物標からのエコー信号の受信信号強度を計算するための「レーダー方程式」が考案されているが本書ではふれない．

【例題】 レーダー アンテナ（スキャナー）の高さが25m，物標までの距離が17.8NMの場合，探知できる物標の高さは最低何mか．

レーダー見通し距離　D［NM］　は

$$D = 2.23(\sqrt{h_1} + \sqrt{h_2})$$

ここで，

h_1：レーダーアンテナ高さ（自船）［m］

h_2：物標の高さ［m］

題意より，

$$17.8 = 2.23(\sqrt{25} + \sqrt{h_2})$$

$$\left(\frac{17.8}{2.23} - 5\right) = \sqrt{h_2}$$

$$h_2 = 2.98^2 \approx 9\,[\text{m}]$$

答． 9 m

---

3. 2　レーダーの機器構成

レーダーは電波を送信して，それが物標に反射して戻ってきた電波，すなわち自分自身が送信した電波を受信するのが基本的な機能である．したがって，レーダー本体は，送信部，受信部から構成され，そこから空中線（レーダーアンテナ）まで接続されている．また，受信した結果を映像として表示する表示部，そして各部に必要な電源を供給する電源部から構成される．これらの構成をブロック図に示したのが図3-5である．

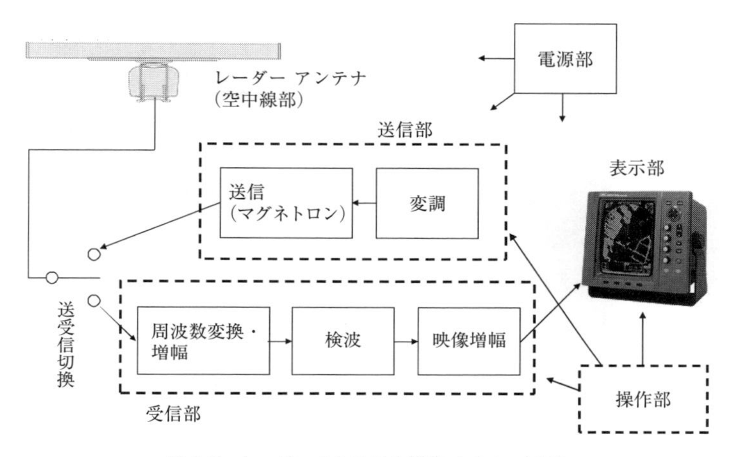

図 3-5　レーダーのシステム構成（ブロック図）

- 送信部：　マイクロ波を発振し電力増幅して，パルスとして送信する．
- 受信部：　物標で反射したマイクロ波を受信し，周波数変換と検波を行って信号を取り出し，映像として表示するための信号を増幅する．
- 空中線部：電波（マイクロ波）の送受信を行う．送信と受信は1つのアンテナを共用し，切り替えて行う．
- 表示部：　受信した信号を可視化して図形で画面に表示する．
- 電源部：　各部に電源を供給する．

なお，最近のレーダーでは，送信部と受信部がアンテナのすぐ下の部分の中に格納されアンテナ（スキャナー）部と一体化したものが増えている．以前は，船橋内に設置した本体（送受信部を内蔵）とマスト上に設置したアンテナの間を給電線等で接続する必要があったが，Xバンドともなると周波数が非常に高く，同軸ケーブルでは減衰が大きくなるため電線ではなく導波管を用いることが多かった．そのため導波管を船橋からレーダー マストまで敷設する必要があったが，現在では，高周波の給電線等の敷設が必要ない送受信の機能がアンテナと一体になったものが増え，船橋内の指示部との間は信号線と電源線のみを接続すればよいため，設置や保守が容易になっている．

図3-6(a)はアンテナの外観，(b)は電源部の例である．

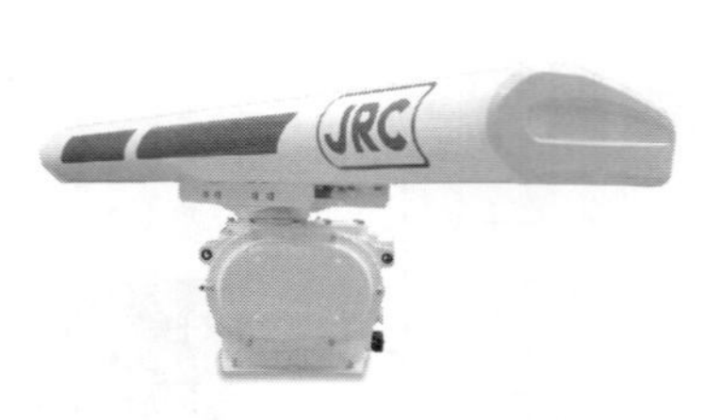

(a)　アンテナ（スキャナー）

(b)　電源部

図3-6　レーダー機器（アンテナおよび電源部）の外観の例

3. 2. 1　空中線（アンテナ）

レーダーのアンテナは物標の方位を探るため，原理上，指向性の鋭いことが条件として必要なので，一般にレーダーにはパラボラ アンテナ等の指向性アンテナが用いられる．航海用レーダーに用いられるアンテナとして，船舶のマスト上で横長の棒状のものが回転しているものを見かけるが，これはスロット アレイ アンテナと呼ばれる形式のものである．

図3-7にスロット アレイ アンテナの構造を示す．方形導波管の一面に細い切り込み（スロット）を並べた（アレイ）ものである．図3-8にスロット アレイ アンテナの内部の様子の写真を示す．

図3-9にスロット アレイ アンテナの指向特性の概要を図示する．航海用レーダーの場合，自船周囲の物標の配置を2次元的に知りたいので，水平面内の指向特性がとくに鋭くなっている．一方，垂直面内の指向特性は，自船近くの海面上から遠くの物標まで電波が送受信される必要があるので，ある程度の幅を持っている．

図3-10は，水平面内指向特性をより詳細に示したもので，アンテナから電波を送信またはアンテナで受信する際，各方向に対してどれだけの強さ（電界強度）で送信できるか，またはどれだけの感度で受信できるかという特性を図で示したものである．方位も探知する必要のある航海用レーダーに用いるアンテナの特性は，アンテナから真っすぐ前の方向に最も強い電力で放射される．そこから左右に離れるにしたがって，放射点（アンテナ）からの長さが短くなっているということは，その向きへの送信の強度または受信の感度がそれだけ弱くなるということを意味している．最も強い方向の強度に対して電力で1／2，電界では$1/\sqrt{2}$に低下するところの間の角度を「半値幅」または「ビーム幅」という．航海用レーダーに用いるアンテナでは，とくに方位の測定に重

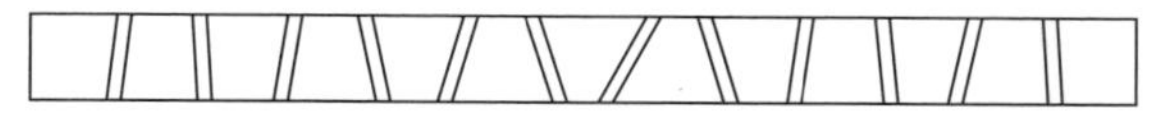

(a)　スロット アレイの切り込み

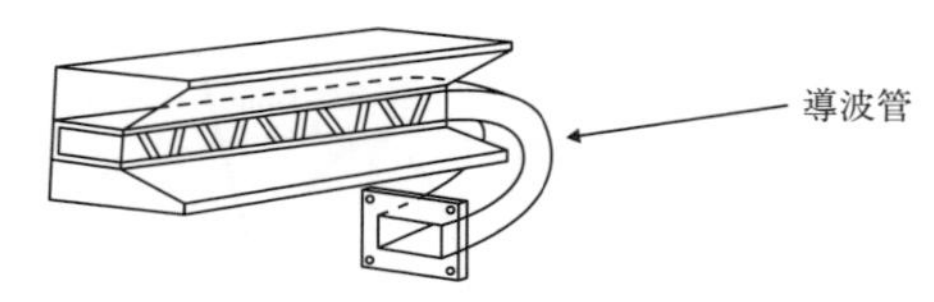

(b)　空中線の構造

図3-7　スロット アレイ アンテナの構造

要な特性である水平面内のビーム幅は1度～3度程度（小型船舶用のものでは2度～6度程度）が一般的である．これはテレビジョン放送の受信に用いる八木宇田アンテナ等，他の指向性アンテナと比べても極めて鋭い指向性をもっている．なお，同図に示したように，最大方向（前向き）以外に後ろ向きにも少しは電波が送受信される．また，横方向にも不規則なパターンで電波が送受信される．これを「サイドローブ」といい，後述する偽像の原因の1つとなる．3.6.2（偽像）参照．

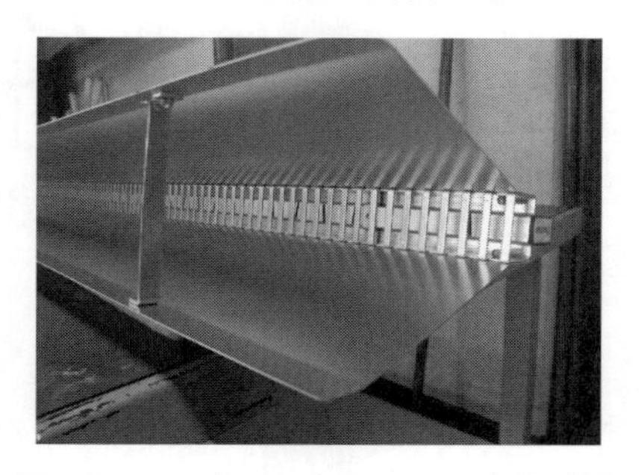

図3-8　スロット アレイ アンテナの内部の様子

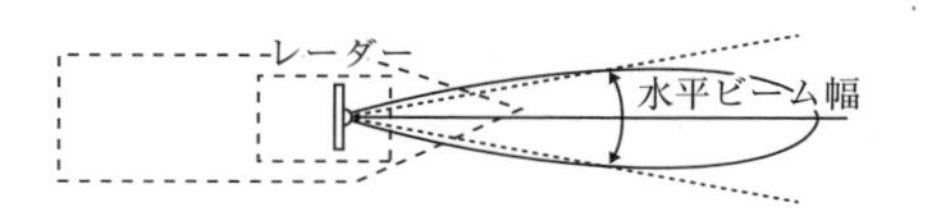

(a)　水平面内指向特性

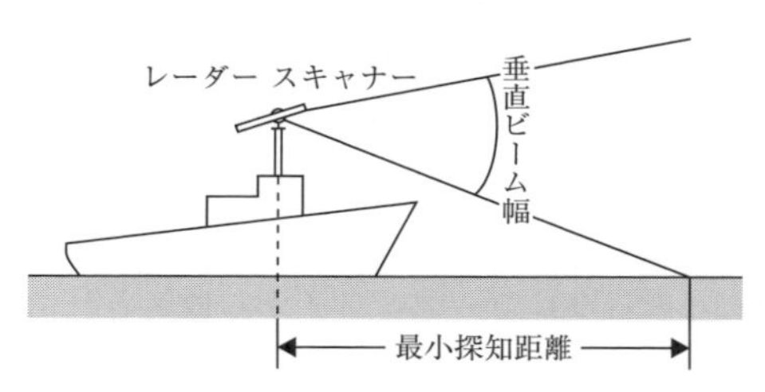

(b)　垂直内面指向特性

図3-9　レーダーのスロット アレイ アンテナの指向特性

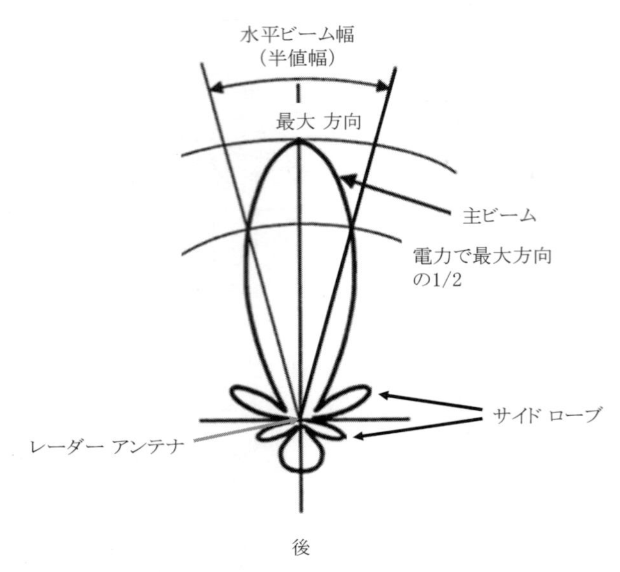

図 3-10　レーダー アンテナの水平面内指向特性

なお図 3-10 は分かりやすいようにイメージを示したもので，実際には半値幅はもっとせまい．鋭い指向性をもったアンテナを用い，それを回転させることで，水平面内で方向ごとに物標の距離が計測される．アンテナを水平面で1回転させれば周囲 360 度の物標の方位，距離が探知できることになる．このようにレーダーではアンテナを一定の速度で回転させて物標の方位を測定している．すなわち，全周方向をスキャン（走査）しており，レーダーのアンテナは「スキャナー」とも呼ばれる．一般に航海用レーダーではおよそ2秒に1周程度の速度で回転し続けている．

一方，垂直面内の指向特性は，最小探知距離に影響する要因の1つとなる．すなわち下向きの指向性により電波が送受信される部分より近い（自船）側には電波が届かず受信もできず，その場所にある物標はレーダーで捉えられない．航海用レーダーに用いられるスロット アレイ アンテナの垂直面内のビーム幅は約 20 度（± 10 度程度）で，アンテナから放射された電波は，ビーム幅の範囲に入る距離にある自船の近くから，ずっと遠くの水平線付近まで，また場合によっては少し上空方向にも届くことがある．

《問題》　航海用レーダーのアンテナ（スキャナ）における水平面内指向特性，垂直面内指向特性について図示して説明せよ．具体的にビーム幅の角度は水平，垂直それぞれどのくらいの値であるか示せ．

3. 2. 2　送信部

送信部は，マイクロ波を発振し，それをパルス状にして電力増幅し高周波エネルギーをアンテナに供給する．今日，通常の電子回路では，発振，増幅等に半導体（トランジスター等）が用いられる．しかし，航海用レーダーには，Sバンドで3GHz帯，Xバンドでは9GHz帯の非常に高い周波数の電波を用いるので，そのような周波数の高周波電流の発振，電力増幅は，半導体では難しい．そのため，今日では一般にほとんど用いられることがなくなった真空管の一種であるマグネトロン等がマイクロ波発振，高周波増幅の部分の回路に今でも用いられている．ただし，ごく最近，そのような高周波の発振，増幅等にも対応した半導体（FET）が開発され利用可能となっているので，レーダーでも真空管を一切用いない半導体レーダー（固体化レーダー）が開発され製品化されている．保守の容易さなどから，今後半導体レーダーが徐々に普及することも想定される．

図3-11にレーダーから送信される電波のイメージを示す．これはレーダーの距離測定の原理を実現するために送信から受信までの時間を計測するための工夫である．

同図(a)のように，電波はある短い時間 τ [s]だけ送信したのち停止する．その停止している間は受信状態とし，物標による反射波を捉える．これを周期

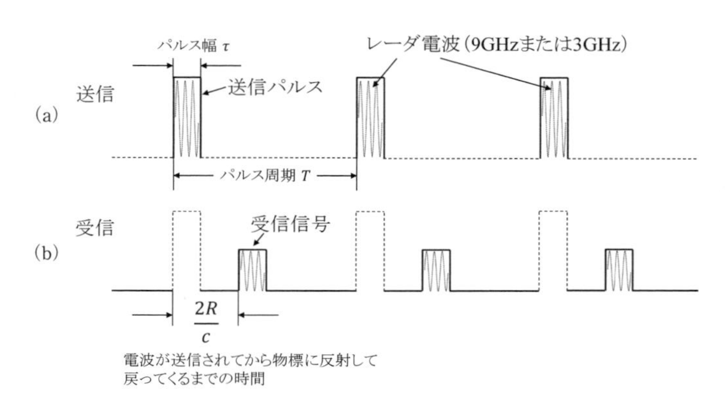

図3-11　レーダーから送信される電波のイメージ（パルス状電波）

T[s]ごとに繰り返す．この周期T[s]としてレーダーが観測する範囲の距離を電波が往復するのに十分な間隔をとっておけば，すなわち最大の探知距離を電波が往復するのに要する時間より長くしておけば，受信した電波は，すぐ前に送信したパルスが反射したものであるとみてよい．図3-11(b)のように，電波を受信しはじめた時刻から，すぐ前の送信電波のパルスのはじまりの時刻を引けば，これを反射した物標まで電波が往復するのに要した時間として計測できる．その時間の半分に電波の速度を掛けた結果が送信アンテナから物標までの距離と考えられる．

例えばXバンド レーダーの場合，9GHz超のマイクロ波を同図(a)のようにパルス状に送信する．送信電波自身の周波数は9GHzであるが「パルス繰り返し周波数（PRF：Pulse Repetition Frequency)」は500Hz～3,000Hz程度であり，その逆数のパルス繰り返し周期（T）にすれば333μs～2,000μsとなる．これはレーダー レンジ等によって切り替わるのが一般的である．電波を送信している期間の時間は「パルス幅（PL：Pulse Length)（τ)」といい0.05μs～1.5μsが一般的である．3.4.3項（レーダー性能の具体例）参照．

例えば，PRFが1,000Hz，PLが0.1μsとすると，パルス周期は1ms(＝1,000μs)，パルス幅は0.1μsなので，その比率は10,000：1になる．1μsの間だけ9GHzの電波を送信し，9,999μsの間は送信を止めていることになる．そしてPRFが1,000Hzであれば，このような電波の送信と停止を1秒間に1,000回繰り返す．繰り返し周期の値は周波数または周期（時間）で示される．アンテナ1回転が2秒とすると，1周で2,000回の送受信となり，方位1度あたりでは約5回の送受信となる．

なお，レーダー性能のうち，PL（パルス幅）は距離分解能に，またPLとPRF（パルス繰り返し周波数）は後述する最小探知距離や最大探知距離に関係する．

送信部では，最終的にアンテナへ供給するための電力増幅を行う．レーダーの空中線電力は，通常，尖頭電力（ピーク電力）で示す．すなわち，図3-12で電波を送信している期間の電波の最大（ピーク）電力を出力（空中線電力）として表す．レーダーの性能を示すカタログ値や無線局免許状に記載される空中線電力は，この尖頭電力の値である．レーダーの場合，パルス周期と幅の比率が変わると平均電力の値も変わってしまうが，尖頭値（ピーク値）は変わらないので，電力は一般的な平均値による表示はせず，尖頭電力を用いる．

大型の商船に搭載されるマグネトロン レーダーの空中線電力は，尖頭電力でSバンドレーダー30kW，Xバンド レーダー25kWというものが一般的で

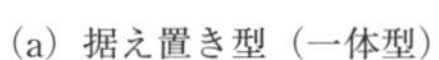

(a) 据え置き型（一体型）　(b) 分離型　(c) 小型船用コンパクト型

図 3-12　レーダー表示部

ある．小型船舶向けの小規模なレーダーには，これより小さい電力のものが用いられ，無線従事者資格が不要の5kW未満（マグネトロン レーダーの場合）のものがよく用いられる．

3.2.3　受信部

レーダーで電波の送信を休んでいる間には反射電波の受信を行っている．

受信部では，アンテナで受信した微弱な信号と，局部発振器により生成された一定周波数の高周波を混合することで，その差の周波数成分を取り出す．これを混合検波という．検波によりマイクロ波から取り出した中間周波成分を中間周波増幅器により増幅して，レーダー エコー像となるもとの信号を取り出す．すなわち，受信部ではレーダーがマイクロ波を送信し終わってから次に送信するまでの間，時間経過（物標等の距離に比例する）とともに受信される電波の強度を時々刻々取り出すということを行う．

3.2.4　表示部

図3-12にレーダー表示部の外観の例を示す．

受信部で取り出したレーダー エコー信号は，その時にアンテナが向いている方向に対して，受信電波の時間と強度が得られている．これをその方向の線上に画面の中心（自船位置）から距離に比例した位置に，信号強度に比例した明るさで表示することで，PPI方式のレーダー エコー像が生成される．アンテナは回転しているので，順次向いている方向に対して表示を1回転分繰り返すことで，360度全周方向について，中心から距離に比例した物標の反射（エコー）を像として見ることができる．これにより，周囲の船舶や陸岸の岸線，防波堤，山などがレーダー エコー像としてPPIスコープ上に示される．

初期のレーダーでは，ブラウン管PPIスコープが用いられ，燐光面に電子線を当てることで画面を光らせていたので，アンテナの回転に合わせて，電子線を放出する部分をモーターで回転させて，中心から円周端方向への線状にエコーを描画し，残光により1周の画面が見えるように表示していた．その後，ラスター スキャン型のブラウン管（CRTディスプレイ）が表示に用いられるようになりグラフィックスとしてレーダー エコーの画面を生成し，同時に画面上にはTTの情報を文字で表すことも可能となった．さらに，現在では，レーダーの表示部としてLCD（液晶ディスプレイ）を用いるものが一般的となっており，コンピュータの画面表示に用いられるディスプレイと同等のものが利用されている．ブラウン管時代の初期には単色表示であったが，LCDを用いる時代になった現在ではカラー表示のものが多い．

表示部の機能は，このような映像信号描画と雑音除去回路から成り立っている．レーダーにおける映像の雑音には，大別して「海面反射雑音」と「雨雪反射雑音」の2つがある．雑音とその除去についての詳細は3.5.2項（レーダー像の調整）参照．

3.3　表示方式

PPIスコープによる一般的なレーダーの画面表示においては，自船の向き（船首方位）や移動速度（対地速力）により，周囲のエコー像をどのように表示するかという方式がいくつか考えられる．

方位に関して，

- ・相対方位表示方式（ヘディング アップ：Heading Up）
- ・真方位表示方式（ノース アップ：North Up）
- ・針路表示方式（コース アップ：Course Up）

の3つが，また動き（運動）に関して，

- ・相対運動表示方式（リラティブ モーション：Relative Motion）
- ・真運動表示方式（トゥルー モーション：True Motion）

の2つがある．

3.3.1　方位表示方式

方位に関する表示方式には「相対方位表示」，「真方位表示」，「針路表示」がある．相対方位表示と真方位表示のイメージを図3-13に示す．

そもそも，何の工夫もせずレーダーの原理のままエコー像を表示すると相対

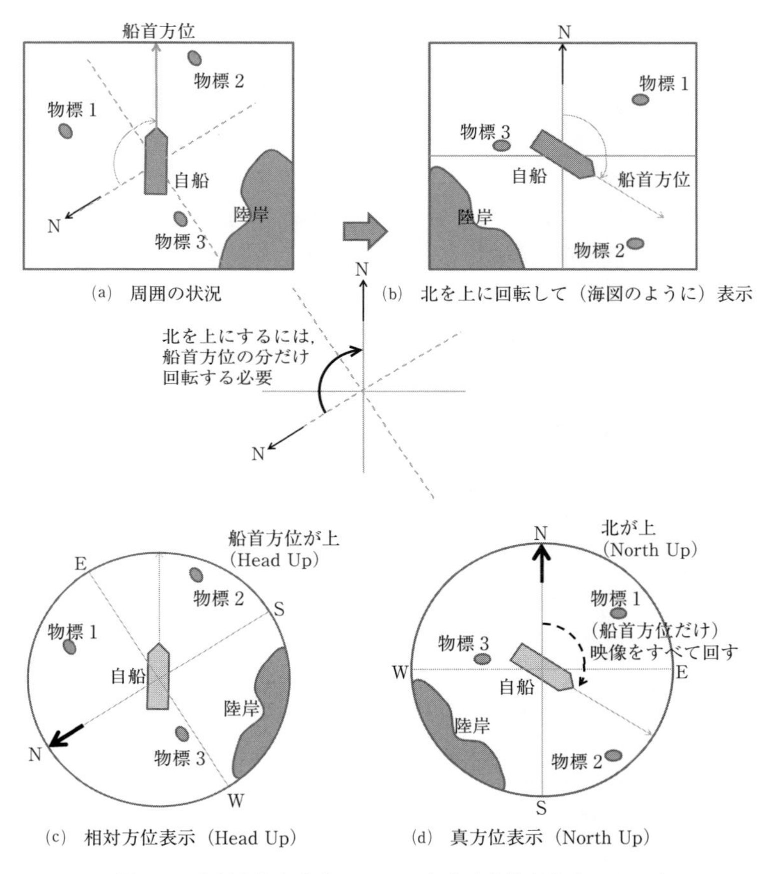

図3-13　相対方位表示（Heading Up）と真方位表示（North Up）

方位表示方式となる．自船にレーダー アンテナ（スキャナー）を取り付けたとき，正船首方向を0度（スキャンのはじまり）として上空から真下（海面方向）を見て，通常，時計回りに回転させ，そのまま表示すると画面の上が正船首の方向となり，右回りに360度，自船周囲のエコーが描かれる．この場合，自船の向き（船首方位）が変われば，周囲物標の自船位置からの方位は同じでも，相対的に画面上で表示されるときの方向は変わることになる．これを「相対方位表示」または，画面の上を船首方向として表示するのでHeading Upという（図3-13(c)）．この方式では，自船の船首方向が常に画面の真上として表示される．

相対方位表示から自船の船首方位（真北からの角度）の分だけ画面全体を回転させることにより，海図と同じように北を上にした向きでエコー像を表示する．これを「真方位表示」またはNorth Upという（図3-13(d)）．この表示を行うためには画面表示の映像を回転させるための船首方位の値（角度）が必要である．そのため，レーダーには外部のコンパス（ジャイロコンパス等）から，船首方位の情報が入力されていなければNorth Upの表示は実現できない．

この他，その時の自船の針路（コース）を真上に固定して表示する「針路表示」がある．これは，指定した時点の針路を画面の上方向に固定し，その後，自船の針路が変わっても画面の上方向はもとのまま変わる（表示が回る）ことはない．

3. 3. 2　運動表示方式

運動表示の方式には「真運動表示」と「相対運動表示」がある．例えば海図上での自船の動きが図3-14のような場合で，物標1は船舶等が動いている状態，陸岸と物標2と3は浮標や錨泊中の船舶など，それぞれ止まっている物標であるとする．その中を自船がある速力で航行しているという場面に対して，真運動表示のイメージを図3-15に，相対運動表示のイメージを図3-16に説明する．

真運動表示（True Motion：TM）は，陸岸や浮標，停泊船など，地球に対して止まっているものは，表示においても止まったままで，自船が動いている場合，その自船が表示画面上で地球に対しての真の動きとしてプロットされる．また，航行中の船舶など動いている物標も地球に対して真の動きでプロットされ表示される．

図3-15は真運動表示の例であり，(a)～(c)まで，止まっている陸岸や浮標，停泊船などがレーダー画面上で同じところに表示され背景が変化しないところに，自船が時間経過とともに地球に対して絶対的な動きとして位置が移動しながら表示される．動いている物標はその真の動きで表示される．この機能を実現するためには，自船の移動に関する情報が必要であり，レーダーにはGPSなどから針路や船速のデータがリアル タイムで入力されている必要がある．

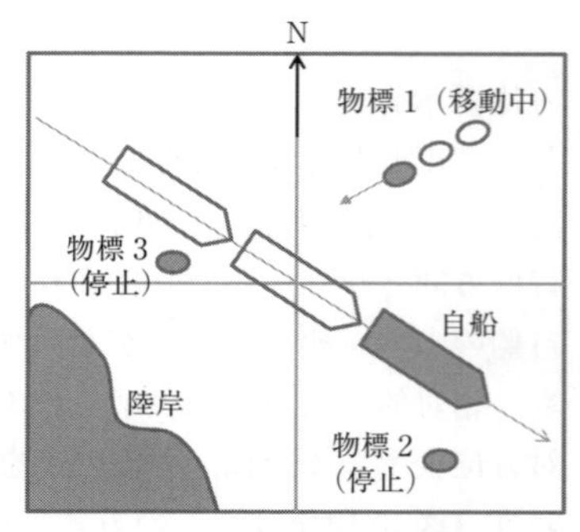

図3-14　運動表示を説明する状況
（図3-15・図3-16共通）

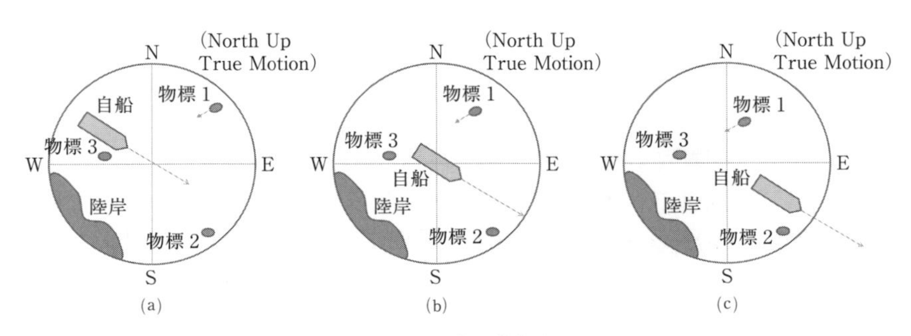

図 3-15　真運動表示

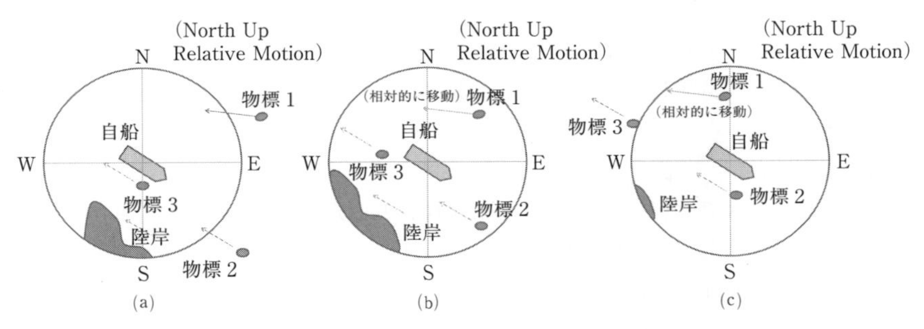

図 3-16　相対運動表示

自船が移動していくと，その表示が画面内を移動していくので，最後には自船が画面上からはみ出してしまい，表示されなくなる．そのため真運動表示モードでは，自船位置がある程度移動した段階で表示範囲からはみ出る前に，背景の陸岸や止まっている物標の表示位置を大幅に変えて，自船の針路方向が多く示されるよう，つぎの表示範囲に瞬時に変え，そこから再び自船の位置を移動させていき，つぎに表示範囲を出る前にまた瞬時に表示範囲を大きく変える，ということが繰り返される．図 3-15 の例では，始め(a)図のように自船の針路方向が広く表示されるような範囲を固定して表示し，自船のみが(b)図，(c)図と移動していく．(c)図のあたりまで来るとまた自船が(a)図のあたりにくるよう表示範囲を変更する．したがって，このときには表示範囲が移動したことに合わせて，陸岸や周囲物標の画面上における表示位置は瞬時に大きく変わることになる．すなわち，それらは自船の進んでいる方向に対して後ろの方へ表示位置が移動し，その位置でまたしばらく（つぎに表示範囲が変わるまで）同じ位置に表示され続ける．

一方，相対運動表示（Relative Motion：RM）は，自船の位置は画面の中央で固定され，周囲の陸岸や止まっている物標等の表示位置が相対的に時間経過とともに移動する．なお，航行中の船舶など動いている物標は，自船に対する見かけ上の動きとしてプロットされ表示される．

図3-16は，相対運動表示の例であり，(a)図から(c)図の順に時間が経過しているところを示しているが，自船の表示位置は画面の中心のままで動かず，周囲の止まっている陸岸や物標の方が，相対的に動いているように見える．また，動いている物標については，自船に対する相対的な動きでプロットされ表示されるので，画面上ではその物標の真針路とは違う方向に（自船との相対的な針路，速力で）動いているように見える．このような表示を実現するには，自船を中心としたレーダーのもともとの距離および方位測定により得られたデータで画面表示を行えばよく，相対運動表示のために，とくに自船の針路や船速の情報は必要としない．ただし，図3-16の例では方位についてはNorth Upで表示しているので，この場合にはジャイロコンパスから船首方位のデータが入力されている必要がある．

相対運動表示では自船の表示位置は画面中央が基本であるが，「オフ センター表示」機能により，画面内の都合の良い位置に移動することが可能である．3.5.3項（その他の画面調整）参照．

なお，図3-15や図3-16の自船の形のような図形は，実際のレーダー画面には表示されない．

【例題】 **レーダーの表示方式について，方位および運動に関する方式をそれぞれ列挙せよ．**

方位

・相対方位表示（Heading Up）
・真方位表示（North Up）
・針路表示（Course Up）

運動

・相対運動表示（Relative Motion）
・真運動表示（True Motion）

3.4　レーダーの性能

レーダーの性能を示すために様々な値を用いる．代表的なものに方位分解能，距離分解能，最小探知距離などがある．

3. 4. 1　方位分解能と距離分解能

3. 4. 1. 1　方位分解能

方位分解能（Bearing Discrimination）とは，自船から見て同一距離で方位の異なる（横に並んだ）2つの物標がそれぞれ別の物標として判別しうる最小の間隔（その2物標の方位の差）のことをいう．

レーダー画面上の表示では，自船からほぼ同じような距離にある2つの物標は，それらの位置が近すぎると画面上では1つの物標としてつながっているように映ってしまう．方位分解能は，それが別々のものとして表示できる最小の方位の差を意味する．単位は度［°］である．

近くの物標がつながって見えてしまうのは，アンテナの性能により少し幅をもって電波が送受信されるからである．方位分解能はアンテナの水平方向ビーム幅（水平面内指向特性）により決まり，ビーム幅が狭いほど分解能は良くなる（方位の差の数値は小さくなる）．一般的な航海用レーダーでは水平ビーム幅（Beam Width（H））は1〜2.5度程度であり，方位分解能もそれと一致する．

3. 4. 1. 2　距離分解能

距離分解能（Range Discrimination）とは，自船から見て同一方位で距離の異なる（自船からみて奥行き方向に縦に並んだ）2つの物標がそれぞれ別の物標として判別しうる最小の間隔（その2物標間の距離）をいう．

ほぼ同じ方位の2つの物標が接近して存在しているとき，画面上ではつながって1つの物標のように映ってしまう．距離分解能は，それが別のものとして表示できる最小の2物標間の距離を意味し，単位はメートル［m］である．

距離分解能は，レーダーが送信する電波のパルス幅の1／2に相当する距離より近いと原理的につながって映るので，パルス幅により決まる．一般的な値として，原理的には，パルス幅（Pulse length）が0.3 μs の場合 45 m，0.15 μs の場合 22.5 m となる．

現在ではレーダーの表示器に液晶ディスプレイ（LCD）などラスター スキャン方式のディスプレイが用いられているので，レーダー映像はコンピューターグラフィックスで示され，画面は非常に小さな点（ピクセル）の集まりで表される．そのためディスプレイの解像度により，となり合わせのピクセルとピクセルの間隔に相当する距離や方位の差より小さな場合は，ディスプレイ画面上で別のものとして表示することは不可能となる．これが距離分解能や方位分解能に影響することがある．

【例題】 レーダー電波のパルス幅が 0.2 μs のとき，同一方位で距離の異なる２つの物標が分解可能なのは何 m 以上離れているときか．ただし，レーダー表示画面の輝点の大きさなどによる影響は考慮しないものとする．

電波が進む距離の半分が物標までの距離なので，パルス幅の時間に相当する距離 R[m]　は

$$R = C \times \tau \times \frac{1}{2}$$

ここで，

C：電波の進む速度 3×10^8 [m/s]

τ：パルス幅 [s]

題意より，

$$R = 3 \times 10^8 \times 0.2 \times 10^{-6} \times \frac{1}{2} = 30\,[\mathrm{m}]$$

答． 30 m

なお，アンテナの垂直面内指向特性を考慮しなければ，この計算の結果はパルス幅の制約による最小探知距離とも等しくなる．

3. 4. 2　最小探知距離

最小探知距離（Minimum Range）とは，自船から探知しうる物標までの最短の距離をいう．単位はメートル［m］である．これは，レーダーのパルス幅，表示器画面の解像度，レーダー アンテナの垂直面内指向特性等により決まる．まったく同じ機種のレーダーであっても自船のアンテナ設置高さにより異なり，同じ特性のアンテナを用いる場合，高さが高いほど最小探知距離は長くなる．航海用レーダーでは最小探知距離が数十メートルというのが一般的である．

なお，最小とは反対の最大探知距離は，レーダーの性能（空中線電力やアンテナの利得など）や物標の断面積，高さ（自船アンテナおよび物標）等が影響し，これといった１つの値で示すことはできないので，レーダー性能の値として示されることは基本的にない．

【例題】 レーダーの最大探知距離に影響を及ぼす事項をあげよ.

・レーダー スキャナー（アンテナ）の海面上高さ
・物標の海面上高さ
・パルス繰返し周波数（周期）
・物標のレーダー有効反射面積
・レーダーの送信出力
・スキャナー（アンテナ）の利得
・受信機の感度
など

3.4.3　レーダー性能の具体例

航海用レーダーの性能として具体的な値の例を示す．大型船向けレーダーの無線送受信機については，以下のようなものが一般的である．

無線送受信機（RF Transceiver）	X-band	S-band
周波数（Frequency）	9,375 / 9,410 MHz	3,050 MHz
出力電力（尖頭）（Output Power（Peak））	～ 25 kW	～ 30 kW
パルス長（Pulse Length）	S　M　L 0.05 μsec ～ 1.5 μsec （レンジによって変化）	
パルス繰り返し周波数（PRF：Pulse Repetition Frequency）	3,000 Hz ～ 500 Hz	

レーダー アンテナ（レーダー スキャナ）の性能は，つぎのような値が一般的である．

アンテナ（Antenna Radiator）	X-band	S-band
長さ（Length）	4～10 ft	10～12 ft
水平ビーム幅（Beam width（H））	1 ～ 2°	1.5 ～ 2.5°
垂直ビーム幅（Beam width（V））	20°	25°
偏波（Polarization）	水平偏波（Horizontal）	
アンテナ回転数（Rotation）	20 ～ 48 rpm	

rpm：Rotation per minute または Revolution per minute

レーダーの表示器には，最近はラスター スキャンのLCD（液晶ディスプレイ）すなわちパソコンのディスプレイなどと同様のものを用いる．その表示上の性能，その他レーダーの一般性能として以下のような値が一般的である．

表示器（Display Unit）	
画面サイズ（Screen）	20inch ～ 30inch
解像度（Resolution）	1280×1024pixels ～ 1600×1200pixels
その他（一般性能）	
最小探知距離（Minimum Range）	20m ～ 30m
距離分解能（Range Discrimination）	20m ～ 30m
方位分解能	水平ビーム幅に同じ
(Bearing Discrimination)	(same as “Beam Width(H)”)
方位精度（Bearing Accuracy）	±1°

《問題》

1. レーダーの距離分解能とは何か説明せよ．
2. レーダーの方位分解能とは何か説明せよ．
3. 航海用レーダーのアンテナ（スキャナー）の回転の速度は一般にどれくらいか．

【例題】　一般的な航海用レーダーのアンテナ形式と偏波の種類は何か．

形式：	偏波：
スロット アレイ アンテナ (Wave guide slotted array antenna)	水平偏波

【例題】　パルス幅0.4μs，アンテナ スキャナーの水面上の高さ25m，垂直ビーム幅の伏角15°のレーダーにおける最小探知距離を求めよ．ただし，レーダー表示画面のピクセル解像度と表示レンジの影響は考慮しないものとする．

電波を送信してから反射波を受信するまでの時間：t[s]

アンテナから物標までの距離：R[m]

とすると，

$$R = \frac{c \times t}{2}$$

ここで，c：電波の速度 = 光速 3.0×10^8[m/s]

送信パルス幅の間は受信できないので，その間は探知できない．したがって，$t = 0.4 \times 10^{-6}$[s] を上式に代入すれば

$$R=\frac{(3.0\times10^{8}\times0.4\times10^{-6})}{2}=\frac{(3.0\times0.4)}{2}\times10^{8}\times10^{-6}=0.6\times10^{2}=60\,[\mathrm{m}]$$

一方，スキャナー高さ h と垂直ビーム幅の伏角 θ から，海面に電波が届く最小の距離 d は

$$d=\frac{h}{\tan 15^\circ}=\frac{25}{0.268}\approx 93.3\,[\mathrm{m}]$$

R と d の遠いほうが最小探知距離となるので，94 m（最小距離のため切り上げ）

答．94 m

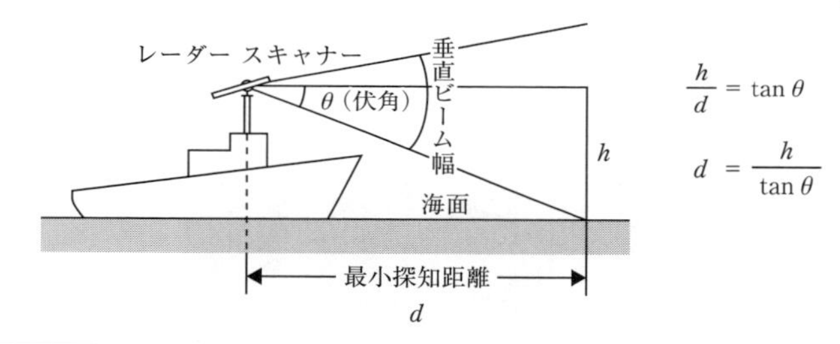

3. 5　レーダー使用の実際

レーダー機器のうち表示部・操作部の例を 3. 2 節中，図 3-12 に示した．レーダー映像を表示し，様々な操作や調整を行う「表示部」および「操作部」は船橋内の操舵スタンドの近く，コンソール等に設置される．実際にレーダーを使用するにはこれを扱うことになる．

3. 5. 1　レーダー使用手順

例として図 3-17 のような操作用キーボードが装備されたレーダーを想定し，実際のレーダー使用手順を説明する．

使用するまでの操作を，順を追ってまとめると以下のとおりである．

(1) 電源を入れる……①［POWER］ボタン

元電源（ブレーカー等）を切っていた場合，先に入れておく．

［POWER］ボタンを押して電源を入れる．この時点ではまだ送信できない（してはならない）．

(2) マグネトロンが余熱され十分に温まるのを待つ

マグネトロン レーダーの場合，電源を入れてから概ね 3〜5 分間，待つ．最近の機種では，カウントダウン タイマーで待ち時間の残りが表示されるものもある．

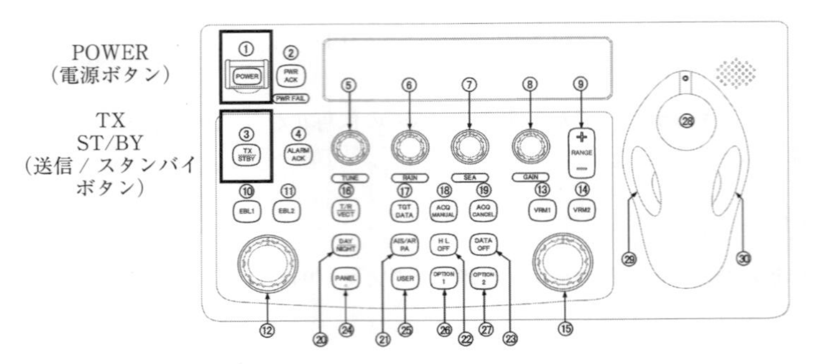

図 3-17　操作用キーボード

図 3-18　マスト上のレーダーアンテナ

(3)　船首方位の初期値を入力する

以前は方位の初期値としてジャイロコンパスの値をレーダーにセットする必要があった．最近はジャイロコンパス等から船首方位データがレーダーにデジタル信号で入力されている装備方法が一般的になり，この手順は必要なくなっている．

(4)　空中線の状態および周囲の安全を確認する

レーダー スキャナー（アンテナ）は回転するので，それを阻害するような障害物がないか等を確認（目視）する．また，周囲で高所作業等を行っている人がいないか，安全を確認する（アンテナの回転によって当たる可能性があり，強力なマイクロ波を至近距離であびると人体に悪影響をおよぼす可能性もある）．

(5) 電波を送信する（航行中のみ）…… ③［TX］ボタン

航海用レーダーでは［TX］と［STBY］が1つのボタンになっていてトグル動作するのが一般的である．しかし，TXとSTBYは意味が異なる．

［TX］　…… Transmit（送信）
［STBY］…… Stand by（停波，送信準備）

なお，電波法第62条の規定により，レーダーの電波を送信してよいのはその船舶の航行中に限られる．

(6) 表示器の輝度調整

とくに夜航海時は，操船の支障にならないよう画面を暗くする必要がある．また，昼間は輝度を上げて十分に画面を視認できる輝度とする．具体的には［BRILL］つまみ，またはメニューにより調整する．表示の種類毎に，エコー像，文字，ターゲット シンボル，キーボードのボタン，チャート（表示機能がある場合）等の輝度をそれぞれ個別に設定・調整できるものもある．カラー表示画面のものはメニューにより，表示色を好みのものに設定できる．

(7) 同調（Tune）をとる…… ⑤ TUNEつまみ

受信周波数を微調整して，最良の受信状態となるよう調整する．レーダーでは送信周波数は固定であり，その電波が反射して返ってきたものを受信するので，受信周波数も固定でよいはずである．しかし実際には，電波が伝わる間に様々な影響を受け，受信した信号の周波数は送信周波数から微妙にずれることがある．そのため受信周波数を微少に変化させて受信状態を改善するようになっている．同調は，つまみ（TUNE等と表示されている）をまわして，バー グラフで示された受信状態を見ながら強度が最大となるように調整する．最近では自動同調機能（オート チューン）を備えたものが多く，それを使用する場合はとくに調整の必要はない．

3.5.2 レーダー像の調整

映像調整にあたっては，はじめに操船の場面にあわせて適切なレンジに設定する．レンジを変える度に，ゲイン，海面反射除去，雨雪反射除去の調整をその都度行う必要がある．

レーダー像の調整

レンジ（RANGE）の選択 …… ⑨ RANGEキー
ゲイン（GAIN）調整　　 …… ⑧ GAINつまみ

海面反射除去（A/C SEA または STC）　……　⑦ SEA つまみ
雨雪反射除去（A/C RAIN または FTC）　……　⑥ RAIN つまみ

レンジを選択した後に，ゲイン，海面反射除去，雨雪反射除去の調整を行うが，これらの調整はお互いに影響するので，映像の状態がよくなるまで必要に応じて繰り返し行う．

以下，図 3-19 に示すレーダー表示画面を例として，調整について説明する．

- RANGE（レンジ）

港内，沿岸航海や大洋航海等，場面にあわせてレンジを選ぶ．

レンジとは日本語で“範囲”または“距離”のことであり，画面に表示する範囲を意味する．すなわち，レンジの値（NM 単位）は，最大表示範囲の円の半径を示しているので，数値が大きいほど広い範囲を表示することになり，像としては縮小されて表示される．反対にレンジの数値が小さくなると，狭い範囲を画面上では同じ大きさの円に表示するので像としては拡大して表示される．一般的に港内等は小さなレンジ（拡大表示）を用い，沿岸，大洋となるにしたがって，大きなレンジ（縮小表示）を用いることが多く，場面にあわせて選択することが重要である．大体の目安としてつぎのとおりである．

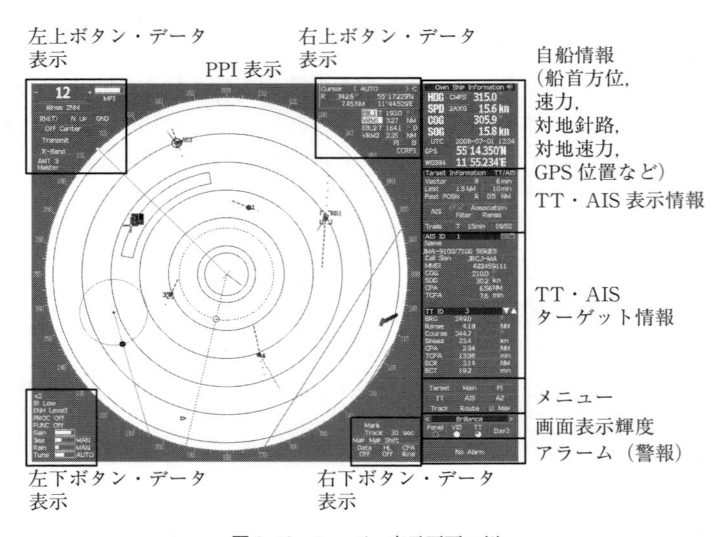

図 3-19　レーダー表示画面の例

操船の場面とレーダーレンジの目安

港内等	1.5NM　～　3NM
内海，沿岸	3NM　～　6NM
外洋	6NM　～　24NM

なお，自船のマスト高さ（レーダー スキャナーの設置高さ）および物標の高さにもよるが，一般的には24NM以上遠くの物標は通常とらえられないので，不必要に大きなレンジにはしない．

レンジをレンジを変えると，以下の感度（GAIN），海面反射除去（STC），雨雪反射除去（FTC）等の調整はその都度行うのが基本である．

図3-20の例で，（図3-20(b)中⑨）RANGEキーの［+］の部分を押すとレンジは大きくなり（表示は縮小される），［−］の部分を押すとレンジは小さくなる（表示は拡大される）．また，この例の機種では図3-20(a)の画面上の左上表示部分のレンジの値が示されている左側の［−］の部分にトラック ボールでカーソルをあわせてクリックするとレンジを小さく，右側の［+］の部分をクリックするとレンジを大きくすることができる．この値は自船を画面の中心に表示したときの表示部分の円の半径に相当する距離を示している．レー

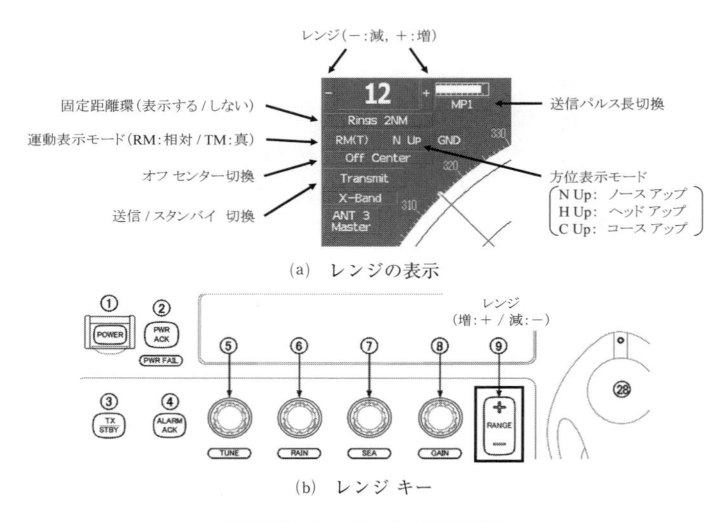

図3-20　レーダー レンジの変更

ダー表示画面には，通常，自船を中心として，一定間隔の半径で同心円が描かれている．これを「固定距離環」という．図3-19の例では，自船位置（中心）から一定間隔で5個の円が細い実線で描かれている．すなわちレンジを6等分している．これが固定距離環で，大まかな距離測定に利用することができる．図3-19の例では，レンジが12NMレンジで，固定距離環の間隔1つ分の距離は2NMである．図3-20(a)のレンジの値の下にRings 2NMという表示があり，これが固定距離環の1つ分の間隔を示している．

この機種では左上表示部に，選択している運動表示モード，方位表示モード等も表示されている．

- **GAIN（ゲイン：受信感度）**

ゲイン（利得）とは，受信した信号を増幅する度合いで，ゲインを上げるとエコーが強く表示される．必要以上に上げすぎると実際には反射物体でないものまで表示されてしまい表示像に雑音が増える．反対に下げすぎるとエコーの表示が弱くなり，弱い反射の物体によるエコーが表示されなくなって，必要な物標のエコーまで映らなくなる可能性がある．

GAIN（感度）つまみ（図3-21(b)中⑧）によって中心（自船）付近，その他，除去が難しい明らかな雑音をのぞいて，不要なエコーが映らないようにしつつ，必要なエコーは鮮明に映るよう調整する．これには，ある程度の経験と知識が必要である上，機種や装備の状態によっても異なるので，使用するレーダーに慣熟することが重要である．

- **A/C SEA または STC（海面反射除去）**

海面反射雑音は，穏やかな海面では起こりにくいが，海面上に波が立っている状況では，その波にレーダー電波が反射しレーダー エコーとして画面に表示されてしまうものである．自船周辺の近い距離にこの雑音が現れることが多く，像の特徴は小さな点の集まりとして表示され，波が高いときなどには自船の周辺が海面反射のエコー像でほとんど塗りつぶされたように現れることがある．この雑音を軽減する工夫をしなければ，その雑音のエコー像の中に，本来とらえるべき船舶等の物標が埋もれてしまい識別できなくなる．そのためにSTC（Sensitivity Time Control）回路というものを利用して，距離が近いところのみ受信利得を下げて雑音を映りにくくするような工夫をする．この効果は，周囲の海面の状況に合わせて調整する必要があるので，レーダーの操作部にSTCつまみがあり，これを回して調整することができるようになっている．

ゲインを適切に調整しても，一般にレーダー像の中心（自船）付近には，多くの海面反射雑音（波頭に電波が反射してエコーとなるもの）が表示される．海面状態が荒れている場合には顕著になる．そのような不要なエコーが低減されるように（A/C SEAまたはSTCと表示されている）つまみ（図3-21(b)中⑦）をまわして除去効果の値を上げていく．ただし，上げすぎると他船やブイなど必要な物標も除去されて画面上に映らなくなってしまうので，適当なところに調整する．自船（中心）付近はとくに海面反射雑音が多いので，自船から近くにある小さな物標はこの雑音除去効果によりエコーが消えてしまう可能性もあることを認識しておかなければならない．

・**A/C RAINまたはFTC（雨雪反射除去）**

雨雪反射雑音は，レーダー映像の表示範囲内で雨や雪が降っているときに，それが電波を反射してレーダー エコーとして表示されてしまうものである．雨や雪が激しいときにはその区域が塗りつぶされたように現れることがあり，その中の本来とらえるべき船舶等の物標が識別できなくなる．これを軽減するために，FTC（Fast Time Constant）回路を利用して，距離の変化に対する受信強度の変化が大きい信号を取り出して，雨または雪による反射信号を低減するような方法がとられている．この効果についても状況に合わせて効果を調整できるようにFTCつまみが操作部にある．

レーダーで表示している範囲に降雨や降雪があると，雨や雪に電波が反射してエコーとして映ってしまうことがある．強い雨や雪の場合はとくに顕著となる．降雨の範囲全体がエコーとなるため，その中の船舶等，必要な物標のエコーが雨や雪のエコーに埋もれてしまって見分けがつかなくなる．その場合には，雨雪反射除去（A/C RAINまたはFTCと表示されている）つまみ（図3-21(b)中⑥）をまわして除去効果の値をあげていく．雨雪の区域全体のエコーが薄れてきて，その中の船舶等のエコーは残るように調整する．降雨や降雪のないときは，雨雪反射除去は通常0でよい．

これら雑音に対するフィルターの役割を果たすSTCやFTCの回路特性は時間とともに変化する信号の積分や微分の特性を利用している．レーダーにおいては距離が時間に比例するので，STCでは近いところの受信信号強度を低減する目的で積分回路の特性を，FTCでは変化の少ない信号の強度を低減する目的で微分回路の特性を利用する．（文献：「船用電気・情報概論―航海・機関計測の基礎知識―」成山堂書店（2011.4），4.11過度現象論（pp.76～）参照）

以前は，これらSTCやFTCのフィルター効果を回路で実現していたが，最近のレーダーでは，デジタル信号処理で同様の効果を実現している．

感度（Gain），海面反射除去（Sea），雨雪反射除去（Rain）は，概ねエコー像が望むようなものとなってきたところで，それぞれを相互に少しずつ変化させ調整を繰り返す．また，これらは，気象，海象の変化によっても変わるので，レーダー像の表示状態が悪くなれば，これらを相互に組み合わせて再度調整を行う．感度，海面反射除去，雨雪反射除去はそれぞれ0～100の値で調整でき，その値が数値やバー グラフで表示されるようになっている．これらレーダー画像の調整は図3-21(b)の例のようなつまみを回すことで行い，この例では図3-21(a)のように画面の表示部にバー グラフで表示される．それぞれGain＝受信感度レベル，Sea＝海面反射除去レベル，Rain＝雨雪反射除去レベル，Tune＝同調を示している．

なお，この例の機種では，同調だけでなく海面反射除去，雨雪反射除去の調整も自動（AUTO）で行う機能がある．最近の機種では同調については自動を用いることが多くなっており，その機能を利用するのが普通である．海面反射除去，雨雪反射除去については，自動調整で必要な効果が得られているかどうかよく確かめ，満足しない場合には手動（MAN）で行う必要がある．

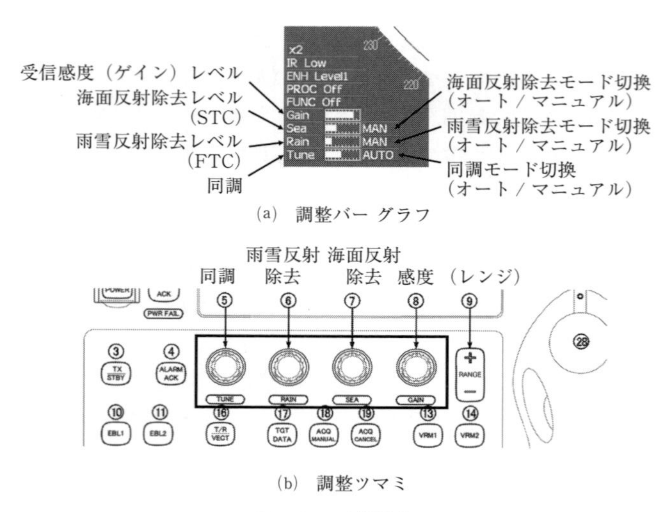

(a)　調整バー グラフ

(b)　調整ツマミ

図3-21　映像調整

3.5.3　その他の画面調整

- **輝度調整（BRILL：Brilliance）**

　かつての航海用レーダーは画面の上を黒い大きなゴムのカバーで覆って，上に開いた穴から中をのぞき込んで映像を見ていた．これは昼間の明るい光の中では十分に視認できるだけの輝度が表示装置になかったからである．現在では，ほとんどがデイ ライト型といって，表示装置に液晶ディスプレイ等を用いて昼間の明るい光の中でも直接画面を見てはっきりと視認することができる．しかし，夜間，船橋内を暗くして周囲の見張りを行う状況で，昼間の輝度のままとしたのではレーダー画面の光が明るすぎて，見張りその他夜間の船橋内での作業に支障をきたす．そのため画面の表示輝度を調整できるようになっている．キーボードにBRILLつまみがある場合はそれを回して調整するか，画面内で表示輝度調整のボタンにカーソルを合わせクリックすることで，望む画面の明るさになるよう調整する．またメニューからエコー像，データ表示の文字，シンボル，重畳表示するチャート，キーボードの照明など，それぞれを個別に輝度調整できるものもある．それらを昼間用と夜間用に予め設定しておき，図3-17の例のような［DAY ｜ NIGHT］ボタン⑳を押して瞬時に昼間用と夜間用の表示を切り替えることができるものもある．

- **オフ センター表示（Off Center）**

　レーダーの表示を見やすくする工夫として，表示位置を移動する「オフセンター」機能がある．原理的にレーダー アンテナからの方位，距離を画面に表示するので，アンテナ（自船）位置を画面の中心に表示するのが自然である．しかし，自船が航行しているときなど，前方を広めに表示するよう自船位置を画面上で中心からずらして（オフセットして）表示すると見やすい場合がある．トラックボールで中心（自船位置）としたいところへカーソルを移動させ，［OFF CENTER］ボタンを押すと表示が移動する．オフセンター表示をしているときにこのキーを押すと，自船位置が画面の中心に戻る．キーボードにこの機能のキーがない機種では，画面内に配置されているボタンをクリックしてOff Centerをオンにしたりオフにしたりする．

　図3-28はオフ センター表示の例である．

《問題》 レーダーの使用手順を説明せよ.

【例題】 レーダーで物標の映像を判別するとき，自船の近くで海面からの強い反射がある場合は，どのような調整を行うか．また，この調整を行う場合，どのような注意が必要か.

自船付近の海面反射を除去するための調整は，海面反射雑音除去（A/C SEA：anti-clatter sea または STC：Sensitivity Time Control）である．この調整で効果を強くしすぎると，漁船やブイなどの小さな物標の映像も消えてしまうため，そのときの気象海象（風浪の高さなど）にも合わせて適当な調整とする必要がある.

【例題】 レーダーにおける GAIN，STC，FTC の調整ツマミについて簡単に説明せよ.

・GAIN
　ゲイン：受信感度を調整する
・STC　または　A/C SEA
　海面反射除去：画面表示における海面反射除去の度合いを調整する
・FTC　または　A/C RAIN
　雨雪反射除去：画面表示における雨雪反射除去の度合いを調整する

《問題》 レーダーの感度（Gain）を最適に調整するには，どのようにすればよいか．また，その場合どのような注意が必要か.

《問題》 レーダーの海面反射雑音抑制機能（A/C SEA または STC）について述べよ．また，この調整でとくに注意しなければならないことを説明せよ.

《問題》 レーダーの雨雪反射雑音抑制機能（A/C RAIN または FTC）について述べよ．また，この調整でとくに注意しなければならないことを説明せよ.

3. 5. 4　方位，距離の測定

図 3-19 などレーダー画面の例にあるように，エコー像の表示領域円の周囲には角度の目盛が表示されている．オフ センター機能を使用していない場合，すなわち自船を円の中心に表示している場合には，この目盛で物標等のおおよその方位が分かる．真方位表示（North Up）の場合には，この目盛でそのまま真方位を読むことができる．また相対方位表示の場合は，自船の船首方位に対する相対方位が読めるので，自船のコンパス方位等を加減すれば物標の真方

位がわかる．なお，オフ センター表示の場合はこの方法は使えない．

画面表示例にあるように，レーダー エコー表示円の半径を一般に6等分（レンジにより3等分～9等分の場合もある）した同心円（固定距離環）が描かれる．この固定距離環を用いれば，自船から物標までのおよその距離を測ることができる．固定距離環については，オフ センター表示の場合も自船を中心に同心円が描かれるので用いることができる．

以上の方法は，目安として物標の方位，距離を測るために用いることができる．より精密に測りたい場合には，①カーソルを用いる（方位，距離と緯度，経度），② EBL（方位測定）とVRM（距離測定）を用いる，という2つの方法が準備されている．

・カーソル

カーソルはエコー像の円内で一般的に＋や×の形のアイコンで表示される．トラック ボールを用いて画面上でカーソルを動かして，測りたい物標にあわせれば，その時の自船からの方位，距離が画面上に表示される．例として説明しているレーダーでは，図3-22(a)のように右上表示部に，カーソル位置の自船からの方位，距離が示されている（カーソル方位とカーソル距離の項目）．また，自船のGPS位置データがレーダーに入力されていれば，方位，距離から計算したカーソル位置の緯度，経度の値も表示される．

・EBL

EBL（Electronic Bearing Line）は日本語には「電子方位線」と訳され，レーダー画面上で，自船位置を中心に円周端まで直線（一般に点線）で表示されるものである．これを用いて物標の方位を測る．具体的には，この例の機種ではEBLが2本使用できるので，図3-22(b)のようなキーボードで，EBL ボタン（⑩または⑪）を押して，EBL1かEBL2を選択し，EBL ダイアル⑫を回すことでEBL の直線（点線）が自船位置を中心に回転するので，測りたい物標にあわせて，表示された数値を読む．図3-22(a)の表示例のようにEBL1またはEBL2の項目のところに方位の値が表示される．この例で，Tとあるのは真方位で，Rの場合は相対方位で表示した，度を単位とする360度方式の方位である．この値はオフ センター表示の場合も正しく表示される．

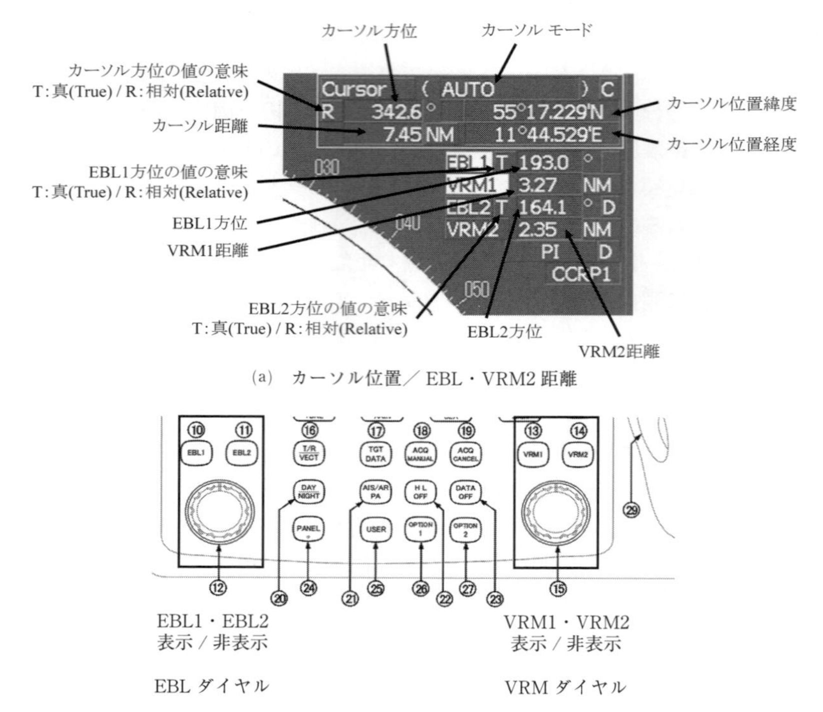

(a) カーソル位置／EBL・VRM2 距離

(b) EBL/VRM ダイアル

図 3-22 EBL と VRM

・**VRM**

VRM（Variable Range Marker）は日本語では「可変距離環」といい，レーダー画面上で自船位置を中心に半径が可変する円（一般に点線）を表示するものである．これを用いて，物標までの距離を測る．この例ではVRMも2つ使用できるので，図3-22(b)のキーボードでVRMボタン（⑬または⑭）を押して，VRM1かVRM2を選択する．VRMダイアル⑮を回すことでVRMの円の半径が変化するので，測りたい物標にあわせて，そのときの数値を読む．図3-22(a)の表示例ではVRM1またはVRM2の項目のところに，自船からVRMの円までの距離の値が表示される．単位は海里（NM）である．

図3-23に，EBLとVRMを使用した実際のレーダー画面の例を示す．ここでHL（Heading Line）は「船首輝線」といって，船首方位の向きを示すため

の線である．実線で表示されるので，点線のEBLと見間違わないようにしなければならない．この船首輝線の表示を一時的に消したいときには［HL OFF］または［HL］キーを押す．キーを離すと，もとの表示に戻る．機種によっては，このキーを押している間，シンボルやチャートの重畳表示などが消え，レーダー エコー像のみとなるため，文字や図形等がエコーに重なって見にくいときに，この機能を利用してレーダー エコーのみの像を確認することができる．

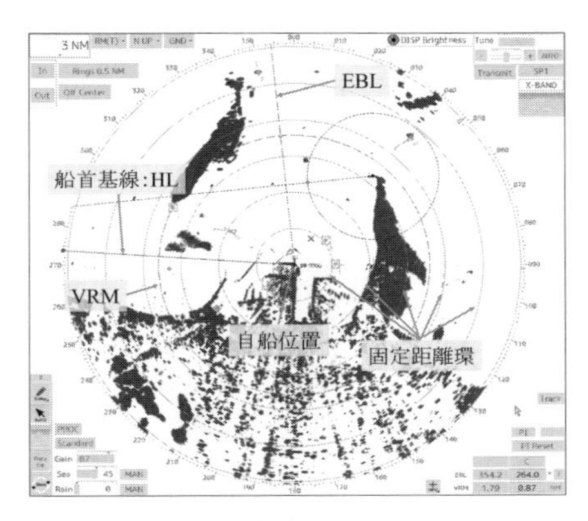

図3-23　方位，距離測定の画面表示例

EBLやVRMを用いて方位や距離を測るには，いくつかの注意点がある．

EBLによる方位測定では，図3-24にあるとおり，ほぼ1点とみなすことができるような小さな物標を測定する場合にはその中心にEBLの線をあわせる．物標の像の大きさがある程度大きい場合や，陸岸の岬の先端などを測る場合には像の先端ではなく，そこから像の内側方向（陸岸なら陸地の奥側）にレーダー アンテナの水平ビーム幅の1／2だけ移動したところに線をあわせる．アンテナの指向特性により，完全な線ではなく水平ビーム幅の分だけ幅をもって電波が送受信されるので，画面上に映っている像は原理的に水平ビーム幅の半分だけ実際の大きさよりも膨らんで映っていると考えられる．そのため，水平ビーム幅の1／2だけ像の内側方向に移動したところを，その点の方位として測る必要がある．

VRMによる距離測定では，測りたい物標の像の部分のうち，もっとも自船に近い側にVRMの円をあわせる．レーダーのエコー像は，自船からみて一番近い部分が，レーダー電波が最初に反射した点であり正確に表示されるが，それより奥の形状は正確ではなく，また操船判断のデータとして用いる場合，自船にもっとも近い部分で捉えておく必要がある．

方位，距離の測定において，自船位置から測るのではなく，別の地点から物標を測りたい場合もある．EBL，VRMの測定の基準点としては，自船位置以外にレーダー画面上の任意の位置（トラック ボールでその点を指定する），または任意の地点（緯度，経度で入力する）が可能である．図3-25の例では，自船位置が中心に表示されている場合EBL1とVRM1は表示画面の中心すなわち自船位置からの測定である（後述，CCRP 参照）．一方 EBL2 と VRM2 は，自船位置からではなく，表示中の別の点からの（この例では画面右下にずらした点からの）方位，距離を測定するようにオフセットしている．

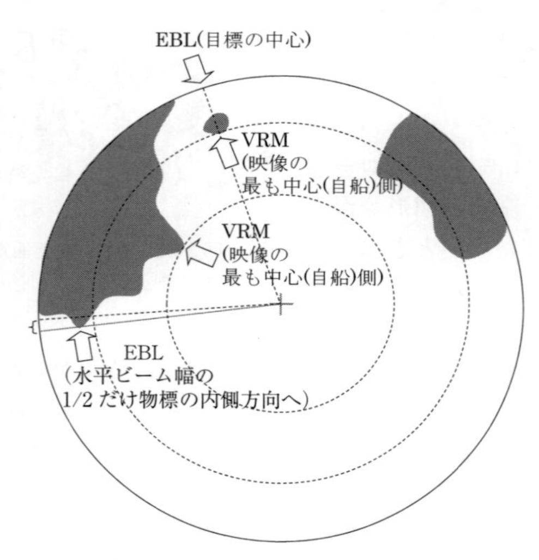

図 3-24　EBL・VRM による測定方法

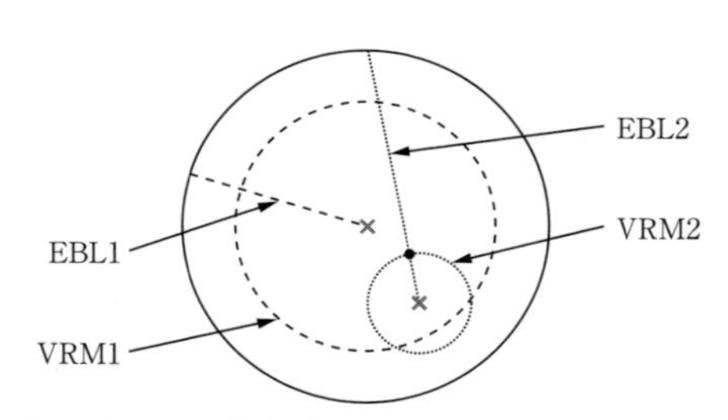

EBL および VRM の基点（✕からの方位，距離が表示される）

図 3-25　VRM および EBL 測定におけるオフセット

《問題》 レーダーにおいて，方位および距離を測る方法を説明せよ．

【例題】 レーダーのみを利用して物標の観測から船位を測定する方法を３つあげよ．また，ほとんど同一方向に２物標が存在する場合，最も適当な測定方法はそれらのうちどれか．

(a) 2物標以上の物標のレーダー距離による方法
(b) 2物標以上の物標のレーダー方位による方法
(c) 1物標のレーダー距離とレーダー方位による方法

一般にレーダーでは方位より距離の方が精度がよいとされ，(a)による方法が適している．しかし，ほとんど同一方向に利用できる物標が2つ存在する場合は(c)による方法が最も良く，2物標のうち近い方を利用する．

---

3. 5. 5　パラレル インデックス

操船の判断を行う上で，ある物標から一定の距離を離して航過するには自船がどのように進めばよいか等を判断するための情報をレーダー画面から得るために，パラレル インデックスという線を画面上に表示させて利用することができる．図3-26に例を示す．

パラレル インデックスは，自船位置等の基準点を通る直線とその線に平行な数本の直線が等間隔で画面上に表示されるものである．

図3-26の例では，画面上の［PI］ボタンをクリックすることで，パラレル インデックスの線の表示／非表示を切り替える．線を表示している間は，その向き（方位）をEBLダイアルで回すことができ，平行線の間隔をVRMダイアルで拡げたり狭めたりできる．

3. 5. 6　レーダー トレイル（エコー トレイル）

レーダーに映る像は，アンテナが回転してスキャンした時の瞬間の物標のエコーである．したがって，船舶等の動いている物標については，その瞬間の方位，距離が計測されるだけで，その動きについては分からない（映像から読み取ることができない）．物標の詳しい動向（針路，速力等）については，次節で説明するTT（Target Tracking）の機能を利用する必要があるが，TTのデータほど詳細なものは必要なく，おおよその傾向が知りたい場合には，レーダー トレイル（Radar Trail）またはエコー トレイル（Echo Trail）と呼ばれる機能を利用することができる．

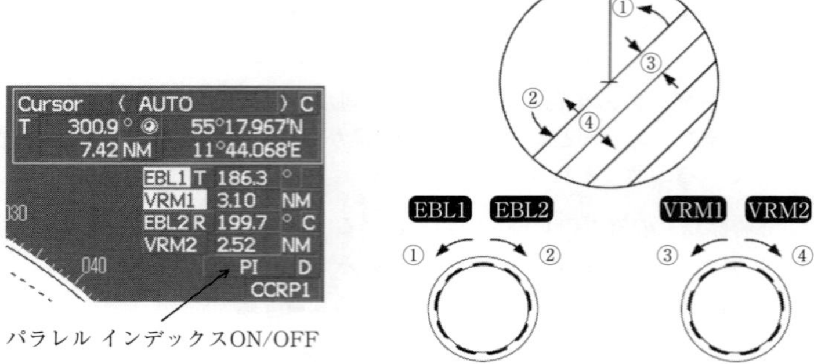

(a)　パラレル インデックス（PI）メニュー　　(b)　画面表示のイメージと操作

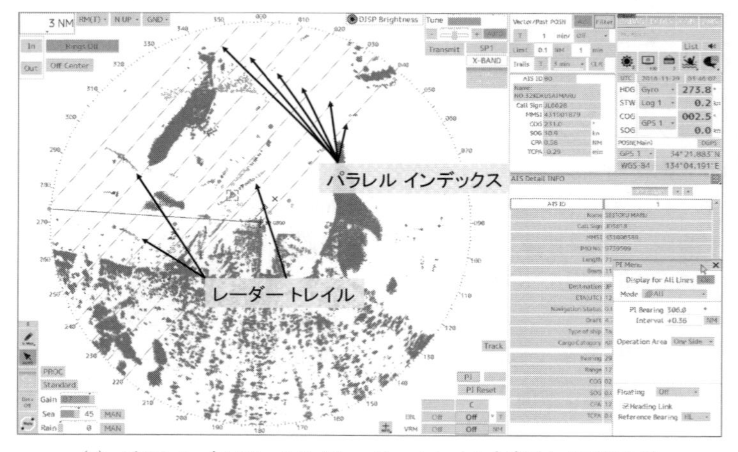

(c)　パラレル インデックス／レーダー トレイルを表示した画面の例

図 3-26　パラレル インデックスの操作

レーダー トレイルの機能をONにしておけば，その瞬間の物標の像と同時に，その物標が過去のある一定時間に移動した像の位置も塗りつぶす．画面上では，移動する物標がそれぞれ跡を引いたように見える．レーダー トレイルが長ければその物標の移動速度は速いことを表し，またトレイルが描かれる方向の反方位からその物標の進んでいる方向（針路）が予測できる．図3-26(c)の例には，レーダー トレイルも表示されている．

このレーダー トレイルの描き方として真（True）または相対（Relative）を選択することができ，また，その時間の長さは過去15 秒～数分まで指定できる．図3-27(a)には，トレイルの設定を表示しており，真で長さは15分で

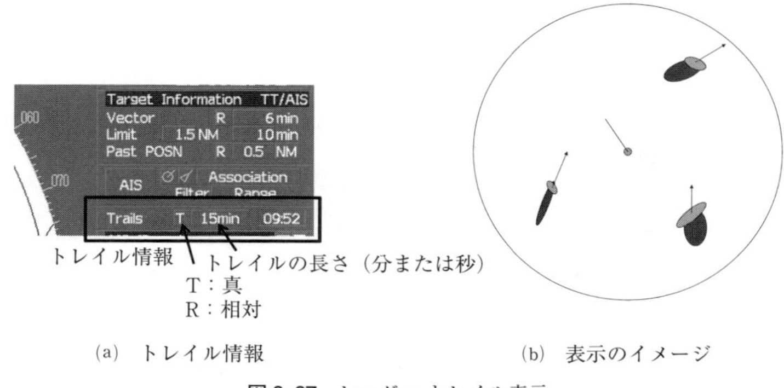

(a) トレイル情報　(b) 表示のイメージ

図3-27　レーダー トレイル表示

あることを示している．

3. 5. 7　CCRP

以上の説明では「自船位置からの方位，距離の測定」などという表現をした．この「自船位置」の定義として，従来，レーダーについてはレーダーのアンテナ（スキャナー）位置を意味していた．したがって，アンテナ位置が船橋で通常見張りを行う位置とずれていた場合にはレーダーでの画面表示や測定結果が操船位置から若干ずれることがある．さらに現在ではGPS等の衛星測位システムにより高精度で自船位置を測定しており，これはGPSアンテナ位置を計測していることになる．機器の精度が向上したため，これらのレーダーとGPSアンテナ位置と船橋での操船位置とのずれが問題として認識されるようになった．現在ではレーダー画面上に電子海図情報を表示したり，ECDIS（5章）で電子海図情報の上にレーダーのターゲットやエコー像を重畳表示できる機器が導入されるようになっている．そのため位置のずれを補正するためCCRP（Consistent Common Reference Point）の考えが導入されている．これは，最新の国際規格2008 IMOレーダー性能基準で，操船する上での共通基準位置を明確に定め，目標の距離と方位，相対針路，速力，CPA，TCPA（3.9節参照）など，すべての測定をCCRP基準で行うことができるように規定されている．

【例題】 レーダーで観測した方位にはどのような誤差が含まれるか．

・方位拡大効果による誤差
・自船におけるレーダー スキャナー（アンテナ）の位置と観測者の位置（視点）がずれていることによる誤差
・船体動揺による傾斜で生じる誤差
・レーダー スキャナー（アンテナ）の回転とレーダー画面上での掃引線の回転がずれているためにおこる誤差

《問題》 レーダーによる距離および方位測定の基準となる位置は，GPS など他の航海計器との整合性を保つために，どのように定められているか．またその基準となる位置は何と呼ばれるか．

3.6 映像の判読

3.6.1 レーダー像の見方

物体の材質で電波の反射の度合いが異なるので，映り方が変わる．その傾向はつぎのとおりである．

物質ごとの電波の反射強度の目安

金属（鋼鉄）	・・・	反射が強い
大地（山肌）・コンクリート	・・・	反射が強い
水（海水）	・・・	ある程度反射する
氷山	・・・	反射が弱い
木，FRP（プラスティック）	・・・	反射が弱い

また，物体の形状によっても電波の反射が異なり，レーダー像の映り方は変わる．船舶等は，画面の中心からその物体までの線に対して直角方向の形で映る（奥行きは正しく映らない）．したがって，他船の船体の向き等はエコーからは通常分からない．

レーダー像（エコー）は，基本的に自船から見てもっとも近い側のみが正しく映っている．船舶などの物標は，その形を映しているようにも見えるが，実際には奥の方はその物体の形を正確に表しているわけではないことに注意を要する．防波堤や陸岸などはとくに注意が必要で，手前側の海岸線が映っているだけで，陸地側は高さ（標高）等によって映る場合と映らない場合がある．

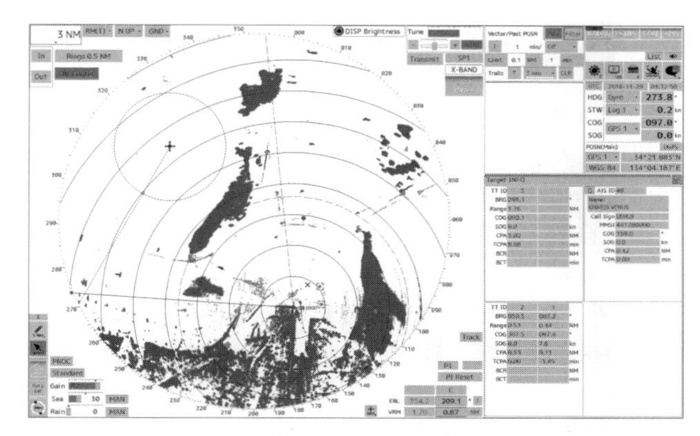

図 3-28　レーダー表示画面の例

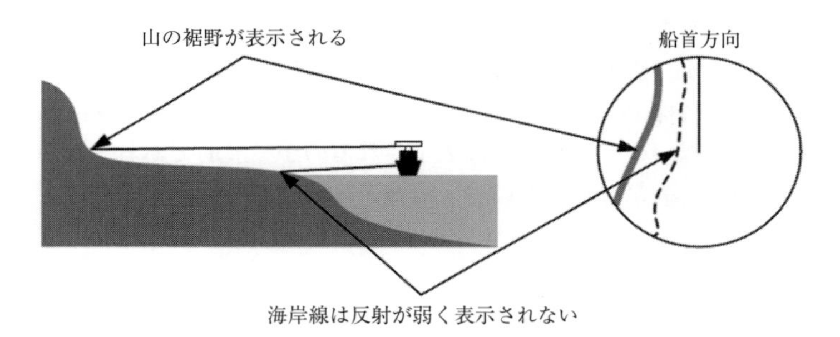

図 3-29　なだらかな海岸線の例

また，図 3-29 に例示するように，なだらかな傾斜の海岸などの場合，海岸線（波打ち際）が正確に映るとは限らない．一方，切り立った崖などは一般に鮮明に映る．

3. 6. 2　偽像（「ぎぞう」と読むのが一般的）

レーダーは電波を反射する物標の方位，距離を測定し画面上に表示するものである．しかし，実際には存在しないものが画面上で像として表示されることがある．これを「偽像（False Echoes）」という．偽像の種類と原因には以下のようなものが挙げられる．

- **自船の構造物によるもの，影（Shadow）**

  煙突，マストなどによりレーダーでは見えない部分が存在する．

- **反射面によるもの，二次反射**（Secondary Reflection）
  自船の煙突，マストや陸岸（山肌），コンクリート壁面などで電波が反射し，実際の物標までの直線の経路とは異なる経路を電波が通過することで，別の場所に表示されてしまう．
- **多重反射**（Multiple Reflection）
  同じ物標と自船との間で，2度，3度と反射（往復）して受信された信号を映像として表示してしまう
- **サイド ローブ（アンテナの指向特性）によるもの**（Side Lobe Effect）
  アンテナの指向特性で，横方向に少し電波が洩れるため，方位を誤って表示してしまう．
- **二次掃引によるもの**（Second Time Echo）
  異常伝搬時に電波の通過経路が通常より長くなって起こることがある．

これら偽像の種類を図3-30にイメージで示す．多くの場合，実際の物標の像も映っているが，別の場所にもその物標により探知された結果として表示されてしまうのが偽像である．偽像は実際の直接経路による電波の反射強度に比べて反射強度は弱いので，小さめに表示されるのが一般的である．しかし，状況によって偽像の表示は様々なので，偽像か真の物標の像かを見分けるには，熟練が必要である．

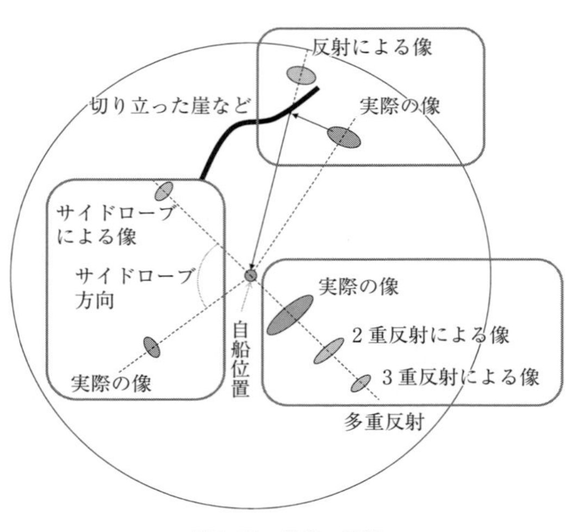

図3-30　偽像の種類

【例題】 電波のパルス繰返し周波数が1500 Hz（毎秒1500回のパルス送信）のレーダーを24 NMレンジで使用しているとき，二次掃引による偽像として現れる可能性があるのは，自船からの距離何海里から何海里までの範囲の物標か．

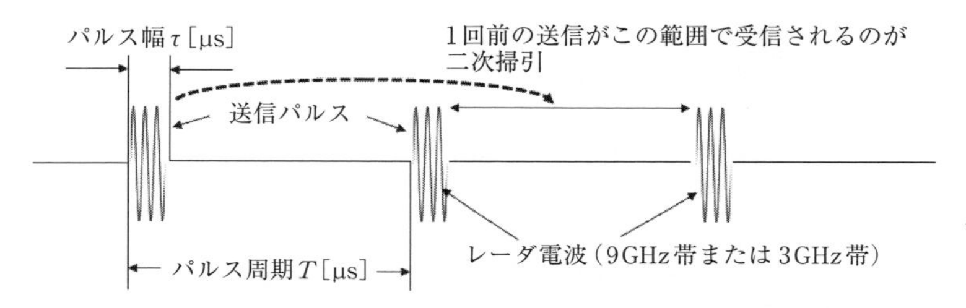

レーダーの電波は図のようなイメージで送信されている（図3-11参照）．

パルス周期 T は

$$T=\frac{1}{f}=\frac{1}{1500}=6.666\times10^{-4}[\mathrm{s}]$$

電波を送信してから反射波を受信するまでに時間：t [s]

アンテナから物標までの距離：R [m]

c：電波の速度＝光速 3.0×10^{8} [m/s]

とすると，

$$R=\frac{c\times t}{2}$$

ここで，時間にパルス周期 T を代入すると，

$$R=\frac{3.0\times10^{8}\times6.666\times10^{-4}}{2}=1\times10^{5}[\mathrm{m}]=100[\mathrm{km}]$$

海里単位に変換して

$$\frac{100}{1.852}\approx54[\mathrm{NM}]$$

24 NMレンジであれば，二次掃引の可能性のある期間に相当する距離は，24 NMから $54+24=78$ NMまでとなる．

答． 54から78海里の範囲

【例題】　レーダー表示に現れる二次掃引偽像に関する次の問いに答えよ．

ア　この偽像は，一般に，どのような条件の下で起こりやすいか．

電波が下方に湾曲して進むスーパー リフラクションの異常伝搬や，ラジオダクトにより電波の通過経路が異常に長くなってる異常伝搬の場合に陸地など大きな物標があると起こることがある．

イ　この偽像の特徴について述べよ．

方位はほぼ正しいが，距離が実際より著しく近いところに像が現れる．映像ははっきりしない．距離方向に筋のような映像として現れることが多い．

【例題】　航行中，レーダー表示画面に現れる多重反射による偽像は，どのような原因によって起こるか．また，この偽像の現れる方向及び距離について述べよ．

電波が自船と他船（物標）との間を2回往復しても，減衰せずに受信される場合に発生する．方向は真像と同じ方向に生じ，距離は真像との距離の2倍（2重反射），3倍（3重反射），…の距離に現れる．

多重反射偽像は物標からの反射が強い場合に発生する．他船までの距離が近い，自船・他船共に反射面積が広い，同航中であるという条件が揃うと生じやすい．反航の場合はその船が真横にあるとき現れやすいが，航過したあと偽像はすぐに消えることが多い．

《問題》　レーダー像に現れる偽像の種類を挙げよ．

《問題》　電波の異常伝搬であるスーパー リフラクションについて説明せよ．

3. 6. 3　レーダー干渉

自船からかなり近い距離に，ほぼ同じ周波数の電波を用いたレーダーを運用している船舶がある場合，他船からの送信電波を自船のレーダーで受信してしまうことになり，その電波を物標として誤認識するものである．レーダー干渉の表示の例は図3-31のような形で，円弧状の破線が像として画面上に数本表示される．

他船と行き会うことで，レーダー干渉が起きた場合には，通過してしばらくすればこの偽像は解消する．

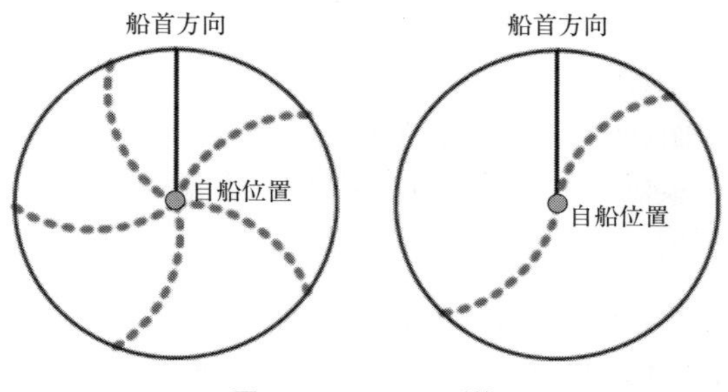

図 3-31　レーダー干渉

【例題】 次のア及びイの場合に，他船のレーダーの干渉により，レーダー表示画面に現れる偽像について，それぞれ述べよ．

ア　他船との距離が遠いとき

互いにアンテナが向き合ったときに他船のレーダーが発射する電波を受けてその方向に螺旋状の点々の偽像が現れる．（図左）

イ　他船との距離が近いとき

他船のアンテナが自船の方向に向いていないときでも，サイドローブによって受信してしまうのでいろいろな方向に螺旋状の干渉偽像が現れる．（図右）

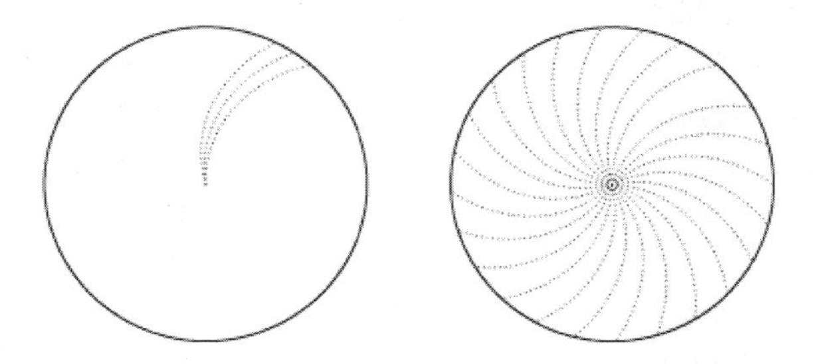

3. 6. 4　雑音の判別

視界制限状態や夜間における見張りでは，レーダーから得られる情報はとくに有用であるのは言うまでもない．それゆえ，偽像に惑わされないようにレーダー像を見極める知識と経験が必要である．偽像以外にも雑音を見分けて，本当に存在していて認識する必要のある物標なのか，雑音として像が映っているものなのかを見分ける必要がある．これは，偽像と同様，見極めるのが大変難しく，簡単にその判断基準を表現することは容易ではないが，一般的に次のようなことが考えられる．

小さな物標と雑音の見分け方

画面上に像が映ったり消えたりするとき

・スキャンを数回以上観察し，同じ位置に映る場合は物体の可能性が高い
・スキャン毎に位置が大きく動く場合は雑音の可能性が高い

レーダー映像における雑音の判別は一朝一夕に身につくものではないが，直接目視による見張りを補完する見張り情報として重要な意味を持つので，常に意識して，像の映り方と目視の結果の照合を行うことで経験をつんでいくことが求められる．

《問題》 レーダー表示に現れる次の偽像は，どのような場合にどのような原因によって生じるか．また，偽像の現れる方向や距離をそれぞれ説明せよ．

・サイドローブ　　　　・船体上の構造物

3.7　ビーコンとSART

3.7.1　レーダー ビーコンとレーマーク ビーコン

ビーコンとは無線標識のことで，一般に位置その他の目印として電波を送るというものである．ビーコンは陸上や航空などの様々な分野で用いられており，船舶の航行援助にもいくつかの種類のものが運用されている．

このうち，レーダー画面上に表示され，その位置を示すためのビーコンとして「レーダー ビーコン」と「レーマーク ビーコン」がある．これらのビーコンは，灯台や灯浮標（一般的なブイ）に取り付けられて，その位置や方位を示すためのものである．

レーダーを対象としたビーコンはXバンド レーダーの画面上に表示されるように9GHz帯の電波を送信している．これを「マイクロ波標識局」と呼んでいる．

・レーダー ビーコン（レーコン）

レーダーから送信された電波を受信することにより，これに反応して直ちに応答し，符号化された電波を発射する．このビーコンからの返送信号を受信すると，レーダー画面上に符号が像として表示され，灯浮標等の位置を知ることができる．レーダー画面上には送信局の位置から後方に像（符号を示すエコー）が表示されるので，ビーコンによる像の一番内側（自船に近い位置）の点がその送信位置（立標や灯浮標等に取り付けられる場

合が多い）を示している.

・**レーマーク ビーコン**

航海用レーダーで受信できる周波数（一般にXバンド，9GHz帯）の電波を常時発射していて，レーダー アンテナがビーコン（送信局）の方向を向いたときに，レーダー画面上の映像として自船から送信局の方向へ破線を表示する.

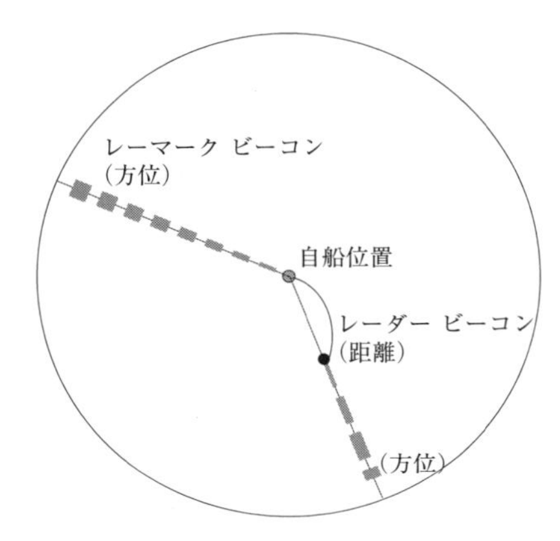

図 3-32　レーダー ビーコンとレーマーク ビーコンの説明

したがって，レーダー ビーコンは，その位置までの方位と距離がレーダー画面上で確認できるが，レーマーク ビーコンは，方位のみ確認できるもので，その位置までの距離は分からない．図3-32にレーダー ビーコンとレーマーク ビーコンの画面上への表示のイメージを示す．この例でレーダー ビーコンは，－－－・(長長長短）という符号を示しており，近い方から順に長い，長い，長い，短い，の像が表示されている.

なお，レーマーク ビーコンは，日本では顕著な岬の先端などにその方位を示すために設置されていたが，衛星測位システム（GPS等）その他の航海機器の発達にともない，海上保安庁が設置していたレーマーク ビーコンは平成21年（2009年）までにすべて廃止された．一方，レーダー ビーコンは，①狭水道および陸岸に接近した主要航路などの主要な目標点または危険な障害点，②レーダー映像に現れにくい干出岩等の障害点，③砂浜などの障害点または他の航行船舶のエコーと誤認される恐れがある障害点等に設置され，その地点の位置（方位，距離）をレーダー画面上で示すために現在も利用されている.

3. 7. 2　SART（Search and Rescue Radar Transponder）

捜索救助用レーダー トランスポンダー(SART：日本では「サート」と読む）は，GMDSSを構成する機器の1つであり，遭難の際に自分（要救助）の位置を示すために用いられる.

SARTは付近を航行中の船舶または航空機の9GHz帯（Xバンド）レーダーに応答して電波を発射し，それが船舶または航空機のレーダー画面に発射源(遭難船または生存艇など）の位置を示す像として12個の短点で表示されるも

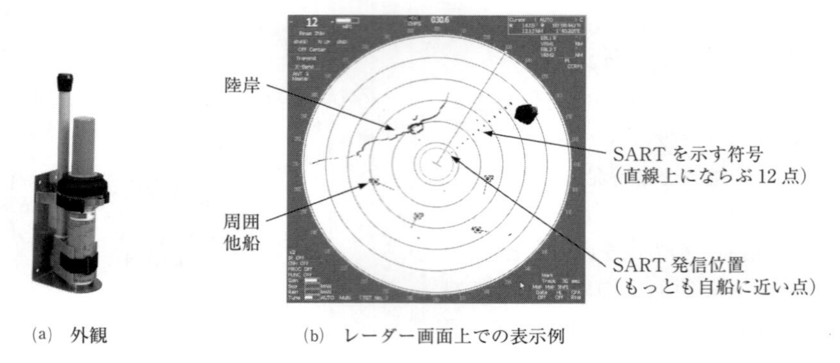

(a)　外観　　(b)　レーダー画面上での表示例

図 3-33　SART（捜索救助用レーダートランスポンダ）

のである（図3-33）．また，捜索救助用レーダー トランスポンダー側（遭難船舶側）では救助船舶等のレーダー電波を受信することにより，受信状態を確認するランプが点灯し可聴音（「ピッ」という短音）が連続音に変わる．SARTが送信するのは，9GHz帯Q0N電波で出力0.4W程度である．したがって，Xバンド以外のレーダーには表示されない．また，救助船等が近くにいる状況で用いないと内蔵している電池を消耗するだけになることも考慮し使用の際には注意する必要がある．

3.8　チャート重畳表示機能

もともとレーダーは周囲物標のエコー像のみを画面に映し出すものであるが，最近の高機能レーダーでは，電子的なチャート（電子海図）のデータを重畳（エコー像と重ね合わせて）表示できるものも多い．電子海図には，いくつかの種類があり，第5章ECDISの中で説明するが，レーダー画面上に表示する電子海図として航海用電子海図を表示できるものは高価になる．電子参考図を表示するものや，簡単な海岸線のみ表示する機能があるものもある．

チャートの情報をレーダー画面上に表示するには，レーダーに自船の位置(GPS位置など）と船首方位（ジャイロコンパス方位など）の信号が入力されている必要がある．電子海図画面にレーダー エコー像を重畳表示した例を図3-34に示す．

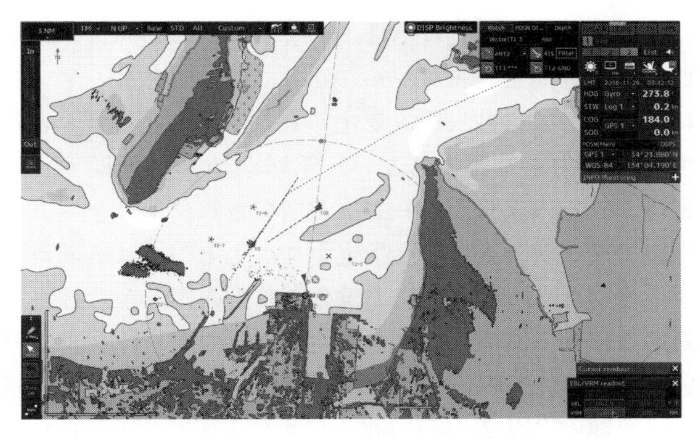

図 3-34　電子海図にレーダー エコーを重畳表示した例

3.9　TT（Target Tracking）

ターゲット（Target）とは物標のことであり，ここではレーダーで捉えた周囲の船舶の像を指す．レーダーの TT 機能は，「レーダー プロッティング」を自動的に行ってターゲットに関する情報を得るものである．近年の航海用レーダーには，この TT の機能が内蔵されているのが一般的で，一定の総トン数以上の船舶には装備義務がある．従来は，この機能を ARPA（Automatic Radar Plotting Aids，日本では“アルパ”と読むのが一般的）と呼んでいたが，次章で説明する AIS で得た他船情報であるターゲット（AIS Target）とあわせるため，レーダーで取得したターゲットの情報はレーダー ターゲット（Radar Target）と呼び，IMO の規則等では物標（Target）を追跡（Tracking）する機能が，ARPA から TT（ターゲット トラッキング）に変更された．従来のようにレーダーのプロッティング作業を自動化したというよりは，コンピューターにより連続的に追跡するというニュアンスに変わったととらえられる．なお，国内ではこの変更に関わらず船舶設備規程により，以前からの「自動衝突予防援助装置」と呼んでいる．現在，SOLAS V 章では，この機能を Automatic Tracking Aid と呼んでいる．

場面により「レーダー TT」と「TT レーダー」という場合があり，その違いは曖昧ではある．しいて言えば，レーダー TT はレーダーのターゲット トラッキング（TT）機能を指すときに用い，TT レーダーはターゲット トラッキング（TT）機能が付いたレーダーのことを指すと解するのが自然である．

レーダーは原理的に，その瞬間，自船から見た物標の方位と距離を計測するものである．その一瞬の場面だけでは，ターゲットの動向（針路や速力）までは分からない．その動向をレーダーから知るには，同じターゲットの像が時間経過とともにどのように移動（位置変化）するかを追跡して，その結果から作図によって針路や速力を算出するという手順が必要である．ARPA機能（現在ではTTと呼ぶ）を内蔵したレーダーが開発され利用できるようになると，レーダー画面上でターゲットを一度指定すれば，その後は処理装置が自動的にそのターゲットをプロットして，過去数分の移動の傾向から針路，速力，また自船との相対的な移動の関係，衝突の危険性判断のために重要なデータであるCPA（最接近距離）やTCPA（最接近時間）等（3. 9. 3項参照）を計算する．その結果はエコー像のPPI表示の周囲に数値や文字で，また画面上に図形（ベクトル）で情報が表示される．

TTの機能は，レーダーを用いた見張りにおいて，他船との見合い関係の判断に有用な情報となるため，その意味をよく理解して操船判断に活用する必要がある．

3. 9. 1　見合い関係

直接目視で見張りをしているか，レーダーを用いた見張りかに関わらず，2船の見合い関係には基本的につぎの3つのパターンがあり，海上衝突予防法において，それぞれの航法が規定されている．

- 同航船（追越し船）　・・・　海上衝突予防法第13条
- 反航船（行会い船）　・・・　海上衝突予防法第14条
- 横切り船　・・・　海上衝突予防法第15条

それぞれ，航法を簡単に図で説明すると図3-35(a)～(c)のとおりである．なお，ここでは動力船同士の場合のみを説明しており，それ以外は船舶の状態や種類によって別の航法が規定されている場合がある．

これらの関係がレーダー観測から見通せれば操船判断上有用な情報となり，そのためにプロッティングが必要である．

3. 9. 2　ターゲットのプロッティング

直接目視の見張りにおいては，他船等の物標との見合い関係はその物標のコンパス方位の時間的変化を見て判断する．レーダーを用いた場合も同様であり，自船から見た物標の方位変化を，時系列をおって観測する必要がある．しかし，レーダーは瞬間の状況を像として表示しており，そのときの位置関係のみからでは見合い関係は判断できない．そのため，対象とする物標の過去の位

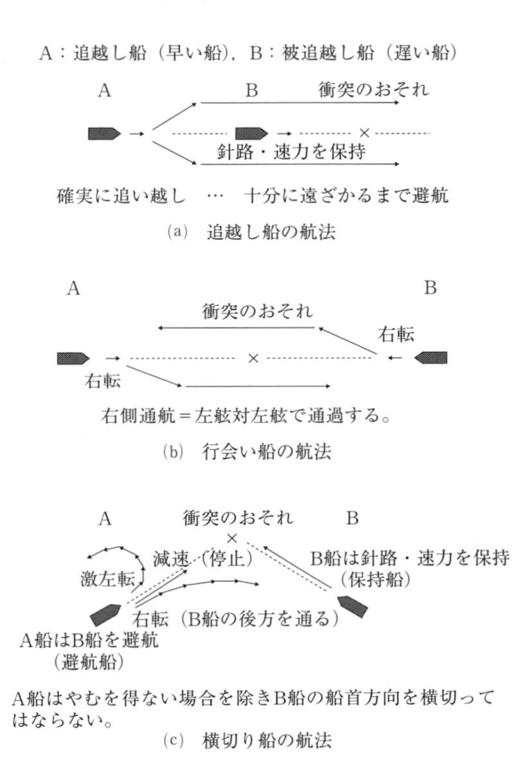

(a)　追越し船の航法

(b)　行会い船の航法

(c)　横切り船の航法

図 3-35　見合い関係と航法

置（方位）変化を時系列にしたがって記録しておき，その変化から動きの傾向を予測する必要がある．このために物標のプロッティングを行う．

図 3-36 では，便宜的に自船と他船の向いている方位（船首方位）が分かっているような図としたが，実際にレーダーではその瞬間の位置（自船からの方位，距離）のみが分かる．

操船判断のために，他船が自船の「おもてをかわる」（自船の前方を横切る）のか，「ともをかわる」（自船が他船の前方を先に横切り，他船は自船の後方を横切る）のか，それともほぼ衝突するコースにあるのかを知りたい．しかしある一瞬のみのレーダーの観測では，これを判断するデータは得られない．そこで，他船の動向を見極めるために，数分前からのエコー像の動きを記録し，その傾向から針路や速力を算出して，自船の針路速力とあわせて，その後の両船の位置関係を予測する必要がある．これを「レーダー プロッティング」といい，具体的なその方法については後の項で説明する．

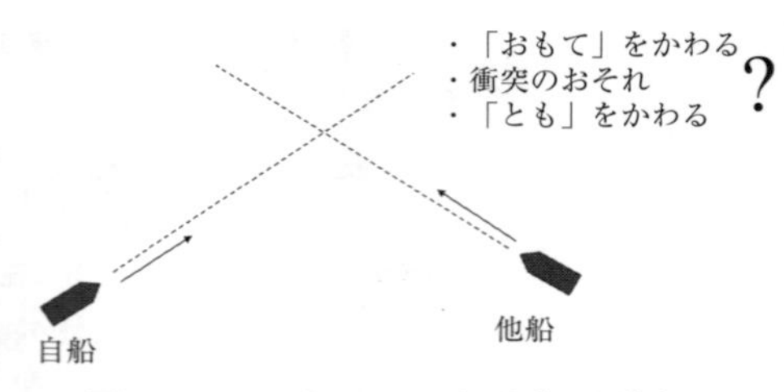

図3-36 レーダーのターゲット像から衝突のおそれを判断する

横切り船の状況について考える．今，他船の針路速力が分かっているとすると，まず，図3-37(a)のような位置変化が予測される場合（パターン①），自船からみて他船の方位は右から左へ変化し，この場合には他船は自船の前方を横切る（おもてをかわる）と予測できる．

つぎに，同図(b)のような場合（パターン②），今後も自船から見た他船の方位は変化せず，このままでは衝突のおそれがあることが予測できる．このような状況にあることが判明したときには，適時に何らかの操船行動を起こす必要がある．

同図(c)のような場合（パターン③），他船の方位は左から右へ変化し，自船が先に横切って，他船は後方を横切っていく（ともをかわる）であろうことを示している．

ただし，これら3パターンは，プロッティングにより他船の針路速力を算出した結果をもとに方位変化の傾向から，他船，自船ともその傾向を変えなかったときに，両船の位置関係がどう変化していくかということを予測しているにすぎない．したがっていずれか，または両方が針路速力等を変えると，変化の傾向が変わり，予測は成り立たなくなる．実際の操船で

パターン①

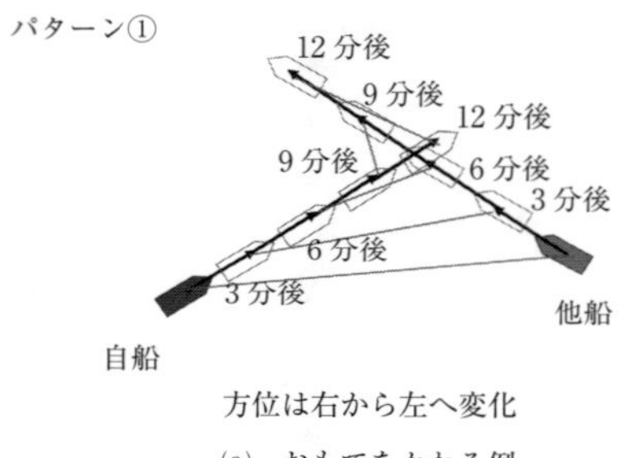

方位は右から左へ変化

(a) おもてをかわる例

パターン②

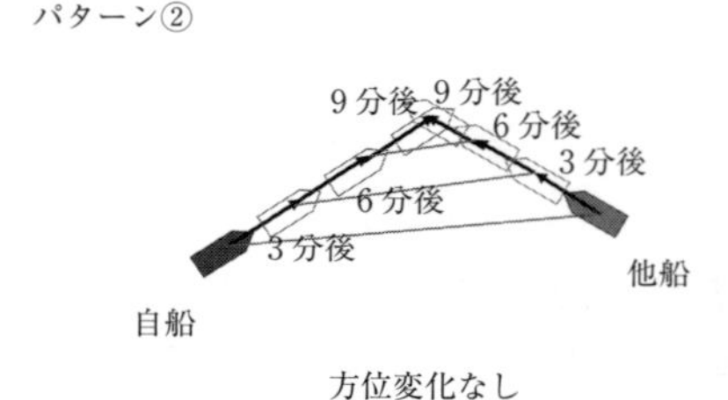

方位変化なし

(b) 衝突のおそれがある例

パターン③

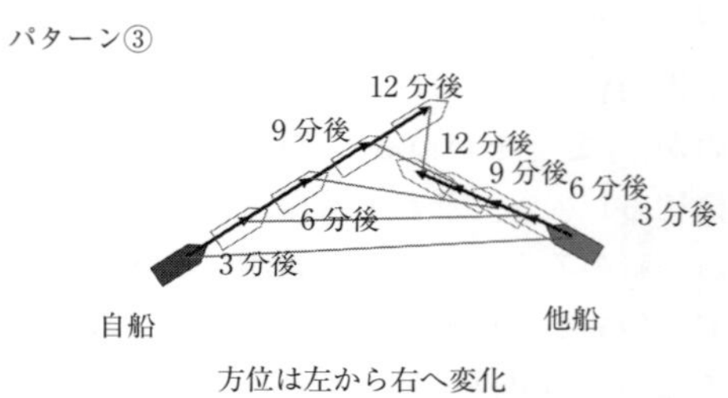

方位は左から右へ変化

(c) ともをかわる例

図3-37 2船の移動の例（真運動表示）

は，これらの状況を把握した場合に，早い段階で海上衝突予防法その他適用される海上交通のルールを基本として，操船判断を行う必要がある．例えば図3-37(c)のような場合，自船が他船の前方を横切るときに十分な距離が確保できない限り，他船が保持船で自船が避航船という横切り関係になれば，適切な避航操船が必要となる．

3. 9. 3　CPA と TCPA

このように見合い関係において，どの程度の距離まで近づくことになるかという状況を客観的なデータとして知りたいことがある．そのために，今後の位置について，2船がもっとも接近することになる点をプロッティングから予測する．この点を「最接近点 (Closest Point of Approach)」，英語の頭文字をとって CPA という．そのときの2船間の距離を「最接近距離＝DCPA（Distance at the Point of Approach)」，その地点に至るまでの現在からの時間を「最接近時間＝TCPA（Time to the Closest Point of Approach)」という．

CPA（Closest Point of Approach)：　最接近点
DCPA（Distance at the Closest Point of Approach)：最接近距離
（NM または　Cable 単位）
TCPA（Time to the Closest Point of Approach)：　最接近時間（分単位）

なお，DCPA を単に CPA ということが多い．

この他，自船の正船首（または正船尾）を他船が横切るときの2船間の距離を BCR，そのときまでの時間を BCT と言い，判断のデータとして用いることがある．

BCR（Bow Crossing Range)：　船首横切り距離
（NM または Cable 単位）
BCT（Bow Crossing Time)：　船首横切り時間（分単位）

TCPA や BCT の時間については，○分○秒と表す機種や○．○分のように分の小数で表す機種がある．

なお，TCPA や BCT にマイナスの値（時間）が表示されることがあるが，これは，すでに最接近や船種横切りが過去（表示された時間前）に済んでおり，自船からは遠ざかっているということを意味している．値がマイナスの場合には表示しない機種もある．

【例題】 CPA，DCPA，TCPAについて説明せよ．

・CPA（Closest Point of Approach）：　最接近点
TT等の他船ターゲットおよび本船がそのまま進んだとき2船がもっとも近づく点（位置）．

・DCPA（Distance at Closest Point of Approach）：　最接近距離
最接近点における2船の船間距離．
NM　または　Cable　単位

・TCPA（Time to Closest Point of Approach）：　最接近時間
最接近点に至るまでの時間．負の値は，すでに最接近が過ぎていることを意味する．
通常，分単位
※ DCPAを単にCPAということが多い

3.9.4　レーダー プロッティング

古くは，レーダー画面の上に透明のシートなどを敷き，その上に筆記具を用いて手作業で位置を記録（プロット）し，三角定規やコンパス等を用いて作図することで，必要な周囲物標の動きを予測するということを行っていた．

最近のレーダーはデイライト型と言って，昼間でも画面が十分明るく容易に視認できるが，昔のレーダーは表示の輝度が低く，画面は黒いゴムの筒状のもので覆われていて，筒の画面の反対側の一端に顔をあてて中をのぞき込むようになっていた．その筒には，画面に近い方の左右に手を入れるための穴が開けてあり，プロッティングの作業を行うことができるようになっていた．なお，手を入れていないときには，光が画面に入らないようにふたが閉じるような工夫がなされていた．図3-38にプロッティングのイメージを示す．

このようなプロッティングを手作業で行うのは面倒であり，コンピューターを利用して自動的に処理する機能が開発された．この機能は自動的にレーダープロッティングを支援するということで，Automatic Radar Plotting Aids，頭文字をとってARPA（日本ではアルパと読むのが一般的である）と呼んだ．これを国内の法令（船舶設備規程第146条の16）中では「自動衝突予防援助装置」としているが，もともとの英語の訳とは完全に対応していない．

さらに，次章で説明するAIS（Automatic Identification System，船舶自動識別装置）によっても，同様の他船情報（ターゲット データ）が得られるため，AISターゲットと区別するためにレーダーのARPA 機能を「TT（Target Tracking)」と呼ぶようIMO（国際海事機関）により変更され，SOLAS条約

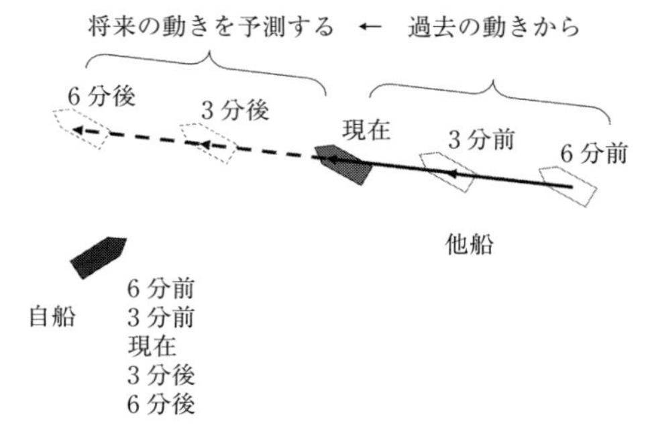

図 3-38　プロッティングのイメージ

（海上における人命の安全に関する条約）で規定されている．

レーダー プロッティングの作業においては，他船などの物標は海上を移動または停止しているものとし，移動しているものについてはある針路，速力をもってほぼ一定の動きをしているものと仮定する．作図では，この動きをベクトル（向きと大きさ）で表す．すなわち，ベクトルの向きは針路を示し，大きさ（長さ）は速力に比例した長さで示すものとする．図 3-39 中の「他船（真）」と表示しているベクトルが，地球に対する真の移動ベクトルである．自船も実際には海上を移動しているかまたは停止（速力なし）している．地球を基準として地図上のある一点で停止している場合は，自船から見た相対的な他船の動きの見え方は真の移動ベクトルと変わらない．ところが，自船が移動している場合には，自船を常に中心に置くように地図の方を動かすことになり他船の見え方は変わる．自船の動きを地図上にベクトルで示したものが図 3-39 で「自船（真）」と書いたベクトルであるとする．

自船からの見え方をプロットした他船の移動ベクトル（相対ベクトル）は，「他船（真）」ベクトルから，「自船（真）」ベクトルをベクトル計算により差し引いたものとなり，図 3-39 中で「他船の相対ベクトル」と記したものがこれにあたる．

レーダー プロッティングの流れは以下のとおりである．

1. 過去の記録をプロットする　(Record plotting)
2. プロットの経過から物標の動きを導き出す　(Deductive plotting)
3. 将来の動きを予測する　(Future plotting)

例を見ながら具体的なプロッティングの方法を説明する．

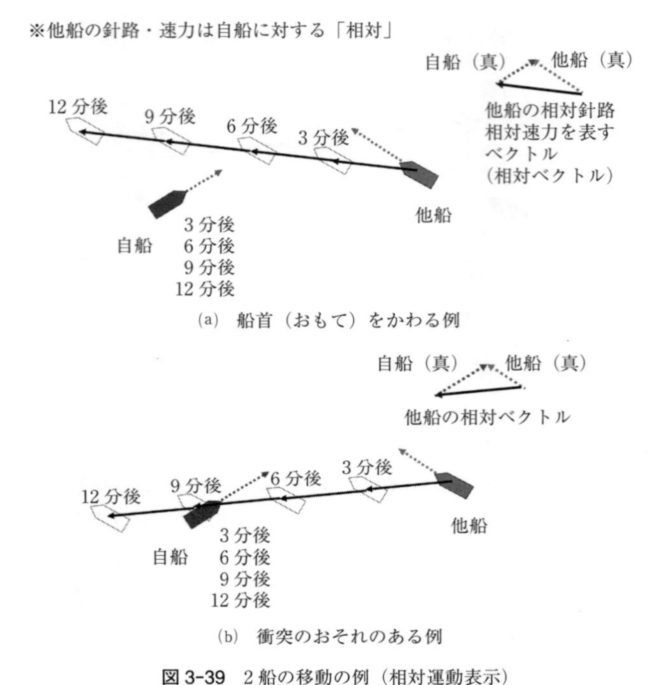

(a) 船首（おもて）をかわる例

(b) 衝突のおそれのある例

図 3-39 2船の移動の例（相対運動表示）

レーダー プロッティングの問題（相対プロット）例1

自船の針路： 030° 速力 12kn で航行中，レーダーで相手船の映像を

1000　061　8.1 N.M.

1006　059　6.6 N.M.

1012　048　4.9 N.M.

に観測した（時刻 方位 距離）．相手船の真針路，真速力を求めよ．

図 3-40 のようにレーダー プロッティング練習のための用紙は，中心から等間隔で同心円がいくつか描かれており，自船がその中心にあるものとして使用する．用紙の外側の円には，方位を測るための目盛があり，三角定規で方位を読み取ればよい．また，距離尺が用紙内に描かれていれば，距離を測る場合はディバイダーで，距離をとって線（円弧）を描くにはコンパスを用いる．

以下，図 3-40 の例で，相手船（対象とする他船）の 12 分間の移動（1000 から 1012 まで）のデータをもとに作図する手順を説明する．

① レーダーで観測した他船の 1000，1006，1012 の位置を自船（中心），か

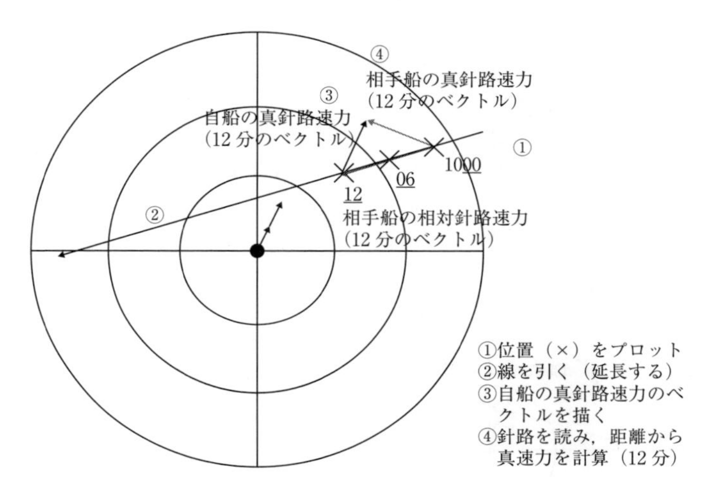

図 3-40　レーダー プロッティング①

らの方位，距離でそれぞれプロットする（×印）．なお，観測する時間間隔は任意であり，6分毎である必要はないが，他船が移動した時間が必要なので，船位を観測するときは時刻も記録しておく．

② プロットした他船の各点を直線で結び，進行方向へ延長する．この例では1000から1012までの直線が，他船の12分間の移動に相当する相対ベクトルとなる．

③ 他船の到達地点（1012の位置×印）から自船の真針路方向に12分間の移動に相当する距離（自船の船速［kn］×12分／60分＝移動距離［NM］）に相当する長さのベクトルの線を描く．

④ 他船の出発地点（1000の位置×印）から，③で描いた自船の真針路速力による12分に相当するベクトルの到達地点まで線を描く．このベクトルが他船の12分に相当する真針路速力ベクトルとなる．求める他船の真針路は，このベクトルの方位であり，三角定規によりスケールに合わせて計る．また，このベクトルの長さ［NM］は他船の12分間の対地移動距離に相当するので，長さ（距離）［NM］／12分×60分の長さを計算すれば，それが60分（＝1時間）の他船の移動距離になり，すなわち対地速力［kn］となる．

レーダー プロッティングの問題（相対プロット）例2

自船の針路030°速力12 knで航行中，レーダーで相手船の映像を

1000　061　8.1NM
1006　059　6.6NM
1012　048　4.9NM

に観測した（時刻 方位 距離）．CPAおよびTCPAを求めよ．

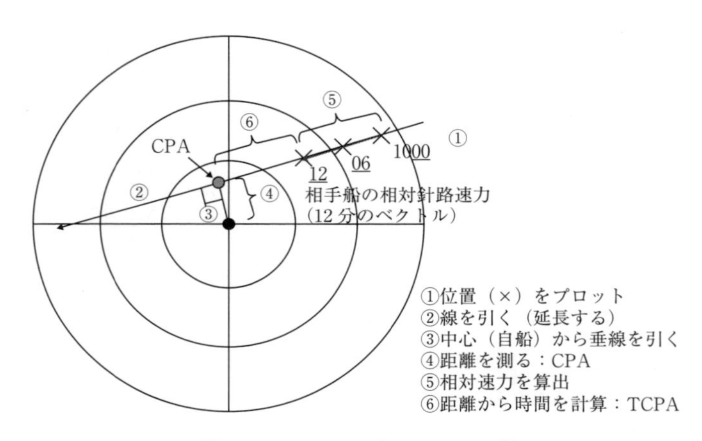

図3-41　レーダー プロッティング②

図3-41に，この問題（例2）の解法を示す．

① レーダーで観測した相手船の位置をプロットする．例では1000，1006，1012の観測位置（自船からの方位，距離）を×印で示している．

② この相手船の位置（×印）を通る直線を，時刻の前と後の方向に延長して描く．

③ この直線は相手船の相対的な動きを示しており，図の円の中心（自船位置固定）から直線②と直角に交わる垂線を描く．

④ 垂線の長さに相当する距離がDCPA（最接近距離）なので，この長さを［NM］単位で計る．

⑤ この垂線と②の直線の交点がCPA（最接近点）であり，相手船がこの点に来るまでに要する時間を計算すればTCPA（最接近時間）となる．まず1000から1012の移動距離を測り，相対速力［kn］＝移動距離［NM］／12分×60分を算出する．

⑥ 1012の相手船の位置と垂線の足（②の直線との交点）との距離［NM］

を測り，相対速力［kn］で割れば，1012から最接近点までの時間すなわちTCPAが算出される．なお，距離を［NM］，速力を［kn］単位で計算すれば，得られるTCPAは時間単位となるので，必要に応じて分単位に換算する（60倍する）．

なお，相手船の移動の直線②と自船位置（中心）からの垂線の交点③が，相手船の移動を示す直線上で現在位置より後ろ（過去の位置）側にある場合は，すでに最接近点が過ぎていて，今後は遠ざかっていくことを意味している．この場合，TCPAはマイナスの値となり，分単位の場合は何分前に過ぎたかを意味する．

3.9.5　TTの操作

前項のようなプロッティングを自動化したのが，レーダーTTの機能である．TTの具体的な操作手順は，捕捉したい物標（ターゲット）を指定すると，その物標のエコー像が移動する様子を自動的に追跡し，指定から数分の後に，針路，速力，CPA，TCPAなどを表示する．SOLASの規定では，1分以内に定常的にトラッキングを行いその相対針路，相対速力およびCPAについて概略を，3分以内にはこれらに加えてTCPA，真針路，真速力を規定の精度で詳細なデータを求めて，図形とベクトルで表示できなければならない．その後は，ターゲットの像をTTのシステムが見失わない限り継続的に追跡して，時々刻々，情報の表示を続ける．

TTで追跡すべき物標の指定には「自動捕捉（Automatic Acquisition）」と「手動捕捉（Manual Acquisition）」の2種類がある．自動捕捉は，予め指定しておいたレーダー画面上のエリアに物標らしきエコーが入ると自動的にそれをターゲットとして認識する．このためには，レーダーの映像調整を十分にしておく必要がある上，望む物標をTTのシステムがうまく認識するとは限らない．

手動捕捉は商船でTTレーダーを使用するときに一般的に用いる方法である．捕捉したい物標に画面上でカーソルを合わせて，ターゲット捕捉（Acquire Target）キー（［ACQ］［ACQ TARGET］［ACQ MANUAL］などと表示）を押す．自動，手動いずれの捕捉の場合も，ターゲットが認識または指定されてからしばらく待つとデータが計算され，画面上にその物標の移動ベクトル（予測）が図形で表示される．具体的なデータの数値を表示するには，TTで追跡中の物標にカーソルを合わせてデータ表示（Target Data）キー（［TARGET DATA］［TGT DATA］などと表示）を押すと，画面上のTTデータ表示領域に値が表示される．航海士の判断により明らかに衝突の恐れがなくなり，それ以降は追跡が不要となったときには，キャンセル（Cancel Target）キー（［TARGET CANCEL］，［ACQ CANCEL］などと表示）を押す．

なお，最新の機種ではレーダーのキーボードにこれらのキーがないものがあり，その場合は表示画面上にあるそれぞれの機能のボタンをクリックすることにより指示する．

TT は無制限にいくつでもターゲットを捕捉できるものではない．機種により，捕捉して追跡可能な最大の数がそれぞれ決まっている．したがって，必要性の高いものから捕捉することに努めるべきで，操船判断に不要となったターゲットはキャンセルすることを忘れないようにするべきである．船舶設備規程によれば，少なくとも 40 以上のターゲットを捕捉して同時に追跡できることと規定されている．

TT の操作手順

・ターゲットを捕捉（Acquire Target）：　［ACQ］キー（図 3-42 ⑱）
・しばらく待つ
　1 分以内に概略を予測
　3 分以内にその物標の移動をベクトル（図形）で表示
・データを表示（Target Data）：　［TARGET DATA］キー（図 3-42 ⑰）
　ターゲットを選択して必要なデータを見る
・不要となったターゲットは捕捉中止（Cancel Target）：［TARGET CANCEL］キー（図 3-42 ⑲）
　ターゲットの追跡を終了する

図 3-42 のようなキーボードの例では，枠中の 3 つのキー⑱ ACQ MANUAL：

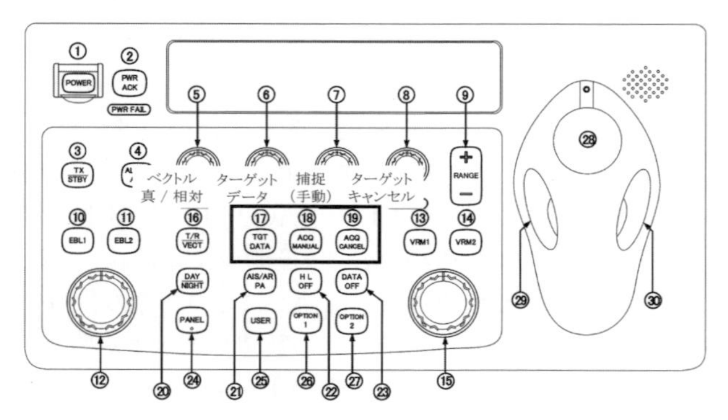

図 3-42　TT 操作のキー

手動捕捉，⑰ TGT DATA：データ表示，⑲ ACQ CANCEL：捕捉中止，のキーを使用して TT の操作を行う．

《問題》 TT の物標を捕捉した後，概略および詳細のデータを，それぞれ何分以内にどのように表示しなければならないと決められているか．

【例題】 自動衝突予防援助装置（TT）において，入力目標数超過警報（Target full alarm）とは，どのような警報か．また，この警報が表示された場合の処置を述べよ．

TT で追跡しているターゲットの数が，そのレーダーで追跡可能な最大のターゲット数に達したことを知らせる警報である．

この警報が表示された場合，レーダー画面を観測して，捕捉の必要の有無を判断し，手動捕捉モードの場合には，不要なターゲットをキャンセルする．自動捕捉モードの場合は，必要に応じて手動捕捉モードに切り換えて捕捉，キャンセルの操作を手動で行うようにする．なお，自動捕捉モードでターゲットが最大数に達した場合には，後方の遠ざかっていくターゲットから消去され，捕捉領域の優先度が高い領域であれば，ターゲットが自動的に捕捉される．

3.9.6　ロスト ターゲットと乗り移り

TT はレーダー プロッティングを自動的に行うものであり，そのターゲット追跡過程で映像の認識を誤ることもある．TT で追跡していたターゲットのエコーが弱くなったり，消えたりするとそのターゲットを見失うことになる．これを「ロスト ターゲット（Lost Target）」または物標の「見失い」という．映像の調整が適切でなかったり，小さなターゲットが遠ざかったり，レーダーで探知できる距離以上に物標が遠ざかってエコーがなくなった場合などに起こる．

また，ターゲットが別のエコー像に近づいた場合，追跡対象を誤って認識し本来追跡すべきターゲットから別の物標に追跡対象が移ってしまい，間違ってそちらの追跡を続けてしまうことがある．これを「乗り移り（Swapping）」という．追跡中のターゲットが別の船などに極めて接近した場合や，ターゲットが橋の下を航行したときに，そのエコーは一旦，橋のエコーに隠れるため，そのまま橋をターゲットとして誤認識してしまう例などがある．

【例題】 追跡しているターゲットの物標見失い（Lost target）は，どのような場合に生じやすいか．

・追跡中の目標（ターゲット）のエコー（反射の受信強度）が弱くなった場合
・ゲイン調整などの調整が不適切となった場合
・追跡中の目標（ターゲット）が強い雨や雪の反射の中に埋もれた場合
・追跡中の目標（ターゲット）が強い海面反射の中に埋もれた場合
・追跡中の目標（ターゲット）が陸地や大型船の反対側に入って，その物標の反射エコーがなくなった場合（乗り移りになる場合もある）
・追跡中の目標（ターゲット）が橋の下を通過した場合（橋の像への乗り移りになることが多い）
・追跡中の目標（ターゲット）が急に変針した場合

【例題】 追跡物標（ターゲット）の乗り移り（Swapping）が生じやすいのは，どのような場合か．

・追跡中の目標（ターゲット）が強い降雨，降雪区域に接近，またはその区域に入った場合
・追跡中の目標（ターゲット）が強い海面反射の区域に接近，または入った場合
・追跡されている2つ以上の船舶が互いに接近して航行している場合
・追跡中の目標（ターゲット）が追跡されていないエコーの強い他船に接近した場合
・追跡中の目標（ターゲット）が他の目標の陰になり，映像として捉えることが困難となった場合
・追跡中の目標（ターゲット）からの電波の反射が弱くなり，その近くに他の映像がある場合
・追跡中の目標（ターゲット）が急に変針し，その近くに他の映像がある場合
・追跡中の目標（ターゲット）が橋の下を通過した場合

---

3. 9. 7　TTによるデータの表示

現在の航海用レーダーでは，エコー像を表示するための円状の表示領域の周辺に各種の情報を文字や数値で表示するのが一般的である．TTについても画面周辺の表示領域にデータが示される．ターゲット シンボル（追跡中のターゲットで，図形が表示されている）の上にカーソルをあわせて［TGT DATA］キーを押すと，図3-43(b)のように数値データが表示される．図中に各項目のデータ内容（意味）の説明も付けた．

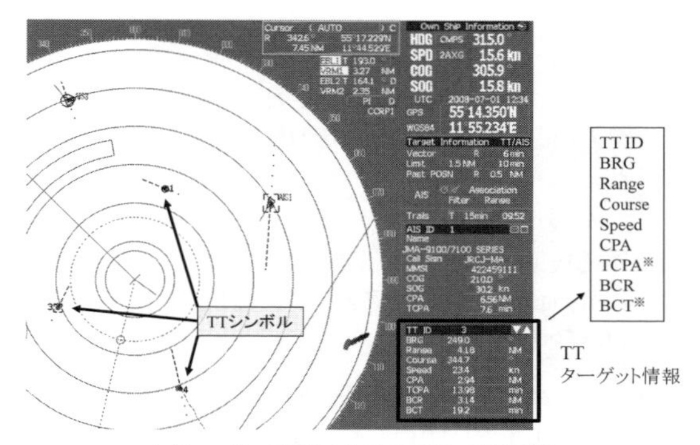

(a)レーダー画面における TT の表示例

TT ID	3	
BRG	249.0	°
Range	4.18	NM
Course	344.7	°
Speed	23.4	kn
CPA	2.94	NM
TCPA	13.98	min
BCR	3.14	NM
BCT	19.2	min

TT ID　ターゲットの番号
BRG　Bearing（自船からの方位）
Range　Range（自船からの距離）
Course　COG = Course Over Ground
（物標の真針路）
注）自船の真針路がレーダーに入力されている場合
Speed　SOG = Speed Over Ground
（物標の対地速力）
注）自船の対地速力が入力されている場合
CPA　Closest Point of Approach
（最接近距離 = DCPA）
TCPA　Time to CPA（最接近までの時間）
xx 分 xx 秒または yy.yy 分※
BCR　Bow Crossing Range（船首横切り距離）
BCT　Bow Crossing Time（船首横切り時間）
xx 分 xx 秒または yy.yy 分※

※ TCPA および BCT の時間の表示方法には，xx：xx（分：秒で表示）と yy.yy（分単位で小数表示）などがある．

データが「－xx：xx」または「－yy.yy」等，マイナスの TCPA，BCT は，すでにそのターゲットの最接近または船首横切りが過ぎたことを意味する（xx 分 xx 秒前または yy.yy 分前が最接近点または船首横切りであった．現在は遠ざかっている）．マイナスの場合は表示しない機種もある．

(b) TT の数値データ表示

図 3-43　TT の表示例

エコー像の上で物標の追跡を指示する（カーソルを合わせて［ACQ］キーを押す）と，数分後（規定の時間後）には同図(a)のようにそれぞれの捕捉ターゲットに対してその移動ベクトルの線が表示される．この線の向きと長さは，ターゲットの真針路および真速力または本船に対する相対針路および相対速力

を示している（ベクトルの真／相対モードの指定による）

《問題》 レーダーTT（Target Tracking）で表示される追尾中の他船の情報で示されるデータの項目を挙げよ．それぞれ略語と英語のフルスペルおよび日本語を記すこと．

【例題】 自動衝突予防援助装置（TT）において，物標として捕捉した他船が変針した場合，表示画面上の他船ベクトルが変化するまでに，ある程度の時間遅れを生じるのはなぜか．

レーダープロッティングを自動化したTTでは，ある時間，前からの傾向でターゲットの針路，速力を算出する．そのため，他船が変針して動きの傾向が安定したのち，正しいベクトルが表示されるが，それまではすぐに追従できない．

---

3. 9. 8　TTのシンボル（図形表示）

船舶の運航に用いる航海用レーダーのうち，レーダーの搭載義務のある外航船等では，IMO基準による型式検定を取得している必要がある．様々な事項について基準を満たしている必要があるが，レーダー画面の中でTTのターゲットの図形表示（シンボルの表示）方法についても基準が定められている．現在の基準は2008年7月より適用されているIEC-62288で，表3-1のとおり定められている．

このシンボルでは，移動しているターゲットについては，破線により移動ベクトルが表示される．

・ターゲットのベクトル

レンジにもよるが通常，数分間の移動を予測した線

向き：　針路

長さ：　速力

を表す．なお，この時間は設定により変更できる．

次項で説明するベクトル モードは真か相対かを設定により変更可能である．レーダーのキーボードにあるベクトル モード［VECTOR MODE］キーでT（TRUE：真）またはR（RELATIVE：相対）を順に切り替える．図3-44の例では⑯［T/R VECT］キーで切り替える．また，速力については，画面中のすべてのターゲットの表示で同じ時間に相当する移動距離に比例した長さで表示される．この長さに相当する時間も設定により変更することができ，ベクトル時間［VECTOR TIME］キーを押した後，分単位で変更する．図3-44の

表 3-1　TTのシンボル

ベクトル／シンボル	意味	備考
12	捕捉（初期）ターゲット	ターゲットを捕捉してからベクトルが表示されるまでのシンボル
（赤色表示）12	捕捉ゾーンでの自動捕捉ターゲット	アラームが鳴る メッセージ（New Target）が赤の点滅になる． このシンボルは赤色で表示される．
12	捕捉ターゲット	捕捉してベクトルを表示中（データが得られている）ターゲットのシンボル
（赤色表示）12	危険ターゲット	アラームが鳴る メッセージ（CPA/TCPA）が赤の点滅になる． このシンボルは赤色で表示される．
12	ターゲット（データ表示中）	データを表示中のターゲットのシンボル
（赤色表示）12	ロストターゲット	アラームが鳴る メッセージ（Lost）が赤の点滅になる． このシンボルは赤色で×とともに表示される．
12	航跡	TTシンボルと同時に表示されるAISターゲットの過去の位置プロット
12	ターゲットトラック	TTシンボルと同様に表示されるAISターゲットの航跡

※シンボル右下の数字はTTのID（ターゲット番号）を示す

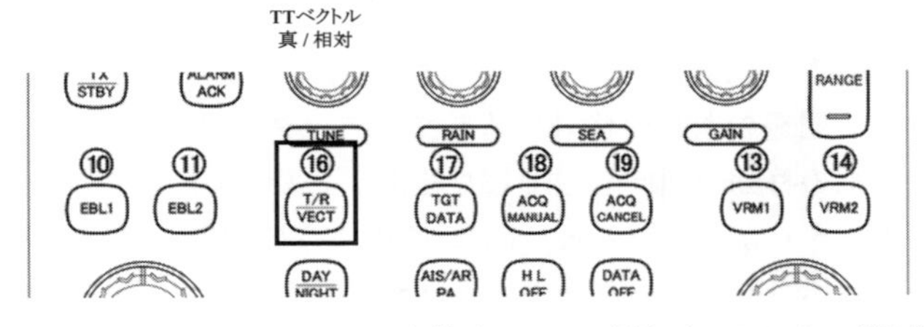

図 3-44　TTのベクトルモードの切換（T：True（真）／R：Relative（相対））

例では，この機能に対応するキーがキーボードにはなく，画面の中でメニューにより設定する．ベクトル モード，ベクトル時間のいずれも，キーボードにそのキーが配置されているかどうかにかかわらず，メニューで設定できるよう

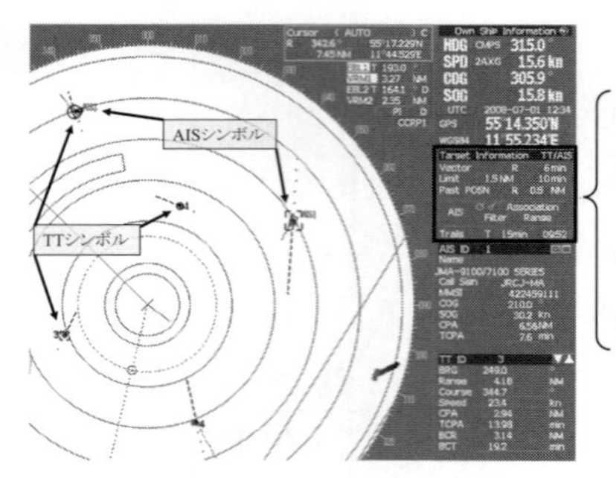

ターゲット表示情報（TT / AIS共通）

Vector：ベクトルモード（T / R）
　　　　ベクトル長の時間

Trails：トレイルモード（T / R）
　　　　トレイル時間

など

図 3-45　ターゲットのシンボル表示におけるベクトルに関する情報

になっているのが一般的である．

True Vector（真ベクトル）　　　　：TRU または T
　　相手船の真針路，真速力を示す
Relative Vector（相対ベクトル）　：REL または R
　　本船に対する相対針路，相対速力を示す

このTTのシンボルの状態に関する情報は，図3-45の例のように画面の情報表示領域に示されている．TTのシンボル以外に，次節および次章で説明するAISのシンボルも表示される機種では，ベクトルの表示は共通で，真ベクトル（T）か相対ベクトル（R）か，その長さが表す時間などが表示される．また，この例では，先に説明したエコートレイル（Trails）についても真（T）か相対（R）か，またトレイルの時間の設定が示されている．

3.9.9　TTのデータによる衝突危険性の判定

TTにより物標を追跡する最大の目的は，自船とその物標との衝突危険性の判断およびその回避のための検討の基となるデータの取得である．TTの機能により周囲物標の移動の傾向を追跡した結果，その移動に関する情報（針路や速力などのデータ）が得られると，図3-44のように物標の位置から線（破線）でベクトルが表示される．ベクトルの方向が針路を示し，ベクトルの長さが一定時間の移動距離を示しており長さは速力に比例していることはすでに説明した．このベクトルの表示方法には，「真ベクトル表示」と「相対ベクトル表示」の2つがある．これは，レーダー エコー像を表示する際の真運動表示と相対運動表示とは異なるので正しく理解する必要がある．

TTが追跡している物標の移動ベクトルを，背景（地球）に対する真方位の向きと対地速力に比例した長さで表示するモードを「真ベクトル モード」，自船の動きを考慮して自船に対する相対的な移動の方位を向きとして相対的な速力に比例した長さで表示するモードを「相対ベクトル モード」という．

真ベクトル表示の場合は，物標のベクトルは地球に対して真の動きを示しているが，航行中であれば自船もある針路・速力で移動しているので，自船の移動ベクトルの線も画面上に表示される．真ベクトル表示では，そのものの動きは分かりやすいが，自船との見合い関係については，他船のベクトルから自船のベクトルを差し引きしたベクトルで考えなければならず，それを頭の中でイメージする必要がある．

一方，相対ベクトル表示では自船ベクトルを差し引いて考える必要がなく，各物標の真ベクトルから自船の移動ベクトルを差し引いた結果が表示される．そのため直感的に衝突の可能性等を見ることができる．ただし，ターゲットは対地（真）でベクトルが示した動きをしているわけではないので，ベクトルモードがどちらであるかを常に把握して勘違いしないように注意しなければならない．

図3-46において(a)が真ベクトル表示の例，(b)が相対ベクトル表示の例である．この例は，周囲の状況（物標の位置，針路，速力）が全く同じで，ベクトル表示モードを「真」と「相対」に切り替えた状況である．真ベクトル表示におけるベクトルは自船も含めてすべての物標とも同じ時間（通常のレンジでは3分～15分程度：設定により変更可能）に移動する距離に比例した長さである．同図(a)で「自船の移動ベクトル」と記した針路，速力で自船は移動している．一方，相対ベクトル表示では，表示の上では自船が止まっているものとして周囲物標の方を自船に対する相対的な移動ベクトルで示す．自船はその点で止まっているように表示されるため，自船が停止しているか移動しているかにかかわらず常に表示されない．それぞれの物標のベクトルは，すべて同じ時間で相対的に移動する距離に比例した長さであり，その時間は設定可能である．

以下，図3-46の例において，各物標と自船との見合い関係について考える．

物標A：　自船とほぼ同じ針路の同航船である．真ベクトル表示では，自船のベクトルより物標Aのベクトルの方が長いので速力が速いことを意味しており，このまま2船が同じ傾向で移動し続けたとすると，自船は物標Aに追い越される．すなわち「同航船」であり「追越し船」である．相対ベクトル表示においては，真ベクトル表示よりベクトルが短くなっているが，自船の移動ベクトルの分を引いたためこのような表示となる．仮

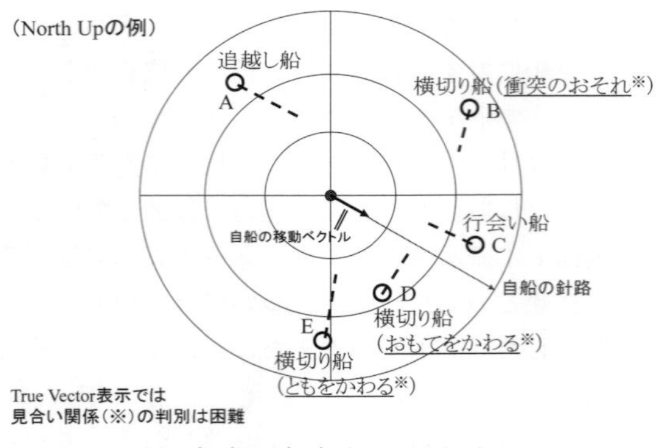

(a)　真（True）表示の TT ベクトル

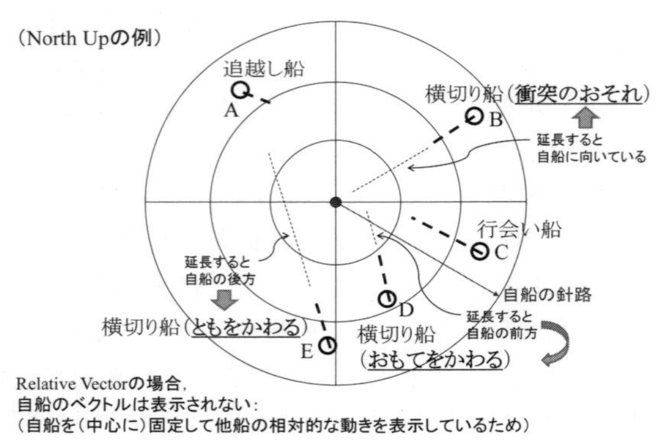

(b)　相対（Relative）表示の TT ベクトル

図 3-46　TT の真ベクトル表示と相対ベクトル表示

に，物標 A の方が自船より速力が遅いと，同航船であるにもかかわらずベクトルは反対の向き（後ろ向き）に表示される．これは「同航船」であるが，自船から遠ざかっていることを意味しており，勘違いしないよう注意が必要である．

物標 B：　自船に対して衝突のおそれのある横切り船である．図 3-46(a)では，一見，自船の前方をかわって横切りそうであるが，真ベクトル表示では，自船が速力をもって航行している場合，自船の位置もこの表示画面上で移動することになるので，他船のベクトルの延長線と自船のベクトルの延長線をそれぞれ同じ時間分延長したときに，ほぼ同じ地点で交わることになる．これはその地点で両船が同じ時刻に同じ位置にいることを意味しており，衝突のおそれがあることを示している．真ベクトル表示では，そのような同じ時間分の延長線をイメージする必要がある．一方，同図(b)のように相対ベクトル表示にすれば，自船は表示上では1点に止まっていて，それに対する周囲物標の相対的なベクトルが示され，物標Bのベクトルは，その向きがほぼ自船の方向を向いていることがすぐに分かる．これは，両船とも現在のままの動きを続ければ最終的には，物標Bが自船にめがけて進んでくることを意味しており，回避しない限り両船の距離が最終的に0になったところで，衝突するおそれがあると解釈できる．これは，目視による見張りにおいて，他船を観測した場合の方位変化がないことと同じ意味であり，レーダー観測におけるTTの表示でも目視観測でも同じ状況を示している．

物標C：　自船とほぼ反方位の針路で進んでいる反航船である．自船およびこの物標Cがそれぞれこのままの針路，速力で移動を続けたとすると，図3-46(a)の真ベクトル表示では，他船の移動ベクトルと自船の移動ベクトルはほぼ反方位なので，実際には両船の速力を足した速さで近づき，航過し，後方へ離れていく．このため，反航船は思った以上に早く近づいてくるものである．同図(b)の相対ベクトル表示では，自船は見かけ上，止まった状態として，物標Cの移動ベクトルは，真針路対地速力のベクトルから自船の移動ベクトルを差し引いたベクトルとして表示される（反方位で差し引くのでベクトルの大きさ（長さ）はほぼ足されることになる）．すなわち同図(a)の物標Cの移動ベクトルに自船の移動ベクトルを付け足した長さ（実際には自船の反方位を足すベクトル演算）で同図(b)では表示され，真ベクトル表示よりベクトルが長くなっている．物標Cは見かけ上，反航船の速力と自船の速力を足した速さでどんどん近づいてくることを示している．

物標D：　自船の前方をかわる横切り船である．図3-46(a)の真ベクトル表示では，物標Dは自船の前方を，ある程度の距離をもって横切るように見える．しかし，自船も進んでいくので，実際にはこの画面で表示されているほどの船首横切り距離はない．すなわち，他船の進み具合（他船のベクトルを延長する）と自船の進み具合（自船のベクトルを延長する）を考慮しなければならない．

これに対して，同図(b)の相対ベクトル表示では，物標Dの移動ベクトルの線を延長すると自船の針路方向で交差する点があり，その点が船首を横切る点で，自船位置から，その点までが船首横切り距離（BCR）となる．

その点が自船の前方にあるのでおもてをかわる横切り船である．しかし，同図(a)と見比べると，同図(b)の相対ベクトル表示にすれば，実際には船首横切り距離は思ったよりも短いことが直感的に分かる．

物標E：　自船の後方をかわる横切り船である．図3-46(b)の真ベクトル表示では，一見，自船の前方をかわるように見えるかもしれないが，実際には自船も進んでいくので，一定時間後の点を予測すれば，自船はベクトルの方向へ進んでいき（自船移動ベクトルを延長する），物標Eもそのベクトルの方向へ進んでいくので（物標Eのベクトルを同じ割合で延長する），結局自船の後方を物標Eがかわることになる．同図(b)の相対ベクトル表示では，自船位置の方はそのままで，物標Eのベクトルを延長した線と自船の針路（この場合はすでに通り過ぎているので航跡の線）との交点が横切り地点となる．自船の現在位置よりその地点は後方にあるので，後方をかわる横切り船である．

このように，真ベクトル表示と相対ベクトル表示では，周囲物標の動きをとらえる際に，それぞれ特徴がある．真ベクトル表示で各物標の対地の動きをとらえ，衝突の危険性の判定や操船判断を考える際には相対ベクトル表示に切り替えて観測する，というのがTTベクトルの見方における一般的な操作である．

TTによる衝突危険性の判定には，物標のベクトルとともに図3-43(b)のような数値データも併せて利用する．

CPA（DCPA）が小さい　→　衝突の危険：　大

自船の大きさや操縦性にもよるが，例えば

0.2 NM以下　･･･　必要に応じて機を逸することなく避航の措置をとる

0.5 NM以下　･･･　かなり危険

1.0 NM以下　･･･　注意を要す

TCPAが短い　→　接近までの時間的余裕がない

CPA（DCPA）が小さい物標については，TCPAが長く十分に余裕のあるうちに避航の措置をとるのが効果的である．

CPAの値が小さいのは最接近距離が短いことであり，2船がそのまま進めば衝突の危険性が大きいとみなさなければならない．上に示した具体的な数値の例は一般的な小型内航貨物船などにおける一つの目安であり，その船の操縦性などによっても異なるので，自分が操船している船における判断の目安を予

め意識しておく必要がある．大型船ではこれより値が大きくても危険と判断する必要があるかもしれないし，全長 300 m を超えるような VLCC（超大型原油タンカー）やメガ コンテナ船などでは，さらに大きな値でも注意する必要があろう．

ただし，実際の場面における危険の度合いは，CPA だけではなく，TCPA も併せて考える必要がある．例えば TCPA が 30 分や 1 時間というような長い場合には，CPA が小さくても，その時点で計算される最接近時までの間には状況が変わることもあり得るし，早いうちであれば少しの避航動作で状況が改善されることもある．レーダーで TT ターゲットを捕捉する場合には，通常，危険を認識するべきターゲットの TCPA がそれほど長いことはあまりない．CPA が小さく危険な値でかつ TCPA も 10 分を切るような状況では，海上衝突予防法その他の規定に則って，自船が避航船である場合には，はっきりとした避航の動作をとる判断が必要となる．なお，TCPA の値は，衝突の危険性判断のためだけでなく，安全な状況下でも反航船が航過するのは何分後か，また，後方から接近する同行船に追い越されるのは何分後か，横切り船が最も近づくのが何分後か，等の目安の時間をつかむために利用することもできる．

最接近点は，自船とターゲットが最も近づく点であり，見合い関係によって，船首方向から大きく異なる地点であることも多い．そのため BCR と BCT も同様に危険の指標として用い，船首をどの程度の距離で横切るのかを考える場合にこれらの値を利用する．

【例題】　自動衝突予防援助装置（TT）における真ベクトル（True Vector）表示方式及び相対ベクトル（Relative Vector）表示方式とは何か説明せよ．また，両表示方式の利点もそれぞれあげよ．

① 真ベクトル表示方式

ターゲットのベクトル表示が，向きはターゲットの真針路（地球上での針路）であり，長さは対地の速力に比例した長さとなる．自船の速度ベクトルも自船の針路方向に表示される．

移動ターゲットと停止ターゲットの識別が容易であり，ターゲットの真針路，真速力，陸地に対する動向も判断しやすいので，一般に自船周囲の船の動きを的確にかつ容易に把握できる利点がある．

② 相対ベクトル表示方式

ターゲットのベクトル表示が，向きは自船との相対運動方向を示し，長さは自船との相対速力に比例した長さとなる．したがって自船が止まっているものとして，周囲のターゲットの相対的な動きを表示するので，自船のベクトルは表示されない．

相対表示でターゲットのベクトルが自船の方向を向いているものは，目視による見張りにおいてターゲットの方位変化がないことを意味しており，衝突のおそれがあることを意味する．また，横切り船の場合，自船の船首側（おもて）をかわすのか船尾側（とも）をかわすのかも，ターゲットのベクトルが自船の針路方向の前を横切るか後ろを横切るかで容易に判断できる．

---

3. 9. 10　TT の自動捕捉

TT のターゲットは「手動捕捉」モードでレーダー画面中のエコー（他船等）をターゲット捕捉（Acquire Target）キー（[ACQ] など）で指定する以外に，エコー像の中でターゲットと思われるものを自動的に判別してそれをターゲットとして捕捉する「自動捕捉」機能を有する機種も多い．

自動捕捉領域は，メニューからそれを設定する状態としておき，トラック ボールでカーソルを移動して指定する，または機種によっては VRM と EBL で始点と終点を指定する．一般的に自動捕捉領域（Automatic Acquisition Zone）は図 3-47 のように扇型の一部の形をしている．ターゲットがその領域に“入った”または“出た”という警報を発するガード ゾーンと共通になっている機種もある．

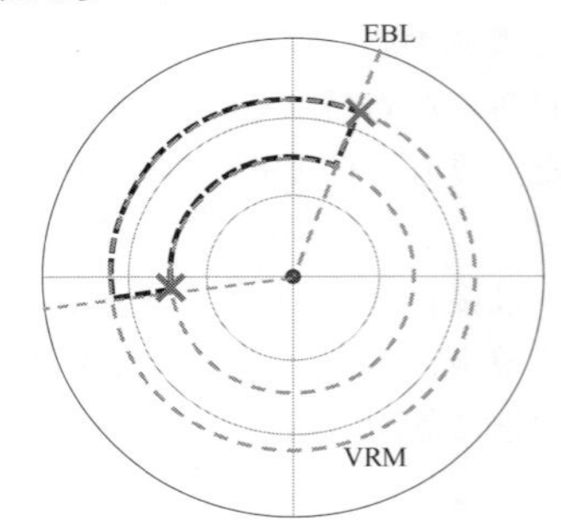

図 3-47　TT の自動捕捉ゾーンの設定

自船が進む針路の方向で適当な距離の領域をレーダー画面上でターゲットの自動捕捉領域として設定しておけば，その領域内にターゲット（他船など）と思われるエコーが現れたときに，それを TT のターゲットとして自動的に捕捉する．ただし，この機能ではレーダーが画像を認識してターゲットを見つける際に雑音や島，陸岸等を誤認識することもあり，自動捕捉を設定していてもすべての必要なターゲットを正しく捕捉できるとは限らず，過信してはならない．必要に応じてレーダー画面をチェックして，正しく認識しているか確認すべきである．

3. 9. 11　衝突判断の基準設定と TT の警報

TT の主な目的は，自船と他船等の物標との衝突可能性の判断である．その具体的方法は，先に説明した TT ベクトルを相対表示にして，自船との見合い関係から衝突の危険性を判別することが考えられる．その際，より客観的にCPA および TCPA の値を利用して判別することができる．これは，自船の大きさによる操縦性能をもとに航海士の考えにより判断基準となる値を設定する必要がある．

CPA，TCPA を基準とした危険物標の認識のため，予め，それぞれ値を設定しておき，それを下回る（CPA が近いまたは TCPA が短い）物標が現れたときには，レーダーが警報を発するという機能がある．また，CPA 環（CPA ring）という自船を中心とした円を設定しておくと，その中に CPA（最接近点）が入るようなターゲットが現れた場合に警報を発するというものもある．

TT の関係で警報（エラー メッセージ）が発生する要素には，

CPA/TCPA　　　危険ターゲットがある
Lost　　　　　　ターゲットをロストした
Max target　　　追跡ターゲットの数が最大数になった

がある．

レーダーの警報は，図 3-48 のように，画面の一部に警報の内容を表示すると同時にビープ音で知らせるようになっている．

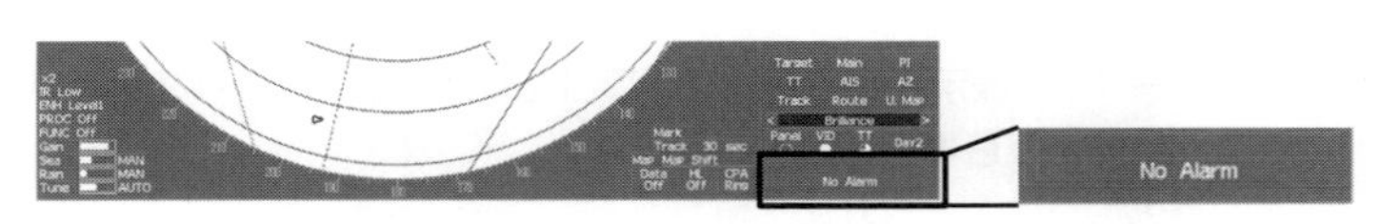

図 3-48　警報表示領域

3. 9. 12　試行操船（Trial Maneuvering）

レーダー TT の機能の1つに「試行操船」がある．これは試行的に自船の“針路”，“速力”を変化させて相手船との見合い関係を計算により表示するものである．具体的には自船の針路または速力を変えたとしてそれらの値を仮に設定し，そのときに他船の移動ベクトルがどのように変化するかを表示して，自船がどのような避航等の行動をとればどの程度安全になるかをみることができる．試行操船モードの際は，レーダー画面内に大きく“T”という文字を表示（点滅）する．

なお，次節（3. 10）で説明する AIS ターゲットをレーダー画面上に表示して活性化しているときは，その移動ベクトルも同時に変化する．

【例題】 レーダーTTの物標捕捉とデータ表示に関する手順を説明せよ．

(1) ターゲットの捕捉

自動捕捉 (Automatic Acquisition) …… あらかじめ捕捉する領域を指定しておき，機能を有効にする．ただし，周囲海域の状況等によっては，あまり実用的でない場合もある

または

手動捕捉 (Manual Acquisition) …… 物標ごとに，カーソルを合わせてターゲットを捕捉指定 (Acquire Target) する：［ACQ］ボタン

(2) しばらく待つ

1分以内に概略を予測し，

3分以内にその物標の移動がベクトル（図形）で表示される

(3) 必要なデータを表示する (Target Data)：［TARGET DATA］ボタン

(4) 不要なターゲットは消去する (Cancel Target)：［TARGET CANCEL］ボタン

《問題》 レーダーTTで表示されるデータの項目を挙げよ．それぞれ略語と英語のフルスペルおよび日本語を記すこと．

《問題》 図に示すようなTTのターゲットベクトルがRelativeで表示された．各船と自船との見合関係をそれぞれ記入せよ．

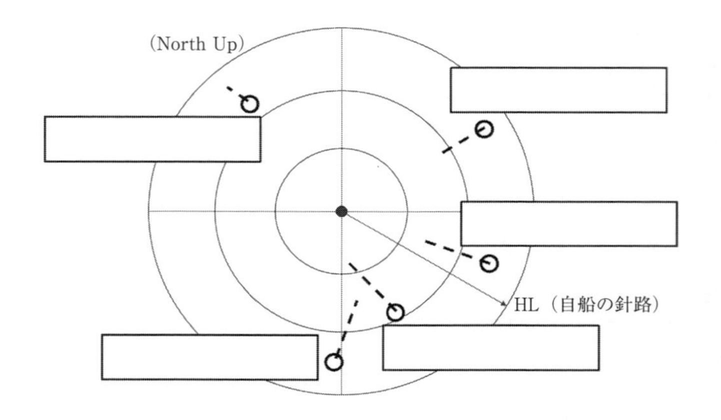

《問題》 レーダーTTの試行操船（Trial Manoeuvring）の機能とは，どのようなものか説明せよ．

3.10　AISターゲット重畳表示機能

レーダー（TT）と同様に他船（周囲物標）のターゲット情報を得るための機器に4章で取り上げるAIS（船舶自動識別装置）がある．TT機能を備えた航海用レーダーでは，配線接続しAIS機器から信号が入力されていれば，AISターゲット情報もレーダー画面上に重畳して表示できるものが一般的である．

図3-49の例のように，レーダー エコー画面の上に，三角形のシンボルでAISターゲットの位置が表示され，そのターゲットが活性化されていればベクトルも表示される．TTと同様にそのシンボル上にカーソルを合わせてデータ表示キー［TGT DATA］を押せばレーダーの情報表示部分に文字でレーダーTTと同じようにそのターゲットのAISによる方位，距離，針路，速力，CPA，TCPA等が表示される．詳細は次の第4章で説明する．

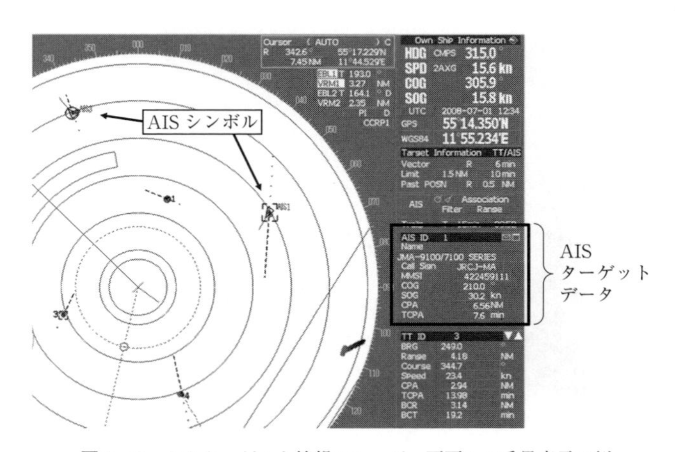

図3-49　AISターゲット情報のレーダー画面への重畳表示の例

3.11　レーダー波浪解析装置

波の観測は通常，目視によっている．波（風浪および波浪，うねり）を計測して波向，波高の値を得たいが，他の種類の計測には様々な計器が実用化されている今日でも，波浪を自動的に客観的な値として計測する機器は一般的ではない．船首付近で海面に向けて（上から下向けに）マイクロ波を送信し，その反射波を受信して距離を計算し，船体に対する海面の上昇，下降を算出して波高を計るというものが従来からあった．これを「マイクロ波式波高計」といい，波高については数値で計測できるものの，波向は計測できない．

2000年を過ぎた頃から，波浪を観測するためにレーダーを利用することが考案され実用化の開発がはじまり，現在では，世界で数社のメーカーがレーダー波浪解析装置として販売している．その原理を簡単に言えば，レーダー本

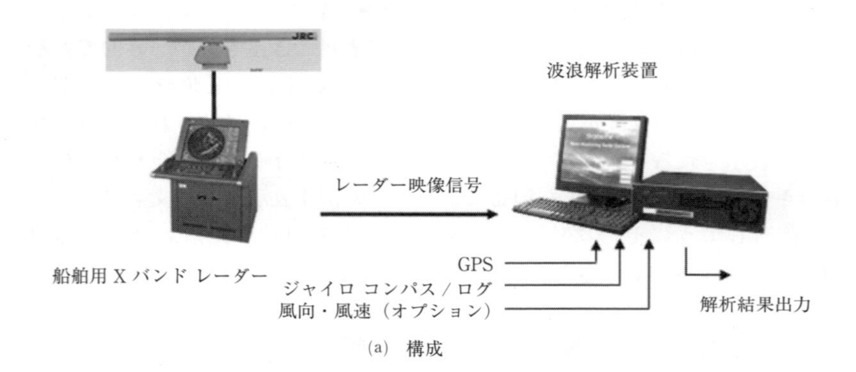

(a)　構成

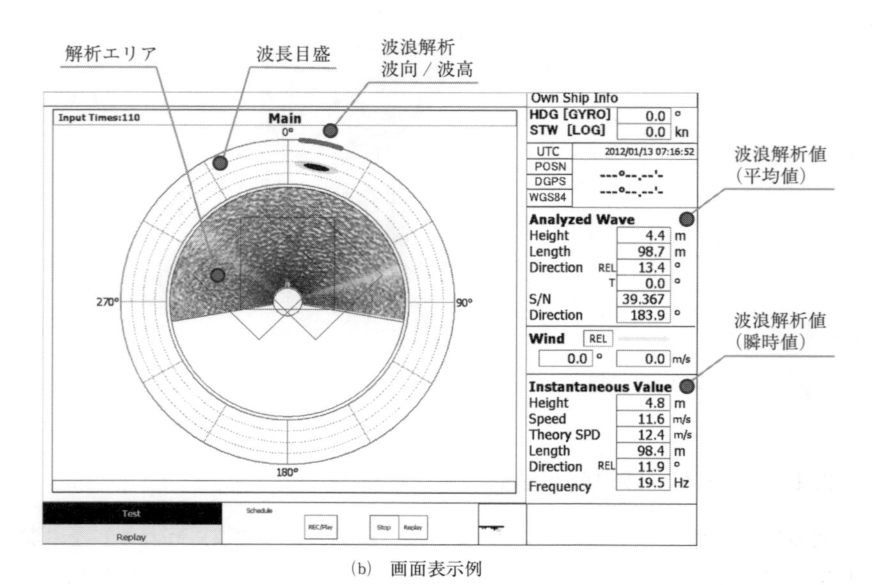

(b)　画面表示例

図 3-50　レーダー波浪解析装置

来としては雑音になり使用上不要なものである海面反射を積極的に利用して，画像処理により波向と波高および周期等の値を算出するというものである．

レーダー エコーに現れる海面反射は，波によって電波が反射されることにより，その部分に物体があるかのように映る．しかし海面反射は物標ではなく波頭等である．この波による反射をうまくとらえることができれば，波の方向や周期がわかり，さらには波の高さも推定するような計算処理を行うことができる．レーダー波浪解析装置の構成としては，通常の航海用レーダーから映像信号を解析装置に入力するよう配線してあり，その信号をソフトウェアにより処理する．解析装置の機器自体は一般的なコンピューターでFAパソコンなどが用いられ，その上で信号処理，画像解析等の技術で波浪を解析するソフトウェアが実行される．レーダー機器は一般的な航海用レーダー（Xバンドレーダー）であるが，現状では波浪解析にあわせたレーダー レンジやA/C SEA（STC）の調整等を行う必要があり，通常，操船用レーダーと共用するのは難しい．

図3-50(a)にレーダー波浪解析装置の構成を，同図(b)には画面表示の例を示す．

3. 12　関係法規

航海用レーダーに関係する法令等として，レーダーは電波を送信する機器なので，総務省にかかる電波法関係の法令により規制される．また，船舶としての安全性等の観点から搭載要件などについては，国土交通省にかかる船舶安全法や船舶設備規程等による規定がある．さらに，今日，操船においてレーダーは不可欠であり，操船上，レーダーの使用を想定した規定が海上衝突予防法にもある．

具体的にはつぎのような法令等が挙げられる．

- 総務省関係
  - 電波法
  - 電波法施行規則
  - 無線設備規則
  - 無線局運用規則
- 国土交通省関係
  - 船舶安全法
  - 船舶設備規程

その他国際条約等
IMO SOLAS STCW
IEC （試験規格）
航法関係
海上衝突予防法 等

3.13 データ入出力

レーダーやTTの機能を実現するためには，他の機器で得られた情報が必要である．たとえば，真方位表示のためには自船の船首方位のデータが，また真運動表示のためには自船の針路，速力等のデータが随時必要である．以前は，アナログ信号やメーカーが独自に決めた形式のデジタル信号としてやりとりされていた．昨今では，これら船橋機器類で交換される情報のほとんどに，IEC61162-1/2（NMEA 0183）規格に準拠したシリアル センテンスが用いられている．レーダーについては，ジャイロコンパスやGPSコンパスから船首方位のデータが，GPS等のGNSSから針路，速力のデータがIEC61162-1/2形式で入力される．AISターゲット重畳のためには，データとしてターゲットの緯度，経度が得られるので，レーダー像の上に自船からの方位，距離として変換し表示するためには自船の緯度，経度データが必要である．また，電子海図（電子参考図を含む）を重畳表示する機能を有している機種ではGPS等から緯度，経度の入力が必要である．

一方ECDIS等の機器でターゲット情報を表示する機能を有するものも利用されるようになり，レーダーからそのような機器へデータとしてTTのターゲット情報がIEC61162-1/2形式で出力される．一般には，RS-422レベルのシリアル インターフェイスを用いているが，一部LAN（イーサネット等の一般的な規格）のUDPプロトコルでデータを出力する機能を有したレーダーも市販されている．

レーダーに関係するデータ入出力はつぎのようなものが挙げられる．

入力

船首方位 （ジャイロコンパス，GPSコンパス等から）
自船位置 （GPS等から）
自船真針路，対地速力（GPS等から）
AIS他船ターゲット データ（AISから）
その他

出力

ターゲット データ（ECDIS等へ）

出力センテンスの種類の一部をつぎに紹介する.

○ NMEA 0183センテンス（レーダーから出力）

トーカー：

RA

センテンス：

OSD（Own ship data）
RSD（Radar system data）
TLL（Target latitude and longitude）
TTM（Tracked target message）

なお，各センテンスについては本書巻末の付録A1参照.

第4章　AIS

AIS（Automatic Identification SystemまたはShipborne Automatic Identification System）は，日本語には「船舶自動識別装置」と訳されている．AISによりレーダーTTとほぼ同様のターゲット情報が得られるのに加え，船名，船の大きさや航海の行き先などの情報までも得ることができる．ただし，レーダーTTとはデータを得るための原理が根本的に異なっている．レーダーは自船から電波を（搬送波のみパルス状に）送信して電波の反射により周囲の状況を探知する．これに対して，AISは各船舶から，その船に関する航行データをデジタル通信により伝えるため電波を送信（放送）していて，そのデータを受信した船舶が情報を利用するというものである．すなわち，レーダーはこちら（自船）から探るのに対し，AISは向こう（他船）側から教えてくれるものである．

4.1　AISの概要

4.1.1　目的

20世紀の後半（1950年頃）以降，船舶運航にレーダーが本格的に使用されるようになり，TT（ARPA）によってターゲット データを得て操船判断に用いることが一般的になった．しかし，レーダーTTでは自らデータを収集するためのアクションを起こす（ACQキーを押すなど）必要がある．特別な動作を行うことなく自動的に周囲の他船を認識できるようにしたいという目的でAISが開発され，搭載要件が規定されて21世紀の初頭から全世界で順次普及し，2008年には義務のあるすべての船舶に搭載されることとなった．AISは，それぞれの船舶が計測したデータ（船位，船首方位，針路，速力等）をVHF帯の無線を使用してデジタル通信によりデータを送信（周囲に放送）するもので，他船がこれを受信することによりTTと同様のターゲット データを自動的に得ることができる．さらにデジタル通信の特徴を生かし，AISは，その船舶の船名，全長，全幅，船種等，それぞれの船舶で不変のデータと，航海の目

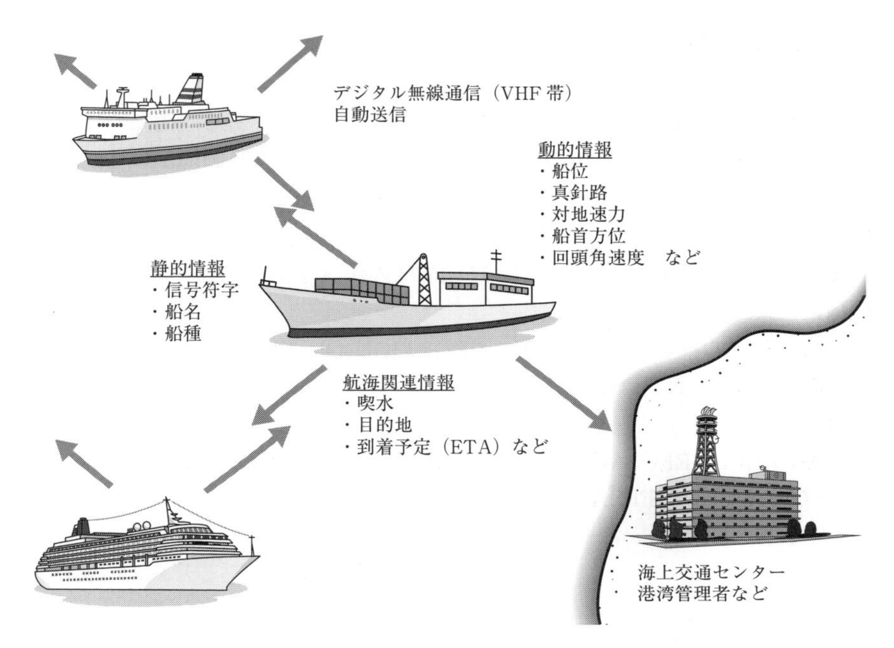

図4-1　AISの概念

的地，到着予定日時，喫水等，航海ごとに変わるデータも送信している．これらはレーダーTTでは得ることができないものであり，周囲船舶の識別に有用な情報となる．図4-1にAISの概念を示す．

AISの目的をまとめると，つぎのとおりである．

- 操船判断のための情報の入手　（レーダーTTと類似のデータ，その他船舶の識別に有用なデータ）
- 周囲船舶の識別　（船名等がわかる）
- VTSでの利用（海上交通の把握）

VTS（Vessel Traffic Service）は，輻輳海域などで船舶の交通を監視して必要に応じて管制情報を送るというものである．日本ではVTSとして，東京湾，伊勢湾，名古屋港，大阪湾，備讃瀬戸，来島海峡，関門海峡に海上交通センター（Vessel Traffic Service Center）がある．従来は，目視やレーダーで船舶を観測していたが，これに加えてAISが積極的に利用されるようになった．

また，船舶運航に関わるこれら直接的な目的以外に，

・海上交通解析のためのデータ収集

に，おもに研究目的で海上交通観測にも利用されることがある．従来の目視，レーダー利用の交通観測に比べて，AIS搭載船に関しては自動的かつ客観的にデータが取得できるようになり，海上交通観測について状況が格段に改善された．

AISの性能基準を規定しているのはIMOの決議であり，1998年5月12日に採択された

RESOLUTION MSC.74（69）: ADOPTION OF NEW AND AMENDED PERFORMANCE STANDARDS

中の，

ANNEX 3 : RECOMMENDATION ON PERFORMANCE STANDARDS FOR AN UNIVERSAL SHIPBORNE AUTOMATIC IDENTIFICATION SYSTEM（AIS）

に記述がある．

4.1.2　AISの利用

図4-2にECS（Electronic Chart System）によるAISターゲット データの表示の例を示す．細長い二等辺三角形がAIS船の位置を示し，そこから延びる直線が針路速力ベクトルである．（図4-2は参考であり，ECDISではなく他の電子海図システムによる例のため，表示はこのソフトウェアの方法によるものである）．ECDIS，ECSについては第5章参照．

船舶においてAISのデータを送受信するには，トランスポンダー（送受信機）とアンテナ，そして表示器（操作部を含む）を装備する．AISの表示器には簡単な液晶表示パネルが付いていてデータを主に文字（テキスト）で表示できるようになっているが，このAIS表示器の情報だけでは操船判断に用いるには不十分である（図4-7，図4-8）．そこでAISで受信した周囲の他船情報は，重畳表示機能のあるレーダー画面上や，ECDISのナビゲーション（電子海図）画面上に表示することでデータを認識できるようにしている．

なお，船舶のAISに似たシステムとして，航空機ではATCトランスポンダー，ACARS（Aircraft Communications Addressing and Reporting System）やAutomatic Dependent Surveillance-Broadcast（ADS-B）などによりその位置や針路，速力等の情報を送信するというものがある．

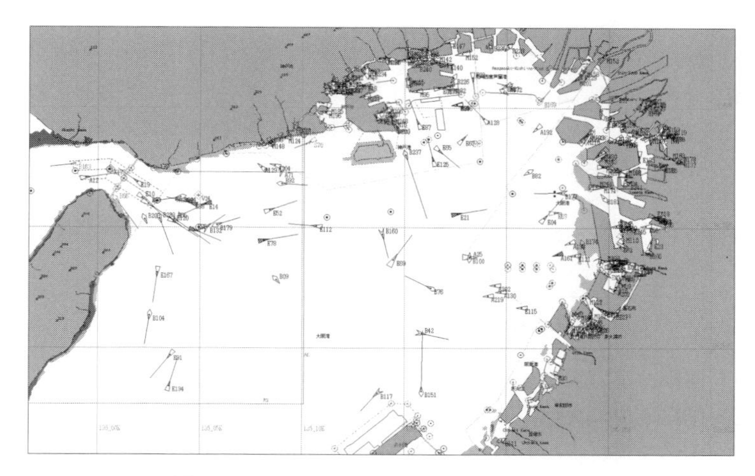

図 4-2　ECS による AIS ターゲット情報表示の例

4. 1. 3　AIS の種類

現在使用されている AIS にはクラス A（Class A）とクラス B（Class B）の 2 種類がある．クラス A は，搭載義務のある船舶（SOLAS 船）が装備するシステムである．クラス B は簡略化されたシステムで，データの送信間隔が長い，航海関連情報（目的地，到着予定時刻等）がないなどの違いがあるものの，同様のデータが送受信できる．クラス A，クラス B の機器ともにどちらのデータも受信でき，相互に情報交換が可能である．クラス B AIS については 4. 7 節で説明する．

4. 1. 4　搭載要件

AIS の船舶への搭載要件は，国際的には SOLAS 第V章 19 規則（2. 4）で規定されており，国内では「船舶設備規程」により決められている．SOLAS の規定では，

SOLAS による規定

(1) 国際航海に従事する 300 総トン以上のすべての船舶

(2) すべての旅客船

(3) 国際航海に従事しない 500 総トン以上のすべての貨物船

となっている．これら対象船舶はクラス A の船上機器を搭載する義務がある．

一方，わが国では次のように規定されている．

船舶設備規程

（船舶自動識別装置）第百四十六条の二十九　総トン数三〇〇トン未満の旅客船及び総トン数三〇〇トン以上の船舶であつて国際航海に従事するもの並びに総トン数五〇〇トン以上の船舶であつて国際航海に従事しないものには，機能等について告示で定める要件に適合する船舶自動識別装置を備えなければならない．ただし，管海官庁が当該船舶の航海の態様等を考慮して差し支えないと認める場合には，この限りでない．

まとめると，

(1) 国際航海に従事する300総トン以上のすべての船舶
(2) 国際航海に従事するすべての旅客船
(3) 国際航海に従事しない500総トン以上のすべての船舶

というのが，日本におけるAIS搭載要件である．国際航海を行う船舶は船種にかかわらず300総トン以上，国際航海を行わない船舶でも船種にかかわらず500総トン以上のすべての船舶に搭載義務がある．トン数にかかわらず（300トン未満であっても）国際航海を行う旅客船はすべて搭載義務がある．SOLASの規定に比べ，国際航海に従事しない500総トン未満の旅客船は国内法では搭載を要しない点が緩和されている．

船位等のデータを送信するが，データをお互いに利用する目的のAISとは異なり，追跡を主な目的としたLRIT（Long-Range Identification and Tracking of Ships：船舶長距離識別追跡装置）というシステムがある．LRITは，GPS等から得た船舶の位置情報及び識別信号を，衛星通信システム（インマルサットC等）を用いて定期的に送信することにより，遠洋航行中の船舶の動静把握を可能とするシステムである．LRITのデータは主に捜索救助機関等が捜索救助や環境に影響を及ぼす事故の際に利用する．一定の船舶はこれを装備しなければならない．具体的にLRIT搭載義務船舶は，国際航海に従事するすべての旅客船および300総トン以上の貨物船および自航式海洋掘削リグである．漁船は対象外となっている．

AISとLRITの違いの主な点は，表4-1のとおりである．

表 4-1　AIS と LRIT の比較

	AIS	LRIT
通信方式	地上波（VHF 帯）による通信	衛星通信を利用
利用範囲	周囲数十海里	外洋全域
データ内容	動的情報，航海関連情報， 静的情報（4.1.5 項参照）	識別信号，位置
送信間隔	航海状態・速力により 2 秒～3 分ごと	6 時間ごと
送信形態	周囲へ放送（船→船／陸　1 対多）	船 → 陸　1 対 1

4. 1. 5　AIS で交換するデータの概要

AIS で交換するデータの内容について，IMO 決議の規定と SOLAS V 章に則って，国内法規では船舶設備規程における具体的なデータ内容について，「航海用具の基準を定める告示」で規定している．

航海用具の基準を定める告示

（船舶自動識別装置）第 24 条 規程第 146 条の 29 の告示で定める要件は，次のとおりとする．

(1) 自動的に航海の情報を発信することができるものであること．

(2) 短距離間及び長距離間における次に掲げる情報の送受信ができるものであること．

イ　静的な情報として次に掲げる事項

(1) 可能な場合，国際海事機関船舶識別番号

(2) 信号符字及び船名

(3) 船の長さ及び幅

(4) 船種

(5) 衛星航法装置又は無線航法装置の空中線の設置場所

ロ　動的な情報として次に掲げる事項

(1) 位置

(2) 時刻

(3) 船首方位

(4) 速力

(5) 航海針路

(6) 航海の状態

(7) 回頭角速度

(8) 可能な場合，ヒール角

(9) 可能な場合，縦傾斜角及び横傾斜角

ハ　航海関連情報として次に掲げる事項

(1) 喫水

(2) 貨物情報

(3) 目的地及び到着予定時間

ニ　その他任意に作成した文章

(3) 静的な情報及び航海関連情報を6分ごとに並びに動的な情報を次の表の左欄に掲げる船舶の情報の区分によりそれぞれ右欄に定める間隔ごとに自動的に送信することができるものであること．

船舶の状態	送信間隔
錨泊中	3分
速力が14ノット未満であり，進路変更中でない場合	12秒
速力が14ノット未満であり，進路変更中である場合	4秒
速力が14ノット以上23ノット未満であり，進路変更中でない場合	6秒
速力が14ノット以上23ノット未満であり，進路変更中である場合	2秒
速力が23ノット以上であり，進路変更中でない場合	3秒
速力が23ノット以上であり，進路変更中である場合	2秒

(4) 要求された場合に自動的に情報を送信することができるものであること．

(5) 情報を手動で入力及び訂正することができるものであること．

(6) 誤った内容の送信を防止するための措置を講じたものであること．

(7) 停止状態から2分以内に作動することができるものであること．

それぞれのデータの内容については，4. 2. 3項（AISメッセージ）の内容で説明する．

他にAISで交換する情報には「バイナリ　メッセージ」と呼ばれる簡単な文章を送るものがある．スマートフォンのショート　メッセージのように，短い文字情報（文章）を送信することを想定している．ただし送信できる文字は英字と数字，記号のみである．特定の船舶宛，または周囲船舶に一斉送信することができる．以前は海上保安庁の機関から気象海象等に関する情報を一斉に送信していたことがある．

現在，製品として一般に流通しているAISトランスポンダー（送受信機）では，クラスAとクラスBによりデータ項目が若干異なるものの，静的情報（Static Data），動的情報（Dynamic Data），航海関連情報（Voyage Related Data），任意の文章（Short Message）のデータを送受信する．なお，航海関連情報についてはクラスB機器では受信のみで送信はできない．

【例題】　AIS船上機器が送信する情報の種類を3つに分類せよ．

動的情報（Dynamic information）

航海関連情報（Voyage related information）

静的情報（Static information）

---

4. 2　AIS メッセージの送信

AIS でやりとりされるひとまとまりのデータを「メッセージ」と呼び，内容と形式により 27 種類が規定されている（表 4-3）．

メッセージの内容や送信間隔など，具体的な AIS の装置が備えるべき機能や試験基準については，国際電気通信連合憲章に規定する無線通信規則（International Telecommunication Union - Radio Regulations：ITU-R）の勧告と，国際電気標準会議（International Electrotechnical Commission：IEC）による運用性能要求と試験規格の，2 つの機関により文書で規定されている．

・ITU-R M.1371 - Technical characteristics for an automatic identification system using time-division multiple access in the VHF maritime mobile band

・IEC 61993 - Maritime navigation and radiocommunication equipment and systems - Automatic identification systems（AIS）- Part 2：Class A shipborne equipment of the universal automatic identification system（AIS）- Operational and performance requirements, methods of test and required test results

これらの規定は，必要に応じて改訂されることがあり，ITU-R M.1371 は 2014 年に第 5 版となっている．

AIS の無線データ通信に関する概要はつぎのとおりである．なお，送信出力など 1 版から 5 版の間に変更となっている項目もあり，下記は第 5 版（M.1371-5）に従った内容である．

国際周波数	VHF Ch. 2087（AIS 1）（161.975 MHz），Ch. 2088（AIS 2）（162.025 MHz）
地域周波数	156.025 MHz　～　162.025 MHz
周波数制御	VHF Ch 70（156.525 MHz）による DSC 制御，Message 制御，マニュアル切り替え
チャンネル間隔	25 kHz
送信電力	12.5 W／1 W
変調方式	GMSK（AIS データ）／ FSK（DSC）
通信速度	9,600 bps
通信方式	SOTDMA（Self Organized Time Division Multiple Access：自律 時分割多元接続方式）
	ITDMA（Incremental Time Division Multiple Access：増分時分割多元接続方式）

	RATDMA（Random Access Time Division Multiple Access：ランダム接続 時分割多元接続方式） FATDMA（Fixed Access Time Division Multiple Access：固定接続 時分割多元接続方式）
タイム スロット	2,250スロット／分　1スロット＝26.66msec（256ビット）
(Ch.はChannel，チャネル)	

AISでは，データを国際VHF無線電話の周波数で送信する．一般に国際周波数としてAIS 1チャネル（161.975MHz）およびAIS 2チャネル（162.025MHz）の2つのチャネルが使用される．これは，周囲の電波使用状況により自動的に選択される．地域周波数として別のチャネルが用いられることもある．日本ではかつてそのような措置がとられていたことがあるが，現在，国内では地域周波数は使用されていない．

クラスAのAIS船上機器からの電波の送信出力（空中線電力）はITU-R M.1371-5の規定では，12.5W（高出力）と1W（低出力）で，周囲の状況（混信の度合いなど）により自動的に切り換えられる．電波形式（変調の方式とデータ内容）はAISデータがG1D（F1D），DSC（Digital Selective Call，デジタル選択呼出し）がG2B（F2B）でありデジタル データ通信である（Gは位相変調，Fは周波数変調）．これら周波数，送信電力，電波形式により，一般にAISが周囲30km程度で通信が可能であると言われている．ただし，実際の電波伝搬は自然現象も含め多くの要因に影響されるため，それより短くなることもあれば，もう少し遠くても通信できる場合もある．また，アンテナ高さにより，小型船舶は通信可能距離が短く，巨大船は長くなる傾向にある．

実際の無線通信において，ひとまとまりの送信データを1局が1度に送信する時間を「スロット」という．1分を2,250スロットに分けて，メッセージは非常に短い時間（1スロットは約26.7ミリ秒）で自動送信される．それでも同時に周囲の複数の局から送信すると，送信データが混信して正しく受信されないという状況が起こり得るので，周辺のAIS局（各船舶）が使用するスロットの順序を調整する必要がある．船舶からのデータ送信間隔とも関連するが，時間あたりのスロット数は有限なので，輻輳海域でAIS局が周辺に多数存在しているときには，スロット占有率が問題となる可能性がある．

通信方式は時分割多元接続方式（Time division multiple access）で，クラスAでは自律（SOTDMA），増分（ITDMA），ランダム接続（RATDMA），固定接続（FATDMA）の種類があり，メッセージの種類により，いずれを用いるか決められている．クラスBの機器ではキャリア検出（Carrier Sense）

の時分割多元接続方式（CSTDMA）が用いられる．

4. 2. 1　メッセージの送信間隔（クラス A）

AIS 船上機器のメッセージは一定間隔ごとに自動的にデータが送信される．その間隔は上記文書（ITU-R M.1371，IEC61993-2）で規定されており，実際の製品ではこれに従っている．

AIS メッセージのうち，静的情報は基本的に変わるものではなく，航海関連情報は 1 航海の間にたびたび変わることはないので，いずれも 6 分ごとの送信間隔となっている．動的情報については，表 4-2 に示すとおり，錨泊や停泊をしているか航行中かの状態によってデータ送信間隔が異なり，錨泊または停泊

表 4-2　クラス A AIS（船上機器）のメッセージ送信間隔

動的情報：下表のとおり
Dynamic information:

船舶の状態 Ship's dynamic conditions	送信間隔 Reporting interval	
	ITU-R M.1371 IEC61993-2	IMO MSC74（69） ANNEX3（参考）
錨泊中または停泊（係留）中で速力 3 ノット以下 Ship at anchor or moored and not moving faster than 3 knots	3 分	3 分
錨泊中または停泊（係留）中で 3 ノットを超える速力で移動している Ship at anchor or moored and moving faster than 3 knots	10 秒	
速力 0～14 ノットで航行（変針していない） ship 0-14 knots	10 秒	12 秒
速力 0～14 ノットで航行（変針中） ship 0-14 knots and changing course	3 1/3 秒 （= 10/3 秒）	4 秒
速力 14～23 ノットで航行（変針していない） ship 14-23 knots	6 秒	6 秒
速力 14～23 ノットで航行（変針中） ship 14-23 knots and changing course	2 秒	2 秒
23 ノットを超える速力で航行（変針していない） ship ＞ 23 knots	2 秒	3 秒
23 ノットを超える速力で航行（変針中） ship ＞ 23 knots and changing course	2 秒	2 秒

静的情報：6 分
Static information：Every 6 min or, when data has been amended, on request.

航海関連情報：6 分
Voyage related information：Every 6 min or, when data has been amended, on request.

中は船位も大きく変わることはないため3分に1回の送信であるのに対して，航行中は時々刻々船位が変わるのに合わせて，通常0〜14ノットで航行中の船舶からは10秒に1回の送信を行い，変針（回頭）中にはさらに短い間隔でデータを送信する．また14ノットより速い速力で航行する船舶からは常に（回頭中でなくても）短い間隔で送信される．この送信間隔は航海状態の入力や，速力などの状態に応じて変わる．

なお，表4-2に示したとおり，国際電気通信連合憲章に規定する無線通信規則（ITU-R）および国際電気標準会議（IEC）と国際海事機関（IMO）MSCによる規程の間で，一部送信間隔が異なっている．先に示した国内法規である航海用具の基準を定める告示はIMOの規程に沿っているが，実際のAIS船上機器ではITU-RおよびIECによる規程に従っているのが一般的である．

【例題】　船舶自動識別装置（AIS）の運用基準では，次の(1)〜(4)の自船の状態において動的情報を自動的に送信する間隔は何秒か．

SOLASやITU-Rなどにより若干異なるが，我が国の「航海用具の基準を定める告示」による送信間隔はつぎのとおりである．

(1) びょう泊中（速力3ノット以下）
3分.

(2) 速力0〜14ノットで航行中（変針していない）
12秒.

(3) 速力0〜14ノットで航行中（変針中）
4秒.

(4) 速力14〜23ノットで航行中（変針していない）
6秒.

4.2.2　MMSI

AISのデータは無線で送信される．各送信局（船）を識別するためにMMSI（Maritime Mobile Service Identity）という9桁（10進数）の数字が用いられる．これには全世界で統一された割振り規則がある．日本語では電波法関係法令に「海上移動業務識別，船舶局選択呼出番号及び海岸局識別番号」として規定されている．これは，無線局として免許される際に無線通信を所管する官庁（日本では総務省（地方総合通信局等））から割り当てられ，無線局免許状に記載される．以前からある信号符字（Call sign）のデジタル通信用に相当する．1隻の船舶ではAISの他，DSC（デジタル選択呼び出し）や衛星EPIRB等のデジタル通信対応のGMDSS機器などにも同じ番号が使用される．この番号はその船舶等に固有のものであり，本来は全世界で重なることはない．ただし，最近ではMMSIの不足のため同じMMSIを複数の局が使用している国，地域もあるようだが，それは規定に反している．

MMSIを構成する9桁のうち初めの3桁の数字列をMID（Maritime Identification Digits）といい，無線局として開局している国（旗国）を示している．その最初の1桁は，つぎのとおり船舶局におけるMIDの地域（2～7）または船舶局以外の機器の種類等（0, 1, 8, 9）を示している．

0　グループまたは海岸局
1　捜索救助航空機
2　ヨーロッパ
3　北米，中米，カリブ海諸国
4　アジア
5　大洋州
6　アフリカ
7　南米
8　DSC，GNSS付き携帯型VHF無線送受信機
9　搭載艇，航行援助施設等

船舶局では，MIDxxxxxxとなり，最初の3桁（MID）に続く残りの6桁（xは0～9の任意の数字）がその国の中での一連番号である．その船舶局がインマルサット船舶地球局である場合には6桁のxのうちその設備に応じて決められた桁（最後の1桁または3桁）を0とすることになっている．MIDの各国への割当て（国番号）は国際電気通信連合憲章に規定する無線通信規則で決められており，旗国としての船籍登録が多い国では，1つの国に対して複数の番号が割り当てられていることもある．日本は，アジアなので4ではじまる431と432が割り当てられている．例えばパナマは登録船の数が多いので351～357と370～374が割り当てられている．そのほか，最初2桁00の後に3桁の国番号が続くものは海岸局を示している．例えば00431xxxxは日本のAISビーコンのMMSIとして使用されている．

4.2.3　AISメッセージの内容

AISで通信されるメッセージの種類を「メッセージID」という数字で表す．メッセージの種類にはメッセージIDが1～27までの27種類があるが，将来的には拡張され種類が増える可能性もある．

メッセージの種類と概要を表4-3に示す．これらのメッセージには，クラスA船上機器が送信する動的情報（1～3），航海関連情報（5），静的情報（5）のメッセージ，クラスB船上機器が送信する動的情報（18），静的情報（24）の

表4-3　AISのメッセージ一覧

メッセージID Message ID	名称 Name	説明 Description
1	位置報告 Position report	定期的な位置報告（クラスA船上機器） Scheduled position report; (Class A shipborne mobile equipment)
2	位置報告 Position report	割り当てられた定期的な位置報告（クラスA船上機器） Assigned scheduled position report; (Class A shipborne mobile equipment)
3	位置報告 Position report	問い合わせに対する特定の位置報告（クラスA船上機器） Special position report, response to interrogation; (Class A shipborne mobile equipment)
4	基地局報告 Base station report	基地局の位置，UTC時刻，日付，現在のスロット番号 Position, UTC, date and current slot number of base station
5	静的情報および航海関連情報 Static and voyage related data	定期的な静的情報および公開関連情報の報告（クラスA船上機器） Scheduled static and voyage related vessel data report; (Class A shipborne mobile equipment)
6	宛先指定バイナリ メッセージ Binary addressed message	宛先指定通信のバイナリ データ Binary data for addressed communication
7	バイナリ メッセージの受信確認 Binary acknowledgement	宛先指定バイナリ データの受信確認 Acknowledgement of received addressed binary data
8	一斉送信バイナリ メッセージ Binary broadcast message	一斉送信のバイナリ データ Binary data for broadcast communication
9	捜索救助航空機の位置報告 Standard SAR aircraft position report	航空機局の位置報告（捜索救助活動時のみ） Position report for airborne stations involved in SAR operations, only
10	時刻／日付の問い合わせ UTC/date inquiry	UTC時刻と日付の要求 Request UTC and date
11	時刻／日付の返答 UTC/date response	可能であれば現在時刻（UTC）と日付 Current UTC and date if available
12	宛先指定の安全情報 Addressed safety related message	宛先指定通信の安全情報 Safety related data for addressed communication
13	安全情報の受信確認 Safety related acknowledgement	宛先指定安全情報の受信確認 Acknowledgement of received addressed safety related message
14	一斉送信安全情報 Safety related broadcast message	一斉送信の安全情報 Safety related data for broadcast communication

表4-3　AISのメッセージ一覧（つづき）

メッセージ ID Message ID	名称 Name	説明 Description
15	問い合わせ Interrogation	特定のメッセージタイプの送信要求（1または複数の局からの応答の可能性がある） Request for a specific message type (can result in multiple responses from one or several stations)
16	モード割り当てコマンド Assignment mode command	権限のある機関による特定の報告の割り当て（基地局が使用） Assignment of a specific report behaviour by competent authority using a Base station
17	DGNSSのための一斉送信バイナリ メッセージ DGNSS broadcast binary message	基地局から提供されるDGNSSの補正情報 DGNSS corrections provided by a base station
18	標準位置報告（クラスB機器） Standard Class B equipment position report	メッセージ1,2,3に代わるクラスB船上機器の標準的位置報告 Standard position report for Class B shipborne mobile equipment to be used instead of Messages 1, 2, 3
19	拡張位置報告（クラスB機器） Extended Class B equipment position report	現在使用されていない；クラスB船上機器の拡張位置報告；付加的な静的情報を含む No longer required; Extended position report for Class B shipborne mobile equipment; contains additional static information
20	データリンク管理メッセージ Data link management message	基地局のための予約スロット Reserve slots for Base station(s)
21	航行援助施設の報告 Aids-to-navigation report	航行援助施設に関する位置と状態の報告 Position and status report for aids-to-navigation
22	チャンネル管理 Channel management	基地局によるチャンネルと送受信機の管理 Management of channels and transceiver modes by a Base station
23	グループ割り当てコマンド Group assignment command	Assignment of a specific report behaviour by competent authority using a Base station to a specific group of mobiles
24	静的情報報告 Static data report	MMSIについての船名（パートA），静的情報（パートB）：クラスB機器で使用 Additional data assigned to an MMSI Part A: NamePart B: Static Data
25	単一スロットのバイナリ メッセージ Single slot binary message	不定期のショート バイナリ データ送信（一斉または宛先指定） Short unscheduled binary data transmission (Broadcast or addressed)
26	通信状態を含む複数スロットのバイナリ メッセージ Multiple slot binary message with Communications State	定期的なバイナリ データ送信（一斉または宛先指定） Scheduled binary data transmission (Broadcast or addressed)
27	長距離に適用する位置報告 Position report for long-range applications	基地局範囲外のクラスAとクラスB（SO）船上機器 Class A and Class B "SO" shipborne mobile equipment outside base station coverage

メッセージ，海岸局が送信するビーコンのメッセージ (4)，ショート メッセージ交換などがある．

これらのメッセージが実際に送信される際には，VDM（VHF Datalink Message）というシリアル センテンスとして送信され，受信したAIS機器ではIEC61162-2（いわゆるRS-422）等のシリアル インターフェイスにトーカーをAIとした!AIVDMというセンテンスのデータ部分として出力される (4. 10節)．（NMEA 0183，「船用電気・情報基礎論」10章，成山堂書店 等を参照）

クラスAのAIS船上機器を装備した船舶局から通常送信されるメッセージは，動的情報を含むメッセージID = 1または2または3と，静的情報および航海関連情報を含むメッセージID = 5である．これらは4. 2. 1項で説明した間隔で自動的に繰り返し送信される．

以下，クラスA船上機器からの動的情報および静的情報と航海関連情報について説明する．これらは，ITU-R M.1371で規定されている．

4. 2. 3. 1　動的情報（メッセージID = 1，2，3）

船舶に装備されたAISから送信されるメッセージのうち，最も多数を占めるのは動的情報であり，クラスA船上機器ではメッセージID = 1または2または3である．メッセージID = 1，2，3は，フォーマットは全く同じだが通信方式が異なる．表4-4にメッセージID = 1，2，3のデータ項目とその項目のためのビット長，およびデータ内容の説明を示す．AISメッセージでは，1つのメッセージのうちでも各データ項目のビット長は異なっており，データを表現するために必要最小限の長さとして効率化を図っている．

表4-4　メッセージID=1，2，3のデータ内容

データ項目 Parameter	ビット長 No of Bits	説明 Description
メッセージID Message ID	6	メッセージID（1，2または3） Identifier for this Message 1, 2 or 3
リピートインジケーター Repeat indicator	2	レピータによる中継回数（0～3；0=デフォルト，3=それ以上中継しない） Used by the repeater to indicate how many times a message has been repeated. 0-3; 0=default; 3=do not repeat any more
ユーザーID User ID	30	MMSI等による送信者識別 Unique identifier such as MMSI number

表4-4　メッセージID＝1，2，3のデータ内容（つづき）

データ項目 Parameter	ビット長 No of Bits	説明 Description
航海状態 Navigational Status	4	0＝機走中 under way using engine, 1＝錨泊中 at anchor, 2＝運転不自由状態 not under command, 3＝操縦性能制限状態 restricted maneuverability, 4＝喫水制限船 constrained by her draught, 5＝係留中 moored, 6＝乗り上げ aground, 7＝漁労中 engaged in fishing, 8＝帆走中 under way sailing, 9＝予備 reserved for future amendment of navigational status for ships carrying DG, HS, or MP, or IMO hazard or pollutant category C, high speed craft（HSC），10＝予備 reserved for future amendment of navigational status for ships carrying dangerous goods（DG），harmful substances（HS）or marine pollutants（MP），or IMO hazard or pollutant category A, wing in ground（WIG），11＝曳航中 powerdriven vessel towing astern（regional use），12＝押船 power-driven vessel pushing ahead or towing alongside（regional use），13＝予備 reserved for future use, 14＝AIS-SART（active），MOB-AIS, EPIRB-AIS, 15＝未定義（デフォルト）undefined＝default（also used by AIS-SART, MOB-AIS and EPIRB-AIS under test）
回頭角速度 Rate of Turn ROTAIS	8	0 to ＋126＝右回頭中（0〜708度／分，126は右708度／分以上）turning right at up to 708° per min or higher 0 to −126＝左回頭中（0〜708度／分，−126は左708度／分以上）turning left at up to 708° per min or higher 0〜708度未満の値はROTAIS＝4.733×SQRT※（回頭角速度測定値）で整数値に丸める．測定値（度／分）は外部センサーから入力する Values between 0 and 708° per min coded by ROTAIS＝4.733SQRT※（ROTsensor）degrees per min where ROTsensor is the Rate of Turn as input by an external Rate of Turn Indicator（TI）. ROTAIS is rounded to the nearest integer value. ＋127＝右回頭30秒で5度以上（回頭角速度計がない場合）turning right at more than 5° per 30 s（No TI available） −127＝左回頭30秒で5度以上（回頭角速度計がない場合）turning left at more than 5° per 30 s（No TI available） −128（16進80）はデータ利用不可を示す −128（16進80）indicates no turn information available（default）. ROTデータはCOG情報から計算したものを使用してはならない ROT data should not be derived from COG information. ※SQRT：平方根（Square Root）
対地速力 SOG	10	対地速力（1/10倍すればノット単位，0〜102.2ノット）Speed over ground in 1/10 knot steps（0-102.2 knots），1023＝利用不可 not available, 1022＝102.2ノット以上 102.2 knots or higher
位置精度 Position Accuracy	1	1＝高 high（≦10 m），0＝低 low（>10 m），0＝デフォルト default

表4-4 メッセージID＝1，2，3のデータ内容（つづき）

データ項目 Parameter	ビット長 No of Bits	説明 Description
経度 Longitude	28	経度（1/10,000倍すれば分単位）Longitude in 1/10,000 min（±180°，東経＝正（2の補数表示）East＝positive（as per 2's complement），西経＝負（2の補数表示）West＝negative（as per 2's complement）．181°（16進6791AC0）＝利用不可（デフォルト）not available＝default）
緯度 Latitude	27	緯度（1/10,000倍すれば分単位）Latitude in 1/10,000 min（±90°，北緯＝正（2の補数表示）North＝positive（as per 2's complement），南緯＝負（2の補数表示）South＝negative（as per 2's complement）．91°（16進3412140）＝利用不可（デフォルト）not available＝default）
真針路 COG	12	対地針路（1/10倍すれば度単位）Course over ground in 1/10＝（0-3 599）．3600（16進E10）＝利用不可（デフォルト）not available＝default. 3601-4095は使用しない 3601-4095 should not be used
船首方位 True Heading	9	度単位 Degrees（0-359）（511は利用不可を示す 511 indicates not available＝default）
タイムスタンプ Time stamp	6	電子的測位システムから得られるUTCの秒 UTC second when the report was generated by the electronic position system（EPFS）（0-59, or 60 if time stamp is not available, which should also be the default value, or 61 if positioning system is in manual input mode, or 62 if electronic position fixing system operates in estimated（dead reckoning）mode, or 63 if the positioning system is inoperative）
特殊操船状態 Special maneuver indicator	2	0＝利用不可（デフォルト）not available＝default 1＝特殊操船中でない not engaged in special maneuver 2＝特殊操船中である engaged in special maneuver（i.e. regional passing arrangement on Inland Waterway）
予備 Spare	3	予備（0をデータとする）Not used. Should be set to zero. Reserved for future use.
RAIMフラグ RAIM-flag	1	RAIMフラグ Receiver autonomous integrity monitoring（RAIM）flag of electronic position fixing device; 0＝非使用（デフォルト）RAIM not in use＝default; 1＝使用中 RAIM in use.
通信状態 Communication state	19	メッセージID＝1または2のとき，SOTDMAの通信状態，メッセージID＝3のときITDMAの通信状態 Message ID（1）：SOTDMA Communication state, Message ID（2）：SOTDMA Communication state, Message ID（3）：ITDMA Communication state
総ビット長 Number of bits	168	

メッセージ ID = 1 はクラス A 船上機器により通常の送信間隔で定期的に送信される船舶の動的情報を含んでおり，実際に送信される全メッセージのうち圧倒的多数をしめる．メッセージ ID = 2, 3 は，状況により通常の送信間隔とは違うタイミングで送信する必要がある場合に用いられるが，データの内容と形式は ID = 1 とまったく同じである．

このような動的情報のデータを送信するために，その船に装備されている GPS 等の測位装置（緯度，経度，真針路，対地速力），ジャイロ コンパス等の方位装置（船首方位）などからの信号が AIS 機器へ入力されている必要があり，機器内部では自船データは送信間隔より短い間隔（通常 1 秒ごと）で自動的に更新されている．実際に無線で送信するのは表 4-2 のとおり，状態により 2 秒～3 分ごととなる．

このメッセージ ID = 1, 2, 3 に含まれる航海状態（Navigational Status）のデータは，AIS 機器の表示部に付属しているキーパッドにより一々入力して設定する必要がある．入港停泊（係留中）から出港したときは，“機走中”などに，投錨したときには“錨泊中”に，というように航海状態が変化したとき，すぐに忘れず手動で設定しなければならない．

データ内容のうち，緯度，経度はそれぞれ 0.0001 分単位で表現されるので，現状の船舶運航（ECDIS 等のナビゲーション システムでの利用）においては十分である．真針路（COG）は 0.1 度単位，対地速力（SOG）は 0.1 ノット単位で表現され，これらも現状では十分なフォーマットと言える．船首方位については 1 度単位の表現であり，大型船の離着桟時などには精度（桁）が不足となる場合もあろう．以上の議論はいずれもフォーマットにおけるデータ表現の問題であり，実際に送信されるデータは，それぞれの船舶に装備されている機器で計測されたものであるため，データの精度や信頼性は，送信側の各 AIS 船舶が使用している航海計器に依存する．

4. 2. 3. 2　静的情報および航海関連情報（メッセージ ID = 5）

メッセージ ID = 5 は，クラス A 船上機器から送信される船舶の静的情報および航海関連情報に用いられるフォーマットである．

静的情報は，船名，信号符字（コールサイン），IMO 番号，船体の大きさ（全長，全幅）などであり，このデータ内容は，その船に AIS 機器を設置する際，最初に一度だけ設定すれば，その後は通常，変わることがなく常に同じ内容を送信する．そのため，機器の障害等で送信内容が間違ったものとなっていないか必要に応じて確認すればよく，一々設定する必要はない．

一方，航海関連情報である目的地，到着予定日時は航海を開始する前にその都度，次の目的地（仕向港）とその到着予定日時を，AIS機器のキーパッドで手入力する必要がある．なお，到着予定日時は協定世界時（UTC）で入力することとなっている．また，最大喫水は航行中でも状態が変わることもあるので，貨物の積載状態やバラスト調整，燃料の消費など，喫水が変化したと思われるときにはその都度，キーパッドで入力して正確な値を設定する必要がある．

航海関連情報のうち，目的地については，国と仕向港を符号で表したものを入力するよう推奨されている（詳細は4.5.1項参照）．国名は2文字コードでありISOの規格に従っている．続く3文字で仕向港を表す都市などの3文字コードである．日本国内では目的地の入力方法と港名一覧の表を掲載した冊子を海上保安庁が配布しているので，これを参照して航海の都度入力することが必要である．例えば，日本の阪神港神戸区向けの場合，

>JP UKB

のように目的地を入力する．なお，特定港については仕向港の3文字コードに，さらに続けて港則法施行規則に決められているバース信号に相当する港内での行き先を数文字で表したものも入力する．外国の港については，その国の管海官庁等から港名と3文字コード一覧の情報を入手しておく必要がある．具体的なデータ入力方法等については，4.5節で説明する．

表4-5にメッセージID = 5のデータ項目とその項目のためのビット長，およびデータ内容の説明を示す．

メッセージID = 5中の船種および貨物の種類については2桁の数字で表すことと決められており，ITU-R M.1371-5では表4-6に示すとおりである．同じ船では船種は通常変わることはないが，貨物の種類は航海によっては変わる可能性もあるので，必要に応じてキーパッドで入力する必要がある．具体的にAIS機器ではメニュー等から入力するが，この2桁の数字を直接入力するのではなく，それぞれ英語で表示された項目から選択する方法で入力する．

表4-6のように船種，貨物の種類の2桁の数字のうち1桁目の4，6，7，8，9は船種を，2桁目が貨物の種類（危険物等）を示す．30番台は漁船や曳航，浚渫などの特殊作業船を，50番台は表4-7に示すとおりパイロット ボート，タグ ボートや捜索救助船等を示す．

メッセージID = 5の静的情報には，その船舶の大きさ（全長，全幅）に関するデータ項目がある．これは，表4-8に示すとおり，4つの整数（A，B，C，D）で表す．実際には，AIS（メッセージID = 1など）で送信するその船舶

表4-5　メッセージID＝5のデータ内容

データ項目 Parameter	ビット長 No of Bits	説明 Description
メッセージID Message ID	6	メッセージID（5） Identifier for this Message 5
リピートインジケーター Repeat indicator	2	レピータによる中継回数（0～3；0＝デフォルト，3＝それ以上中継しない） Used by the repeater to indicate how many times a message has been repeated. 0-3; 0＝default; 3＝do not repeat any more
ユーザーID User ID	30	MMSI等による送信者識別 Unique identifier such as MMSI number
AISバージョン AIS version indicator	2	0＝ITU-R M1371-1に則った局 station compliant with Recommendation ITU-R M.1371-1 1＝ITU-R M1371-3（またはそれ以降）に則った局 station compliant with Recommendation ITU-R M.1371-3（or later） 2＝ITU-R M1371-5（またはそれ以降）に則った局 station compliant with Recommendation ITU-R M.1371-5（or later） 3＝将来の版に従う局 station compliant with future editions
IMO番号 IMO number	30	0＝利用不可＝デフォルト－捜索救助航空機には適用しない 0＝not available ＝ default-Not applicable to SAR aircraft 0000000001－0000999999 未使用　not used 0001000000－0009999999 ＝ 有効なIMO番号　valid IMO number; 0010000000－1073741823 ＝ 公式な旗国番号　official flag state number
信号符字 Call sign	42	7文字×6ビットアスキー文字列，@@@@@@@＝利用不可＝デフォルト 7×6bit ASCII characters, @@@@@@@＝not available＝default. Craft associated with a parent vessel, should use "A" followed by the last 6 digits of the MMSI of the parent vessel. Examples of these craft include towed vessels, rescue boats, tenders, lifeboats and liferafts.
船名 Name	120	最大20文字の6ビットアスキー文字列， "@@@@@@@@@@@@@@@@@@@@"＝利用不可＝デフォルト Maximum 20 characters 6bit ASCII, "@@@@@@@@@@@@@@@@@@@@" ＝ not available ＝default. The Name should be as shown on the station radio license. For SAR aircraft, it should be set to "SAR AIRCRAFT NNNNNNN" where NNNNNNN equals the aircraft registration number.

表 4-5　メッセージ ID＝5 のデータ内容（つづき）

データ項目 Parameter	ビット長 No of Bits	説明 Description
船種および貨物の種類 Type of ship and cargo type	8	0＝利用不可＝デフォルト　not available or no ship＝default 1－99＝船種および貨物の種類（別表のとおり） type of ship and cargo type, 100－199＝地域のための予備　reserved, for regional use, 200－255＝将来のための予備　reserved, for future use, 捜索救助航空機には適用しない　Not applicable to SAR aircraft
全長全幅 / 参照位置 Overall dimension/ reference for position	30	AIS が送信する位置情報の参照位置，船体の全長，全幅［m］も示す. Reference point for reported position. Also indicates the dimension of ship（m）. For SAR aircraft, the use of this field may be decided by the responsible administration. If used it should indicate the maximum dimensions of the craft. As default should A＝B＝C＝D be set to "0"
測位機器の種類 Type of Electronic Position Fixing Device	4	0＝未定義（デフォルト）　undefined（default）, 1＝GPS, 2＝GLONASS, 3＝combined GPS / GLONASS, 4＝Loran－C, 5＝Chayka, 6＝integrated navigation system, 7＝surveyed, 8＝Galileo, 9－14＝未使用 not used, 15＝内部 GNSS internal GNSS
到着予定日時 ETA	20	到着予定日時　Estimated time of arrival; MMDDHHMM UTC Bits 19－16: month; 1－12; 0＝not available＝default Bits 15－11: day; 1－31; 0＝not available＝default Bits 10－6: hour; 0－23; 24＝not available＝default Bits 5－0: minute; 0－59; 60＝not available＝default For SAR aircraft, the use of this field may be decided by the responsible administration
最大喫水 Maximum Present Static Draught	8	最大喫水（m 単位の 10 倍で示す）　In 1/10 m, 255＝喫水 25.5m 以上　draught 25.5 m or greater, 0＝利用不可＝デフォルト　not available＝default; in accordance with IMO Resolution A.851 Not applicable to SAR aircraft, should be set to 0
目的地 Destination	120	最大 20 文字の 6 ビットアスキー文字列, "@@@@@@@@@@@@@@@@@@@@"＝利用不可＝デフォルト Maximum 20 characters using 6－bit ASCII; "@@@@@@@@@@@@@@@@@@@@"＝not available. For SAR aircraft, the use of this field may be decided by the responsible administration.
データターミナルレディ DTE	1	データターミナルレディ　（0＝利用可，1＝利用不可＝デフォルト） Data terminal equipment（DTE）ready（0＝available, 1＝not available＝default）
予備 Spare	1	予備 Spare. Not used. Should be set to zero. Reserved for future use.
総ビット長 Number of bits	424	2 スロットを占有する Occupies 2 slots.

表4-6　メッセージID＝5中の船種および貨物の種類

船種および貨物の種類 Type of ship and cargo type	
1文字目 First digit	2文字目 Second digit
1 － 予備 Reserved for future use 2 － 飛行艇等 WIG 4 － 高速船 HSC 6 － 旅客船 Passenger ships 7 － 貨物船 Cargo ships 8 － タンカー Tanker(s) 9 － その他 Other types of ship	0 － All ships of this type 1 － 危険物または汚染物質運搬中（IMOカテゴリーX） Carrying DG, HS, or MP, IMO hazard or pollutant category X 2 － 危険物または汚染物質運搬中（IMOカテゴリーY） Carrying DG, HS, or MP, IMO hazard or pollutant category Y 3 － 危険物または汚染物質運搬中（IMOカテゴリーZ） Carrying DG, HS, or MP, IMO hazard or pollutant category Z 4 － 危険物または汚染物質運搬中（IMOカテゴリーOS） Carrying DG, HS, or MP, IMO hazard or pollutant category OS 5～8 － 予備　Reserved for future use 9 － 情報なし　No additional information
1文字目 First digit	2文字目 Second digit
3 － 船舶	0 － 漁船　Fishing 1 － 曳航船　Towing 2 － 曳航船（長さ200m以上または幅25m以上） Towing and length of the tow exceeds 200 m or breadth exceeds 25m 3 － 浚渫作業中　Engaged in dredging or underwater operations 4 － 潜水作業中　Engaged in diving operations 5 － 軍事作戦中　Engaged in military operations 6 － 帆走　Sailing 7 － プレジャー　Pleasure craft 8 － 予備　Reserved for future use 9 － 予備　Reserved for future use

の位置データを計測している機器（一般的にはGPS）の参照位置（GPSの場合は受信アンテナの位置）を示している．これはGPS等による測位精度が極めて高くなり，比較的小型の船舶であってもGPS受信アンテナの位置が船首付近か船体中央付近か船尾付近か等によりその地点の緯度経度の値は異なって計測されることになる．受信したAISデータを用いて大縮尺の電子海図画面上にプロットする際など，その位置データが船体のどの位置で計測（受信）したものかが分からないと正確に位置をプロットできない．この4つのデータは，Aが船首から参照位置，Bが参照位置から船尾までの距離を示しており，

表 4-7　メッセージ ID = 5 中の船種のうち 50 番台の意味

番号 Identifier No.	特殊船艇 Special craft
50	パイロットボート　Pilot vessel
51	捜索救助　Search and rescue vessels
52	タグ　Tugs
53	補給　Port tenders
54	汚染防除機能を備えた船舶　Vessels with anti-pollution facilities or equipment
55	公安　Law enforcement vessels
56	予備　Spare - for assignments to local vessels
57	予備　Spare - for assignments to local vessels
58	医療運搬　Medical transports (as defined in the 1949 Geneva Conventions and Additional Protocols)
59	紛争地への部隊ではない船舶および航空機　Ships and aircraft of States not parties to an armed conflict

表 4-8　メッセージ ID = 5 中の全長全幅 / 参照位置

全長全幅 / 参照位置 Overall dimension / reference for position			
	ビット長 Number of bits	ビット フィールド Bit fields	距離 Distance (m)
A	9	Bit21-Bit29	0-511; 511 = 511m or greater
B	9	Bit12-Bit20	0-511; 511 = 511m or greater
C	6	Bit6-Bit11	0-63; 63 = 63m or greater
D	6	Bit0-Bit5	0-63; 63 = 63m or greater

A + B が全長となる．また，C が左舷から参照位置，D が参照位置から右舷までの距離を示しており，C + D が全幅となる．これら A，B，C，D の値と船首方位データから計算することで地図上にターゲットの位置をプロットすれば，拡大しても正しく表示することができる．

《問題》　AIS 船上機器が送信するメッセージのうち ID = 1，ID = 5 の項目を挙げよ．

4.3　AIS の機器構成

AIS の機器構成としては，図 4-3 に示すように船橋内に設置する送受信機（トランスポンダー）を内蔵したコントローラーや表示器（一体）とマスト等の屋外に設置するアンテナ部の 2 つの部分からなり，それらは高周波を給電するための同軸ケーブルで接続する．現在，AIS 船上機器では，屋外に設置するアンテナ類と送受信機が一体となっているものもあり，その場合は屋外機器とコントローラーの間を信号線のみで接続し，同軸ケーブルの配線は必要ない．AIS 船上機器は，多くの船橋機器（GPS，ジャイロコンパス，レーダー，ECDIS 等）と接続する必要があり接続箱が用いられる．アンテナ一体型 AIS 送受信機（トランスポンダー）とコントローラー（表示器，操作部を含む）の外観を図 4-3 に，機器構成の例を図 4-4 に示す．

AIS のアンテナは，デジタル無線通信を行うための送受信アンテナ（150 MHz 帯用ホイップ アンテナ）と AIS 機器内蔵 GPS のための GPS 受信アンテナが一体となっている．なお，内蔵の GPS は時刻信号を得るために使用され，船位データとして送信するための緯度，経度は外部の GPS 受信機等から信号を入力することとなっている．AIS は 150 MHz（VHF）帯の電波を使用するため，マイクロ波を用いているレーダーなどにくらべて低い周波数のため，アンテナの設置位置はそれほど高さにこだわる必要はない．とくに大型船では，マストの最上部に取り付ける必要はなく，適当な高さのところで十分，送受信できる．

小型船等では，なるべく高い位置に設置した方が遠くの船舶や VTS 局と送

(a)　コントローラー（船橋内設置）

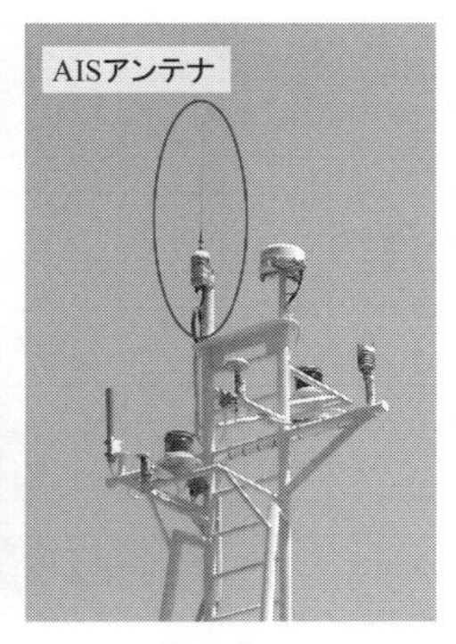

(b)　AIS アンテナと送受信機（屋外設置）

図 4-3　AIS アンテナとコントローラーの外観

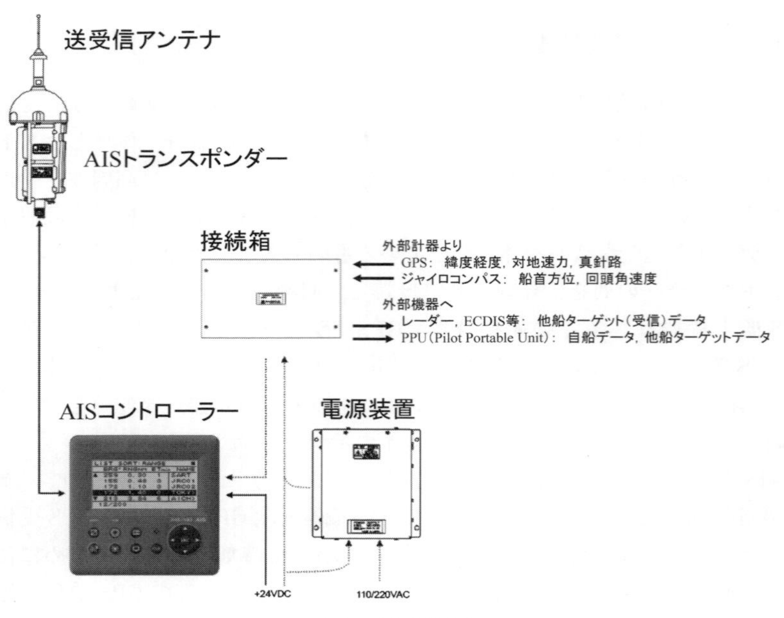

図 4-4　AIS 機器構成

受信できる．

図 4-5 にトランスポンダー内の構成要素を示す．同図では通常，義務船舶が搭載するクラス A 機器と，簡易型 AIS であるクラス B 機器の構成の比較も示

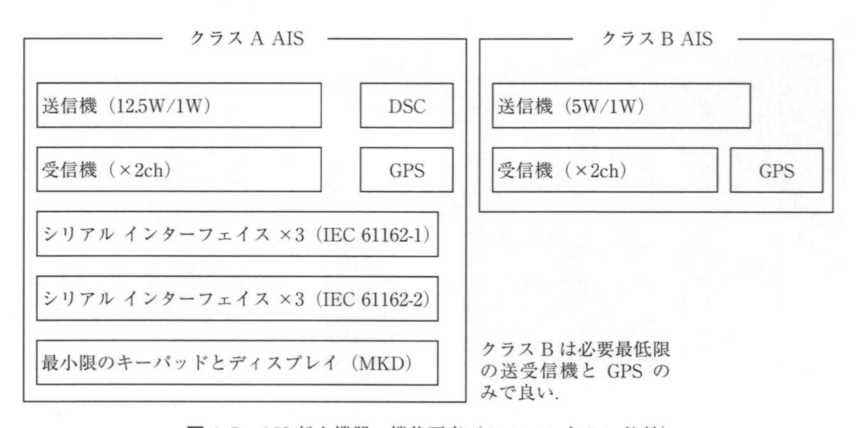

図 4-5　AIS 船上機器の機能要素（クラス A と B の比較）

す．クラス A と比べてクラス B では必要な機能要素が大幅に省略されている．

クラス A 船上機器では，

- 出力 12.5 W と 1 W で切換可能な送信機
- 同時に VHF 帯 2 波（AIS 1 チャネルと AIS 2 チャネル）を受信するための受信機 2 台
- 送信するための位置，真針路，対地速力（GPS など），船首方位（ジャイロコンパスなど）等の外部機器からのセンテンスを入力するためのシリアル インターフェイスと，AIS データをレーダーや ECDIS 等の外部機器に出力するためのシリアル インターフェイスを，規格の異なる 3 個ずつ計 6 個以上
- AIS 機器を操作するための最小限のキーパッドとディスプレイ
- ショート メッセージの送受信，海岸局からの周波数切換等制御信号を受信するための DSC（Digital Selective Call ＝デジタル選択呼出）
- 送信タイミングの時刻信号を得るための内蔵 GPS 受信機（自船位置を計測する目的ではない）

の機能が最低限必要である．

クラス B 船上機器では，周囲船舶への情報送信が主な目的ととらえられ，自船内でレーダーや ECDIS，ECS 等のナビゲーション システムで受信した AIS データを利用することはもともと想定されておらず，データを送受信するために最小限の AIS 送信機・受信機と位置，真針路，対地速力等のデータのための内蔵 GPS 受信機が必要最小限の構成要素と決められている（クラス B AIS の詳細は 4. 7 節参照）．

クラス A 船上機器について，機能構成をブロック図に表したものが図 4-6 である．図の左側の VHF 送受信アンテナと GPS 受信アンテナとの部分が一体型となっていて，マストなど屋外に設置する．インターフェイス，電源部や表示器（コントローラー）は船橋内に設置する．機器の設計によって，トランスポンダー部がアンテナと一体化されたものと，トランスポンダーが船内のコントローラー部に内蔵されているものがある．

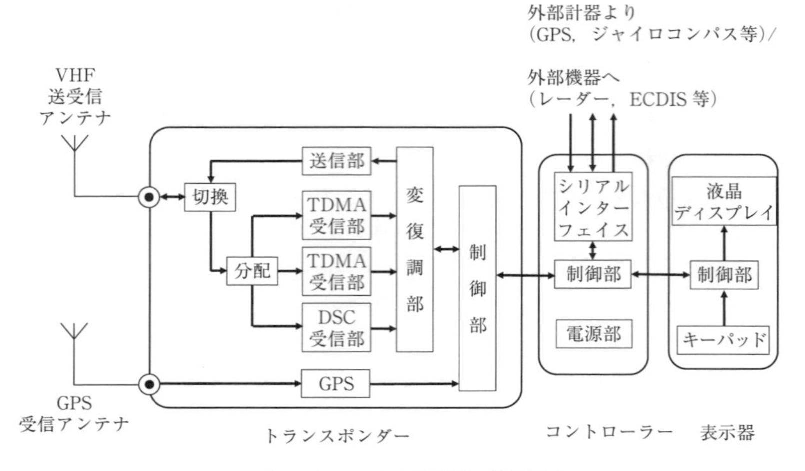

図 4-6　クラス A AIS 機器の機能構成

4. 4　AIS 他船情報の表示

4. 4. 1　AIS コントローラーによる表示

クラス A AIS 船上機器において，船橋に設置する AIS コントローラーには表示および操作に用いる MKD（Minimum Keypad and Display）が装備されている．字のごとく最小限のキーパッドとディスプレイ画面を備えればよいことになっているので，簡単な液晶ディスプレイといくつかのボタン（キー）がついているものが一般的である．図 4-7 に AIS コントローラーの例を示す．白黒液晶ディスプレイと数個のボタンで構成されている．図 4-8 に表示器の画面の例を示す．

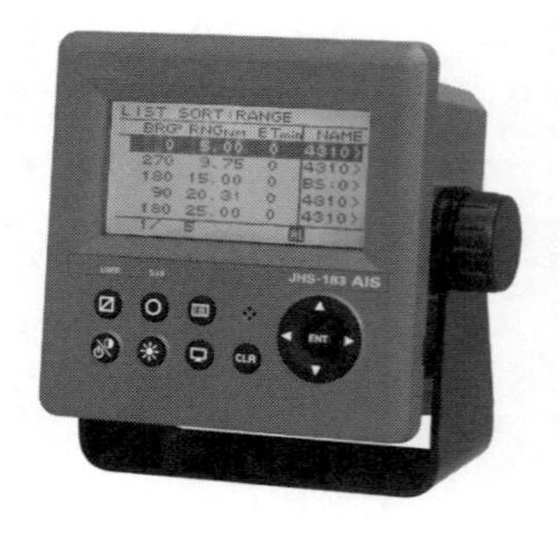

図 4-7　AIS コントローラー（操作・表示器）の例

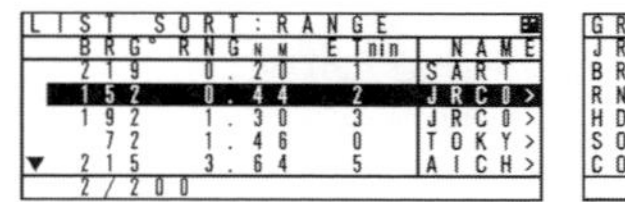

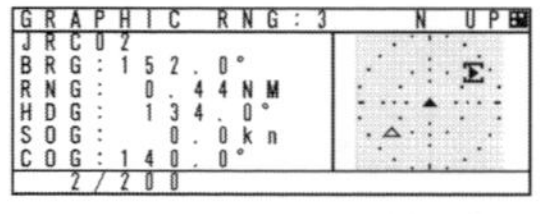

(a)　一覧表示　　　(b)　個々のターゲット データ表示

図 4-8　AIS 表示器での表示画面の例

ボタンを操作することで表示内容を切り替えることができる．一般的には，受信したAIS情報を文字情報で表示する画面と，自船を中心とした周囲360度のAIS船の位置を真方位（North Up）で示すレーダーのPPIスコープと同様の図形表示画面等を選択して表示可能である．このほか，メニュー画面を呼び出して，自船情報として設定するべき項目（目的地：Destination，到着予定日時：ETA，最大喫水：Draft等）を入力するようになっている．ただし，文字や数字の入力は，画面に表示される候補から十字キーなどで選択する方法（スクリーン キーボード）が一般的であり，実際にPCのようなキーボードが付いているわけではないので，データを入力する際には使いやすいとは言い難い．なお，表示内容，表示の切り替え方法，データの入力方法は，メーカーや機種ごとに異なるので取扱説明書により確認する必要がある．

4.4.2　レーダー，ECDIS等の機器による表示

このようなAISコントローラーの簡易なグラフィックス表示では，操船判断にAIS他船情報を利用することは困難と言える．そのため，近年の航海用レーダーにはAIS情報を入力してレーダー画面上に表示する機能を有するものが増えており，レーダー画面上でレーダー エコー，レーダーTT情報とともにAISターゲット情報も確認するという使用方法が一般的になっている．

2004年にIMOで採択された決議（RESOLUTION MSC.191(79)）により，AIS情報を表示装置に表示することが決定され，現在のいわゆるIMOレーダーと呼ばれるものはAISターゲットを図と数値データで表示する機能が義務づけられている．またECDIS（5章参照）への表示についても決められており，ECDIS搭載船ではその画面上でもAIS情報表示を利用することが可能である．

レーダー画面上では図4-9の例のように，通常のレーダー画面（レーダー エコーやTTターゲットの図形表示）に加えてAISターゲットの位置と真針路，対地速力ほかの状態を細長い二等辺三角形とベクトルで図形表示される．AISターゲットはTTと異なり，ターゲット捕捉（Acquire Target）の操作

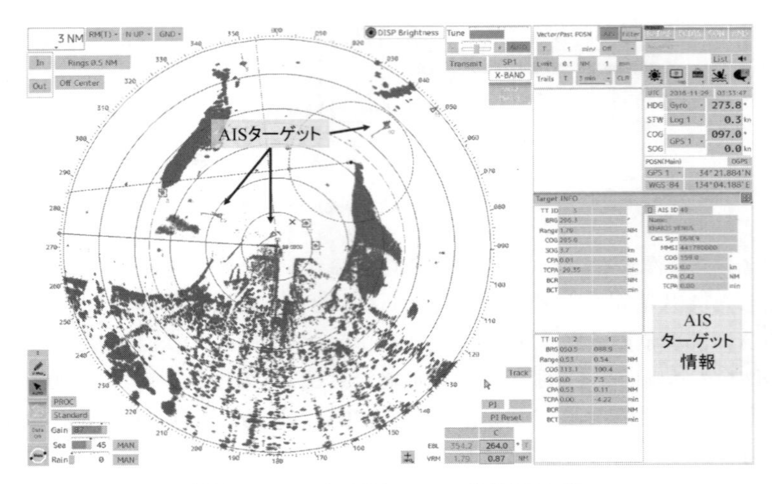

図4-9　レーダー画面へのAIS情報表示の例

は必要なく，AIS情報を受信していれば，自動的に画面上に表示される．

ただし，AISで受信しただけでは位置が三角形で表示されるのみで，移動ベクトル等を含む詳細な情報が自動的に表示されるわけではない．このような三角形で位置のみを示している状態を「非活性ターゲット（Non-Activated Target）」または「休眠ターゲット」という．AISの詳細な情報を表示するには「活性化（Activate）」する操作が必要である．レーダーでは一般的にカーソルをそのターゲットに合わせてレーダーTTの［ACQ］ボタン（ターゲット捕捉ボタン）を押すと活性ターゲット（Activated Target）になる．活性化の操作をすることで，位置を示す三角形の形状に加えて船首方位を示す線と真針路，対地速力を示すベクトルの表示が現れる．この活性化の操作は，各AISターゲットごとにそれぞれ行う必要がある．そのため，活性化しない限りそのAISターゲットが錨泊や停泊などでその位置に留まっているのか，航行中なのかは一目で見分けがつかないので注意が必要である．活性ターゲットを再び非活性ターゲットにするには，カーソルを合わせてレーダーTTの［TGT Cancel］ボタン（捕捉中止ボタン）を押す．

4.4.3　AISターゲット表示シンボル

AISターゲットの表示シンボル（図形）は図4-10のように，細長い二等辺三角形で示され，その重心点（図中Centroid）が位置を示している．三角形の向きはおおよその船首方位を示しているが，活性化すると三角形の頂点から

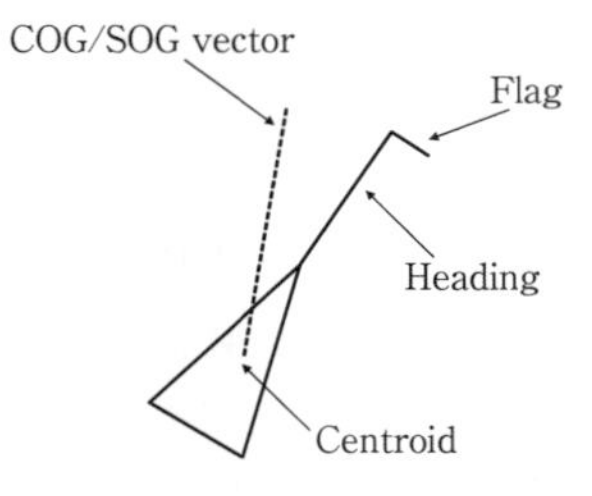

図 4-10　AIS ターゲットの図形表示

先に延びる直線（図中 Heading）がさらに表示され船首方位を示す．その先に鍵状の線が船首方位の線の先端から右または左に表示されることがある（図中 Flag）．AIS ターゲットが回頭中のとき，右回頭しているときは右側に，左回頭しているときは左側にこのような鍵状の短い線が表示される．鍵状の線がないターゲットは，回頭角速度（ROT）がほぼゼロで，直進していることを意味している．さらに，AIS ターゲット位置（三角形の重心点）から表示される点線がターゲット ベクトルであり，対地速力に比例した長さで真針路の向きが表示される（図中 COG/SOG vector）．レーダーや ECDIS で表示する場合，この長さは他の TT ターゲットのベクトルと同じ時間に相当する移動距離に比例しており，TT のベクトル長（分）の設定による．レンジにもよるが通常は 5 分，6 分，10 分程度に設定することが多い．

図 4-10 は，AIS ターゲットが活性化されているときの基本的な表示シンボルである．レーダーや ECDIS 画面上ではターゲットの状態により表 4-9 のようなシンボルで表示される．なお，活性状態にあるターゲットは，そのデータを数値や文字で表示することができ，その際にターゲットを識別するための番号がシンボルの近くに表示される．表 4-9 ではシンボルの右下に AIS12 と示されているのが AIS ターゲット番号の例である．

レーダー画面上では，TT で捕捉しているターゲットと同様に，AIS 活性ターゲットも表示されるので，そのベクトルにより操船判断に必要な情報を得ることができる．図 4-11 は，真方位表示（North Up）で相対ベクトル表示としたときのイメージである．TT の場合と同じように，各船のベクトルの向きと自船の位置関係から見合い関係を把握することができる．その判断基準はレーダーTT の場合と同様である．

なお，AIS ターゲットも真（True）ベクトルと相対（Relative）ベクトルの表示を切り替えることが可能であり，相対ベクトル表示の場合には，自船の針路速力により他船の相対的な針路速力は変化するので，状況により他船のシンボルにおける船首方位（三角形の向き）と相対ベクトル（針路を表す点線）は，向きが大きく異なることもある．

図 4-12 は，レーダー画面の情報表示領域に，AIS ターゲット データを表示している例である．活性ターゲットの上にカーソルを合わせて，［TGT Data］

等TTのターゲット データを表示するキーを押すとTTデータと同じ領域にAISデータも表示されるのが一般的である.

AISターゲット データはレーダーのTTデータと類似しており，CPAやTCPAなどの値も表示される他，レーダーTTにはない船名やコールサイン，MMSIなどの情報も表示される．図の例では，番号（ID）1のAISターゲットについて，数値や文字でAIS情報の概要を表示している．さらに詳細なAIS情報を表示することもでき，図4-13の例のように緯度，経度，航海状態，ETAや目的地なども表示される他，全長，全幅，IMO番号等，AISで送受信

表4-9　AISターゲットの表示シンボルと意味

シンボルおよびベクトル	定義	備考
	非活性ターゲット Non-Activated target	AIS受信データが有効なときに表示される．三角形の向きは船首方位または針路を示す.
AIS12	活性ターゲット Activated target	実線で船首方位を示し，点線で針路速力ベクトルを示す．船首方位を示す線の先に直角に鍵状の短い線が表示されているときは，その方向に回頭中であることを意味する.
AIS12	自動捕捉ゾーンで捕捉されたターゲット Target acquired in automatic acquisition zone	アラーム音が鳴り，赤でメッセージ（New Target）が点滅する.
AIS12	概形表示 Outline displayed target	ターゲット船舶の長さ幅を縮尺に合わせた大きさで概形を示す.
AIS12	情報表示ターゲット Numerice displaved	数値や文字情報をレーダー等の情報表示領域に表示しているとき，四角の形状でターゲットが囲まれる.
（赤色表示） AIS12	危険ターゲット Dangerous target	アラーム音が鳴り，赤でメッセージ（CPA/TCPA）が点滅する．シンボルも赤に変わり，強調表示になる.
（赤色表示） AIS12	ロストターゲット Lost target	アラーム音が鳴り，シンボルは赤に変わりその上に×印が表示される.

されるほとんどの情報が数値や文字でターゲットごとに確認できるようになっている．

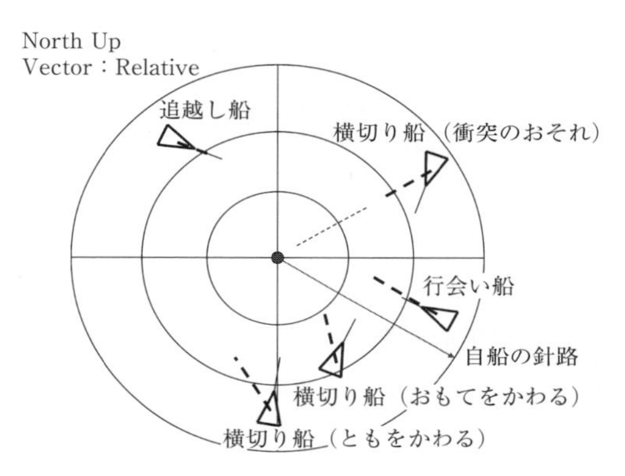

（実線は船首方位，点線は針路速力ベクトル）

図4-11　レーダー画面上へのAISターゲットの表示

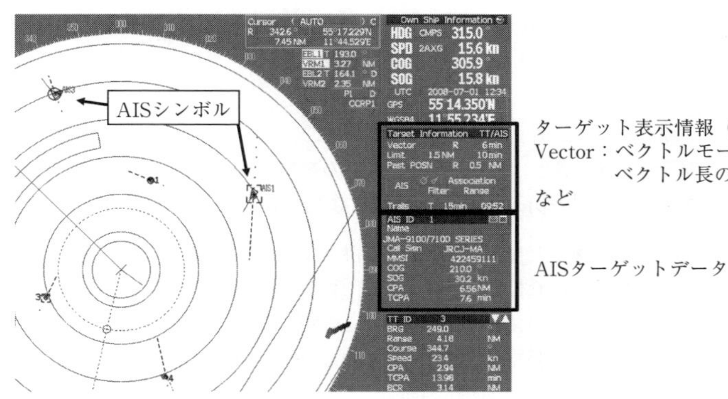

図4-12　レーダーによる数値，文字情報表示

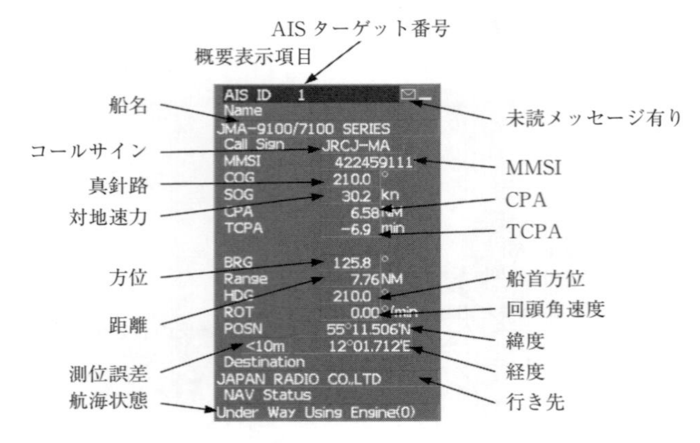

(a)　詳細なデータの表示（レーダーでの表示例）

AIS Information

Target ID	3	Latitude	35°11.466'N	
Ship's Name	FUKAEMARU	Longitude	139°15.971'E	
MMSI	431300065	Bearing	337.7	°
Status	Activated	Range	1.42	NM
NAV Status	0: UNDER WAY USING ENGINE	COG	042.0	°
Call Sign		SOG	3.4	kn
IMO No.	*********	Length	****	m
CPA	0.44 NM	Beam	***	m
TCPA	4.2 min	Draft	**.*	m
Position Sensor	0: NOT DEFINED	Heading	037.0	°
Position Accuracy	>10m	Rate of Turn	001.1	°/min
Ship's Type	0: NOT DEFINED	Destination		
		ETA	01-01 00:00	UTC

Close

(b)　静的航海情報を含むデータ表示（ECDIS での表示例）

図 4-13　レーダーによる AIS 情報表示例

【例題】　船舶自動識別装置（AIS）で得られる他船の動的情報は，レーダーまたは TT で得られる同様の情報に比べてどのような利点があるか．

AIS ではターゲットで計測した船位，針路，船首方位等の動的情報が送信されているため，正しく装備されていればレーダー，TT よりも正確な情報が得られる．

レーダーではマイクロ波を用いて物標を探知するので，物標までの見通し上に陸地などの障害物がないことが必要であるが，AIS ではターゲットとなる船舶に搭載の AIS トランスポンダーが送信した VHF 帯の電波を自船で受信して情報を得るため，途中に障害物があっても受信して情報が得られる場合がある．

4.5　AIS使用の実際

図4-14はクラスA船上機器のAISコントローラーの例である．

前節で説明したとおり，一般的にAIS受信データ（他船AISターゲット情報）は，レーダーやECDIS等の機器の画面で見ることが多く，他船のデータを見るためにAISコントローラーを操作することは通常はほとんど考えられない．一方，自船データのうち航海関連情報は，航海の前，また状態が変わったときに設定する必要がありAISコントローラーで操作する．

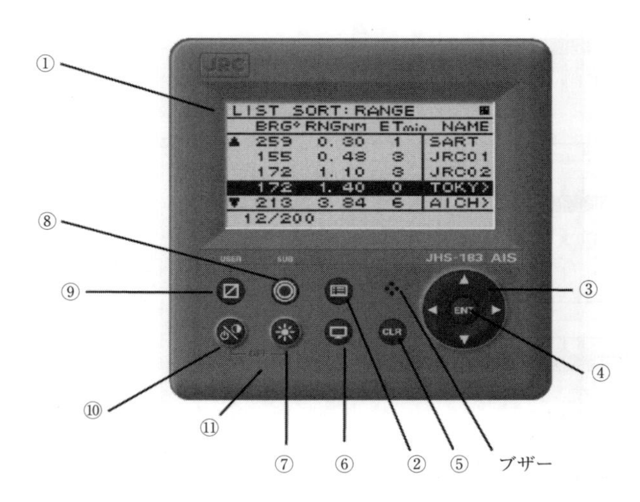

①液晶ディスプレイ
②メニュー（MENU）キー
③矢印（上下左右）キー
④入力（ENT）キー
⑤消去（CLR）キー
⑥表示切替（DISP）キー
⑦輝度調整（DIM）キー
⑧サブメニュー（SUB）キー
⑨ユーザー（USER）キー
⑩電源/コントラストキー
⑪電源/コントラストキー⑩＋輝度調整キー⑦同時押し：電源断

図4-14　AISコントローラーの例

4.5.1　航海関連情報の設定

航海を開始する際，目的地，到着予定時刻等をAISに入力する．錨泊，停泊，機走中等の航海状態が変われば変更する．また，貨物の種類や最大喫水が変わればその都度変更する．これらは自動では変更されないので，航海士が手作業で行う．

図4-15に航海関連情報の設定例を示す．入力方法は機種によって異なるが，図4-16の例では，文字パッドが表示され，十字キーで入力したい文字のとこ

ろへカーソルを移動して，［ENT］キーを押して決定する．

なお，具体的な設定方法，データ入力方法についてはメーカー，機種ごとに異なるので取扱説明書で確認すること．

1. 航海状態（Navigation status）

　航海状態は表4-10のとおり，15種類の中から選択する．なお，予備や未定義のところは，今後変更される可能性がある．

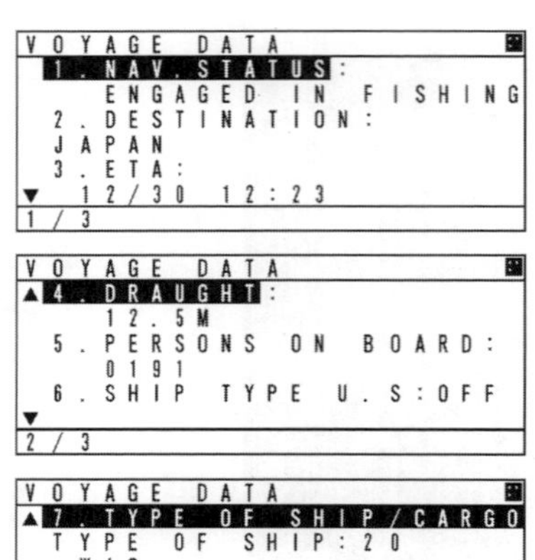

1. 航海状態
2. 目的地
   国内では「港則法施行規則」による
3. 到着予定日時
   UTCで入力すること
4. 喫水
   0.1m単位（最大25.4mまたは25.5m以上）
5. 乗船者数（現在，AISでは送信されない）
6. 船種を米国対応とするか
7. 船種／貨物の種類

図4-15　航海関連情報の設定例

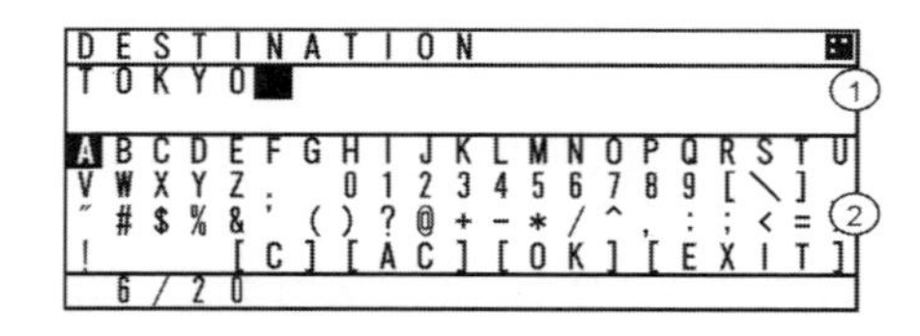

①テキスト設定ウインドウ

②文字パッドウインドウ

図4-16　設定テキストの入力画面の例

表 4-10　航海状態一覧

0 =　機走中　under way using engine
1 =　錨泊中　at anchor
2 =　運転不自由状態　not under command
3 =　操縦性能制限状態　restricted maneuverability
4 =　喫水制限船　constrained by her draught
5 =　係留中　moored
6 =　乗り上げ　aground
7 =　漁労中　engaged in fishing
8 =　帆走中　under way sailing
9 =　予備　reserved for future amendment of navigational status for ships carrying DG, HS, or MP, or IMO hazard or pollutant category C, high speed craft (HSC)
10 =　予備　reserved for future amendment of navigational status for ships carrying dangerous goods (DG), harmful substances (HS) or marine pollutants (MP), or IMO hazard or pollutant category A, wing in ground (WIG);
11 =　曳航中　power-driven vessel towing astern (regional use)
12 =　押船　power-driven vessel pushing ahead or towing alongside (regional use);
13 =　予備　reserved for future use
14 =　AIS-SART (active), MOB-AIS, EPIRB-AIS
15 =　未定義（デフォルト）　undefined = default (also used by AIS-SART, MOB-AIS and EPIRB-AIS under test)

2. 目的地（Destination）

目的地の入力方法について，国際的には「国連 LO コード」を使用するつぎのような指針が2004年に採択されている．国連 LO コードとは，国連が定めた地域を示すコードで，英字2文字で国を英字3文字で都市を表す．

SN/Circ.244 15 December 2004

ANNEX

GUIDANCE ON THE USE OF THE UN/LOCODE
IN THE DESTINATION FIELD IN AIS MESSAGES

AIS の目的地欄における国連 LO コードの使用に関する指針

1　船舶自動識別装置（AIS）は予め定義されたメッセージを他船や海岸局に対して送信する機能を有した船舶識別および追跡のために使用されているシステムで

ある．メッセージの1つには目的地を示すテキスト情報が含まれる．

2　船員は航海の開始にあたりその目的地をAISに入力し，当該情報を最新のものに維持するものとする．AISに目的地を入力する際に，同じ場所であるにもかかわらず異なる名称を使っているケースが見受けられる．このような状況は，AIS情報交換において混乱と非効率を招く．そのため，利用可能な全世界に共通の表記方式を採用することで，入港情報の入力を統一する必要がある．

3　AISの行き先項目は，最大20文字の自由形式のテキストが入力可能である．その結果，同じ港についていくつもの綴りが存在し，他船や港湾当局が港を一意に識別することが困難になる．また，面倒な手作業なしにそのデータを情報システムで用いることは困難または不可能である．

4　現状のAIS目的地欄へは，国連LOコードを用いて「発航港」と「目的港」の両方のデータを入力することが推奨される．（6ビットアスキーコード符号化による20文字分の入力欄）

国連LOコード

5　「港と他の場所のコード」と題した国連欧州経済委員会勧告16は，特に：

特定の場所の特定は，国際貿易や輸送における情報交換において，例えば，住所，荷印や積み下ろしの港または場所，積み替えの港または場所，目的地を特定するデータ要素など，物品の移動を指示するために頻繁に必要とされる．そのような場所の名前はさまざまな形で綴られており，ときには，同じ場所に異なる言語で異なる名前が付けられていることがある（例：LIVORNO－LIBOURNE-LEGHORNLONDON－LONDRES－LONDRA－WARSAW－VARSOVIE-WARSZAWA）．したがって，国際貿易に関わるあらゆる場所の一意で曖昧さのない方法での識別は，貿易手続や文書化を円滑に進める上で不可欠な要素である．これは，場所に対して合意された一意のコード指定を使用することで達成できる．より安全で経済的な方法でデータ交換を可能にするという利点がある．

詳細はwww.unece.org/cefact/locode/service/main.htmを参照．

推奨される国連LOコードの使用法

6　推奨されるフォーマットは，最初の6文字（国2文字，空白1文字，都市コード3文字）で発航港を，続いて分離記号（'>'），そのあと目的港を6文字（国2文字，空白1文字，都市コード3文字）で入力するものとする．

7　LOコードであることを認識できるようにするため，発航地と目的地を区切って表示するための分離記号として，'>'を使用する．例参照．

例）ドバイからロッテルダム向けの船舶は，次のように国連LOコードを用いてその航海を表す．

"AE DXB>NL RTM"

（AEはアラブ首長国連邦，DXBはドバイ港，NLはオランダ，RTMはロッテルダム港を示す）

8　目的地の港名が不明の場合には，目的地欄の目的港に対応する部分に国連LOコードの代わりに"?? ???"を入力する．例参照．

"AE DXB>?? ???"

9　発航港が国連 LO コードを有しない場合には，目的地欄の発航港に対応する部分に，国連 LO コードの代わりに“XX XXX”を入力する．例参照．
　“XX XXX>US PBI”
　(US はアメリカ合衆国，PBI は West Palm Beach を示す)
10　目的港が国連 LO コードを有しない場合，“ = = = ”（3 つのイコールマーク）に続けて，一般的に用いられている英語名称で目的港を入力すべきである．一般的に用いられている英語名称が不明の場合には，地域で使われている名称を入力する．これらの場合には，発航地を表示するための十分な桁がないこともあり得る（目的地のみの表示になる）．例参照．
　“ = = = Orrviken”
11　目的地が一般的な地域として知られており，その名称または通用している略称が判明している場合のみ，“ = = = ”（3 つのイコールマーク）の後にその海域の名称または略称を入力することができる．例参照．
　“NL RMT> = = = US WC”
　(US WC は米国西海岸を表している)

国内では，2 文字の国名として“JP”に続けて 1 文字の空白，さらに 3 文字の目的地コードを入力するよう推奨されている．目的地コードについては海上保安庁から「AIS への入力コード表」という冊子が配布されており，インターネットでも入手可能なので，船橋の AIS 機器の付近に備え付け，これに従って AIS の目的地欄に正しく入力する必要がある．

3. 到着予定日時（ETA）
　到着予定の月日と時分を必ず UTC（協定世界時）で入力する．
4. 喫水（Draft）
　0.1 m 単位で最大喫水を入力する．値は 25.4 m までで，それ以上の場合は「25.5 m 以上」という値にする．
5. 乗船者数（Person onboard）
　現在の AIS では乗船者数データは送信されない．
6. 米国に適用される船種（Ship type U.S.）を選択するかどうか
7. 船種／貨物の種類（Type of ship / Cargo type）
　船種は通常変更しないが，貨物の種類，とくに危険物の区分が変わったときにはその都度入力する．

4. 5. 2　AIS 使用上の注意

AIS を運用しその情報を利用する上では，以下のような点に注意する必要がある．

- **正しく装備されていること**……ときどき確認する
  設定が正しくなされていること.（船舶データ等）
  各情報（信号）が正常に入力されていること.（機器類の接続）
  GPSの測地系，ジャイロコンパスの船首方位等々.
- **航海関連情報を正しく設定する**……毎航海を始める前
  ※航海関連情報設定項目：Draught（喫水），ETA（到着予定時刻），Destination（行き先），Cargo（貨物，種類と危険物の有無等）
- **航海状態を正しく設定する**……状態が変わるたび
  機走中（Underway using engine），停泊中（Moored），錨泊中（At anchor），運転不自由船（Not under command）など
- **常時送信すること**
  停泊中，錨泊中等を含め，常時AIS装置は動作状態にしておく.
  ※ただし，危険海域等では船長判断により送信を停止することができる（テロの標的になる可能性がある場合など）.
- **有効範囲を考慮する**……電波の到達距離
  一般的に周囲30マイル程度だが，その船舶の実装状況（とくにアンテナ高さ）など様々な状況により変化する.
- **混信によりデータが欠落する可能性を考慮する**
  有効範囲内でも周囲に船舶が多数ある場合など混信によりデータが通常どおりの間隔で受信できないことがある.
- **搭載義務のない船舶も多数あることを認識する**
  小型の内航船，漁船，プレジャーボートなどの小型船舶など，AISの義務がなく装備していない船もある.
  ※なお，小型船向けの簡易型AISも導入されつつある（クラスB）.
- **他船でのAIS使用状況を考慮する**
  船位，速力，針路等は，その船舶の計器の精度等に依存する．また，正しくデータ（航海状態，航海関連情報等）を入力していない可能性や，故意に停波している可能性もある等，使用状況を考慮する必要がある．また，他船で，自船のAIS情報を確認しているかどうかわからない．他船が重畳表示機能のあるレーダーやECDIS等を搭載しており，それらを利用しているとは限らない.

レーダーTTのように自船側から探知して物標（他船）の動静を計測，計算するのではなく，AISは相手（他船）側から送信してきたデータを受信して利

用するものである．そのため，針路，速力等そのターゲットの動的情報が相手船で正しく計測されているのか，航海関連情報等が正しく設定されているのか，また，途中の通信路で問題がないか，そもそも AIS を作動させデータを送信しているのか（意図的に停止していないか），また，小型漁船やプレジャーボートなど搭載義務のない小型船舶は機器を搭載しておらず AIS データは得られない，など多くの場合，自船側でデータの正しさを確認することができないという AIS のシステムをよく理解した上で使用することが重要である．

また，自船から送信するデータは，極力正しい状態であるよう，常に心がける必要がある．

《問題》 AIS のメッセージ ID = 1 に含まれる航海状態（Navigation Status）を列挙せよ．英語および日本語で記述すること．

【例題】 AIS のメッセージ ID = 5 に含まれる目的地（Destination）のデータの入力内容について説明せよ．

> 国名（2 文字）　空白（1 文字）　港名（3 文字）　港内の行き先信号・進路等（必要に応じて）

（例）

> JP MYJ
　JP：　日本
　MYJ：　松山港

> JP UKB E4
　JP：　日本
　UKB：　阪神港神戸区
　E4：　東部第 4 工区

>JP HKT E2/WM
　JP：　日本
　HKT：　博多港
　E2：　第 2 区
　WM：　途中，関門港を西向きに通過

>JP NGO OFF
　JP：　日本
　NGO：　名古屋港
　OFF：　入港前に港の境界付近で錨泊

> SG SIN
　SG：　シンガポール
　SIN：　シンガポール港

---

4. 5. 3　VTSにおける利用

AISは船舶間で情報を通信・交換し，操船判断にそのデータを利用するというのが基本であるが，VTS（Vessel Traffic Service）において，陸上（海岸局）でデータを受信して，輻輳海域などでの船舶の動静把握にも利用される．日本では，海上保安庁が運用している海上交通センター（Vessel Traffic Service Center，以前はマーチス：Martisと呼んでいた）において，かつての目視とレーダーによる船舶交通の把握に加えて，AISによる情報も利用している．AISを利用することで，対象船舶の位置や針路，速力だけでなく，船名や行き先なども分かるので，通航の際，船舶からの位置通報を省略できる場合がある．さらに，AISのショート メッセージ機能を利用して「INFORMATION（情報)」・「WARNING（警告)」・「ADVICE（勧告)」・「INSTRUCTION（指示)」等の内容を送信したり，個別の問い合わせに対応するなどのサービスも行っている．

このほか，AISは沿岸の陸上でも受信することができるため，受信データを記録している機関もある．そのデータを用いれば，海難事故の際の船舶の動きなどについて記録を再生し検証することが可能となり，そのような利用もなされることがある．

《問題》 AIS船上機器が送信する情報のうち，Message1に含まれる航海状態の種類を列挙せよ．

《問題》 AIS船上機器が送信する情報のうち，航海の都度，設定する必要がある項目について説明せよ．

《問題》 AISの使用にあたって注意を要する事項を説明せよ．

4. 6　パイロット プラグ

図4-4の機器構成等にも示したとおり，AIS機器には送信するためのデータとして自船の船位（緯度，経度)，針路，速力，船首方位等の信号がGPS，ジャイロコンパスなどの他の機器から入力されている．そのデータを自船で利用すれば，簡易的なナビゲーション システムのデータとして利用することができる．AISコントローラーの背面や，接続箱から配線して船橋前面の壁面などに設置されている「パイロット プラグ（Pilot Plug)」というコネクタに信号線を接続することでこれらのデータが得られる．これはIEC 61162-2（RS-422）規格のシリアル インターフェイスで，データ内容はNMEA 0183準拠のシリ

アル センテンスで交換される．パソコン等とシリアル インターフェイスで接続することで利用可能である．図4-17にAISパイロット プラグの例を示す．

具体的なデータとしてはAISメッセージの内容（4.2.3項参照）のうち，自船に関するメッセージID = 1の動的情報とメッセージID = 5の静的情報がパイロット プラグに出力される．このうち，ID = 1の動的情報は，航行中に周囲に無線で送信する間隔は状況により2秒から10秒ごとであるが，自船の航行状態にかかわらずパイロット プラグへは自船データが1秒ごとに出力される．周囲の他船AISデータも受信すると同時にパイロット プラグにセンテンスが出力されるので，パイロット プラグからのデータのみで，ECS（Electronic Chart System，5章参照）において自船の位置，船首方位をプロットすることができ，同時に周囲のAIS船の位置，動静（針路，速力等をベクトルで示す）を表示できるので，簡易なナビゲーション システムを実現することができる．

AIS機器からはどこの船でもどこの地域でも共通の規格でデータが得られるため，AISを搭載している船舶では，水先人（パイロット）が船舶を嚮導す

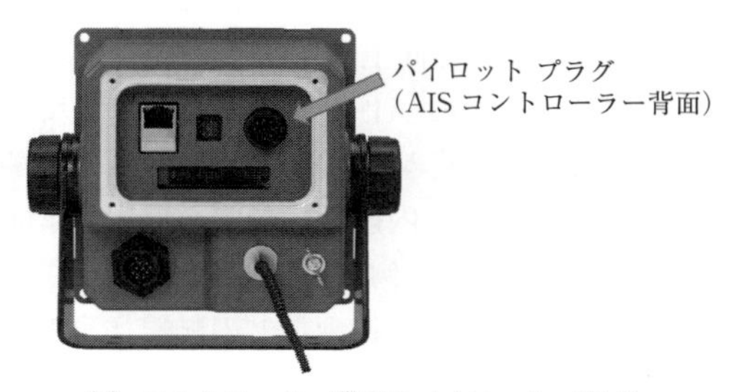

(a)　コントローラー背面のパイロット プラグ

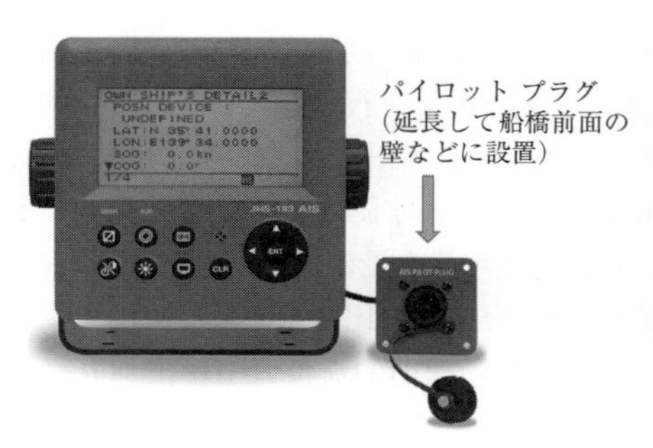

(b)　延長して壁面などに取り付ける場合　　(c)　壁面に取り付けた例

図4-17　AISパイロット プラグの例

る際に，持ち込んだPCをパイロット プラグに接続し，AIS機器から出力されるデータをパソコン上で実行するナビゲーション システムに利用することができる．もともとそのような目的でAISにはこのプラグが用意されているのでパイロット プラグと呼ばれる．また，水先人が持ち込んで使用するナビゲーション システムをPPU（Pilot Portable Unit）などと呼ぶ．

パナマ運河を通航する船舶には，パイロット プラグとPPU用PCの電源を船橋前部中央付近に設置することが求められているなど，ローカル ルールで義務化されている場合がある．

4.7　クラスB AIS（簡易型AIS）

搭載義務のある船舶ではクラスA船上機器を装備しなければならないが，搭載義務のない船舶でも，電波の送信にともなう無線局に関する適切な手続きを行えばクラスA AISを装備することは可能である．しかし，クラスA船上機器は高価である，船首方位や回頭角速度等の小型船舶では通常計測していないようなデータ項目も必要である，等の理由により装備は容易でない．そこで，搭載義務のない小型の漁船やモーターボート，ヨット等小型船舶へのAISの普及を促進し，輻輳海域での海上交通の安全性を向上させるというAISの目的を達成するため，簡易なAISとして「クラスB AIS」が提案され，すでに機器も市販されている．クラスAより安価で手続きの簡単なクラスB AIS船上機器を搭載する非AIS義務船も増加しており，内航貨物船で500総トン未満の場合などでも，任意でクラスB AISを搭載する例が増えている．

クラスA AISの機器操作には，必ず海上特殊無線技士などの無線従事者免許を，操作する者（乗組員）が受有している必要があるが，クラスB AISの機器の場合，その操作を行う者に無線従事者の免許は必要ない（電波法関係告示）．そのため，プレジャー ボートや小型船舶旅客船へのクラスB AISの普及が期待される．とくに500トン未満で国際航海を行わない旅客船は，国内の規則によりAISの装備義務がないが，クラスB AISの装備が強く望まれる．

なお，クラスB AIS機器を設置する場合，無線従事者免許は必要ないものの，無線局の開局手続きは必要で，無線局免許状を受けていなければならない．

クラスB AISについては4.3節でクラスAとの比較を簡単に説明したが，あくまでもSOLAS船が運用するクラスAの補助的な位置づけであり，送信出力（空中線電力）が低く設定されている上，CSTDMA方式のためクラスAの空いているタイミング（スロット）で送信することになる．表4-11に仕様の比較を示す．表ではクラスBの周波数が制限されているようにも見えるが，

表4-11　クラスAとクラスB AISの仕様の比較

	クラスA	クラスB（CSTDMA）
送信出力（空中線電力）	12.5 W / 1 W	2 W
周波数	156.125～162.025 MHz	161.500～162.025 MHz または 156.125～162.025 MHz
チャンネル間隔	25 kHz	25 kHz
変調方式	GMSK	GMSK
通信速度	9,600 bps	9,600 bps
DSC（デジタル選択呼出）	要	任意

161.500 MHz～162.025 MHzはクラスA，Bともに共通の周波数であり，この範囲にAISの国際チャネルであるAIS 1およびAIS 2が含まれている．さらに変調方式，通信ボーレート等，物理層（電気的特性等）の仕様や符号化法等の通信方式はまったく同等である．このため，クラスAおよびクラスBのAISは相互にデータ交換（通信）が可能である．ただし，送信出力はクラスAより低いので到達距離は短くなる．

また，クラスB船上機器では，周囲船舶への情報送信が主な目的ととらえられており，データを送受信するために必要最小限のAIS送信機，受信機と位置，真針路，対地速力等のデータのための内蔵GPS受信機が必要な構成と決められている．必須の構成要素について，クラスAとクラスBの比較は4.3節中の図4-5に示した．

クラスBでは，受信したAISデータを自船内でレーダーやECDIS，ECS等のナビゲーション システムで利用することは想定されておらず，外部との間でデータの入出力を行うためのインターフェイスを装備しなくてもよいことになっている．しかし，クラスB機器においても，任意で外部機器とのデータ入出力が可能なシリアル インターフェイスを備えた機種も市販されている．その場合，クラスAのAISデータもすべて受信できることから，そのデータをプロッタやECS等のナビゲーション システムで利用することができる．

クラスB AISにはCSTDMA方式とクラスAで主に使用されるSOTDMA方式とがあるが，一般にCSTDMA方式のものが市販されている．これは，SOTDMA方式が特許で保護されており，機器の価格が高価になることを避けて，簡易なAISとして低価格で普及を図ることが目的の1つである．この違いを簡単に言えば，SOTDMA方式では，自船が送信するタイミング（スロット予約）は時間信号をもとにするが，CSTDMA方式は，キャリア センス方

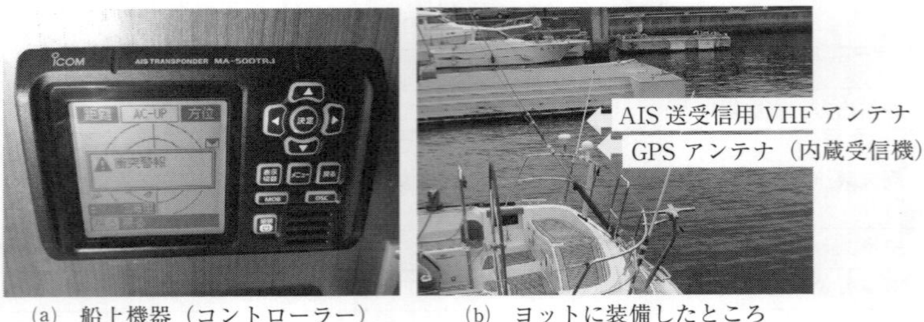

(a)　船上機器（コントローラー）　(b)　ヨットに装備したところ

図4-18　クラスB AIS船上機器の例

式で通信路が空いているかどうかを受信して送信のタイミングを決める．

このほか，クラスB AISがクラスAと大きく異なる点は，データの送信間隔であり，クラスAでは表4-2のとおり，航行中かまた速力および変針中か否か等により動的情報の送信間隔が自動的に変わるが，クラスBでは，どのような航海状態であっても，対地速力2ノット以下の場合は3分ごと，2ノットを超える場合は30秒ごとと決められている．

クラスBのメッセージは，ID = 18（動的情報）とID = 24（静的情報）が送信される．クラスAと比較すると動的情報には航海状態（Navigational Status）と回頭角速度（Rate of Turn）の項目がなく，船首方位のデータは必須ではない（常に511 = 利用不可を送信するのでもよい）．静的情報については，船名（Ship name），船種と貨物の種類（Type of Ship and Cargo Type），信号符字（Call Sign），全長全幅 / 参照位置（Dimensions of Ship / Reference for Position）が送信される．クラスAのメッセージID = 5にあるIMO番号（IMO number）や最大喫水（Maximum Draught）はID = 24にはない．また，行き先（Destination）や到着予定日時（ETA）の航海関連情報もない．

現状，国内ではクラスB AISの装備は完全に任意であるため，今後，どれだけ普及するかという問題がある．今やAIS情報は操船判断上，重要であるので，搭載義務がなくてもできるだけ多くの船舶が装備し運用することが望まれ，クラスB AISの普及が期待される．図4-18はクラスB AIS船上機器をヨットに装備した様子である．

【例題】　クラスB AISの概要を説明せよ．

・クラスAに比べて機器が安価で，搭載義務のない船舶が装備しやすい．
・最低限の構成は，送受信機と内蔵GPS受信機のみである．

・動的情報のデータ送信間隔は，状況にかかわらず，対地速力2ノット以下の場合3分ごと，対地速力2ノットを超える場合30秒ごとである．
・動的情報では航海状態と回頭角速度のデータ項目はなく，船首方位データは必須ではない．
・静的情報では，IMO番号のデータ項目がない．
・航海関連情報（行き先，到着予定日時，最大喫水）のデータ項目がない．
・送信出力が低いので，到達距離は短い．

4.8　その他のAIS関連システム

AISは一言で言えば位置を示すためのシステムである．通常，船舶に装備したAISはその船舶の位置を周囲に送信する．このAISの枠組み（周波数，通信方式等）で位置を示す機能を船舶以外で利用するものとして「AISブイ」や「AIS-SART」等が実現されている．

4.8.1　AIS AtoN（AIS仮想ブイ等）

AtoNとはAids to Navigationのことで，光波標識，電波標識等の航路標識を示す．AIS AtoNは，AISのシステムを利用して航路標識に相当する位置等を示す電波を送信する仕組みである．図4-19にそのイメージを示す．

ブイ（灯浮標）は，水路に設置して水域において位置を示すためのものである．たとえば，航路の入口，出口等の端や中央の位置を示すために設置されている．それらのブイは実際にその場所に敷設されていて，レーダーで電波が反

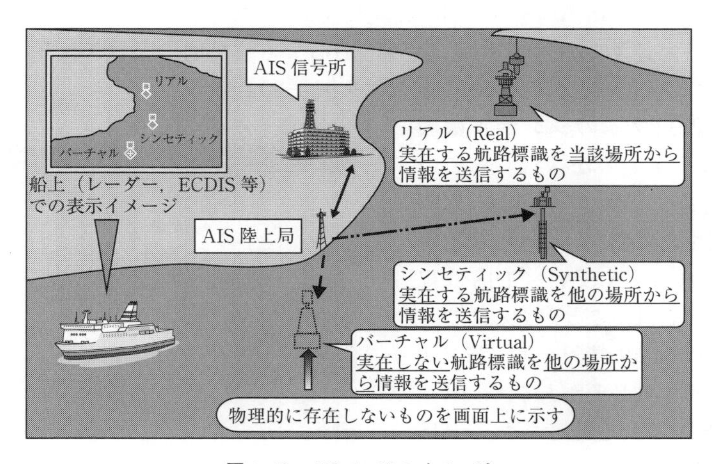

図4-19　AIS AtoNのイメージ

射されればエコー像でその位置を確認することができる．重要な地点には実際のブイを設置する必要があるが，その補助的な役割として「AIS仮想ブイ」の実験運用が我が国では2013年頃から始まり，2015年には正式に運用が開始された．これは「バーチャルAIS航路標識」とも呼ばれ，AISを利用して仮想的にその位置にあるかのようにレーダー画面上やECDISチャート画面上で確認できるというものである．あくまで仮想であり，実際にその場所には何もないのでAIS情報を確認する手段を有する船舶しかその位置を認識することができない．このAISブイは，位置情報を送信するAISの機能を利用するもので，送信する位置のデータを，AISブイを置きたい緯度，経度で設定すれば，実際にその位置から送信する必要はなく，近くの陸上局から送信すればよい．これをとくに「バーチャル」（virtual：仮想）と呼んでいる．

一方，現実に設置されているブイの位置を示すために補助的にAISを用いるものもあり，ブイ自体にその位置の測位機器を付け，実際にそのブイからAISで位置情報を送信するものを「リアル」（real：実在）と呼ぶ．さらに，実際にブイが設置されているが，その位置データを別の場所（陸上の基地局など）からAISで送信するものを「シンセティック」（synthetic：合成）略して「シンセ」と呼んでいる．リアルは潮流等の影響でブイの位置が若干動いたとしても，測位したデータを用いればそのときの実際の位置情報が送信できる．

これに対してシンセでは，位置データは海図等で示された設置場所としての緯度，経度で固定されるので，ブイが流されているときには，実際の位置と若干異なって表示される可能性がある．

このようなAIS AtoNは，AIS情報表示機能のあるレーダーであればXバンド，Sバンド等にかかわらず，またECDISでも自動的に表示される．ECDIS画面上にAIS仮想ブイが表示された例を図4-20に示す．

AIS仮想ブイのシンボルは表4-12に示すものが採択されているが，さらに新しい表示シンボルが提案されており，今後も変更が予想される．AISやECDISは規格が更新されることがあるので，利用者は新しい情報を入手して知識を更新する必要がある．

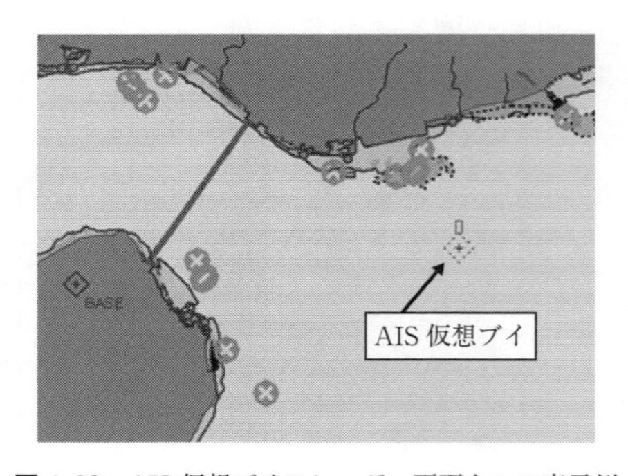

図4-20　AIS仮想ブイのレーダー画面上への表示例

ITU-R1371に規定されるAIS AtoNのメッセージはID = 21

表 4-12　AIS AtoN の表示シンボル

	基本	右舷標識	左舷標識	北方位標識	東方位標識
リアル・シンセティック					
バーチャル					

	南方位標識	西方位標識	孤立障害標識	安全水域標識	特殊標識
リアル・シンセティック					
バーチャル					

(Aids-to-navigation report) により，その位置，実際に存在するか否か (Real / Virtual)，標識の種類等のデータ項目が送信される．

4. 8. 2　AIS-SART

SART（Search and Rescue Transponder または Search and Rescue Radar Transponder）は，GMDSS で規定される遭難時に使用する無線機器の 1 つである．SART は 9GHz 帯（X バンドレーダー）の電波を送信し，遭難者の位置を救助船のレーダー画面上に示して発見を容易にするためのものである．これは，レーダーの受信機能を用いて，送信地点の方位，距離をエコー像として表示するものである．SART は X バンドレーダーを装備した船舶等でなければその位置を認識することができない．

同様の目的で，AIS のシステムを利用して遭難時の要救助者の位置を示すための AIS-SART が規定され，現在では SOLAS の改正により X バンドの電波を利用する SART の代わりに GMDSS の搭載義務を満たすこととなっている．AIS-SART は，X バンド，S バンドに関わらず AIS 情報を表示できるレーダーや ECDIS の画面上に表示され，確認することができる．

AIS-SART では，内蔵の GPS で位置（緯度，経度）を測位し，AIS のメッセージ ID = 1（Position Report）によりその位置などを周囲に放送する．その際の航海状態（Navigation Status）は 14（SART として動作時：active），

表 4-13　メッセージ ID = 14 における送信テキスト

	送信テキスト	意味
1)	SART ACTIVE	AIS-SART アクティブ
2)	SART TEST	AIS-SART テスト
3)	MOB ACTIVE	MOB-AIS アクティブ
4)	MOB TEST	MOB-AIS テスト
5)	EPIRB ACTIVE	EPIRB-AIS アクティブ
6)	EPIRB TEST	EPIRB-AIS テスト

または15（テスト：test）と決められている．また，メッセージ ID = 14（Safety related broadcast message）で決められたテキストを送信して SART として動作していることを示す．そのテキストは，表 4-13 のとおりである．

表 4-13 のうち，1）と 2）が AIS SART のためのものである．このほか，3）と 4）は MOB（Man Overboard）AIS 機器，5）と 6）は EPIRB（Emergency Position Indicating Radio Beacon）AIS で使用される．

MOB 機器は個人用の遭難時位置指示のための発信機で，PLB（Personal Locator Beacon：携帯用位置指示無線標識）ともいう．また，EPIRB は GMDSS で規定される遭難信号を送信するための機器で，従来から衛星 EPIRB が使用されている．これら PLB や EPIRB は 406 MHz 帯の電波を使用し，コスパス・サーサット衛星に対して遭難信号の電波を送信するものである．

これら 406 MHz 帯の電波による衛星利用の機器の代わりに AIS の枠組みで遭難を知らせるためのものが AIS-MOB や EPIRB-AIS である．

AIS-SART の MMSI は 9 桁のうち，はじめの 3 桁が 970 と決められている．また，AIS-MOB の MMSI は，はじめの 3 桁が 972，EPIRB-AIS の MMSI は，はじめの 3 桁が 974 と決められている．これら MMSI は船舶ではなく AIS-SART 等の機器に対して割り当てられる．

AIS-SART はあくまで AIS を利用したものであり，150 MHz 帯国際 VHF の周波数（具体的にはチャンネル AIS 1 および AIS 2）を用い，送信出力 1 W で 1 分に 1 度メッセージを送信する．測位用の GPS を内蔵しており，内部の電池でレーダーの SART と同様，96 時間以上の作動（送信）が可能であることが求められる．

以下は，AIS-SART 機器の使用手順の例である．

1. スイッチのシールをはずす（カバーをこわす）．
2. 起動リングを引いて回し，ON の位置に合わせてスイッチを入れる．緑と赤の LED が点滅を始め，ブザーが鳴る．

3. 救命ボート／救命いかだに乗り移った後，ロープやポールを用いたり，救命ボートにある取り付け器具，救命筏の取り付け場所等に取り付ける．このとき，GPS測位のため，機器が上空にむけてクリアであるように注意する．
4. GPS測位準備中は，緑と赤のLEDが点滅する．
5. AISメッセージを送信するたびにブザーが鳴る（1分に1回）．
6. GPS測位に成功すると緑のLEDが点滅する．
7. GPS測位に失敗すると赤のLEDが点滅するので，GPSの受信状態が良くなるようAIS SART機器の位置を変えて，再起動する．
8. 緑のLEDが点滅しているときは，GPS位置を1分ごとに更新し，新たな位置データをAISメッセージで周囲に送信する．

メーカーや機種によって，実際の使用手順は若干異なる場合があるので，それぞれの使用説明書により使用方法を理解しておき，遭難時に確実に使用できるようにしておくべきである．

一方，救助側では，AIS–SARTはAIS表示機能を有したレーダー（Xバンド，Sバンドのいずれでも）やECDIS等の電子海図システムでその位置が表示される．現在，AIS–SARTの表示シンボルは，図4–21のとおり，○の中に実線の×印と決められている．

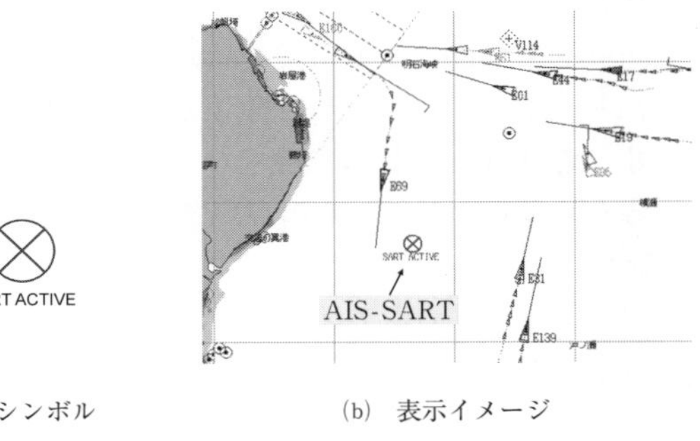

(a)　シンボル　　(b)　表示イメージ

図4–21　AIS–SARTのシンボルと表示例

4. 8. 3　衛星AIS

「衛星AIS」というシステムがとくにあるわけではなく，船舶に設置された通常のAISが送信する電波を上空の衛星で受信してみたところ，ある程度データが受信できたということである．これまで説明したとおり，AISはVHF帯の電波を利用して空中線電力12.5Wでデジタル データの無線通信を行うシステムである．電波の伝搬は直接波が主であり，アンテナの設置高さにもよるがおおむね30海里程度の範囲内のみで通信可能である．船舶間でデータを交換し操船判断等に用いたりVTSで利用するには，この程度の通信可能範囲で十分である．

近年，AISのデータは海上交通における船舶動静の把握に有用であることが認識され，様々な機関がデータを陸上局で受信して記録するようになった．日本では海上保安庁がVTSのために利用している．その他，民間企業がAIS記録データを販売しているようなケースもある．船舶の動静について精度の高いデータが得られるAISは，商船の運航において様々な場面で利用価値がある．

しかし，陸上で受信する場合，地上の直接波では沿岸数十海里以内の船舶からの信号しか受信できないという制約がある．すなわち，全世界の海域のうち大洋上の船舶についてはまったくデータが得られない．

船舶が送信しているAISの電波は，地上ではその程度の距離しか届かないが，上空の方向には障害物がないため宇宙まで届く場合があり，人工衛星にAIS受信機を装備しておけば，海上を航行中の船舶からのAIS情報を宇宙で受信できることが分かってきた．VTS等で利用する場合でも陸上のAIS受信局では沿岸数十海里の範囲内のデータしか受信できないが，衛星では上空の衛星が受信するため大洋航海中の船舶からのAIS電波も受信可能である．

米国やカナダの衛星ビジネスを行う企業では，新たに打ち上げる衛星にAIS受信機を搭載し，データを提供する事業を始めている．我が国においても，JAXA（宇宙航空開発研究機構）が2012年頃から，小型実証衛星4型，陸域観測技術衛星2号で衛星AIS受信の実験を行った．その結果，衛星からは広い海域が見渡せるため多数の船舶からのAIS電波が届き，信号の衝突の問題が起こることが分かった．この問題に対して，

①アンテナ パターンをせばめるアンテナ技術

②衝突したAIS信号を分離，検出する信号処理技術

の研究開発を実施し，船舶検出率の向上を図る試みを行った．また，衛星の機数が増えれば船舶の検出率が向上する，検出率の低い海域は残るかもしれないが世界的に見てごく限られた海域であるとの見解もある．

インターネットのホームページ上で，全世界のAIS受信データを地図上にプロットして公開しているサイトがあり，陸上局で受信した沿岸を航行する船舶データについては，ほぼリアルタイムのものが無料で閲覧できる．現在では，衛星で受信した衛星AISデータも利用可能となり，使用料を払えば大洋を航行する船舶のデータも入手可能となっている．

現在ではMDA（Maritime Domain Awareness）等への応用も含め，衛星

AISの利用が広がりつつある.

《問題》

1. AIS AtoNとは何か，簡潔に説明せよ.
2. AIS-SARTとはどのようなものか．概要とその原理を簡単に説明せよ.

4.9　関係法規

各機関によるAISのシステムを規定する文書等については，すでに必要な箇所でそれぞれ示した．ここでは，それらが制定されるに至った全体の流れを説明する.

AISは，混雑する海域において船舶航行の安全性を確保するため，新たなシステムとして提案され，それを実現するべく具体的な規格が制定された．そのような目的で，国際海事機関（IMO）はAISの要件を作成し，特定の規模および船種に対してAIS搭載義務を課すこととした．これを受けて，国際航路標識協会（IALA）と国際電気通信連合（ITU）はAIS機器が満たすべき標準規格を作成した．さらにこの標準規格を満たしているかどうかを確認するための試験規格を国際電気標準会議（IEC）が制定した．これらの規格は，IMO

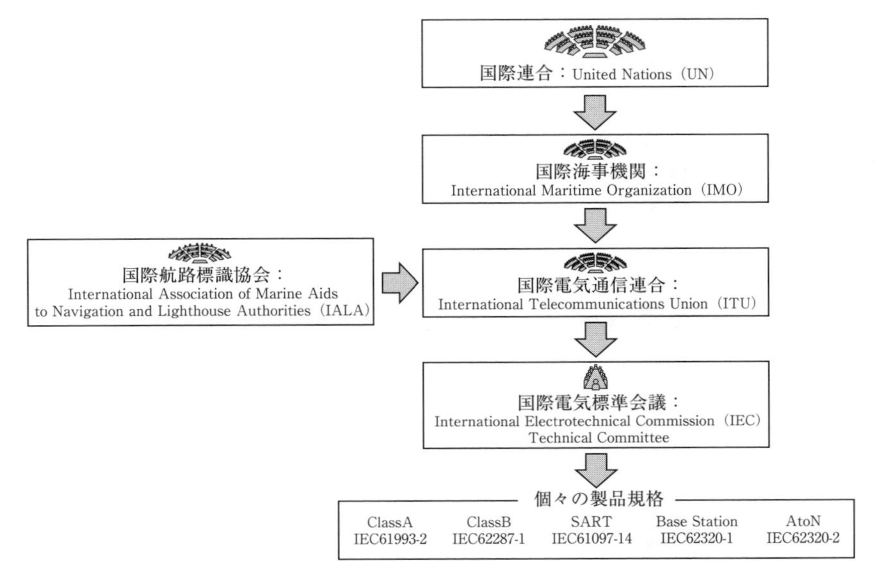

図 4-22　AISに関わる国際規格の関係

加盟各国により承認されている．これらの関係を図 4-22 に示す．

SOLAS（海上における人命の安全に関する条約）船に搭載するべき AIS 機器として規定されている AIS 機器はクラス A AIS と AIS SART であり，他の機器については各国ごとに対応している．

国際条約に基づく AIS の規定をうけて国内では「船舶設備規程」において船舶自動識別装置の装備義務が，具体的な装置の要件については「航海用具の基準を定める告示」において規定されている．

これらと齟齬のないように電波法関係の省令等でも AIS に関する規定がある．関連する主な規則はつぎのとおりである．

電波法施行規則

（定義）中　「船舶自動識別装置」，「簡易型船舶自動識別装置」，「捜索救助用位置指示送信装置」の項

（具備すべき電波等）

無線設備規則

（船舶自動識別装置等）

無線局運用規則

（船舶自動識別装置等の常時動作）

4. 10　AIS データ形式

AIS から出力されるデータは，最新の NMEA 0183 でも規定されているが，シリアル センテンスとして IEC の規格で規定され，具体的なメッセージの内容については ITU-R M.1371 で詳細が規定されている．現行では 2014 年 2 月の M.1371-5 が最新である．

トーカーは一般に ‘AI’ で，メッセージについては ‘VDM’ センテンスで送信される．

VDM － AIS の VHF 通信メッセージ　AIS VHF data-link message

!AIVDM, x, x, x, a, s---s, x*hh<CR><LF>

　　　　1 2 3 4 5　6 7

1）そのメッセージ送信に必要なセンテンス数　Total number of sentences needed to transfer the message 1, 1 to 9

2）センテンス番号（1～9）　Sentence number, 1 to 9

3）シーケンス番号（0～9：同じメッセージの一連番号）　Sequential

message identifier, 0 to 9

4) AISチャンネル（AまたはB）　AIS Channel

5) 6ビット符号化された受信メッセージの内容　Encapsulated ITU-R M.1371 radio message

6) フィルビットの数（余り（端数）ビット数：6ビット符号化のため，残り0〜5）　Number of fill-bits, 0 to 5

7) チェックサム　Checksum

VDO ― AISのVHF通信自船データ　AIS VHF Data-link Own-vessel report

※データ形式はVDMセンテンスとまったく同じ．自船のデータであることを示す．（パイロット プラグ等から自船データを取得するときに用いる）

これらのセンテンスにより，周囲他船から受信したAISメッセージは受信すると同時にVDMセンテンスがAIS船上機器のシリアル インターフェイスから出力される．また，自船データのうち動的情報は航海状態や速力により2〜10秒ごと（航行中）または3分ごと（係留中，錨泊中など）に無線で外部に送信されるが，AIS船上機器のシリアル インターフェイスからは状態にかかわらず，通常1秒ごとに自船データが更新され，同じインターフェイスからVDO（自船データ）センテンスが出力される．

VHF無線通信におけるこれらメッセージ送受信の通信速度は9,600bpsであるが，船内でPC等に転送するために用いるAIS船上機器のシリアル インターフェイスからはRS-422の信号により38,400bpsの通信速度でデータが出力されるのが一般的である．なお，受信のみを目的としたAIS受信機では，RS-232C信号のインターフェイスを備えたものや，通信速度を9,600bps, 19,200bps等に設定できるものもある．

4. 10. 1　AISデータのデコード（復号化）

図4-23にシリアル インターフェイスから出力されるVDMやVDOのセンテンスの例を示す．

このようなAISデータを含んだセンテンスからデータを解読する手順を説明する．

①複数のセンテンスに分割されているものは，メッセージの部分を正しい順序で結合する．

②メッセージ部分の文字列について，1文字ずつ表4-14に従って，意味し

```
!AIVDM,1,1,,A,A0475rQ?6<`Rp2Jp0=d@0wss2Fd0,0*73
!AIVDM,1,1,,B,16K2KvP01TaaVK`CjjMjWQp620RU,0*3F
!AIVDM,1,1,,A,37b<Sh5001actifCkd``e;860000,0*26
!AIVDM,1,1,,A,16K8Dn@01faatDlCkf@SaS680@2<,0*1C
!AIVDM,1,1,,A,A0475rQ?6<`Rp2Jp0>@`00oP0149wSwu0iKu7wq0,0*60
!AIVDM,1,1,,A,16K2<:hP00ad4h2Clt?rV?v60<21,0*3D
!AIVDO,1,1,,,16KDMpE000acDNjCoJ9;srHb04;d,0*53
!AIVDM,2,1,8,A,56K2IN12CC2``C?C?J1T415UE8V222222222221@6P:6455m0;ORT85B,0*4D
!AIVDM,2,2,8,A,h`3iQ`888888880,2*4F
!AIVDM,1,1,,A,16K2Ga0024abfFjCk39bM`F805p0,0*67
!AIVDM,1,1,,A,16K2;R@02nab0P4CjrP2A1j800S9,0*44
!AIVDM,1,1,,A,36K2<0E000aci0LCn@w`c7J80000,0*17
```

6ビット符号化したメッセージ

図 4-23　AIS の VDM / VDO メッセージの例

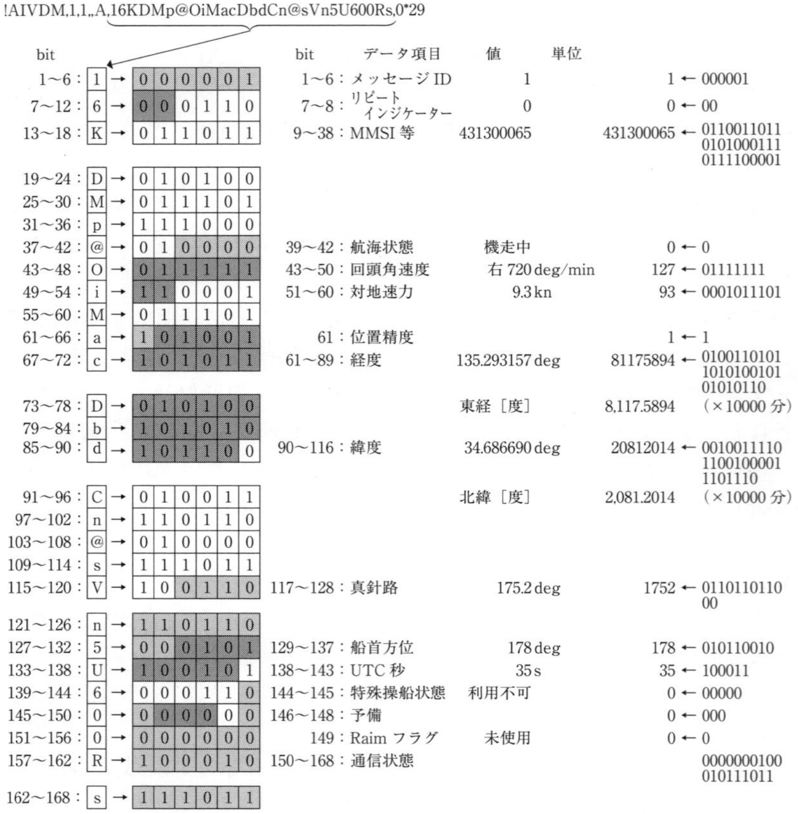

!AIVDM,1,1,,A,16KDMp@OiMacDbdCn@sVn5U600Rs,0*29

bit			bit	データ項目	値	単位
1～6	1	→ 0 0 0 0 0 1	1～6	メッセージ ID	1	1 ← 000001
7～12	6	→ 0 0 0 1 1 0	7～8	リピート インジケーター	0	0 ← 00
13～18	K	→ 0 1 1 0 1 1	9～38	MMSI 等	431300065	431300065 ← 0110011011 0101000111 0111100001
19～24	D	→ 0 1 0 1 0 0				
25～30	M	→ 0 1 1 1 0 1				
31～36	p	→ 1 1 1 0 0 0				
37～42	@	→ 0 1 0 0 0 0	39～42	航海状態	機走中	0 ← 0
43～48	O	→ 0 1 1 1 1 1	43～50	回頭角速度	右 720 deg/min	127 ← 01111111
49～54	i	→ 1 1 0 0 0 1	51～60	対地速力	9.3 kn	93 ← 0001011101
55～60	M	→ 0 1 1 1 0 1				
61～66	a	→ 1 0 1 0 0 1	61	位置精度		1 ← 1
67～72	c	→ 1 0 1 0 1 1	61～89	経度	135.293157 deg	81175894 ← 0100110101 1010100101 01010110
73～78	D	→ 0 1 0 1 0 0			東経［度］	8,117.5894　（×10000 分）
79～84	b	→ 1 0 1 0 1 0				
85～90	d	→ 1 0 1 1 0 0	90～116	緯度	34.686690 deg	20812014 ← 0010011110 1100100001 1101110
91～96	C	→ 0 1 0 0 1 1			北緯［度］	2,081.2014　（×10000 分）
97～102	n	→ 1 1 0 1 1 0				
103～108	@	→ 0 1 0 0 0 0				
109～114	s	→ 1 1 1 0 1 1				
115～120	V	→ 1 0 0 1 1 0	117～128	真針路	175.2 deg	1752 ← 0110110110 00
121～126	n	→ 1 1 0 1 1 0				
127～132	5	→ 0 0 0 1 0 1	129～137	船首方位	178 deg	178 ← 010110010
133～138	U	→ 1 0 0 1 0 1	138～143	UTC 秒	35 s	35 ← 100011
139～144	6	→ 0 0 0 1 1 0	144～145	特殊操船状態	利用不可	0 ← 00000
145～150	0	→ 0 0 0 0 0 0	146～148	予備		0 ← 000
151～156	0	→ 0 0 0 0 0 0	149	Raim フラグ	未使用	0 ← 0
157～162	R	→ 1 0 0 0 1 0	150～168	通信状態		0000000100 010111011
162～168	s	→ 1 1 1 0 1 1				

図4-24　AISのメッセージ（ID＝1）の解釈の例

ている値（2進数6ビット）に戻す．

③戻した2進数（6ビットずつ）の値を順に並べる．（図4-24の例のようなイメージ）

④そのビット列の最初の6ビットがメッセージIDを示しているので，このIDに従って，ITU-R M.1371の規定に従い，それぞれのメッセージのデー

表4-14　6ビット符号変換表

文字	値（2進数）	文字	値（2進数）
0	000000	P	100000
1	000001	Q	100001
2	000010	R	100010
3	000011	S	100011
4	000100	T	100100
5	000101	U	100101
6	000110	V	100110
7	000111	W	100111
8	001000	‘	101000
9	001001	a	101001
:	001010	b	101010
;	001011	c	101011
<	001100	d	101100
=	001101	e	101101
>	001110	f	101110
?	001111	g	101111
@	010000	h	110000
A	010001	i	110001
B	010010	j	110010
C	010011	k	110011
D	010100	l	110100
E	010101	m	110101
F	010110	n	110110
G	010111	o	110111
H	011000	p	111000
I	011001	q	111001
J	011010	r	111010
K	011011	s	111011
L	011100	t	111100
M	011101	u	111101
N	011110	v	111110
O	011111	w	111111

タ項目を前から順に，その項目のビットごとにまとめて1つの数（整数値）にする．なお，数に変換するのは通常の2進10進変換でよいが，負数は2の補数表示が採用されている．例えば緯度は27ビットの，経度は28ビットの2の補数表示である．

⑤それぞれの数をデータ項目ごとにもとの数値に変換する．例えばメッセージID = 1の回頭率（ROTAIS）は数式で変換する必要があり，SOG（対地速力）やCOG（真針路）は，10倍した数で表現されているので，10で割って0.1単位の実数に変換する必要がある．緯度，経度は1/10,000分単位で表現されているので，必要に応じて，度_分表示等に変換する．

図4-24に“16KDMp@OiMacDbdCn@sVn5U600Rs”という文字列で示されるメッセージを解釈する例を示す．これは最初の6ビットの値が1なのでメッセージID = 1の例である．最初にもとの文字列を1文字ごとに6ビット復号化した2進数のビット列とする．そのビット列をID = 1の表（M.1371）に従って各データ項目のビット数に分割または連結する．その結果を数値に変換し，意味あるデータに戻す．

なお，メッセージIDごとのデータ項目（ビット数と内容）については，4.3節中で一部説明しているとおり，詳細はITU-R M.1371の文書中に記載されているので，AISデータの解釈プログラムを作成する際などには，他のメッセージIDの場合も含めその文書を参照すること．

4. 10. 2　AIS受信データの記録

AIS受信機を用いれば，周囲数十海里にある船舶等から送信されたAIS電波を受信し船舶の動静をリアルタイムで見ることができる．またそのデータを記録すれば，後に再生したり海上交通解析のデータとして用いたりすることができる．

AIS受信データを記録し解釈して船舶の動きをプロットした航跡の例を図4-25に示す．(a)は2006年7月のある1日分（火曜日）の大阪湾における船舶の航跡を示したもの，(b)は約10年後の2016年7月の同じ頃同じ曜日，そして(c)は2023年7月の同じころの同じ曜日のそれぞれ1日分の様子である．いずれも神戸市東灘区深江南町のビル（3階建て）の屋上に設置したVHFアンテナを用いAIS受信機で受信し記録したもので，1日分（00：00：00～23：59：59）のデータである．図で濃い色の線はクラスA AIS，薄い色の線はクラスB AISのデータである．

2006年はすでにAIS搭載義務化の移行措置がある程度進んだ時期であるた

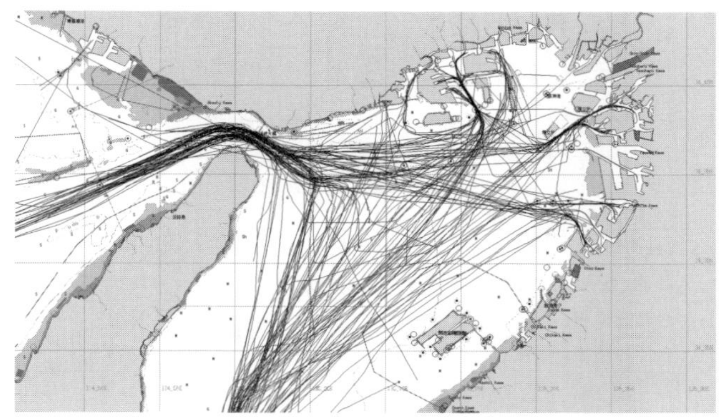

(a)　2006 年 7 月 11 日（火）00：00〜23：59

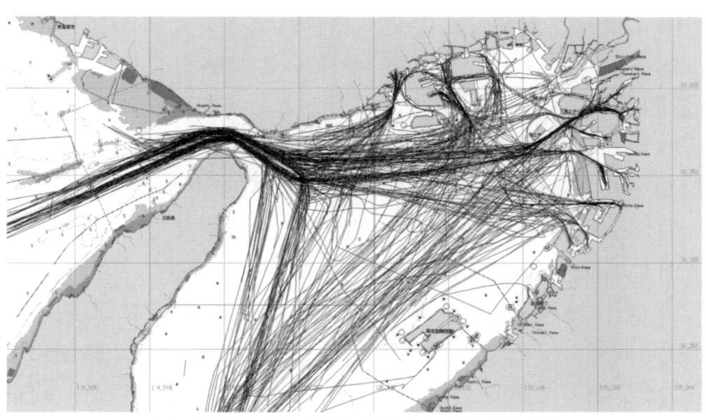

(b)　2016 年 7 月 12 日（火）00：00〜23：50

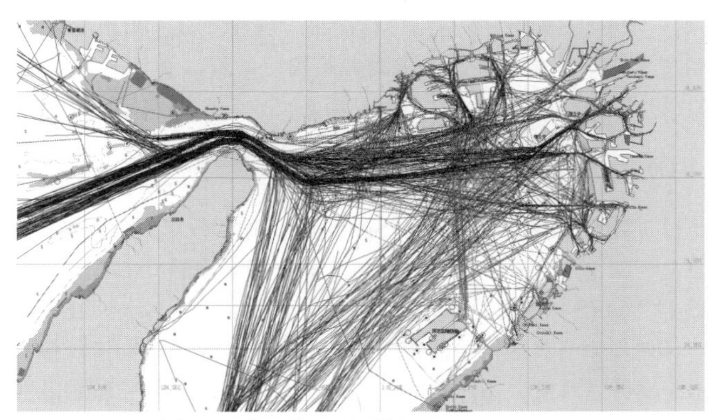

(c)　2023 年 7 月 11 日（火）00：00〜23：50

図 4-25　AIS データによる船舶交通の観測結果（1 日分）

表 4-15　AISデータ（図4-25）の集計概要

	2006年7月11日(火)	2016年7月12日(火)	2023年7月11日(火)
船舶数（計）	151	332	689
Class A船舶	151	280	546
Class B船舶	0	52	143
データ件数			
id：1（Class A動的情報）	262177	305107	594912
id：5（Clas A静的/航海関連情報）	11418	17820	31219
id：18（Class B動的情報）	0	9470	45140
id：24（Class B性的情報）	0	6200	22536

め，船舶数については，(a)図の2006年の段階でもかなり多いことがわかる．(b)図の2016年には，義務化が完全実施されて十分な時が経過しており，基本的にはAIS義務船のすべてが把握されていると解すことができ，(b)図では(a)図より船舶数が増加していることが分かる．また，2006年時点では，クラスB（簡易型）のデータはまったくなかったが，2016年のデータでは，義務のない船舶が任意で装備しているクラスBのAISメッセージも受信が確認された．(c)図は，さらに数年がすぎた2023年のデータで，2016年と比べてとくにクラスBの装備船舶数が増えていることがわかる．

図4-25のために処理したAISデータの概要を表4-15に示す．2006年から2016年の10年間で，受信できたAIS搭載船舶の隻数は約2倍強に増加し，また2006年にはなかったクラスB AIS搭載船舶も増えている．さらに2023年のデータではクラスBの船舶数増加が顕著である．クラスB AISは当初はプレジャー ボートへの搭載が多く見られたが，現在では，50mを超えるような内航貨物船でも総トン数500トン未満の船舶であればクラスAの搭載義務はなく，そのような船舶に搭載される例が増えていることが確認されている．

4.11　VDESと衛星VDES

VDESとはVHF Data Exchange Systemの略であり，広義にはVHF帯の電波を用いたデジタルデータ通信のシステムを指す用語である．その意味では現行のAISはVDESの具体例の一つとも言える．しかし，VDESはより広い意味でのデジタルデータ通信の回線であり，今後，船舶識別に限らず様々な目的での利用が期待されている．そのうちの一つの利用として船舶識別もあり，VDESが次世代AISであるという表現がなされる場合もある．実際，現行のAISではデータの内容として不足と思われるものもあり（例えば，船首方位が整数値であり，できれば真針路と合わせて小数点以下 1 位まであったほうがよい，船種はかなり大雑把な分類である，総トン数の項目がない，など），この約 20 年間の AIS 利用を踏まえた改善が期待される．

VDES の規格や利用については 2023 年現在も検討が進んでいるところであり，完全に決定したわけではない．しかし，現行の AIS が通信速度 9,600 bps であるのに対し，VDES では数百 kbps を想定しており，より多くのデータを通信できる可能性がある．したがって，船舶識別以外への海事分野での利用が提唱されており，具体的には IMO での e-navigation の実現にむけた検討状況を IALA（International Association of Lighthouse Authorities，国際航路標識協会）がガイドラインとして文書化したもの（G.1117 Edition 3.0）に，その利用分野（MSP：Maritime Service Portfolio）について，表 4-16 に示した 16 種類が示されている．

現行 AIS は地上波での利用のみを想定していたため，大洋航海中の船舶の識別は目的としていなかった．最近になって船舶から送信される信号を衛星で受信できたものについて，衛星 AIS として利用されているが，これは本来の利用方法ではない．これに対して VDES は地上波での通信に加えて，衛星 VDES として最初から衛星経由で VHF 帯を用いたデジタルデータ通信回線も実現する計画がある．2023 年現在，一部の国で衛星 VDES の実験衛星が打ち上げられて，実用化に向けた実験が進められている．

海上通信は 1900 年ごろの無線通信機の船舶への搭載に始まり進歩を遂げてきたが，デジタル通信（例えばインターネットをはじめとしたデータ通信）に関して，今現在，陸上における状況と比べるとデータ量，通信速度の点で遅れていると言わざるを得ない．VDES や衛星 VDES によりこれが格段に改善されるとは考えにくいが，現状の海上通信を進化させる可能性を期待したい．主要な事項について，現行の AIS と VDES（衛星 VDES を含む）を利用した次世代の AIS の比較を表 4-17 に示す．

表 4-16　VDESの海事サービスの分類，IMO e-navigation 戦略的実装計画
(Maritime Services, IMO update 1 − e-Navigation Strategic Implementation Plan)

番号	サービス
MS 1	VTS Information Service (INS)； VTS 情報サービス
MS 2	Navigation Assistance Service (NAS) 航行援助サービス
MS 3	Traffic Organization Service (TOS) 交通整流サービス
MS 4	Local Port Service (LPS) 港湾サービス
MS 5	Maritime Safety Information (MSI) service 海上安全情報サービス
MS 6	Pilotage service 水先サービス
MS 7	Tugs service タグボート サービス
MS 8	Vessel Shore Reporting 船陸間通報
MS 9	Telemedical Maritime Assistance Service (TMAS) 海上遠隔医療支援サービス
MS 10	Maritime Assistance Service (MAS) 海上支援サービス
MS 11	Nautical Chart Service 水路図誌（海図）サービス
MS 12	Nautical Publications Service 水路書誌サービス
MS 13	Ice Navigation Service 氷海航行サービス
MS 14	Meteorological Information Service 気象情報サービス
MS 15	Real-time hydrographic and environmental information Services リアルタイム水路・海洋情報サービス
MS 16	Search and Rescue Service 捜索救助サービス

IALA Guideline G1117-VHF Data Exchange System (VDES) Overview Edition 3.0 December 2022 より

表 4-17　現行 AIS と次世代 AIS の比較

現行 AIS
- 低速度通信（9,600 bps）
- 2 周波数
- 短距離通信のみ

次世代 AIS（計画）
- 高速度通信（数百 kbps）
- 16 周波数
- 遠距離通信も可能（衛星通信により全地球規模）
- 海上における情報ネットワークの構築を計画

第5章　ECDIS

ナビゲーションの本質は，地図と測位（位置測定）である．これは「第2章　衛星測位システム」のはじめでも述べた．GPS に代表される今日の衛星測位システムは船舶に限らず車やその他の移動体のナビゲーションにおける測位で利用される．

ひと昔前までは車で目的地に向かう際，人が道路地図帳を見ながらどの経路で行くかを考えた上で，周囲の道の形や顕著な建物，交差点の名称等から自分の位置を知り，どちらに向かえば良いかを判断していた．今では，地図が電子化され，自分の位置はGPS 等によって正確に分かるようになり，いわゆる「カー ナビゲーション システム（略してカーナビ）」が実現され，広く普及している．カーナビでは，人が目的地を入力すれば，そこに至る経路をシステムが探索して提案し，運転を進めると曲がるべき交差点でその都度，どちらに向かえばよいかを教えてくれる．

そもそも「ナビゲーション」とは，船の「航海術」を意味する語であり，目的地に向かうには，船をどちらに進めればよいかということを判断する技術である．最初の航海術は小さな船で沿岸を航海する際の一種の「地文航法」であり，周囲の景色を見ながら航海するものであったと考えられる．

現在の航海術の原型は船舶の規模が大きくなり，大洋を航海するようになった大航海時代にさかのぼる．すなわち，

・グリニッジを原点とする経度の制定

・正確な時計の開発

・天体の動きの計算と天体の見かけの位置測定による自分の位置の算出

・地球上のある範囲を平面上の地図に表すための図法の発明

・その図法を利用し測量結果を海を中心に図に表した海図の作成

等，様々な要素技術の確立による「天文航法」の実用化である．これらの技術を利用した航海術で基本となるのは海について描いた地図＝「海図」である．

現在ではコンピューターが手軽に利用できるようになり情報通信技術の発達

にともなって，海図も電子化されてコンピューターで扱うことができる電子データとして「電子海図」が利用可能となっている．また，GPS等の衛星測位システムは20世紀の終わり頃から普及しはじめ，21世紀に入った現在では一般に利用可能となっている．クロス ベアリングや天文測位等の技術を必要とせず，沿岸でも大洋上であっても迅速かつ正確に自船位置を測定できるようになった．カーナビの普及には若干遅れをとったものの，船舶で使用するナビゲーション システムは，電子海図と衛星測位システムによる測位を組み合わせた「ECDIS（Electronic Chart Display and Information System）」に代表される装置として開発され普及しつつある．

ECDISはカーナビの船舶版とも言えるが，カーナビはすでにある程度の実績があり，あらゆる自動車の運転者が使用することを想定して，使いやすさや便利な機能がいろいろと工夫されている．一方，ECDISは船舶運航の専門家である船長，航海士がそれなりの知識をもって使用することを想定しており，従来の運航技術と同じ点，異なる点をよく認識し，予めその使い方に習熟する必要がある現状では，行き先を入力するだけで途中の経路を自動的に提案するような機能はECDISにはない．ただ，今後，船舶の運航形態が高度化し，様々な自動化機能が実現される際にはECDISは重要な要素の1つとなり得るので，使用者として常に機能や仕様の変化に対応する姿勢が必要である．

2012年から，一定規模の船舶へのECDIS搭載が義務化され，順次装備を義務付ける移行措置が始まった．そのため，航海士にはこれを取り扱う知識と技能が必要である．現在ではSTCW条約に基づき航海士はECDIS訓練を受ける必要があり，その使用方法等について，規定に従って決められた時間数の講義，実習等を履修しなければならない．具体的なECDISの使用方法については，そのような訓練の際のテキストや各機種のマニュアル等に委ねることとし，本章ではECDISを中心とした電子海図システムの技術的な事項について説明する．

5.1　ECDISの概要

電子海図システムは，ハードウェア，ソフトウェアとデータから成り立っている．ハードウェアは一般的にPC等のコンピューターである．ソフトウェアはデータを処理して画面に地図（海図）情報を表示したり，どちらに向かえばよいかという計算処理等を行うアプリケーション プログラムである．それに加えて，表示すべき地図（海図）の内容としてデータが必要であり，いくつかの種類，形式で電子海図データが提供されている．このようにハードウェア

（機器），ソフトウェア（プログラム）とデータ（電子海図等）の3つの要素が融合されることで電子海図システムにおいてナビゲーション機能が実現される．

5.1.1　電子海図システムとECDIS

SOLASでは航海の用に供する海図の要件として「公式で最新の紙海図，または，ENC（航海用電子海図，5.2.2項参照）を使用して適切なバックアップ機能を備えたECDISを2台備えること」と規定されている．ECDISは電子海図システムの一種であり，条件を満たせば船舶運航において法定で必要な図誌である紙海図に置き換えることができる（5.1.4項参照）．

ECDIS（日本では「エクディス」と読むのが一般的である）はElectronic Chart Display and Information Systemの頭文字を並べたもので，システムの名称として使用される一種の造語である．日本の船舶設備規程では，これを日本語に訳して「電子海図情報表示装置」としているが，実際には電子海図情報を表示するだけのものではない．電子海図と他の情報を表示する装置という解釈をしたとしても，確かにECDISは電子海図とそれ以外の各種データも表示するが，入力されている信号をもとに単なる表示以上の情報処理も行うので，本来は直訳の「電子海図表示および情報装置」とした方が装置の内容を表していると言える．すなわち，ECDISは電子海図を表示しつつナビゲーションに必要な情報を処理して提示する情報装置である．本書では基本的にECDISという表記を用い，日本語では関係の国内法規に従って電子海図情報表示装置と呼ぶ．

図5-1にECDISの外観を，また図5-2にその表示画面の例を示す．

「ECDIS＝電子海図」というイメージや，コンピューターを用いて海図デー

図5-1　ECDIS装置外観

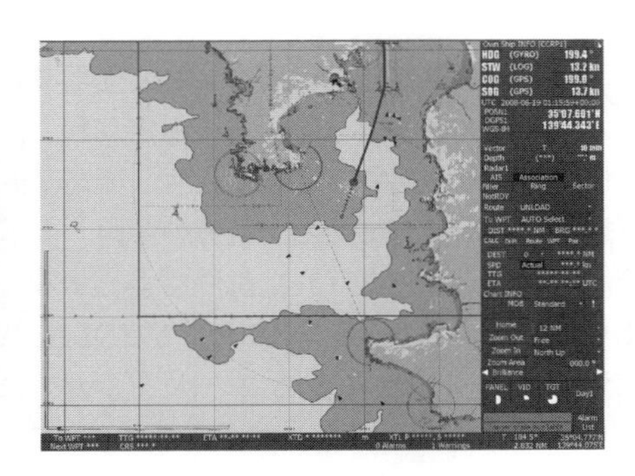

図5-2　ECDISの表示画面の例

タを表示するナビゲーション システムのことをすべてECDISと表現するのは正しくない．コンピューターで電子海図を利用して表示するソフトウェア システムのうちSOLASで規定された海図の代替えとしての規格を満たしているのをECDIS，それ以外でISOに規定された要件を満たすものを「ECS（Electronic Chart System）＝電子海図システム」という．簡易的なナビゲーションを行うためのGPSプロッターや，専ら水先人が使用するものでAIS機器からのデータを利用するPPU（Pilot Portable Unit, 4. 6節参照），また電子海図データを表示しナビゲーションに利用できるPC用のソフトウェアなども広い意味では電子海図システムとして存在するが，これらはECDISではない．ECDIS以外のシステムはあくまで参考として用いるべきで，公式に航海用として使用することはできない．

一般に電子海図利用システムは，電子海図（データ）＋表示，処理ソフトウェアの要素から構成され，GPSプロッターのように専用のハードウェアで実行されるものと，市販のPCで実行するためのソフトウェアのみとして提供されるものがある．

電子海図利用システム

- ECDIS（Electronic Chart Display and Information System）：
  IMO，SOLASで規定された海図備え付け要件に適合
  航海用電子海図（ENC）を使用する
- ECS（Electronic Chart System）：
  補助的なシステム．SOLASの海図備え付け要件に適合するものではない（補助的な使用に限定）
  ENCまたは何らかの電子海図データ（私製を含む）を使用する
- その他のシステム
  GPSプロッターなど，より簡易なもの

海図は従来，紙媒体で印刷物として提供される航海に必要な法定の図誌の一つである．海図はSOLAS V/2で規定され，海上における船舶の航海を主な目的に作成された地図で，水深，底質，標高，海岸線の形状と状態，危険物，航路標識などを図示している．航海の計画，表示，位置の記入，航海の監視のための海図を備え付けなければ航海を実行することはできない．この紙海図に代わるものとしてSOLAS V/19およびSOLAS V/27により，一定の条件を満たせば電子媒体も認められることとなった．これにより紙海図の代替としてECDISは適合するものとして認められている．

ただし，ECDISとして型式検定を受けた装置で「航海用電子海図

(Electronic Navigational Chart = ENC)」を使用する場合のみ，この要件に適合するものとして認められ，それ以外のECS等は海図の代替えとしては認められず，紙海図の補助的な使用に限られる．

5. 1. 2　ECDISの性能基準

ECDISが満たすべき性能基準は，2006年12月に採択されたIMO決議MSC.232（82）に規定されている．規定が対象とする範囲として，つぎの9項目が記述されている．

1. ECDISの主要な目的は航海の安全に寄与することである．
2. 予備構成を備えたECDISは1974年のSOLAS条約中，V章19規則およびV章27規則に規定される最新に維持した海図として認められる．
3. ECDISは政府が権限を与えた水路に関する官庁により作成されその許可を得て配布された海図に含まれる安全で効率的な航海に必要なすべての情報を表示することができなければならない．
4. ECDISはENC（航海用電子海図）の簡潔で信頼性を保った改補（更新）を容易に行えなければならない．
5. ECDISは紙海図を用いるのに比べて航海中の作業負荷を軽減する必要がある．従来，紙海図上で行っていた航路計画（Route Planning），航路監視（Route Monitoring）および自船位置確認等の作業を船員が適時，簡便に行えるようにしなければならない．継続的に自船位置をプロットできなければならない．
6. ECDISは航路監視のためにレーダー映像，レーダーTT情報，AISや他の必要な情報の表示のためにも利用できる．
7. ECDISは政府が権限を与えた水路官庁により発行された紙海図と同等以上の情報提示に関する信頼性と利用可能性を有するべきである．
8. ECDISは表示している情報や機器の不具合に関する警報や表示を適切に発しなければならない．（同決議付録5参照）
9. 関係する海域の海図情報が適切な形式で利用できないとき，ECDIS機器は同付録7に規定するラスター海図表示（RCDS：Raster Chart Display System）モードで使用することも想定する．RCDS動作モードは，同付録7に規定されている性能基準に適合すべきである．

MSC.232（82）の採択から年数が経ち，様々な変化に対応するため2022年11月に決議MSC.530（106）「電子海図表示および情報システム（ECDIS）の性能基準」が採択された．この決議では，政府に対しECDIS機器が次のことを確実に行うよう勧告している．

(a) 2029年1月1日以降に設置された場合，本決議（MSC.530（106））の附属書に規定されている性能基準に適合すること.

(b) 2026年1月1日以降2029年1月1日より前に設置された場合，本決議の附属書に規定されている性能基準，または決議MSC.232（82）の附属書に規定されている性能基準のいずれかに適合すること.

(c) 2009年1月1日以降2026年1月1日より前に設置された場合，決議MSC.232（82）の付属書に規定されている性能基準に適合すること.

(d) 1996年1月1日以降2009年1月1日より前に設置された場合，決議MSC.64（67）およびMSC.86（70）によって修正された決議A.817（19）の附属書に規定されている性能基準に適合すること.

なお，航海用電子海図（ENC）のデータ形式や画面への表示方法などについては，国際水路機関（IHO：International Hydrographic Organization）により規定が作成されている．次節（5.2）で説明する.

MSC.530（106）中では，航海用電子海図に関するIHO S-100シリーズが文献として明記された．これまでIHO S-57形式の航海用電子海図であったが，今後はIHO S-101航海用電子海図（ENC）とそのシリーズの各種情報がECDISで表示できるよう移行する見込みである．（5.2.6項参照）

ECDISの試験規格として国際電気標準会議の刊行物IEC 61174に規定がある.

IEC 61174：Maritime navigation and radiocommunication equipment and systems − Electronic chart display and information system (ECDIS) − Operational and performance requirements, methods of testing and required test results

（海上航行および無線通信の機器およびシステム −電子海図表示および情報システム（ECDIS）− 運用要件および性能要件、試験方法および必要な試験結果）

一方，SOLASの海図搭載要件を満たさないECSは，ISO 19379（Ships and marine technology — ECS databases — Content, quality, updating and testing）国際標準に規定される．この対象範囲はつぎのとおり説明されている.

1. この国際標準は，ECSデータベース作成のための要求仕様と試験方法を含む．これは，内容，質と更新を含む航海の安全に適切なデータベースの要素を扱う.
2. この国際標準は，ECSデータベースの作成とテストに関する手引きを提供する．データベースの設計および開発に必要な方法，手法の詳細な説明や特定の品質管理手順を提供するものではない.

3. この国際標準は，おもにECSデータベースの作成者により利用される．ECSの製造者および各国の関係諸官庁は，この国際規格の手引きが適切であると認めるであろう.

この国際標準は，ECSが補助的な使用に限定されるものの，ECSで用いる電子海図データの形式について標準を示し，航海の安全を確保することを意図している.

5.1.3　ECDISの搭載要件

一定規模の船舶は，検定を受け航海用電子海図データを最新に維持している等の要件を満たしたECDISを装備する義務が課せられた．新造船では2012年7月から始まり，既存船については2018年7月以降の最初の検査までに，船種と総トン数により義務が課せられた船舶はECDISを搭載しなければならない．すでに移行措置は終わっているので，規定に従った搭載が必要である．ECDIS搭載要件は表5-1のとおりである．対象となった船舶ではECDISと，用いる電子海図データ（ENC）もポート ステート コントロール（PSC：Port State Control）の検査対象となる.

表5-1　ECDIS搭載要件

船種	搭載要件
旅客船	500トン以上 （新造船：2012.7.1以降に建造される船, 既存船：2014.7.1以降の最初の検査までに）
タンカー	3,000トン以上 （新造船：2012.7.1以降に建造される船, 既存船：2015.7.1以降の最初の検査までに）
貨物船 （タンカー以外）	10,000トン以上（新造船：2013.7.1以降に建造される船） 3,000トン以上（新造船のみ：2014.7.1以降に建造される船） 50,000トン以上（既存船：2016.7.1以降の最初の検査までに） 20,000トン以上（既存船：2017.7.1以降の最初の検査までに） 10,000トン以上（既存船：2018.7.1以降の最初の検査までに）

5.1.4　紙海図の代替として認められるための要件

ECDISが紙海図の代替として航海の用に供することができるのは，次の要件(1)(2)を満たしている必要がある.

(1) ECDISの性能要件（主ECDIS）

ECDISの性能基準に関するIMO決議MSC.232(82)が適用される.

（ⅰ）公式航海用電子海図（ENC）が使われていること．
（ⅱ）ENCは，適切で更新されたものであること．
（ⅲ）適切なバックアップ装置を備えること．
バックアップ装置への切り替えが迅速に行えること．
バックアップ装置又は紙海図をバックアップとすることができる．
（ⅳ）有効表示域は，少なくとも270mm×270mmあること．
（ⅴ）海図情報表示，航路計画，航路監視，船位表示，海図情報の提供，更新，航路記録，警報及び表示ができること．
（ⅵ）非常電源から給電されていること．
（ⅶ）電源スイッチを切るか又は電源喪失の後にECDISの電源スイッチをいれた場合，直近に手動選択した表示設定に戻ること．
（ⅷ）主電源から非常電源に切り替わった時には，手動による再設定とならないこと．
（ⅸ）ジャイロコンパス，船速距離計，GPS受信機に接続されていること．

(2) バックアップ装置の要件（バックアップECDIS）

ECDISの性能基準に関する勧告の附録6（決議 MSC.232(82) Appendix 6）が適用される．

（ⅰ）海図情報表示，航路計画，航路監視，情報表示，海図情報の提供，更新，航路記録の機能が，主ECDISと同等であること．
（ⅱ）バックアップ装置の操作は主装置と同じであること．
（ⅲ）主ECDISから切り替えられたときに，主ECDISの切り替え前の情報が引き継がれること．
（ⅳ）供給電源は，主装置とは分離されていること．
（ⅴ）ジャイロコンパス，船速距離計，GPS受信機への接続ケーブルは，主装置とは分離されていること．
（ⅵ）主ECDISとバックアップECDIS間のインターフェイスのための信号線があること．
（ⅶ）機種毎に発給された型式承認書に記載されたバックアップの要件も満足していること．

《問題》　電子海図利用システムを分類せよ．

5.2　電子海図

海図は主に海の部分を中心に，海岸線の地形などの各種情報を表した，船舶の運航に用いる地図であり，従来，紙媒体で提供されてきた．世界中の海を航行する船舶にとって，どの地域の海図も使用する可能性があり，国によって表記法や様々な基準が異なっていたのでは使用時に問題を起こす可能性がある．陸上の地図では国などの公的機関が発行しているものでさえ，国や地域が異なれば地図記号も異なる．しかし，海図には国際的に基準が統一されているという国際性が求められる．このため，IHO（国際水路機関）が世界的に統一された海図に関する様々な標準規格を制定し公表しており，海図作成者はこれに従うことが求められる．

「電子海図」とは海図を情報装置の画面上に表示するための地形や物標その他の情報を含んだデジタル データのことであり，単に電子海図と言えば，表示するための機器は含まずデータ自体のみを指すととらえるのが一般的である．

5.2.1　電子海図の種類

ECDIS に用いる電子海図データに含まれる情報は，基本的には紙海図と同等またはそれ以上の内容を表現しなければならない．海岸線の地形を主として，海域については水深や底質等，陸域については顕著な物標となる山頂や構造物の位置等，その他紙海図に記載されるあらゆる情報を記録した電子データである．従って，点と形状（灯台等の位置や海岸線等の形状）を表現する形式でなければならない．

情報技術において形状を表すデータ形式は「ラスター データ」と「ベクトル データ」に大別される．ラスター データはラスター スキャンされた「画像データ」であり，ベクトル データは各特徴点の位置を数値で表した点や線（すなわちベクトル）の集まりとして形状を表現する「数値データの集まり」である．この観点から電子海図を分類すれば，

- ベクトル形式チャート データ：
  海図中の要素の各点の位置（緯度，経度）を数値で表して列挙したデータ ファイル
- ラスター形式チャート イメージ：
  海図を絵としてとらえたビットマップ等の画像データ ファイル

に大別される．

ECDISで一般に用いられる電子海図データは航海用電子海図（ENC = Electronic Navigational Chart）であり，これは前者のベクトル形式である．

後者は，従来の紙海図などをイメージ スキャナー等の装置で入力したものなど，画像データとして記録されているものを指し，この形式で発行されている電子海図データ（RNC = Raster Navigational Chart）も存在する．事情によりENCを発行できない図，地域ではすでに発行されている紙海図をスキャンしたRNCのみが提供されている場合がある．ECDISは，通常ENCを用いることとされているが，ENCが発行されていない海域もあることを想定し，従来の紙海図をそのままスキャンしたようなラスター形式の電子海図データにも対応している必要がある．

かつては，データとシステムが混同され，電子海図= ECDISという誤った理解をされている場合もあったが，ECDISは電子海図データを使って海図を画面上に表示する“装置”の一種であり，電子海図“データ”の一種であるENC（航海用電子海図）を表示するには，必ずしもECDISである必要はなく，それ以外のシステムでも地形等を表示するための元データとして利用することも可能である．

ENC以外にも，公式に航海の用途で用いることはできないが，簡易な海図データがいくつかの種類，利用可能である．

5. 2. 2　航海用電子海図（ENC）

電子海図データとしてのENCの特性をまとめると，つぎのとおりである．

ENC（航海用電子海図）の特性

- ENCの内容は，関係水路当局の測量データや公式紙海図に図載されているデータを基礎としたものである．
- ENCは，国際水路機関（IHO）が定める国際標準に従い編集され，符号化されている．
- ENC上の位置は，1984年の世界測地系（WGS84）に準拠している．これは，全地球航法衛星システム（GNSS）に直接適合できる．
- ENCは，政府から権限を付与された水路当局により，または政府の権限下において，若しくはその他の関係政府機関によってのみ発行される．
- ENCは，通常，電子（デジタル）的に頒布される公式更新情報をもって定期的に最新維持される．

ENC（航海用電子海図）のデータは，日本では政府が権限を与えた機関である海上保安庁（海洋情報部）において作成され，一般財団法人日本水路協会が配布している．利用者は，CD-ROM や DVD-ROM 等に記録されたファイルの形で水路図誌販売所において購入することができる．

従来の電子海図データ作成方法は，簡単に言えば，紙海図をもとにしてスキャナーやデジタイザー等により入力した紙海図中の各要素の点の位置を緯度，経度の数値データに変換して地形の形状データを作成するというものであった．その方法では，電子海図の位置の精度は紙海図を超えることはなく，データの精度に関して過大な期待をすることはできない．

現在では，測量した数値データをそのまま電子海図データに利用するようなデジタル編集による作成方法となっている．その場合，データの精度については，紙海図の印刷による精度の劣化等は考慮する必要がなくなり，紙海図を超えて精度向上が期待できる．ただし，画面表示の際の縮尺による精度劣化については不可避である．

ENC については海図を電子的に表現したものであり，水路情報にあたるので，国際的に規格を統一するため，IHO（International Hydrographic Organization：国際水路機関）が標準規格を制定し，刊行物で周知している．

ENC に関連する IHO の刊行物は，つぎのとおりである．

・IHO S-57 "IHO Transfer Standard for Digital Hydrographic Data"
　　…… デジタル形式の水路データの転送，記録に関する標準を規定
・IHO S-52 "Specifications for Chart Content and Display Aspects of ECDIS"
　　…… 海図に含まれる内容（表現されるものの種類）とその ECDIS での表示方法を規定
・IHO S-63 "IHO Data Protection Scheme"
　　…… データ プロテクト（保護）の方法を規定

ECDIS に関係する規定の刊行物は IHO により規定され，海図のデータは S-57，表示方法は S-52 によっていた．今後，S-57 から S-100 シリーズに移行していくことになっている．

以下では従来の ENC のデータ形式である S-57 とデータ保護について説明する．

5. 2. 2. 1　データ形式

従来の ENC データは，2000 年 11 月に国際水路機関（IHO）によって規定された S-57：Transfer Standard for Digital Hydrographic Data（デジタル水路データ転送標準）という刊行物（Publication）により決められたフォーマットに基づいて作成されている．本文と付録を合わせると英語版で約 1,000 ページにもおよぶ大部の刊行物である．規定されるフォーマットは難解で，専門の

プログラマーでない限り，ちょっと試しにプログラムを組んで電子海図を表示させてみようなどというのは一般の人の手に負えるものではない．

5. 2. 2. 2　S-57のファイル構造

S-57フォーマットのファイルの構造は図5-3のように示され，1つのファイルは3つの部分からなる．データは，ある領域を表現するもので，この領域のことを「セル」といい，1セルが1ファイルとして提供される．ENCのセルの記録範囲は矩形（四角形）である場合が多い．しかし，不要な部分を表現しないために領域が一部切り取られたような形のセルもあり，必ずしも左下と右上の2点で決まる四角形の領域とは限らない．

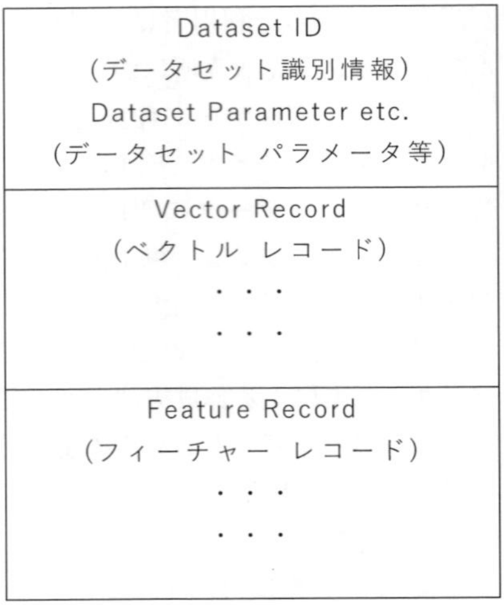

Dataset ID （データセット識別情報） Dataset Parameter etc. （データセット　パラメータ等）
Vector Record （ベクトル　レコード） ・・・ ・・・
Feature Record （フィーチャー　レコード） ・・・ ・・・

図5-3　S-57のファイル構造

データセット パラメータには，そのセル（ファイル内）のデータの範囲（緯度，経度）や縮尺など，そのセルに格納されているデータに関するメタ情報が含まれる．

ベクトル レコードは，単独の点または連続した複数の点（線を構成する座標値）の位置情報（緯度，経度）であり，2次元と3次元のものがある．通常の要素は2次元の緯度，経度で表される．3次元データは緯度，経度に深さや高さ情報が付加され，測深データなどを表すために用いられる．各ベクトル レコードは番号づけされている．ベクトル レコードからさらに別のベクトル レコードへその番号を使ってポインターで指してデータをつなげるために用いられるのと，フィーチャー レコードからポインターで指してそのフィーチャー レコードが示すオブジェクト（表現するべきもの）の位置や形状を指定するのに用いられる．

フィーチャー レコードの中には，海図中のあらゆる要素（記載事項）の情報が納められている．この要素のことをオブジェクトと呼ぶ．オブジェクトには，海岸線，底質，水深，灯台，ブイ，航路など，海図中で描画されるべきすべての種類の情報が定義されている．

ベクトル レコードとフィーチャー レコードにはそれぞれ属性を付加することができるようになっている．フィーチャー レコードの属性は，そのオブジェクトについての詳細を示す各種情報で，例えば灯台のオブジェクトに対しては，灯色，灯質，分弧，灯高，光達距離など紙海図の海図図式で表される情報に加えて，一般に紙海図には記載されない灯台名称の情報まで含まれている．さらに名称は，英語および地域の言語による記述の両方が可能で，日本の場合はUnicodeによる日本語表記の名称が記述されているものも多い．このように，ENC中に含まれるデータは一般に紙海図よりは多く，それをどのように取捨選択して表示装置の画面上に表示するかは，表示システム（ソフトウェア）の機能に依存している．これは，一旦印刷すれば内容が変わらない紙媒体と異なり，表示の際にいかようにも選択できる電子媒体としての海図情報の特徴である．

このように，画面上にグラフィクスで表示することができるENCの描画要素は，ファイル中のフィーチャー レコードのオブジェクトとして記述され，オブジェクトの種類，その位置を示すベクトル レコードへのポインター（関連づけるための番号），そのオブジェクトに関する属性から成り立っている．1つのオブジェクトの例を図5-4に示す．

このファイルは，テキスト ファイルではなくバイナリ データ ファイルなの

Object(オブジェクト)：LIGHTS（灯）	
Pointer to Vector record (ベクトル レコードへのポインタ：位置を示す)	
Attributes(属性)：	
Object Name （オブジェクトの名称）	Higashi Ohashi Bridge Light
Object Name in National Character Set （国語による名称）	東大橋橋梁灯
Color （色）	white
Light characteristic （灯質）	Fix
Value of nominal range （光達距離）	6M
Height （灯高）	40.7m

図5-4　フィーチャー レコードのデータ内容の例

で，一般的なテキスト エディタ等では中身を見ることはできず，解読するには専用のソフトウェアが必要となる．

5.2.2.3　縮尺と記録範囲

紙海図では，同じ海域でも広い範囲を描いた小縮尺の総図から特定の港湾の詳細を示した大縮尺の港泊図まで，何段階かの縮尺のものが用意されている．紙海図の用紙サイズはA0判よりすこし小さい程度の大きさ（約760mm × 1,080mm）が一般的で，縮尺が異なると表示範囲も異なる．同じ大きさの紙の上で，広範囲を小さく（縮小して）表したものを「小縮尺」，狭い範囲を見た目大きく（拡大して）表しているものを「大縮尺」と呼ぶ．表5-2に紙海図の縮尺による分類を示す．

ENCのデータはベクトル（点の位置を座標の数値で表して形状を表現する）データであり，データ自身に縮尺という概念は存在しない．実際，同じ位置の数値（緯度，経度）の組をデータとして表示に用いる際，ディスプレイ画面内の同じ表示領域に，狭い範囲を拡大して表示したり広い範囲を縮小して表示することが，ソフトウェアの処理により自在である．しかし，ENCのデータにも縮尺による分類が存在する．

ENCでは海域を，ある範囲で領域に区切ってデータの単位（セル）としている．広い範囲を収めた小縮尺のセルから狭い範囲を収めた大縮尺のセルまで複数のセルに同じ地点，場所が含まれている可能性がある．このように紙海図に似た縮尺の概念がENCにも存在するのは，1つのセルのファイル サイズを

表5-2　「紙海図」の縮尺による分類

分類	縮尺	備考
総図 (General Chart)	縮尺1/400万より小縮尺の図	遠洋航海計画の際に，大圏航法図（Gnomonic Chart）とともに使用される
航洋図 (Sailing Chart)	縮尺1/100万より小縮尺の図	長途の航海に用いられ，沖合の水深，主要灯台の位置，遠距離から視認可能な自然目標などが図示されている
航海図 (General Chart of Coast)	縮尺1/30万より小縮尺の図	陸地を視界に保って航行する場合に使用され，船位は陸上物標により決定できるように表現されている
海岸図 (Coast Chart)	縮尺1/5万より小縮尺の図	沿岸航海に使用するもので，沿岸地形が詳細に表現されている
港泊図 (Harbor Plan)	1/5万未満より大縮尺の図	港湾，泊地，錨地，漁港，水道，瀬戸のような小区域のものを詳細に描いたもの

表 5-3　ENC（航海用電子海図）の縮尺による分類

分類（NP）	航海目的	関係する海図の縮尺	データ範囲（セルサイズ）	日本での発行セル数（2024.2 現在）
1	概観（Overview）	1：1,500,001 以下	8度／25度	30
2	一般航海（General Navigation）	1：1,500,000～1：300,001	4度	38
3	沿岸航海（Coastal Navigation）	1：300,000～1：80,001	1度	154
4	アプローチ（Approach）	1：80,000～1：25,001	30分	174
5	入港（Harbor）	1：25,000～1：7,501	15分	402
6	停泊（Berthing）	1：7,500 以上	15分	0
			計	798

ほぼ同じ程度にするための工夫である．広い範囲のデータを記録した小縮尺のセルでは，その中身の各データは概略の値として簡単化され省略されている．そうしないと，範囲が広いために表現すべきデータ量が膨大になってしまうからである．反対に狭い範囲の大縮尺のセルでは詳細なデータを記録している．詳細な内容を表現するためには，範囲を限定しないとデータ量が膨大になってしまうためである．

ディスプレイ画面上に描画表示する際，同じ地点であっても表示する範囲の大小によって使うセルの縮尺を変えて選ぶこと（広範囲の場合は小縮尺のセル，狭い範囲の場合は大縮尺のセル）で，描画効率の向上も期待できる．

S-57 では縮尺と関連し，航海目的（NP：Navigation Purpose）によって表 5-3 に示す6段階にセルが分類されている．なお，日本では NP：6 停泊図として発行されている ENC のセルは今のところない．

ENC の縮尺と表示範囲およびデータ量のイメージを図 5-5 および図 5-6 に示す．

図 5-5(a)～(e)は，それぞれ NP：1～NP：5 の，ある1セルの記録データでそれぞれの範囲全体を描画したものである．同図(a)は近畿の一部から中国，四国，九州，韓国の一部までが1つのセルに含まれている．(b)，(c)，(d)図と，順に1つのセルに記録されている範囲が狭くなり，同図(e)は港内の一部の範囲しか記録されていない．なお図 5-5 はセルの記録範囲を示すため，それぞれセル全体を描画している．ここで(e)図の阪神港神戸区六甲アイランド付近から，同尼崎西宮芦屋区あたりまでは，(a)～(d)のセルにもすべて含ま

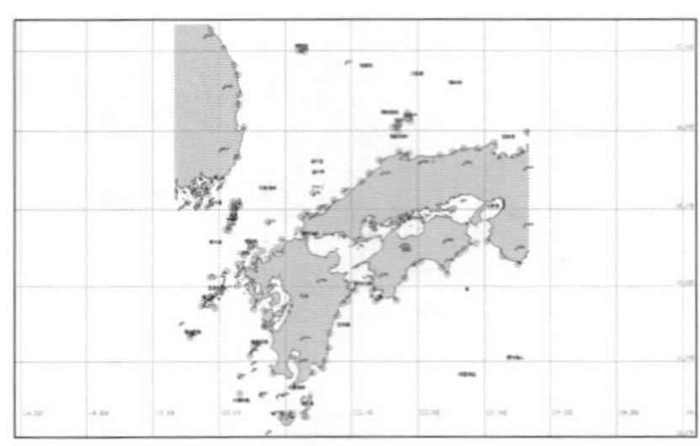

(a) NP：1（Overview）セルの範囲の例
（西日本及び韓国の一部）

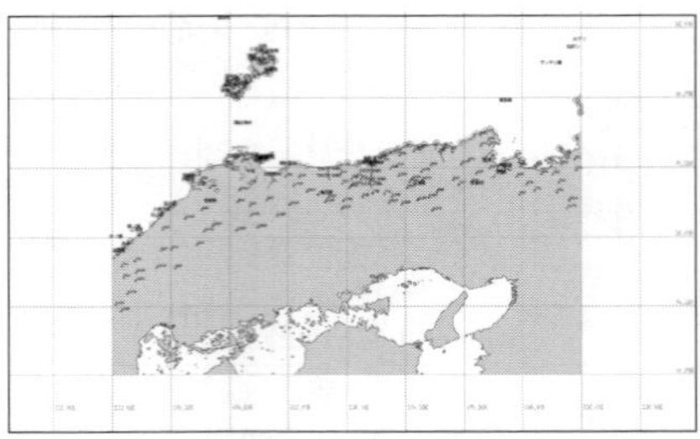

(b) NP：2（General Navigation）セルの範囲の例
（中国地方・近畿地方の一部）

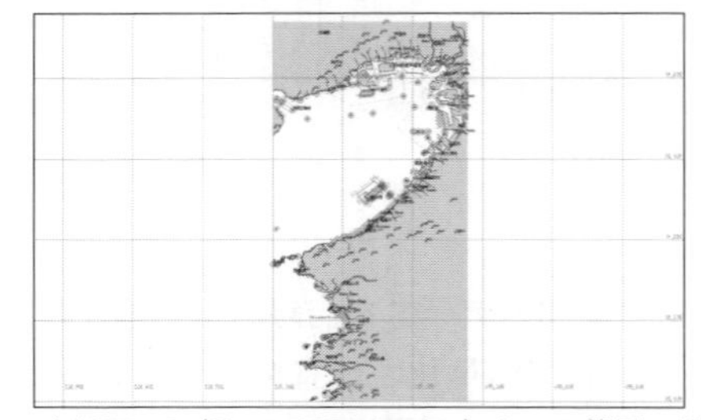

(c) NP：3（Coastal Navigation）セルの範囲の例
（大阪湾から和歌山付近）

(d) NP：4（Approach）セルの範囲の例
（大阪湾北部）

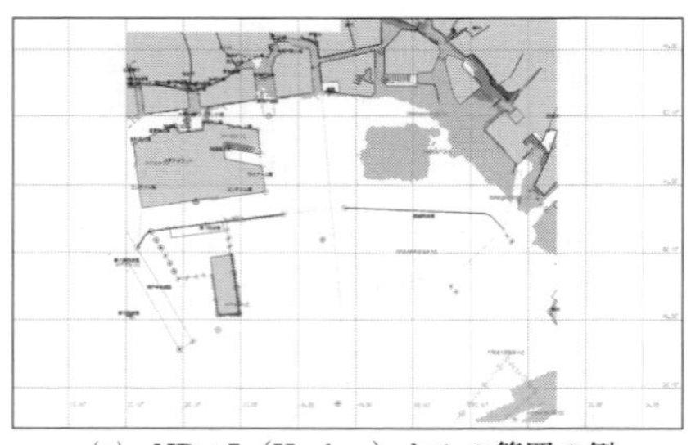

(e)　NP：5（Harbor）セルの範囲の例
（阪神港の一部）

図 5-5　縮尺の違いによるセルのデータ記録範囲の比較

れているが，小縮尺になるほど(d → a)，詳細な情報は含まれず簡略化されている．

発行されているENCには，極端にデータが少ないもの，範囲の狭いものがまれにあるが，一般的には表5-4に示した程度のデータ量である．この例では阪神港付近のある1点を含んでいるNPの異なった5種類のセルは，それぞれほぼ1MB（＝約1,000kB）前後のファイル サイズであるが，図5-5(a)の西日本全域から同図(e)の阪神港の一部までデータ範囲が狭く限定されるにした

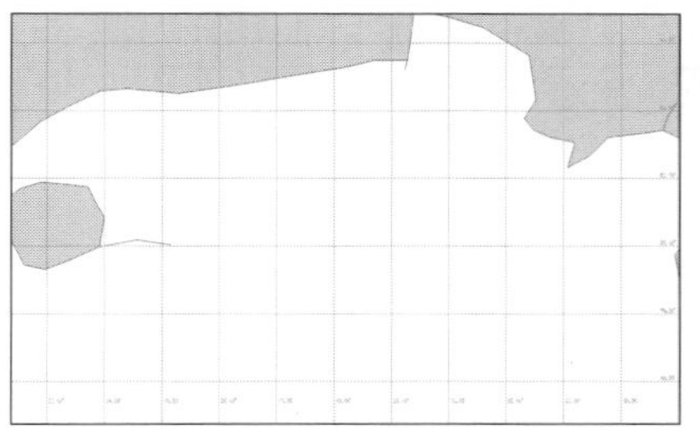

(a) NP：1（Overview）のセルによる描画

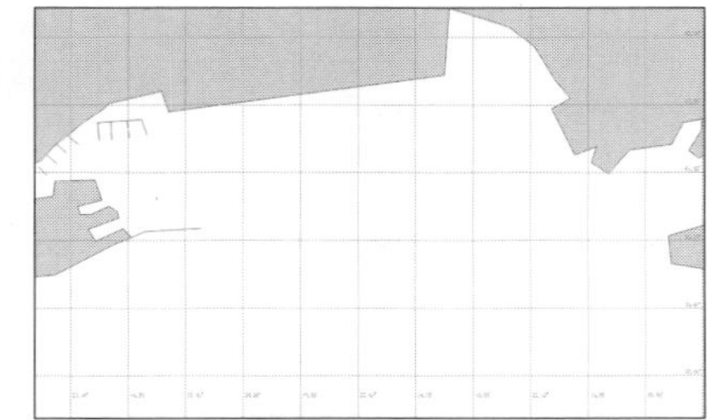

(b) NP：2（General Navigation）のセルによる描画

(c) NP：3（Coastal Navigation）のセルによる描画

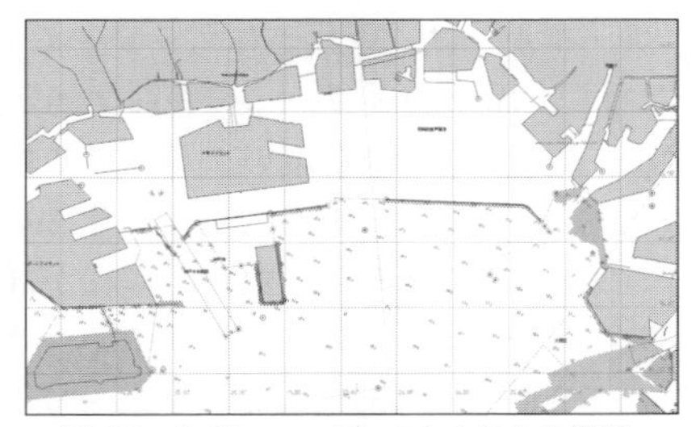

(d) NP：4（Approach）のセルによる描画

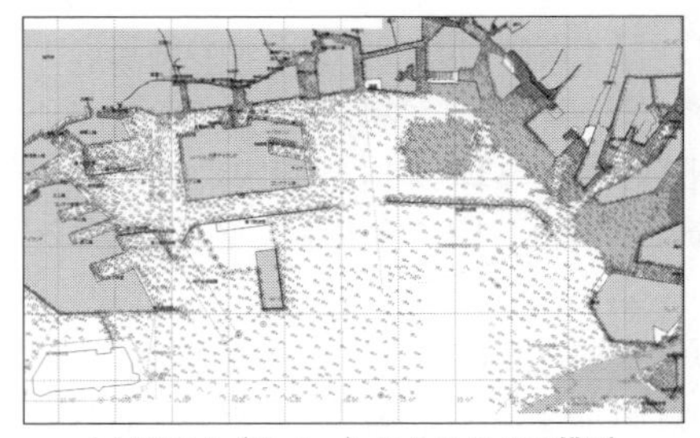

(e) NP：5（Harbor）のセルによる描画

図 5-6　NP（航海目的）の違いによるセルのデータ記録内容の比較

がって，その内容は詳細になっている．同図(a)～(e)は表示の際の縮尺が異なるので（順に大縮尺としている）一見しただけではわかりにくいが，海岸線の形状は小縮尺の(a)では簡略化しないとデータ数が多くなりすぎるのに対して，大縮尺の(e)では範囲が限られているのでバースの形状まで詳細に表現されている．

つぎにENCのセルの記録内容の違いを見るため，ほぼ同じ範囲を（表示上，ほぼ同じ縮尺で）5種類の異なる航海目的（NP）が異なるセルのデータにより描画したものが図5-6である．図5-6(a)～(e)の描画に使用しているセル

表 5-4　航海目的によるセルの比較（図 5-5 の描画に使用したセルの例）

図 5-5	NP	ファイルサイズ	関連する海図の縮尺	オブジェクトの数	含まれる点の数	含まれる線の数
(a)	1	777 kB	1：2,500,000	2,016	41,377	3,521
(b)	2	780 kB	1：500,000	1,976	38,004	3,695
(c)	3	1,365 kB	1：200,000	3,012	50,152	7,388
(d)	4	1,549 kB	1：45,000	2,943	39,053	8,326
(e)	5	1,276 kB	1：15,000	3,004	35,116	7,483

（ファイル）は，それぞれ図 5-5(a)から(e)に使用したセルと同じものである．ただし，図 5-6(e)は，この範囲全体を表示するために1つのセルでは不足で，NP：5 のセル 3 つを用い，並べて描画することで，他の図と比較できるようにしている．図 5-6(a)では，海岸線の形状がかなり簡単化されているが，同図(b)～(e)になると，順次，形状が詳細に表示されているのがわかる．また同図(e)では，比較のためセルに含まれるすべての水深データを表示させている．同図 (a) と (b) では，アプローチに用いることは想定しておらず，この部分に水深データは存在しない．このように，1 枚の範囲により縮尺を変えている紙海図と同様に，電子海図においてもセルの縮尺により，1 セルの範囲と内容の詳細さが変わっていることがわかる．

日本では現在 NP：4，5 の ENC は，すべての海域に対して作成，発行されているわけではなく，航海目的に合わせて必要な海域のものが提供されている．

なお，図 5-5 および図 5-6 は，ECDIS で描画したものではなく，記録データの内容を説明の意図に合わせて確認するため，特殊な ENC 表示ソフトウェアを使用した．

5. 2. 2. 4　図法と描画

ENC のセルはある領域を表現したデータを内容とするファイルであると説明した．この「領域」という表現は厳密に言えば，ほぼ球面である地球上のある緯度，経度から別の緯度，経度までの地点の範囲を記録しているということである．例えば矩形領域の場合，もともと緯度，経度で表す座標系での左下（南西）と右上（北東）の点によりセルの範囲を示せば，それは，平面的な矩形ではなく地球上の面の一部ということになる．地球の球面（厳密には回転楕円体に近似される）の一部を平面に描くには，いずれかの基準を用いる必要があり，角度が正確なもの，距離が正確なもの，面積が正確なものなど，地図として平面に表すための図法がいくつかある．

紙海図では航海に用いるため方位（角度）が正確な漸長図法（メルカトル図法）が一般的に用いられる．では，ENCの図法は何であろうか．その答えは，「ない」，すなわち描画する前のデータそのものに特定の図法という概念はない．図法とはもとの緯度，経度の値から2次元的な地図に描くための方法である．ENCは位置（緯度，経度）の数値データが格納されているだけで，形になる前のデータであるから，いかなる図法でも描くことができる元データにすぎない．個々の位置データの集まりについて図法という概念はないということである．しかし，ユーザーは紙海図を見慣れており，一般的に縦横1対1のピクセルサイズの比率の表示用ディスプレイを使用して，ENCも漸長図として表示する場合が多い．ただし，表示画面上で三角定規やディバイダで測るようなことを行うのが目的ではなく，コンピューター ディスプレイの性能の問題等もあるので，漸長図として表示される精度は場合により変わる可能性がある．

ENCの基準であるS-57フォーマットはデータに関する規定のみであり，その内容をどのように表示すべきか，すなわちディスプレイ画面上にそのデータをどう描画すべきかは，IHOの別の刊行物S-52：Specifications for Chart Content and Display Aspects of ECDIS（電子海図情報表示装置における海図内容と表示に関する仕様）に規定されている．現在，電子海図応用システムの1つであるECDISで型式検定を得るためには，S-57形式の電子海図データをもとにS-52で定義されたマークやシンボルおよび色等に従ってそれぞれのオブジェクトを表示しなければならない．しかし，ECDIS以外のシステムでは，同じデータを使っていても別の表示方法によることもでき，用途に応じてENCデータから図を生成する際の表示方法を変えることは技術的には可能である．

5. 2. 2. 5　データの保護

ENCのデータはIHO S-57に従って作成される．その形式のままでは含まれるデータの保護には対応しておらず，ファイルをコピーするだけで簡単に複製することができる．また，データが意図せず改変されていないかなど信頼性の問題もある．そこで，ENCデータの保護のため，IHOの刊行物S-63：IHO Data Protection Scheme（IHOのデータ保護の枠組み）の規定に従って暗号化したファイルを配布する方法がとられる．日本で発行し販売されるENCも，以前はS-57のままのファイルが大きな地域ごとに何枚かのCD-ROMに記録され販売されていたが，2005年4月以降，セルごとに注文してS-63形式で保護されたファイルとして販売されるようになった．この枠組みではENCデータはセルごとに暗号化される．メーカーごとに決められたキーと各装置固有のハードウェア キーをもとに，各セルの暗号を解くための鍵（セル パーミット）が装置1台ごとに作成され，暗号化されたENCファイルとともに利用者に渡される．利用者は，ECDIS等のシステムに暗号化されたENCファイルと鍵（セル パーミット）のファイルをインストールすれば，その鍵を用いて特定の装置のみで解読して電子海図データが利用できる．

5. 2. 3　ENCの利点と問題点

電子海図データ，とくにベクトル データを採用しているENCを用いる上で，データの性質上の利点と問題点についていくつか挙げて考える．

5. 2. 3. 1　保存と選択

日本および付近の海域だけでも，紙海図は700枚以上のものが発行されている．それぞれの海図はかなり大きなサイズ（紙海図の一般的な大きさは1,085mm × 765mm）で，丈夫な紙を使用しているので厚みもあり重量もある．必要な海図をすぐに取り出せるようにするには厚紙700枚を整理して収納しておく必要がある．そのために，限られた船橋のスペースで大きな容積のチャート ロッカーを必要とする．これに対して電子海図では，CD-ROMやDVD-R等のメディアに，ファイルとして記録すれば，日本近海のすべてのENCでも1枚のメディアに収まる．さらに，ECDIS等の表示装置では，それらのセルのデータ（ファイル）をすべて読み込んで内蔵の記憶装置に保存しておくことができるので，収納スペースの問題については格段に改善される．

紙海図では，よく知っている海域の場合は別として，何百枚もある海図の中から必要な海図を見つけ，さらに適切な縮尺のものまで選び出すのは面倒な作業である．従来，水路図誌目録という海図の索引図を用いてその作業を行っていたが，電子海図の場合は，各セルの領域等の情報がファイル内に記録されているので，画面上に表示する範囲を決めれば自動的に必要な電子海図セルが選択され，利用者はデータがセルに分割されていることを意識せず，連続した表示として見ることができる．さらに，拡大，縮小の操作をすることで，NP（航海目的）の中から表示に適切なセルが自動的に選ばれて使用される．

このように，ENCに限らず電子海図は一般に保存に関するメリットは大である．また，データ（必要な海図）の選択という点でも電子海図に利がある．

5. 2. 3. 2　改補

実際の海域の様子は日々変化する．埋め立てが進めば海岸線の形は変わるし，浮標（ブイ）が新設されたり撤去されたりすれば，それに対応して海図も更新されなければならない．従来，日本周辺の紙海図では海上保安庁が定期的に（通常，週に 1 度）発行する「水路通報」という書誌により海図の更新情報が周知され，手作業で海図を修正していた．この作業を「改補（correction of the chart)」という．SOLAS 第Ⅴ章の海図搭載要件を満たすため，航海に用いる海図は改補により最新の状態に保つ義務がある．水路通報に変更された事項が記載されている場合は手書きで海図を修正したり，ある部分の地形等がまったく変わってしまったようなときには，その部分だけが描かれた図が水路通報に印刷されているので，それを切り取って海図の上から貼り付けることにより改補するということが行われてきた．

ENC に対しては，そのような変更も電子的に提供され，変更情報（差分）のファイルを ECDIS 等の表示装置に読み込ませることで，データを最新の状態に保つことができる．このような電子的な変更情報を「電子水路通報」と言い，やはり日本周辺の電子海図に対しては週に 1 度程度発行されている．電子水路通報は CD-ROM 等で購入する方法と，インターネットのホームページからダウンロードする方法（データは無料．ネットの通信費用のみで利用可能）で入手できる．ENC では，このように改補の内容（量や複雑さ）にかかわらずデータを読み込ませる操作だけでよいので，紙海図に比べて簡単に改補の作業を行うことができる．

5. 2. 3. 3　縮尺の違いによる表示の問題

電子海図の利用者は，セルを意識することなく連続な表示が得られる，と先に述べた．しかし，ENC ならではの表示に関する問題点もある．それは，縮尺の違いによりデータの精度が異なることである．例えば，図 5-7 は，画面のほぼ中央から左側半分は NP：2 のセル（縮尺 1：500,000），右側半分は NP：3 のセル（縮尺 1：200,000）のデータで描画している．それらは，データの元の縮尺が異なり，それに連動して点の位置データの精度も異なっている．図 5-7 の例では，左側半分の方は海岸線データも簡略化されており，本来同じ位置であるべき点が左側のセルと右側のセルで異なっている．その結果，連続して表示されるべき海岸線がセルの境界

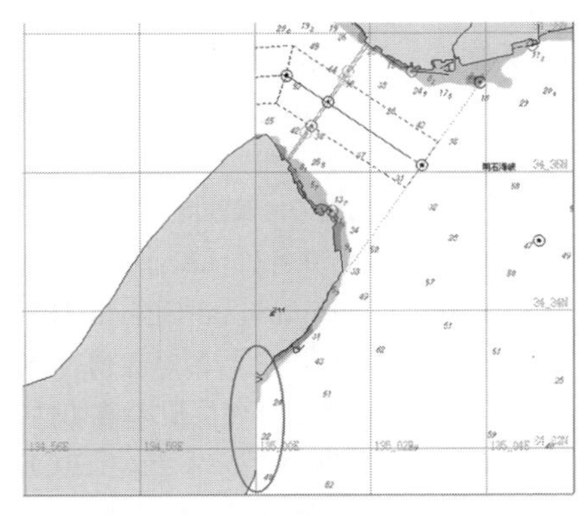

図 5-7　異なる航海目的（NP）のセルで表示する際に起こる不連続の例

において不連続になって表示されるという不都合が起きている．紙海図では縮尺の違う海図を同時につき合わせて見るというようなことは行わないので，このようなデータ精度の違いが目立つことはなかったが，電子海図システムで表示する際には顕著に現れる場合がある．同じ領域について縮尺の異なる複数のセルが用意されているベクトル形式のENCには不可避の問題である．

5. 2. 3. 4　精度

従来，紙海図をもとにして各点の位置を数値データに変換する方法で作成された電子海図データは，紙海図の精度を上回ることはなかった．現在では，電子的に測量したデータを直接，電子海図データに表現する方法が主になっているので，その精度は測量の精度に依存する．音響測深等による水深データや衛星測位システムによる位置データの精度は，現在でも改善されることもあり，もとデータを更新すれば電子海図の精度も向上することがありうる．一般的に現在では紙海図よりENCの方が精度が高い場合が多い．

ECDIS等で拡大して表示している際に精度の問題は顕著となり，例えば，着岸時に拡大して狭い範囲を大きく描画すると，岸壁と船体の位置関係が実際とは異なって表示される場合がまれにある．

ENCを用いて海図情報を描画する場合，ECDISでは，セルごとに設定されている編集縮尺（Compilation Scale）に対して必要以上に拡大して使用しないことが求められている．それ以上に拡大表示した場合には，Over scale（規定以上の拡大）として，使用者に注意喚起するよう決められている．その場合，ECDISでは，画面に垂直の細い直線（鎖線）が画面上に等間隔で表示され，海図表示の上に縦縞のような模様に見える．海図表示画面上では，複数のENCセルを用いて表示している可能性があり，当然すべてのセルは同じ縮尺（拡大縮小）で表示されている．自船位置が別の海図セルの部分へ移動したときに，表示の縮尺がそのENCセルの基準の2倍以上に拡大表示していれば，Over scale警報が発生する．

5. 2. 3. 5　電子海図の水深精度

IHOは2020年9月に「Mariners' Guide to Accuracy of Depth Information in Electronic Navigational Charts (ENC)，ENCにおける水深情報の正確さに関する船員向けガイド」という刊行物をS-67として発行した．これは，航海用電子海図の水深とその位置の適切性と正確性に関する信頼度についての，航海用電子海図を用いたシステム（ECDIS等）を操作する人々へのガイドである．S-67は可能な限り，IHO刊行物S-4「国際海図（INT）IHO規則及びIHO海図仕様」，S-57「IHOデジタル水路データ転送基準」及びS-52「ECDIS

の海図内容及び表示事項の仕様」の内容に沿っている．この刊行物は，既存のIHO規格を補足するものであり，航海士が電子海図情報表示装置（ECDIS）によって提示された水深情報をどのように解釈するかについて，より深い知識を提供する．

詳細については，ここでは取り上げないが，同じ海域を含んで，縮尺が異なった複数のENCで水深情報や等深線の位置が異なって示されたことに起因したと思われる乗揚げ事故等も発生しており，今後，ECDISを積極的に用いた航海の様態では，この刊行物による説明内容も理解しておくことが重要である．

5. 2. 3. 6　操作性

紙海図と電子海図の操作性を比較すると，一長一短があるが，多くの場合ECDIS等を利用して海図関連作業を行う方が作業性はよいと言える．

紙海図は，コンパスや三角定規等を用いて鉛筆で線を引いて，不要になれば消し，ディバイダで距離を測ったり，三角定規で方位を測ったりするなどの作業をすべて紙の上で行う．一方ECDISでは，予定航路を画面上でトラックボール等により位置を指示することで入力し，カーソル等で距離を測る．これらの操作は慣れればそれほど面倒ではないが，熟練者にとっては紙海図の上での作業の方が手軽に思われる．一方，自船位置の測定はECDISの場合，衛星測位システムにより通常1秒ごとに正確にプロットされ，つぎの変針点までの方位，距離などがその都度，自動的に計算した数値データとして表示される．紙海図では何らかの方法（交差方位法や天文測位，GPS等で測位した場合でもその位置）で測位して，それを一々手作業で記入しなければならない．また必要に応じて距離と速力から所要時間を計算するなど，ECDISでは自動化されている作業も紙海図利用では，その都度手作業で計算する必要がある．

5. 2. 4　RNC（ラスター海図）

ENCはECDISが実用化され利用されるようになってから，各国の水路機関が順次データを増やしているが，まだデータが作成されていない海域もある．そのため，ENCが発行されていない海域においても，ECDISを用いてナビゲーションが行えるよう，紙海図を読み込んでデジタル化し画像ファイルとしたRNC（Raster Nautical Chart）も利用される．

5. 2. 5　RNCの特性

- RNCは，公式紙海図の一種の複製品である．
- RNCは，IHOが定める基準（S-61）に従って作製されている．

- RNCは，公式更新情報をもって定期的に最新維持される．この更新情報は，デジタル形式で提供・頒布される．

RNCはIHOが規定する刊行物S-61：Raster Nautical Chart Product Specification（ラスター海図作成仕様）に従って作成されたラスター画像ファイルの電子海図であり，紙海図を画像としてスキャンしてデジタル化したものである．画像中の各ピクセルは，それが表す地理的位置と対応している．スキャンする元の画像は，発行されている紙海図そのものの場合と，多色刷り紙海図の印刷用原版の場合がある．作成されたRNCのデジタル画像ファイルはナビゲーション システムに表示して，その上にGPSなどの測位システムから得られる自船位置をプロットすることができ，画面上でのナビゲーションに用いることができる．

ただし表示される海図データは紙海図のコピーであるため，その画像には警報を発するための直接的な情報（例えば水深などの数値データ）は含んでいない（あくまで水深の値は画像中に文字として描かれている）．そのため，ECDISでENCを用いた場合では可能な各種の監視や警報発生もRNCではできないことがある．ただし，画像は地形情報を示しているので，その上で使用者（航海士）が予め警報を発生するべき位置を入力しておくことは可能である．

ECDIS性能基準では，ENCが作製・刊行されていない場合，船舶の海図備付け要件を満足するためECDISにおいてRNCを使用してもよいと定めている．ただし，その場合には「最新維持された適切な一連の紙海図」を併用しなければならない．

5. 2. 6　ENCの将来

現在のENCは上述のとおりIHO S-57に従った形式で表現されているが，これは情報工学的にみてもデータ構造が難解で効率がよいとも言えず，拡張性に乏しくバージョン管理体制も硬直した形式をとっている．また，他のデータとの融合性にも乏しく，水路誌や潮汐情報などの情報を融合することが難しい．

そこで，近年，発展普及しているGIS（Geographic Information System，地理情報システム）で用いられる一般的な地理情報に関する標準と互換性のある形式にENCの規格を変更することが早くから検討されてきた．その結果，IHO S-100シリーズとして新たな規格が提案され，順次制定されている．

S-100シリーズは，地理情報に関する国際標準の手引き（Standards Guide

ISO/TC 211 Geographic information/Geomatics）に準拠し，ISO 19100 シリーズと互換性を保つこととされている．これは，電子海図だけでなく，他にデジタル水路誌，グリッド水深，海流情報，海氷情報，航行警報などの水路情報も表現するための規格として利用される．そのうち，ENC（地形図）についてはS-101，グリッド水深についてはS-102というように，それぞれシリーズとして規格が作成される．なお，S-100 シリーズの普及については，当初の計画より遅れており，今後の動向を注視する必要がある．

S-100 シリーズと言うように，各種の情報の表現方法を別の刊行物により細かく規定しているところが特徴である．ただし，画面表示や操作方法は，大きく変わるものではない．これらの刊行物はおもにデータ形式等に関するものである．

このS-100 シリーズへの対応は原理的にはECDIS 内部のソフトウェアを更新し，ENC 等のデータを新しくすればよい．しかし，従来よりもデータの種類が多岐に渡ることになり，ECDIS の処理装置（内部のPC など）の能力が追いつかない場合もあり，今後新たに流通するハードウェアとしてのECDIS で対応するというメーカーもある．

S-100 シリーズのIHO 関係の刊行物のうち主なものはつぎのとおりである．

General Document（一般文書）

S-97 ：Guidelines for Creating S-100 Product Specifications
S-100 製品仕様書作成ガイドライン

S-98 ：Data Product Interoperability in S-100 Navigational Systems
S-100 ナビゲーション システムにおけるデータ製品の相互運用性

S-100：IHO Universal Hydrographic Data Model
IHO 万能水路データ モデル

International Hydrographic Organization（IHO）(S-101 to S-199)
（国際水路機関（IHO）(S-101～S-199)）

S-101：Electronic Navigational Chart（ENC）
電子海図（ENC）

S-102：Bathymetric Surface
水深測量と地形

S-104：Water Level Information for Surface Navigation
表面航海のための水位情報

S-111：Surface Currents
表層の流れ（潮流）

S-124：Navigational Warnings
航行警報
S-125：Marine Aids to Navigation（AtoN）
航行援助標識（AtoN）
S-129：Under Keel Clearance Management（UKCM）
キール下余裕水深の管理
S-164：IHO Test Data Sets for S-100 ECDIS
S-100 ECDIS 用の IHO テスト データ セット

《問題》 航海用電子海図データにおける航海目的（Navigation Purpose）について説明せよ．

5.3　ECDIS の構成と機器接続

5.3.1　ECDIS の内部構成

ECDIS の装置内部は，特殊な専用処理装置ではなく一般的な PC（Windows や Linux OS）で構成されている．実際にはオフィスや家庭で用いる PC ではなく，周囲の環境条件が厳しくても動作可能な「FA パソコン」と呼ばれる種類の PC が用いられることが多い．その PC で電源投入と同時に ECDIS として動作する専用のソフトウェアが自動的に起動し，実行される．画面表示には PC 用と同じ規格の液晶モニター（ディスプレイ）が接続され，ECDIS 専用のトラック ボールや VRM，EBL 用のダイヤルといくつかの特有の機能に対応するボタンを配置した専用のキーボードが ECDIS メーカーで用意され接続される．これは USB インターフェイスで ECDIS の PC に接続されているのが一般的である．そのため，市販の PC 用キーボードやマウス等も USB インターフェイスで接続可能な場合がある．中央処理部には ENC を読み込むための CD や DVD ドライブが内蔵されている．また航路計画等のデータを外部とやりとりするために USB メモリを接続してファイルの読み書きを行う機能を持ったものもある．

外観は図 5-8 のように，船橋にレーダーなどと並べて設置するためのスタンド型のものや，小型船の狭い船橋のスペースに設置できるようなディスプレイとキーボードおよび本体が分かれた形態などがある．

ECDIS の内部構成をブロック図として表したものが図 5-9 である．図中，中央処理部と記載した部分が PC で実装される．これには，表示用のディスプレイ，トラック ボール，専用キーボードが接続される．また，おもに船橋で

(a)　ディスプレイ キーボード分離型

(b)　スタンド型

(c)　スタンド型（MFD）

図 5-8　ECDIS 装置の外観の例

収集される他の航海機器からのデータがインターフェイス（通常，シリアルインターフェイスが用いられる．新しい機種ではLANも利用可能）を介して入力される．そのデータには

・AISで受信した他船情報
・GPS等の衛星測位システムの船位（緯度，経度），対地速力，真針路
・ジャイロコンパスの船首方位
・ログの対水速力

等がある．また，BNWAS（Bridge Navigation Watch Alarm System：船橋航海当直警報装置，第6章6.2節参照）へECDISで何らかの操作をしたことが信号として送られる（居眠りをしていないことを示す信号）．これら以外に，拡張用のシリアル信号入出力や，レーダー映像などのシリアル以外の信号を入出力するためのインターフェイスもオプションで接続できる．

船橋で使用するためには，電源は通常のAC100Vまたは220VとDC24Vの2系統が供給され，非常用バッテリからのDC24V電源での動作にも対応している．

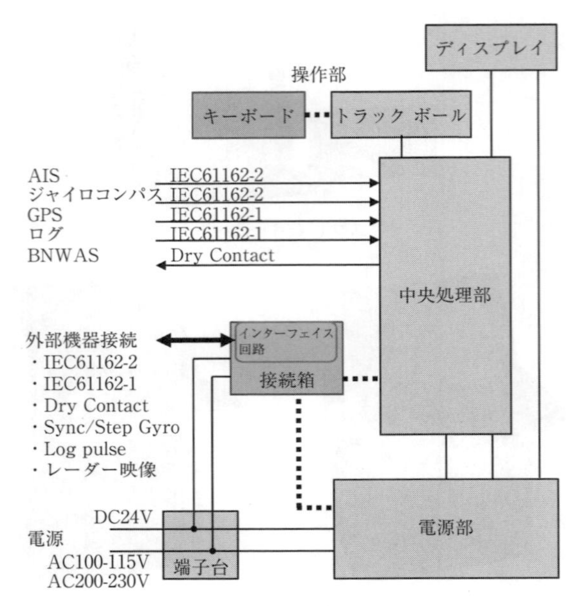

図 5-9　ECDIS の内部系統図

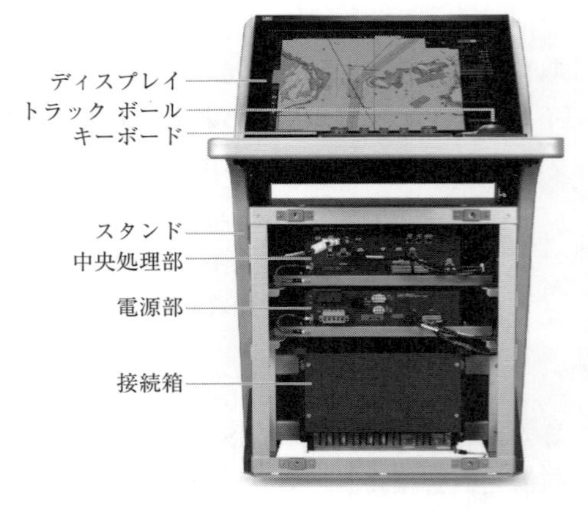

図 5-10　ECDIS 装置内部の配置例

図5-10の例のように，スタンドがある形式の場合，中央処理部，電源部，接続箱（インターフェイス）はスタンドの内部に収納される．

5. 3. 2　ECDIS と機器の接続

前述のとおり，ECDIS には数多くの外部機器（航海計器／機器）と接続するためのインターフェイスが用意されている．それらを用いてデータを入出力することで ECDIS の高度な情報処理機能が実現される．そのような接続系統の一例を図 5-11 に示す．

ECDIS は情報を表示したり処理するものであり，多くの接続信号は入力である．ECDIS から出力される信号は，航路計画のとおり自動的に操舵（TCS：Track Control System）するためのオート パイロットへの信号（7. 2. 3 項）と，

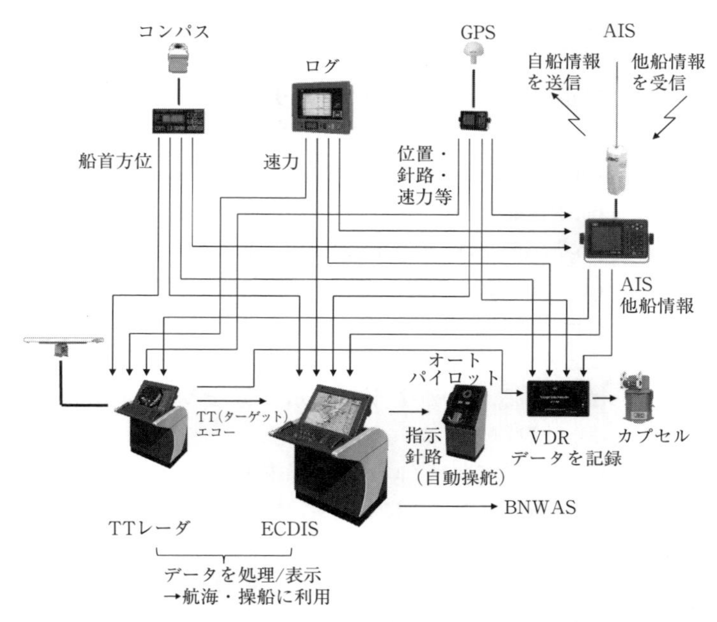

図5-11　ECDISと他の機器との接続

BNWASへのECDIS操作の事実を知らせるための信号（6. 2節）にほぼ限定される.

5. 3. 3　ECDISソフトウェア

ECDISを実現するため実行されるソフトウェアがメーカーにより変更された場合には，更新されなければならない．IMO航行安全小委員会の「ECDISソフトウェアの維持管理に関する指針」(SN.1/Circ.266）に

> ECDISユーザーは，ECDISソフトウェアが常に最新版のIHO規準に従っていることを確保すること.

という規定がある．電子海図の形式であるIHO S-57で新たな表現が加えられたときに，ECDISソフトウェアが対応していない古いものも用いていると正しく表示されない．また，表示方法を規定したIHO S-52も変更される場合があり，それに対応したECDISソフトウェアに更新しなければ，正しく表示されないことになる．そのような規格や規則の変更に応じてECDISメーカーからソフトウェアの修正が配布または販売されるので，規則で定める日までにソ

フトウェア更新作業を行わなければならない.

5.3.4　MFD（Multi-Function Display：マルチ ファンクション ディスプレイ）

ECDISは，各種情報を表示するための機器である．ECDIS自身の情報以外にディスプレイの表示機能を利用して他の機器の画面を表示することができるようにしたものがある．例えば，ECDISの機能としてのレーダー情報（エコーやターゲット）のECDIS画面（ENC上）への重畳表示だけではなく，トラック ボールやキーボード等によるレーダー操作も含めて，レーダーとして機能するというものである．切り替えることにより，それがECDISになったりレーダーになったりする．このような表示装置をMFD（Multi-Function Display，多機能表示装置）と呼ぶ.

航空機でも，最近の機種ではパイロット（操縦士）の前の画面には数個の多機能ディスプレイが配置され，そこに表示する情報の内容は必要に応じて様々なものから選択する方式の「グラス コックピット」と呼ばれる形態が増えている．これにより，狭い航空機の操縦席の前に，多数の計器がパネルに並んでいた時代に比べて情報表示について集約，整理されている．船橋においては，機器を設置するスペースは十分にあっても，各機器が独立して設置されていれば異なる情報を得るためにその都度，航海士が各機器の前に移動する必要があり効率が悪い．このような状況を改善するべく，IBS（Integrated Bridge System）やINS（Integrated Navigation System）と呼ばれる新しい船橋の形態ではMFDを採用することで機器の配置を整理し，とくに情報表示においては，ほとんど船橋内を移動することなく目的のデータを見ることができるようにしている.

5.4　ECDIS使用の実際

ECDISは条件を満たせば従来の紙海図の代替として認められる．したがって，紙海図により航海を行う場合と同等の作業を電子的に行う機能が実現されている．すなわち，海図上で予定航路（コースライン）を作成して鉛筆で線を引く．それに基づき，航行中，自船の位置を測定して安全かつ効率的に航海が進んでいるか随時確認する，という基本的な作業が電子的に画面上で行える．ECDISでは，予定航路を作成することを「航路計画（Route Planning)」，計画どおりに航海が進んでいるか随時確認することを「航路監視（Route Monitoring)」という.

これらを含め，ECDISの機能を整理すると，つぎの4つに大別される．

1. 電子海図の表示
    電子海図を図式に従ってグラフィクス表示
    (その上に)
    自船位置（GPS等）をプロット
    他船AISターゲットを表示
    他船レーダーTTターゲットを表示
    レーダー エコーを重畳表示
2. Route Planning（航路計画）
    予定航路を電子海図画面上で作成し，保存
3. Route Monitoring（航路監視）
    航路計画に従って航海を実行，監視
4. データの表示（コニング情報）
    各種計器から入力された計測データを表示

詳細なECDISの使用方法については機種によって異なるので，それぞれの使用説明書により必要な操作方法や表示の意味等を予め得ておくべきである．ここでは，上記4つの機能について考え方を説明する．これら大枠をよく理解しておけば，実際の操作の際にも役立つはずである．

図5-12にECDIS専用のトラック ボールとキーボードの例を示す．これは一例であり，メーカーや機種により変化がある．

5. 4. 1　電子海図およびその他の情報表示

ECDISの電源を入れると，起動処理が行われた後，図5-13のような海図画面が表示される．ここに表示されている画面上のボタンまたはトラック ボールの右ボタン クリックでポップアップ表示させたメニューを選択することで，望む機能を実行する．

図5-13の例は小縮尺での表示の様子であり必要に応じて拡大する必要がある．トラック ボール付近のZOOM IN／ZOOM OUTボタン（図5-12中⑤／⑥）や画面上のズーム カーソルをトラック ボールと左ボタンでドラッグする等の操作で，表示は拡大縮小することができる．表示範囲の移動は，海図画面上で左ボタンを押したままトラック ボールを移動すると，それにつれて表示も移動する等，最近のECDISではPCやタブレット等の操作性に似通ったものが実現されている．

なお，ツール バーやメニューは機種によって異なるので，詳細な操作方法

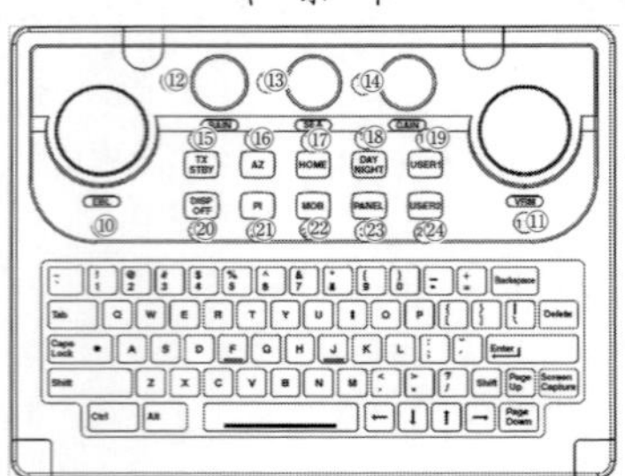

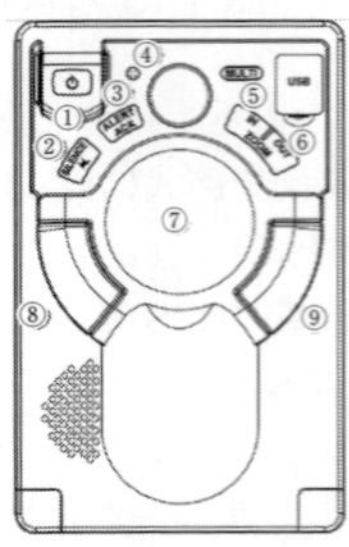

①	電源 POWER	電源の ON/OFF
②	ミュート SILENCE	スピーカ（音響アラーム）OFF
③	警報了解 ALERT ACK	警報表示画面の警報を了解
④	マルチダイヤル MULTI	ダイヤルを回すと， 数値の欄が選択されているとき：数値が増減 スクロールする画面がクリックされたあと：画面がスクロール
⑤	表示拡大 ZOOM IN	ECDIS 表示：表示拡大 レーダー表示：レンジ（−）
⑥	表示縮小 ZOOM OUT	ECDIS 表示：表示縮小 レーダー表示：レンジ（+）
⑦	トラックボール Trackball	カーソルの移動
⑧	左ボタン Left Button	メニューその他の画面上のボタンクリック，位置の指示等
⑨	右ボタン Right Button	画面上の場所に応じたメニューの表示（ポップアップ）

⑩	電子方位線 EBL	ダイヤルを回すと EBL の方位が変化する
⑪	可変距離環 VRM	ダイヤルを回すと VRM の距離が変化する
⑫	雨雪雑音除去 RAIN	雨雪雑音除去のフィルタ強度を変化させる
⑬	海面反射雑音除去 SEA	海面反射雑音のフィルタ強度を変化させる
⑭	利得（ゲイン） GAIN	レーダーの受信感度（ゲイン）を調整する
⑮	送信 / 停止 TX/STBY	レーダーエコー像の ECDIS 電子海図画面上への表示を ON/OFF
⑯	アラームゾーン AZ	アラームゾーン（AZ）/ ガードゾーン（GZ）の設定等
⑰	ホーム HOME	TM（真運動）/RM（相対運動）のモードに従って，自船位置を中心の表示位置に変更
⑱	昼 / 夜切り換え DAY NIGHT	画面の表示色を昼用 / 夜用に切り換え
⑲	ユーザー1 USER1	予め割り当てられた機能を実行する（メニューで予め設置しておく）
⑳	表示 OFF DISP OFF	ボタンを押している間，データ表示や船種輝線表示（HL）を OFF にする
㉑	パラレルインデックス PI	パラレルインデックスの表示 ON/OFF 等
㉒	人身転落 MOB	MOB（人身転落）マークが電子海図画面上の自船現在位置に表示され，MOB 情報が表示される．ボタン長押しで MOB マーク等が消える
㉓	パネル輝度 PANEL	パネル（キーボード等）の輝度が変化する
㉔	ユーザー2 USER2	予め割り当てられた機能を実行する（メニューで予め設置しておく）

図 5-12　ECDIS 操作キーボードの例

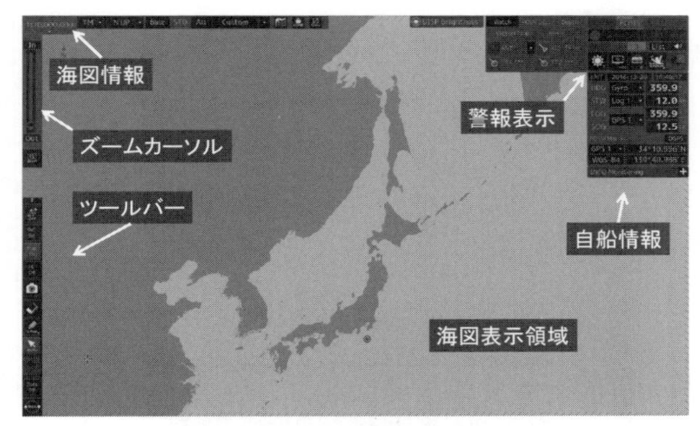

図 5-13　電子海図表示画面

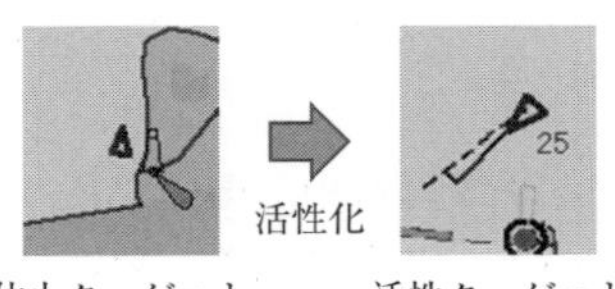

(a)　AIS ターゲットの活性化

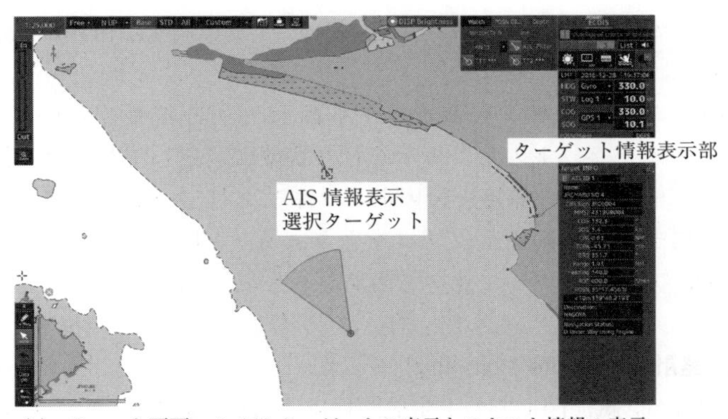

(b)　チャート画面への AIS ターゲットの表示とテキスト情報の表示

図 5-14　AIS ターゲットの重畳表示

についてはその機種の操作説明書を調べること．

図 5-14 は電子海図上に AIS ターゲットのデータを示した例である．チャート画面上で AIS ターゲットは初期状態として休眠状態で表示され，位置のみ

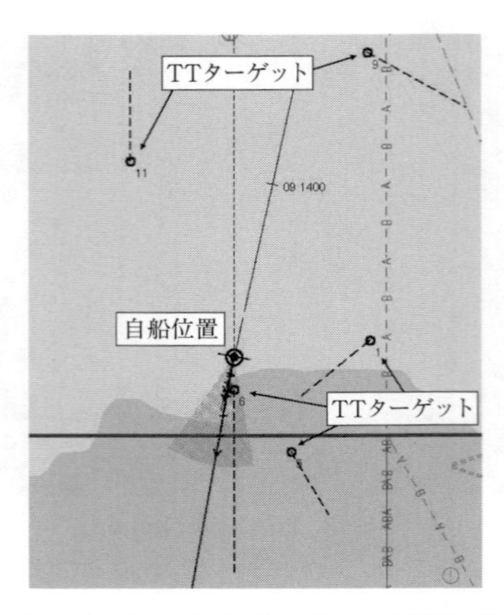

図 5-15　レーダーTTターゲットの重畳表示

プロットされてその移動ベクトル等はない．そのため，移動ベクトルやさらに詳細なデータを数値や文字等のテキストで見るためには，AIS ターゲットごとに予め活性化する必要がある（同図(a)）．AIS のシンボル（図形の形状）は，4章で説明したものと同様である．選択した AIS ターゲットの情報は，画面の中で情報表示部にテキストで数値その他ターゲットに関する情報が表示される(同図(b))．

図 5-15 に，TT ターゲットのチャート画面上への重畳表示の例を示す．ECDIS で TT ターゲットの重畳表示を行う状態に設定しておけば，接続されているレーダーで TT の捕捉を行いトラッキングしているターゲットについて，自動的にチャート画面上にプロットされる．TT ターゲットのシンボル(表示の形状）は，レーダーに比べて簡易なことが多い．

5. 4. 2　航路計画（Route Planning)

「航路計画」は，紙海図上での予定航路作成と同様，変針点（Way Point，ウェイ ポイントと呼ぶ）の位置をつぎつぎに指定することで作成する．ウェイ ポイント間は自動的に線が表示され，つながれる．

航路作成の例を図 5-16 に示す．ECDIS で作成する予定航路には等角航路(航程線)（同図(a)）と大圏航路（同図(b)）の 2 種類がある．

具体的な航路計画の手順を図 5-17 に示す．はじめに Route Planning のモードに入る．その操作は機種によって異なるが，キーボードにある［Route

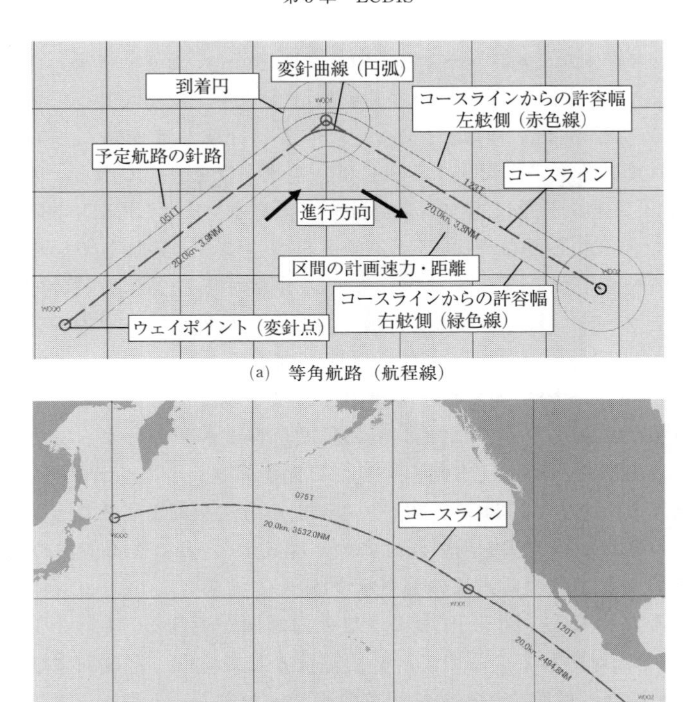

(a)　等角航路（航程線）

(b)　大圏航路

図 5-16　作成する航路の例

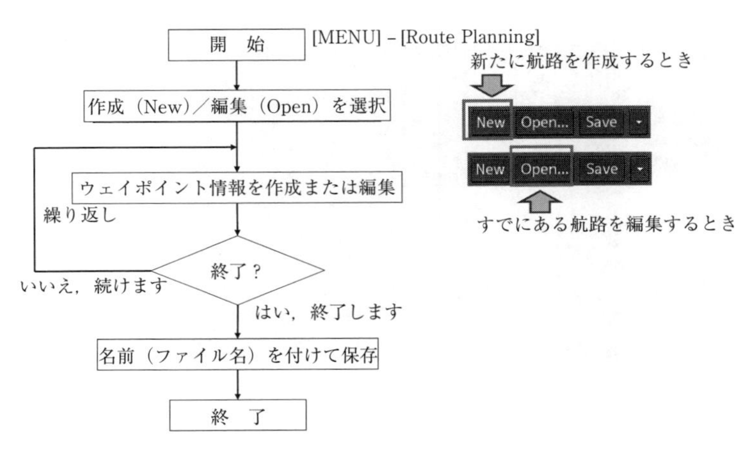

図 5-17　航路計画の手順

Plan］キーを押すか，メニューから［Route Planning］を選択する．つぎに「新規作成（New）」か，既存の航路の「編集（Open）」を選択する．全く新たに航路を作成する場合は「作成（New）」，すでに作成して航路としてファイルに保存されているものを編集する場合は「編集（Open）」である．その後は，ウェイ ポイントを新たに追加，またはすでにあるウェイ ポイントの編集を行うことができる．必要なウェイ ポイントをつぎつぎと追加していく，または編集（位置を変更する／ウェイ ポイントを削除するなど）を続けて行う．最後に名前（ファイル名）をつけて作成／編集した航路のデータを保存して終了する．図5-18にファイルへのセーブ画面の例を示す．

ウェイ ポイントの追加または編集の作業は，表による方法とグラフィクスによる方法がある．ウェイ ポイントの緯度，経度が予め分かっている場合には表による方法を，チャート画面を見て航路をイメージしながらウェイ ポイントの位置を指定するにはグラフィクスによる方法を利用するなど，作業効率を考えていずれかの方法を用いればよい．図5-19に表による方法の例を図5-20にグラフィクスによる方法の例を示す．

表による方法では，図5-19のような入力画面が表れる．1行が1つのウェイ ポイントに対応しているので，必須項目として緯度，経度および付加情報として変針半径，航路余裕等の情報を数値で入力する．入力データは画面に表示されるソフトウェア キーボードまたは，装備されている場合はキーボードから入力する．

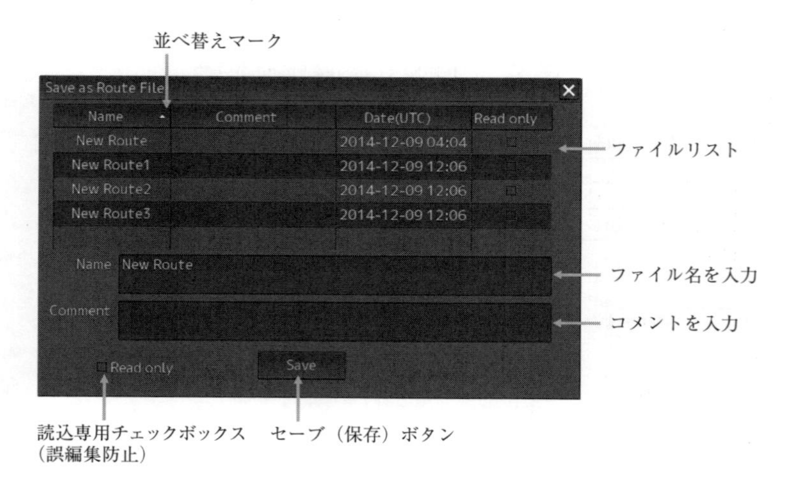

図5-18　作成した航路データのファイルへのセーブ

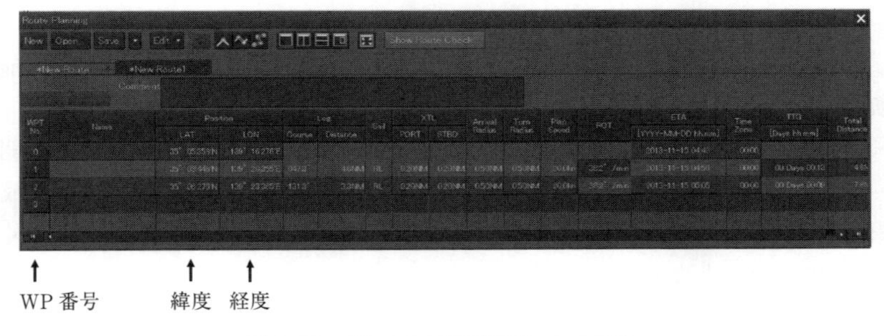

図 5-19　表による計画航路データの作成

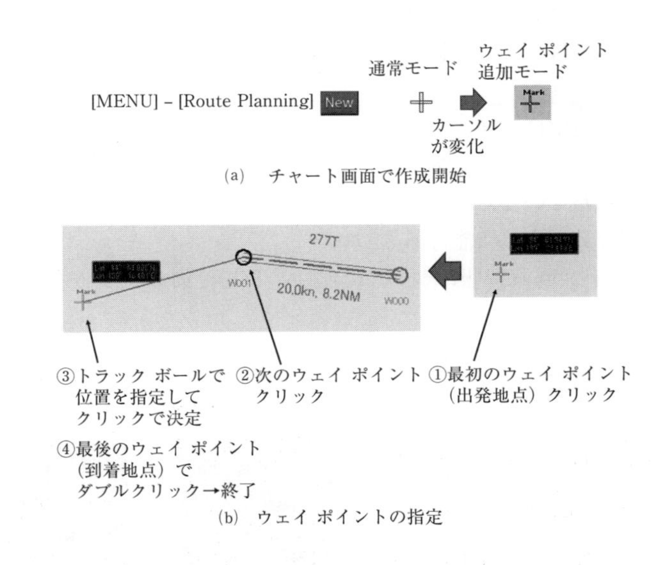

(a)　チャート画面で作成開始

(b)　ウェイ ポイントの指定

図 5-20　グラフィクスによる計画航路の作成

一方，グラフィクスによる方法では，チャート画面上に図 5-20(a)のようなカーソルが表示されるので，トラック ボールでウェイ ポイントの位置へカーソルを移動し，その点でボタン クリックにより位置を指定する．同図(b)のように，つぎつぎとウェイ ポイントを指定し，最後のウェイ ポイントを指定すれば入力が終了する．

表，グラフィクスのいずれの方法でも最後に名前をつけて航路を保存する．

5. 4. 3　航路監視（Route Monitoring）

予め作成した計画航路に基づいて実際に航海を実現する際に利用する機能が「航路監視」である．図5-21に航路監視を行うための操作手順を示す．

詳細な手順は機種によって異なるが，Route Monitoringダイアログを開くか，もともと画面上にRouteの選択がある場合はそこで，あらかじめ作成し保存しておいた計画航路のファイルを名前で選択すると，その航路に基づく航路監視のモードとなる．

ECDISが航路監視のモードになると，基本的に次のウェイ ポイントに向かうための情報が図5-22の例のように数値等で示される．なお，この例は大洋航海中の場面であるが，沿岸航海中，ウェイ ポイントを詳細に指定して作成した航路の場合には，より詳細につぎの変針点に向け時々刻々変化する情報が表示される．

また，航路監視中は，図5-23のような計算ウィンドウを表示させることで，同図(a)のように速力等の条件を変えて所要時間を計算したり，同図(b)のように選択した航路中の任意のウェイ ポイントから指定した別のウェイ ポイントまでの距離を計算する機能もある．

図5-24は，衝突回避警報についてCPAやTCPAのリミットをはじめ，い

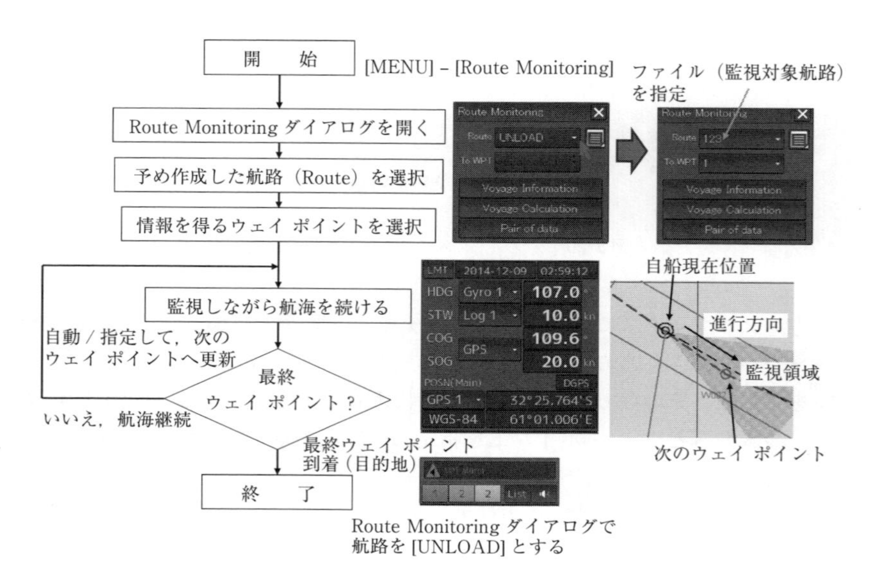

図5-21　航路監視の手順

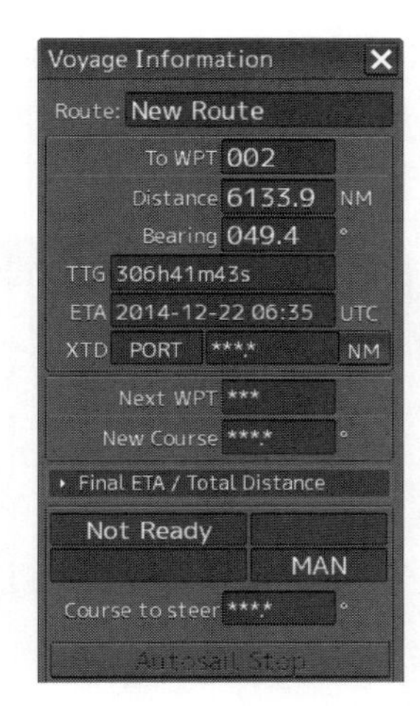

Route：　選択した航路名
To WPT　変針点002に向けて
Distance　距離
Bearing　方位
TTG　所要時間
ETA　到着予定時刻
XTD　予定コース ラインからの左右のずれ

図5-22　航行情報ウィンドウ

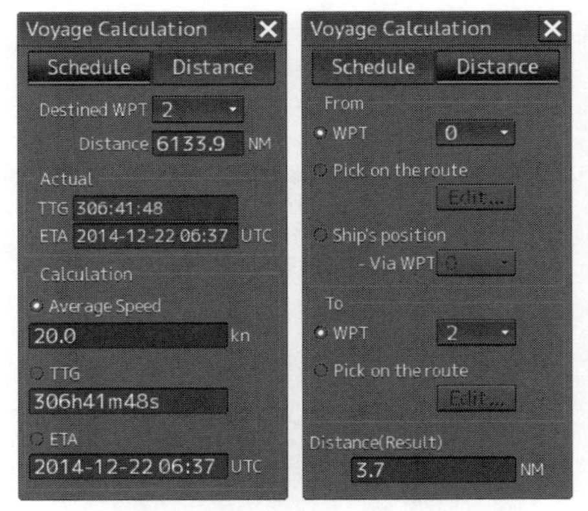

(a)　スケジュール（時間）計算　　(b)　距離計算

図5-23　計算ウィンドウ

くつかの方法で危険ターゲットの判定条件を設定するものである．この他，図5-25～図5-27の例に示すように，様々な警報を発生させることができる．図5-25は自船の喫水に対して安全な水深を設定しておけば，それより浅い水域が近づくと警報を発する．図5-26は危険を検知する前方の領域（方形または円弧）を設定している．図5-27は電子海図中に含まれる各種情報（オブジェクト）に接近すれば警報を発する区域警報について，種類ごとに選択する画面である．

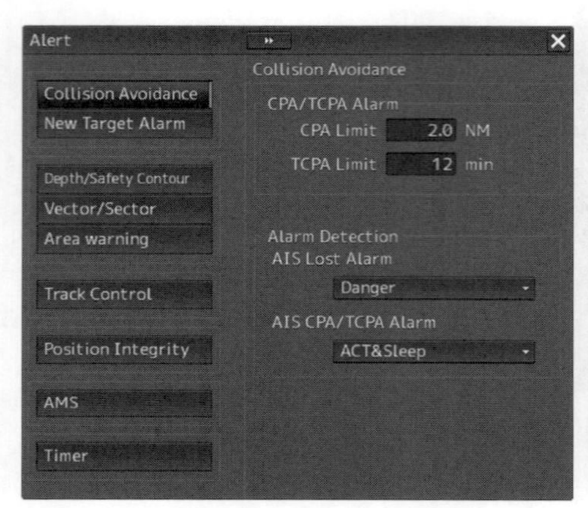

図 5-24　衝突回避 “Collision Avoidance” の設定

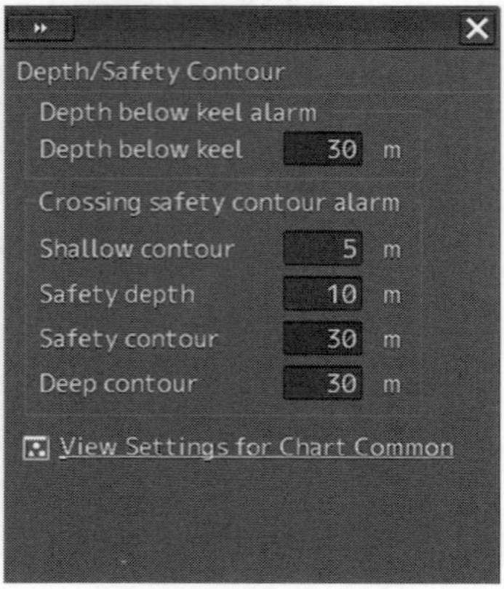

図 5-25　安全等深線 “Safety Contour” の設定

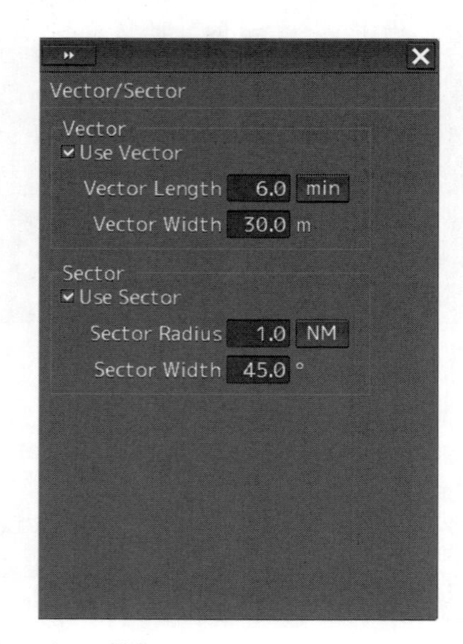

図 5-26　危険ベクトル・領域 “Dangerous detection Vector and Sector” の設定

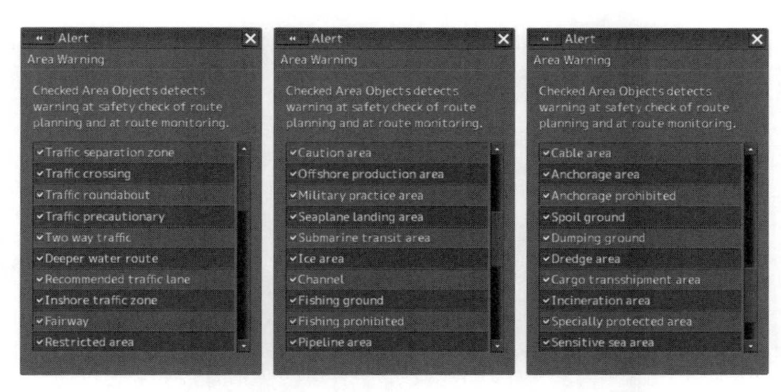

図 5-27　区域警報 “Area warning” の設定

5. 4. 4　コニング情報表示

ECDIS には，自船位置のプロットのため，衛星測位システム（GPS 等）の位置やジャイロコンパス方位等のデータが入力されている．この他にも図 5-11（5. 3. 2）に示したように，様々な機器からの情報が入力されており，それを ECDIS 画面上で表示させることができる．これを「コニング」機能という．一例としてつぎのような情報を表示する機能をもった機種がある．

(1) Course Bar Block	コース レコーダー風の表示
(2) Climate Block	気象関係情報
(3) Draft Block	喫水情報
(4) Current/Wind Block	潮流および風向風速等
(5) Gyro/Rudder Graph Block	船首方位／舵角グラフ
(6) Engine Graph Block	機関関係グラフ
(7) Docking/Voyage Ship Block	離着岸関係情報
(8) Depth Graph Block	水深グラフ
(9) Current Block	潮流情報

ここでは，表示画面中のひとまとまりの情報の部分をブロック（Block）と呼んでいる．コニング表示画面の例を図 5-28 に示す．

【例題】　ECDIS の機能を列挙せよ．

・電子海図の表示（電子海図上への自船位置のプロット，ターゲットデータの重畳表示）
・航路計画（予定航路の作成）

・航路監視（航路計画に沿った航海の実行，モニタリング）
・各種データの表示（コニング機能：他の計器，機器類から入力された計測データ等の表示）

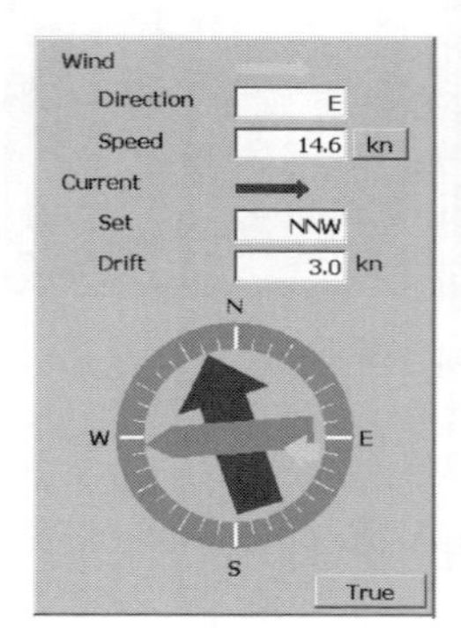

(a)　風向・風速／潮流等

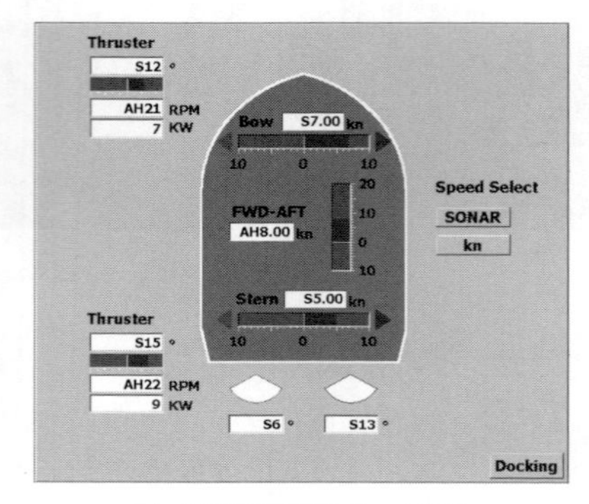

(b)　離着岸操船時データ表示

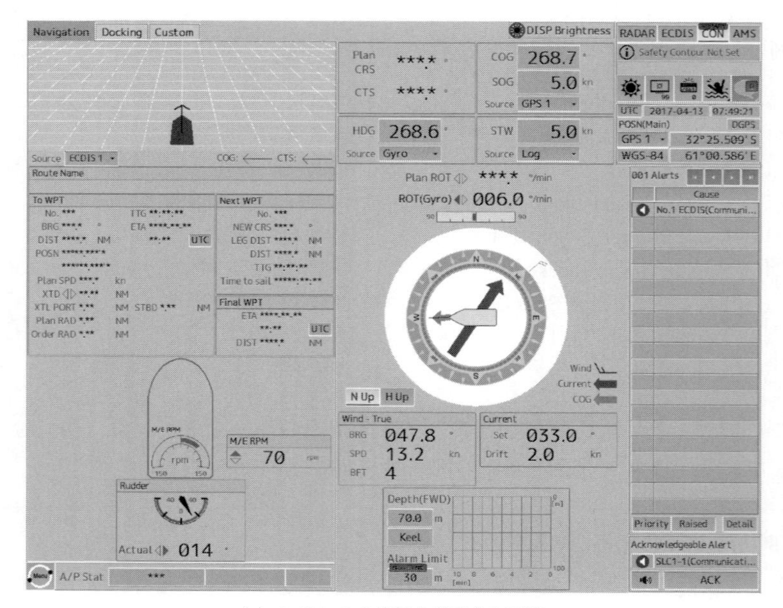

(c)　いろいろな情報を表示する画面

図 5-28　コニング表示の例

5.5　ECDISトレーニング

ECDISはナビゲーション システムとして便利で大変有用である一方，非常に複雑なシステムであり，取り扱いは簡単とは言えない．要約すれば，ECDISは，

・ハードウェア（一般にPC）とそのPCのオペレーティング システム
・ECDISソフトウェア（カーネル及びユーザー インターフェイス）
・各種センサーからの入力インターフェイス
・電子海図データおよび表示規則（図式）
・警報・表示対象要素

等の要素で構成される．

これらすべての要素，機能に対して，誤操作，誤解，機能不全，高度に自動化された航海システムに対する過剰依存等を避けなければならない．そのため，ECDIS搭載義務船に乗り組む船長・航海士には，あらかじめECDISトレーニングを受講することが義務づけられた．

「船員の訓練及び資格証明並びに当直の基準に関する国際条約（STCW条約）」及び「国際安全管理コード（ISM Code)」において，航海士が行うべき職務を確実に実行する資格があることを確保するため，船主に対する責任を規定している．そのうち，「船舶がECDISを搭載している場合，船主は，そのようなシステムの使用者が海上においてそれを使用する前に，その運用と使用法について適切に訓練されていることを確保する義務がある」とされた．

具体的には，2010年の改正STCW条約中，Code A：Use of ECDIS to maintain the safety navigation（コードA：安全な航海を実施するためのECDISの使用）と，Code B：Training and assessment in the operational use of Electronic Chart Display and Information Systems（ECDIS）（コードB：ECDISの操作に関するトレーニングと評価）に規定された．これにより，実船またはシミュレーターによるECDIS訓練が実施される．

5.6　ECDISとINS

最新船舶の船橋には，INS（Integrated Navigation System，統合化航海システム）が採用されているものがある．ほぼ同義でIBS（Integrated Bridge System，統合化船橋システム）という語も使われる．INSの中心的な役割を果たすのは電子海図システムを用いた航海および各機器のMFD（マルチ ファンクション ディスプレイ，5.3.4項参照）による表示と操作である．規則と

図 5-29　INS の例

しての INS は IMO の決議 MSC.252（83）（2007 年 10 月採択）で規定されている．

5. 6. 1　INS のタスクおよび機能

INS での構成はいくつかの機器を利用するが，タスク（作業）指向である必要がある．すなわち機器ごとの操作ではなく，作業ごとの操作として統一されている必要がある．

INS の航海タスクは，

- ・航路計画（Route planning）
- ・航路監視（Route monitoring）
- ・衝突回避（Collision avoidance）
- ・航行制御データ（Navigation control data）
- ・状態およびデータ表示（Status and data display）
- ・警報管理（Alert management）

に分類される．

INS のすべてのタスクは，同じ電子海図データと，航路，潮汐情報などの航海に必要な情報のデータベースを使用する．電子海図（ENC）が利用可能な場合は，INS の共通のデータとして使用する必要がある．

表 5-5 に示すとおり，INS で指定されている機器の機能を使用して関連するタスクを実現する．

表5-5　INSの機器とタスク

INSで認める機器等	タスクと機能
レーダー (Radar System)	衝突回避 Collision avoidance
ECDIS	航路計画　Route planning / 航路監視　Route monitoring
HCS (Heading control system)	航行制御データ または 航行状態とデータ表示 Navigation control data or Navigation status and data display
TCS (Track control system)	航行制御データ および トラックコントロール Navigation control data and track control
AISデータ提示 (Presentation of AIS data)	衝突回避・航行制御データ Collision avoidance / Navigation control data
音響測深 (Echo sounding system)	航路監視 Route monitoring
電子測位システム EPFS (Electronic Position Fixing System)	航行制御データ または 航行状態とデータ表示 Navigation control data or Navigation status and data display
船速距離計 SDME (Speed and Distance Measuring Equipment)	航行制御データ または 航行状態とデータ表示 Navigation control data or Navigation status and data display

HCSとTCSについては7章，音響測深については9章，SDMEについては8章をそれぞれ参照のこと．

INSでは電子海図システムであるECDISが中核となるが，その他のタスクも多機能ディスプレイ（Multi-function Display）を利用して，各作業が実行できるよう集約される．

INSにはアラートに関する規定があり，

・警報（Alarm）

・警告（Warning）

・注意（Caution）

に分類されている．

5.6.2　ブリッジ アラート マネジメント（BAM）

船橋に装備されている様々な機器からの警報（アラート：危険通知）が出力されるようになっている．船橋でのアラート管理と処理および統一的な表示について，指針がIMO決議MSC.302 (87) で定義された．これがBAM（Bridge Alert Management）と呼ばれるものである．

BAMの目的は，「INS，IBSの船橋設計へのSOLAS第V章15規則，Principles relating to bridge design, design and arrangement of navigational systems and equipment and bridge procedures（船橋の設計に関する原則，航行システムと機器の設計と配置および船橋における作業手続き）に指針（SN.1/Circ.265）を適用し，警報の処理，転送，表示を強化すること」とされている．

BAMは，アラートを集中してその管理を行うシステム機能（CAM）と，ブリッジでアラートを処理および提示する機器（CAM-HMI）の要件を規定したものである．表示と処理の要件を提供することにより，個々の機器のアラートに対する操作の安全性を高めることが目的である．IEC 62923で，関連する運用の要件と性能要件，テスト方法，および必要なテスト結果を規定している．

BAMの範囲としては，IEC 62923によると「ブリッジ」に表示されて転送されるすべてのアラートに適用される．ここで，「ブリッジ」という言葉は，「対象の各機器と甲板部職員・部員（航海士チーム）の航行に責任ある人の総体」と解釈する必要がある．

5. 6. 2. 1　CAM（Central Alert Management，中央アラート管理）

CAM-HMI（Human Machine Interface）でのアラートの表示，CAM-HMIとナビゲーション システムおよびセンサー間のアラート状態の通信を管理するための機能をCAMと称する．CAMは，システムに集中化または部分的に集中化され標準化されたアラート関連の通信を介して相互に接続される．

これまでは，それぞれの機器に独自のHMIがあってそれぞれの機器の仕様に依存したアラートの表示等をおこなってきたが，それでは利用者（航海士等）の注意を分散し，アラートに対処する作業に散漫になる可能性もある．そのため，個々の機器に依存するのではなく，集中化することでアラートに即座に対処できるようにすることに意味がある．このような考えが提案されたのは，今日のナビゲーション システムと多様なセンサー類が，航海士等が不必要と見なす可能性のある，あまり意味のないアラートが発生する可能性もある状況で，利用者（すなわち航海士等）の観点から，そのアラートを確認し「不要なアラート音（等）を止める」ための手段が1か所に集中化されていることが必要であると考えたからである．利用者はアラートに対して正しい対処を決定し実行するために，アラート発生源のHMIに示されている詳しいアラート情報が必要となることも多い．そのため，個々の機器でアラートを管理するべきとの考え方もある．しかし，航海士は重要な作業に集中しなければならない場面もあり（たとえば，避航操船など交通状況に対処するとき），そのようなときにアラートを集中された1か所で止めることができれば，それなりの価値はある．

BAM準拠は，示されたアラートをCAMのHMIで簡単に把握でき，さらに処理できることを意味する．

5.6.2.2　CAM-HMIとCAMS

CAM-HMIは，船橋でアラートを表示および処理するためのヒューマン マシン インターフェイスである．簡単に言えば，CAM-HMIはCAMシステムのHMI部分である．CAMシステムは，今後導入される自動化環境に対して分散された単一のシステムまたは相互作用する機能の集合である可能性があり，CAM-HMIは単一の筐体または操作パネルと表示ディスプレイからなる筐体の組み合わせとして実現される可能性がある．

IEC 62923はCAM-HMIの最小要件を規定しており，その内容は表示の詳細，操作，警報音，機器自体の障害などを含んでいる．

CAMS（中央アラート管理システム）はCAMとCAM-HMIの複合機能である．接続された（BAM準拠の）アラート発生源機器からみれば，これは二次的アラート処理機能である．障害が発生してもアラート発生源のアラート管理機能が無効になることはなく，利用者の観点からは，従来のアラーム表示を標準化した代替手段ともいえる．

CAMSは，接続された各機器と必須のアラート管理機能を提供するための可能性のある障害についての知識までは必要としないため，それなりに単純なシステムとなる．ただし，メーカーがCAMSの機器を実現する際に，必須機能以上の非BAM準拠（従来の）アラート発生源に接続するための変換機能をオプションで提供することも選択の1つとされている．ECDIS，レーダー，ルート トラッキング（TCS）などのアラート発生源の機能（アラート管理機能を含む）に対処するためにも使用できる様々な多機能ディスプレイ（MFD）上の複数のHMIを介してその機能を提供する場合もありうる．そのHMIでは，他のアラート発生源からのアラート管理HMIを介してアクセスできる．

CAMシステムは有効なものであるが，BAMの概念を適用することの利点の主な要因とは異なるものであることに注意しなければならない．BAM準拠を適用することは，利用者によって解釈されるデータではなく，どう対応すべきかについての情報を，CAMのメーカーが提供することになるためである．将来，CAMシステムはアラートの表示と処理について一般的なものとなる可能性があるが，あくまでも補助ととらえる必要があろう．

第6章　VDR・BNWAS

この章では，データを計測して直接航海に利用するものではないが，安全な航海のために船舶への搭載が義務づけられた機器について説明する．1つはVDR（Voyage Data Recorder：航海情報記録装置）であり，もう1つはBNWAS（Bridge Navigation Watch Alarm System：船橋航海当直警報装置）である．

6.1　VDR

6.1.1　概要

VDR（Voyage Data Recorder：航海情報記録装置）は，船舶が海難事故を起こした際，その原因の解明を目的として航行情報（レーダー画面の画像を含む）や船橋内の音声（会話とVHF通信の内容）のデータを一定時間，記録するというものである．

航空機では，事故の際の原因究明を主な目的として「フライト データ レコーダー」と「コックピット ボイス レコーダー」から成る，いわゆる「ブラック ボックス」と呼ばれる装置が1950年代から搭載されている．ブラック ボックスは当初はアナログ式で，磁気テープに音声を録音したり，金属箔にデータを記録するようなものであったが，今日ではいずれもデジタル式でハードディスクやフラッシュ メモリ等の媒体にデータを記録する．

航空機のブラック ボックスと同様の機器を船舶にも搭載することになったのは2000年代に入ってからのことで，当初からデジタルの形式でデータ記録を行うものである．今日の航海計器はデジタル形式でデータを出力するものが一般的となっているので，そのデータを記録装置に集約して記録するという考え方である．

船舶のVDRは初期の規格では，さかのぼって12時間以上のデータを記録することとなっていたが，2014年7月以降に装備されるVDRについては48時間以上のデータを記録することとされている．事故の際にデータが取り出せなければならないので，ハード ディスクやフラッシュ メモリなどの記録媒体を納めた容器（カプセル）は，沈没時の水圧に耐える耐圧性能と火災時の火炎に耐える耐火性能等，過酷な条件下でも内部のデータが守られることが求められる．VDR における最終記録媒体の 1 つである固定カプセルは，

・衝撃
・貫通
・火炎
・水圧

に耐えて，データを取り出し再生できなければならない．

6. 1. 2　VDR の搭載要件と種類

VDR は 2002 年 7 月から順次，搭載が義務づけられた．国内における搭載要件は，

・150 トン以上の旅客船で国際航海に従事するもの
・3,000 トン以上の船舶（特定の漁船をのぞく）で国際航海に従事するもの

となっている．国際航海に従事しないものは規則として対象となっておらず，大型の内航フェリーを含め，内航の貨物船等にも装備する必要はない．

VDR には，

・VDR
・S-VDR（Simplified Voyage Data Recorder）

の 2 種類がある．S-VDR は，記録するデータ内容や記録媒体について簡略化されたものである．

要件に該当する 2002 年 7 月以降の新造船については，VDR を搭載しなければならないが，それ以前に建造された既存貨物船では，S-VDR の搭載でよいことになっている．S-VDR は既存貨物船への緩和措置であり，最終的には VDR のみに一本化される．

6. 1. 3　データの内容と記録媒体

VDR および S-VDR において記録するべきデータの項目はつぎのとおりである．

VDR，S-VDR 共通項目

日付及び時刻，位置（船位），速力，船首方位，船橋における音響，
無線通信における音声（VHF 無線電話）

VDRのみに求められる（S-VDRには要しない）項目

レーダー画面に表示された映像，電子海図情報表示装置（ECDIS），
音響測深機（水深），船橋における警報，
命令伝達装置（主機指令および応答）及び舵角指示器等（操舵指令および応答），
船体開口部の状態，水密戸及び防火戸の状況，
船体応力監視装置及び加速度計，風速計及び風向計，
船舶自動識別装置（AIS），電子傾斜計（船体動揺），機器構成データ，
電子航海日誌
（ECDIS，電子航海日誌及び電子傾斜計のデータについては，これら機器が設置されている場合のみ）

S-VDR選択項目

船舶自動識別装置（AIS）（レーダー画面に表示された映像が記録できない場合）

これらは，航海用具の基準を定める告示（6.1.5項参照）で規定されている．

VDRでは，検定基準として「保護カプセルは耐加熱性（摂氏260度で10時間，摂氏1,100度で1時間）と水深6,000m相当の水圧に耐える材質，構造で設計されたものでなければならない」とされている．

S-VDRでは，これらの内容以外に記録内容や固定式カプセルの性能において若干緩和されている．

記録媒体にはつぎの3種類があり，それぞれデータの記録時間と保存（事故等の後にデータを取り出すことができる）期間が定められている．

- **固定式記録媒体**
  48時間以上の情報を記録．記録終了（事故等で動作を終了した）後，記録された情報を2年間以上保存することができること．
- **自動浮揚式記録媒体**
  48時間以上の情報を記録．記録終了後，記録された情報を6ヶ月間以上保存することができること．
- **長時間記録媒体**
  720時間以上の情報を記録．船内の容易に近づくことができる場所から記録された情報を取り出せること．

VDRでは，当初は固定式記録媒体のみであったが，2012年のIMO決議により自動浮揚式記録媒体が追加された．S-VDRでは，当初から固定式カプセルまたは自動浮揚式カプセルのいずれかを搭載すればよいとされている．

事故後のカプセル発見を容易にすることを目的とし，その位置を特定するため主に海中での発見を目的に，固定式カプセルには水中音響ビーコンを備え，

可聴周波より少し高い周波数（中心周波数 37.5 kHz）の音響信号で内部電池により 90 日以上動作しなければならない．また，海面に浮揚していることを想定したカプセル発見のため，自動浮揚式カプセルには 406 MHz 帯および 121.5 MHz 帯の無線送信機と発光機能を備えることとされている．すなわち，光信号とともに GMDSS の EPIRB 相当の無線発信機が，内部電池で 168 時間（7日）以上作動すること等の要件を備えている必要がある．言うまでもなく，記録データは改ざんできないようになっていなければならない．

データの記録や内容に関する詳細な要件は航海用具の基準を定める告示（6. 1. 5. 2 参照）により規定されている．

6. 1. 4　システム構成

VDR のシステムを構成する要素は，データを入力するためのインターフェイス，記録制御器，記録媒体（カプセル）等に大別される．図 6-1 にシステムの構成例を示す．

- **記録制御機**
  各計器，機器等からの入力データを記録媒体に記録する制御を行う．
- **操作表示器**
  VDR の必要な操作（設定等）を行い，状態を確認できるよう表示を行う．
- **入力インターフェイス**
  データを取得する計器，機器と接続する通信のための信号変換等を含めたインターフェイス
- **音響入力機器**
  船橋内会話の音声を入力するためのマイクロフォンや VHF 無線電話の音声を記録する．
- **記録カプセル（最終記録媒体）**
  最終的にすべてのデータを記録して保存するための媒体（メディア）．ハードディスクやフラッシュ メモリ等でデジタル データを記録する．それを耐火耐水容器（カプセル）に入れて保護する．

このうち入力インターフェイスは，VDR に入力するためのデータを計測，生成する各計器，機器等の出力信号の規格に合わせて，

・IEC 61162-1	NMEA 0183 等	通信速度：4,800 bps
・IEC 61162-2	NMEA 0183 新規格	通信速度：38,400 bps
・IEC 61162-450	LAN（イーサネット）	通信速度：100M bps

等のデジタル信号のインターフェイスおよびレーダー画面の映像を入力し画像ファイルとして記録するためのインターフェイス等が準備される．

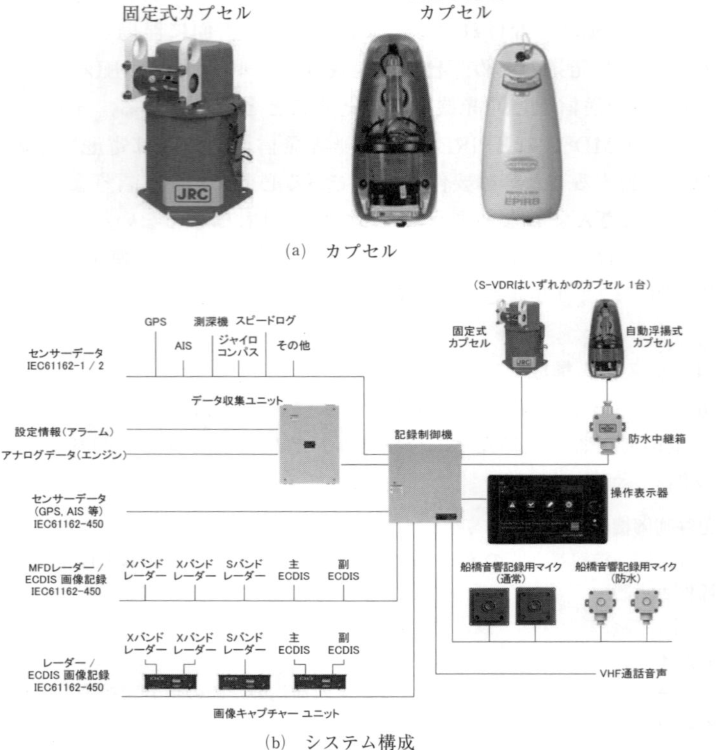

(a)　カプセル

(b)　システム構成

図 6-1　VDR の構成

最近は，ECDIS 画面画像なども LAN 経由で入力できる機種が増えており，装備の際の配線を減らすことができるようになっている．

《問題》

1. VDR に記録されるデータにはどのようなものがあるか．
2. VDR のデータはどれだけの期間，保存されているか．
3. VDR における最終記録媒体であるカプセルは，何に耐えてデータを取り出し再生できなければならないか．

6. 1. 5　関連法規

6. 1. 5. 1　船舶設備規程

航海情報記録装置の搭載要件が規定されている（6. 1. 2 項参照）．

6.1.5.2　航海用具の基準を定める告示（平成14年6月25日国土交通省告示第512号）

第15節（第25条）「航海情報記録装置」において，航海情報記録装置の記録媒体の種類，記録時間，記録内容その他，(1)～(12) の要件を定めている．同告示による規定を最終平成28年12月26日改正で示す．

（航海情報記録装置）

(1) 次に掲げる記録媒体を備えているものであること．
　イ　固定式記録媒体
　ロ　自動浮揚式記録媒体
　ハ　長時間記録媒体

(2) 記録媒体は，次に掲げる記録媒体の区分に応じ，それぞれ次に定める要件を満たすものでなければならない．
　イ　固定式記録媒体　48時間以上の情報を記録することができ，かつ，記録に関する動作の終了後，記録された情報を2年間以上保存することができるものであること．
　ロ　自動浮揚式記録媒体　48時間以上の情報を記録することができ，かつ，記録に関する動作の終了後，記録された情報を6ヶ月間以上保存することができるものであること．
　ハ　長時間記録媒体　720時間以上の情報を記録することができ，かつ，船内の容易に近づくことができる場所から記録された情報を取り出せるものであること．

(3) 固定式記録媒体は，次に掲げる要件に適合する固定式保護容器に搭載されること．
　イ　外部は非常に見やすい色であり，規定を満たした再帰反射材が取り付けられているものであること．
　ロ　水中での位置を特定するための装置を備えているものであること．
　ハ　船舶に事故が発生した後，記録された情報を取り出せるものであること．

(4) 自動浮揚式記録媒体は，次に掲げる要件を満たす自動浮揚容器に搭載されること．
　イ　船舶の沈没の際，自動的に浮揚して船舶から離脱するように積み付けられていること．
　ロ　回収を容易にするための手段を講じたものであること．
　ハ　再帰反射材が取り付けられているものであること．
　ニ　船舶救命設備規則（浮揚型極軌道衛星利用非常用位置指示無線標識装置）各号に掲げる要件に適合するものであること．

（船舶救命設備規則　浮揚型極軌道衛星利用位置指示無線標識装置）
- 非常の際に極軌道衛星及び付近の航空機に対し必要な信号を有効確実に，かつ，自動的に発信できるものであること．
- 水密であり，水上に浮くことができ，かつ，20メートルの高さから水上に投下した場合に損傷しないものであること．
- 信号を発信していることを表示できるものであること．
- 手動により作動の開始及び停止ができるものであること．
- 夜間において，自動的に0.75カンデラ以上の光を周期的に発するものであること．
- 浮揚性の索が取り付けられたものであること．
- 誤作動を防止するための措置が講じられているものであること．
- 48時間以上連続して使用することができるものであること．
- 適正に作動することが極軌道衛星を利用することなく確認できるものであること．
- 操作方法が装置本体に簡潔に表示されていること．
- （部分閉囲型救命艇に関する規定のうち）外部は，非常に見やすい色であること．

ホ　位置を特定するための信号を，168時間以上の期間にわたって，48時間以上送信することができるものであること．
ヘ　船舶に事故が発生した後，記録された情報を取り出せるものであること．

(5) 次に掲げる事項に係る情報を記録できるものであること．

イ　日付及び時刻
ロ　位置
ハ　速力
ニ　船首方位
ホ　船橋における音響
ヘ　無線通信における音声
ト　レーダー画面に表示された映像
チ　船舶に設置される場合には，電子海図情報表示装置
リ　音響測深機
ヌ　船橋における警報
ル　命令伝達装置及び舵角指示器等
ヲ　船体開口部の状態
ワ　水密戸及び防火戸
カ　船舶に設置される場合には，船体応力監視装置及び加速度計
ヨ　船舶に設置される場合には，風速計及び風向計

タ　船舶自動識別装置
レ　船舶に設置される場合には，電子傾斜計
ソ　機器構成データ
ツ　船舶に設置される場合には，電子航海日誌

(6) 記録された情報は，各事項につき日付及び時刻に係る情報で連動されたものであること．
(7) 記録された情報の修正を防止するための措置を講じたものであること．
(8) 故障した場合に警報を発するものであること．
(9) 専用の予備電源で 2 時間，船橋音声を記録することができるものであること．
(10) 記録された情報の取出し及び再生のための管海官庁が適当と認める措置を講じたものであること．
(11) 性能試験を行う機能を有するものであること．
(12) 次に掲げる要件
・磁気コンパスに対する最小安全距離を表示したものであること．
・電磁的干渉により他の設備の機能に障害を与え，又は他の設備からの電磁的干渉によりその機能に障害が生じることを防止するための措置が講じられているものであること．
・機械的雑音は，船舶の安全性に係る可聴音の聴取を妨げない程度に小さいものであること．
・通常予想される電源の電圧又は周波数の変動によりその機能に障害を生じないものであること．
・過電流，過電圧及び電源極性の逆転から装置を保護するための措置が講じられているものであること．
・船舶の航行中における振動又は湿度若しくは温度の変化によりその性能に支障を生じないものであること．
・二以上の電源から給電されるものにあっては，電源の切替えを速やかに行うための措置が講じられているものであること．

なお，法令や告示等は改正される可能性があり，最新のものを参照されたい．

IMO において SOLAS 条約附属書の改正案が採択されたことにともない，2024 年には「位置を特定するための信号を 168 時間以上の期間にわたって 48 時間以上送信することができるものであること」となっていたものが，「位置を特定するための信号を 168 時間以上連続して送信できるものであること」と改正される予定である．

6. 2　BNWAS

6. 2. 1　概要

船舶運航における環境や情勢の変化にともない航海当直の様態が変わり，とくに当直の要員数が減少している等の要因により，居眠り船舶事故が増加する傾向にある．そのような事故を防止するために，BNWAS（Bridge Navigation Watch Alarm System：航海当直警報装置）は，船橋内で航海当直時の居眠りを防止するための装置として装備が義務づけられるようになった．

とくに，1人当直などの際に居眠りを防止することを目的とし，具体的には，一定時間，機器（BNWASに信号が接続されたレーダーやECDISなど）の操作がなく，船橋内で人の動き（BNWASのモーションセンサーにより検知）もない場合に警報を発生する．船橋内で発せられた警報に対して，決められた時間内にリセットしないと船長，航海士の居室等へも通報する．

図6-2にBNWASの機器類の例を示す．

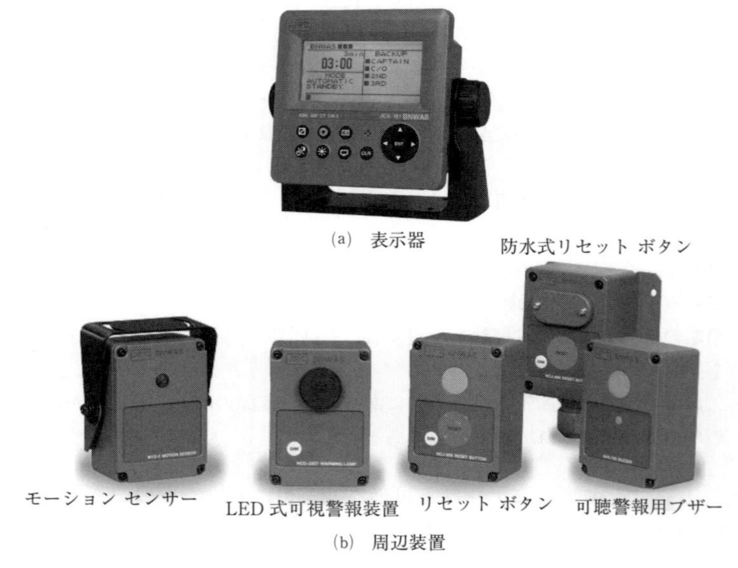

図6-2　BNWASの機器の例

6. 2. 1. 1　動作モード

BNWASの動作モードには「自動モード」，「手動オン」，「手動オフ」の3つの動作モードが規定されている．船首方位制御システム（HCS）または航路制御システム（TCS）（7.3節参照）が起動しているときは「自動モード」となり，自動的に休止時間タイマーのカウントダウンを行う．また「手動オン」に設定した場合はHCSやTCSの使用に関わらず休止時間タイマーのカウントダウンを行う．船舶が停泊中の場合には「手動オフ」に設定することができ，休止時間タイマーのカウントダウンは停止する．

6.2.1.2　警報の種類

BNWASの警報動作のイメージを図6-3に示す．

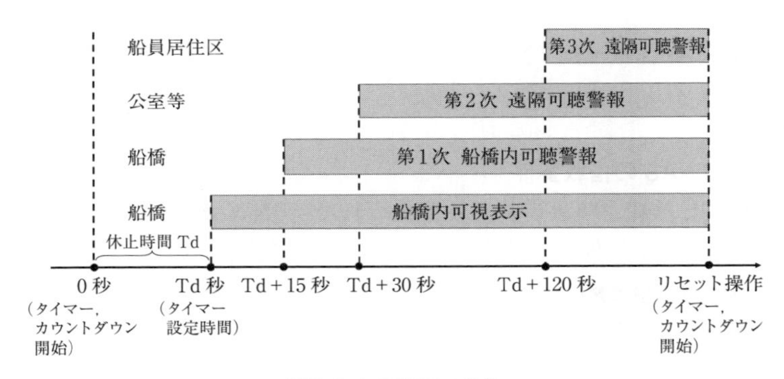

図6-3　BNWASの動作

基本的に船橋の当直航海士等は，設定された時間（タイマー休止時間：図6-3中Td）のうちにタイマー リセット ボタンを押すかまたはBNWASに接続された機器（レーダーやECDISなど）の操作を行う必要がある．これらにより居眠りしていないことが確認される．設定された時間以内にそれを行わなかった場合，つぎのような警報が発せられる．

- 船橋内可視表示
  設定時間内にタイマーリセットボタンを押さなかった，もしくは機器操作を行わなかった場合，LEDの赤色ランプ等による「可視警報」が船橋内で作動する．
- 第1次 船橋内可聴警報
  警報予告の間にも操作が確認されない場合，その後さらに15秒間可視警報と，船橋内のブザー鳴動による「可聴警報」が作動する．
- 第2次 遠隔可聴警報
  船橋内可視表示，第1次船橋内可聴警報が作動している30秒の間に警報に対する処置が行われなかった場合，非直の航海士等が立ち寄る可能性のある公室に設置されたBNWASパネルにアラームが転送されブザーが鳴動する．

- 第3次 遠隔可聴警報

　さらに設定された時間内に処置が行われない場合，船内に設置の全てのBNWASパネルにアラームが転送されブザーが鳴動する．

アラームの停止は船橋においてのみ可能で，船長，非直の航海士等が昇橋し，船橋内の状況を確認して適切な措置を取る．船橋で警報停止の処置が行われるとBNWASは通常の動作に戻り，タイマーがカウントダウンを始め，設定された時間内に航海士が船橋内で動くかまたは機器の操作を行うかの監視を行う．

BNWASの動作状況は，NMEA等のデジタル形式で，VDRに記録することができる．

6. 2. 2　BNWASの搭載要件

2011年7月以降，順次搭載が義務化された．BNWASには第一種と若干簡略化された第二種があり，搭載義務はつぎのように異なっている．

第一種船橋航海当直警報装置

- ・国際航海に従事する総トン数150トン以上の船舶（漁ろうに従事する船舶を除く）
- ・国際航海に従事しない総トン数500トン以上の船舶（2時間限定沿海船等並びに漁ろうを行う船舶を除く）

第二種船橋航海当直警報装置

- ・総トン数150トン未満の旅客船（2時間限定沿海船等を除く）
- ・国際航海に従事しない総トン数150トン以上500トン未満の船舶（2時間限定沿海船等並びに漁ろうを行う船舶を除く）
- ・総トン数150トン以上の漁ろうを行う船舶

6. 2. 3　関連法規

6. 2. 3. 1　船舶設備規程

船橋航海当直警報装置の搭載要件が規定されている（6. 2. 2項参照）．

6. 2. 3. 2　航海用具の基準を定める告示（平成14年6月25日国土交通省告示第512号）

第26節「船橋航海当直警報装置」に第一種船橋航海当直警報装置（第38条）および第二種船橋航海当直警報装置（第39条）の要件がそれぞれ規定されている．同告示による規定を平成28年12月26日改正の内容で示す．

（第一種船橋航海当直警報装置）

(1) 次に掲げるところにより，装置の起動又は停止を制御できるものであること.

イ　自動（自動操舵装置と連動して起動及び停止できること）

ロ　手動オン（いかなる状態であっても，手動により起動できること）

ハ　手動オフ（いかなる状態であっても，手動により停止できること）

(2) 装置の作動が休止する時間（以下「休止時間」という）が3分以上12分以内で設定できるものであること.

(3) 設定された休止時間が経過した場合に，船橋において有効な可視表示を開始するものであること.

(4) (3) の可視表示が開始されてから15秒以内に当該可視表示が解除されない場合に，船橋において有効な可聴警報（以下「第一次警報」という）を発するものであること.

(5) 第一次警報が開始されてから15秒以内に当該第一次警報が解除されない場合に，船長室及び航海士の居室において有効な可聴警報（以下「第二次警報」という）を発するものであること.

(6) 第二次警報が開始されてから90秒以内に当該第二次警報が解除されない場合に，他の乗組員がいる場所において有効な可聴警報（以下「第三次警報」という）を発するものであること．ただし，管海官庁が差し支えないと認める場合は，この限りでない.

(7) 休止時間のリセット（休止時間を，経過する前の状態に戻すことをいう．以下同じ）又は(3)の可視表示，第一次警報，第二次警報若しくは第三次警報の解除（以下「リセット等」という）を行う装置が，次に掲げる要件に適合するものであること.

イ　手動その他の管海官庁が適当と認める方法で作動すること.

ロ　手動により作動するものにあっては，夜間においても識別できる照明を有すること.

ハ　当該装置を連続的に作動させたときに，休止時間のリセットが連続的に行われないための措置が講じられていること.

二　船橋の適当な位置に設置されていること.

(8) 船橋以外の場所からリセット等を行うことができないものであること.

(9) リセット等が行われたときに，自動的に(3)の要件を満たすものであること.

(10) 暗証番号の入力その他の管海官庁が適当と認める方法で，装置の起動又は停止の制御及び休止時間の設定ができるものであること.

(11) 常用の電源から給電されるものであり，かつ，当該給電が停止した場合又は装置が故障した場合に，予備の独立の電源により警報を発するものであること．

(12) 休止時間又は第一次警報，第二次警報若しくは第三次警報が作動するまでの時間の誤差が，当該時間の５パーセント又は５秒のいずれか短い方の値を超えないものであること．

(13) 次に掲げる要件

・取扱い及び保守に関する説明書を備え付けたものであること．
・磁気コンパスに対する最小安全距離を表示したものであること．
・電磁的干渉により他の設備の機能に障害を与え，又は他の設備からの電磁的干渉によりその機能に障害が生じることを防止するための措置が講じられているものであること．
・機械的雑音は，船舶の安全性に係る可聴音の聴取を妨げない程度に小さいものであること．
・通常予想される電源の電圧又は周波数の変動によりその機能に障害を生じないものであること．
・船舶の航行中における振動又は湿度若しくは温度の変化によりその性能に支障を生じないものであること．

（第二種船橋航海当直警報装置）

(1) 次に掲げるところにより，装置の起動又は停止を制御できるものであること．

イ　自動（自動操舵装置と連動し，又は船舶の推進のための動力を推進器に伝達することと連動して起動及び停止できること．）

ロ　手動オン（いかなる状態であっても，手動により起動できること．）

(2) 設定された休止時間が経過した場合に，船橋において有効な第一次警報を発するものであること．

(3) 休止時間のリセット又は第一次警報若しくは第二次警報の解除を行う装置が，次に掲げる要件に適合するものであること．

イ　手動その他の管海官庁が適当と認める方法で作動すること．

ロ　当該装置を連続的に作動させたときに，休止時間のリセットが連続的に行われないための措置が講じられていること．

ハ　船橋の適当な位置に設置されていること．

(4) 船橋以外の場所から休止時間のリセット又は第一次警報若しくは第二次警報の解除ができないものであること．

(5) 休止時間のリセットまたは第一次警報若しくは第二次警報の解除が行われたときに，自動的に(2)の要件を満たすものであること．

(6) 常用の電源から給電されるものであり，かつ，当該給電が停止した場合又は装置が故障した場合に，警報を発するものであること．

(7) 休止時間又は第一次警報若しくは第二次警報が作動するまでの時間の誤差が，当該時間の5パーセント又は5秒のいずれか短い方の値を超えないものであること．

(8) 次に掲げる要件

・装置の作動が休止する時間（以下この条及び次条において「休止時間」という．）が3分以上12分以内で設定できるものであること．
・第一次警報が開始されてから15秒以内に当該第一次警報が解除されない場合に，船長室及び航海士の居室において有効な可聴警報（以下この条及び次条において「第二次警報」という．）を発するものであること．
・暗証番号の入力その他の管海官庁が適当と認める方法で，装置の起動又は停止の制御及び休止時間の設定ができるものであること．
・取扱い及び保守に関する説明書を備え付けたものであること．
・磁気コンパスに対する最小安全距離を表示したものであること．
・電磁的干渉により他の設備の機能に障害を与え，又は他の設備からの電磁的干渉によりその機能に障害が生じることを防止するための措置が講じられているものであること．
・機械的雑音は，船舶の安全性に係る可聴音の聴取を妨げない程度に小さいものであること．

なお，第二種船橋航海当直警報装置は，簡略化したものであり装備義務は小型の船舶も対象となるため，(1)イの「自動」（自動操舵装置：HCS等との連動）は適していないのではないかという議論もある．

法令や告示等は改正される可能性があるので，最新のものを参照されたい．

第2部　20世紀に開発され現在も利用される航海計器

第7章　コンパスとオートパイロット

「コンパス」は，日本語で羅針盤（らしんばん）または羅針儀（らしんぎ）と言い，周囲物標の方位や自船の船首方位すなわち向いている方向等を測定するための計器の総称である．羅針盤という語は船舶運航以外に，どちらに向かえばよいか，ということを示す意味で比喩的に用いられることもある．コンパスは船舶運航において最も基本的な航海計器の1つであり，「磁気コンパス（Magnetic Compass)」，「ジャイロコンパス（Gyrocompass)」，「GPSコンパス（GPS Compass)」などの計器が実用化されている．

方位（Bearing）とは，その地点において地表の平面上で，基準となる方向（一般に北を基準とする）との関係を角度で表すものであり，一般的にいう「方角」とほぼ同じ意味である．方角は「東」「西」「南」「北」というそれぞれ4つの方角を表す名前で示される．これは角度にすれば90度ごとである．さらにその間に「北東」「南西」などを加えて8つの方位（360 ÷ 8 = 45度ごと）を表す方法，さらにその半分の角度に相当する「東北東」や「南南西」などを用いて16の方位を表す方法（360 ÷ 16 = 22.5度ごと）がある．この16方位の表し方は，航海日誌において風向を記載する際などで実際に利用される．さらにその半分の角度（360 ÷ 32 = 11.25度）に相当する方位で表す32方位は，帆船の運航において針路や船首方位を示す際に用いられることがある．32方位の表記と読み方を表7-1に示す．なお，32方位の1つ分に相当する角度である11.25度は，角度（方位）の単位としての「点（point)」に相当する．1点は11.25度，8点で90度ということになる．

一方，コンパスを用いて高精度の方位が計測できる現代の船舶運航においては，自船の船首方位や周囲物標の自船から見た方位に360°方式を用いるのが

表 7-1　32方位の表記と読み方

表記	読み方	方位［度］	表記	読み方	方位［度］
N	North	000.00	S	South	180.00
N/E	North by East	011.25	S/W	South by West	191.25
NNE	North North East	022.50	SSW	South South West	202.50
NE/N	North East by North	033.75	SW/S	South West by South	213.75
NE	North East	045.00	SW	South West	225.00
NE/E	North East by East	056.25	SW/W	South West by West	236.25
ENE	East North East	067.50	WSW	West South West	247.50
E/N	East by North	078.75	W/S	West by South	258.75
E	East	090.00	W	West	270.00
E/S	East by South	101.25	W/N	West by North	281.25
ESE	East South East	112.50	WNW	West North West	292.50
SE/E	South East by East	123.75	NW/W	North West by West	303.75
SE	South East	135.00	NW	North West	315.00
SE/S	South East by South	146.25	NW/N	North West by North	326.25
ESE	East South East	157.50	NNW	North North West	337.50
S/E	South by East	168.75	N/W	North by West	348.75

一般的である．図7-1に図示したとおり，地表の平面上において，北を基準（0°）として，平面的に地図として見た場合に時計回りに角度で表した度数を方位とするのが360°方式である．船舶運航において，方位は常に3桁の整数で表すのが一般的で，これを<>で囲んで，360°方式の方位であることを示す．北が<000>，東が<090>，南は<180>，西は<270>となり一周まわって<360>は北<000>ということになる（通常<360>とは言わず<000>と言う）．各機器の性能や誤差による測定の精度は別として，一般的に磁気コンパスでは1°単位の表示で，ジャイロコンパスやGPSコンパスでは0.1°単位の表示（目盛）で測定結果を読むことができる．コンパスは，自船の船首方位を測って針路の指定と操舵の保針に用いるほか，地文航法のうち交差方位法（クロス ベアリング）のための物標の

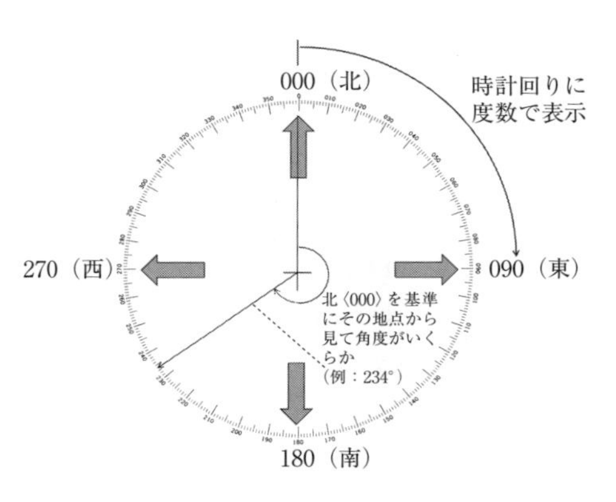

図 7-1　方位の表し方（360°方式）

方位測定や，他船などの物標の方位測定などに用いるもので，船舶運航においては必要不可欠なものである．

7.1　磁気コンパス

磁気コンパスは磁石により方位を測定するもので，船舶の運航においてもっとも基本的な計器である．例えばU字型の磁石を自由に回転するよう糸でつるせば，しばらくすると地磁気によりN極が北（磁北）を，S極が南を指して止まる．いわゆる方位磁石の原理である．実際には磁石をつけたコンパス カードを液体（アルコールと蒸留水の混合液）に浮かせて自由に回転できるようにしてある．

地球の磁極は正確に北極と南極ではない．地磁気は真北から真南方向に通っているわけではなく，後述する偏差のために真方位を直接測定することはできない．そのため，現在では大型船において磁気コンパスを航海に常用することはなく，真方位が測定できるジャイロコンパスを用いるのが一般的である．しかし，磁気コンパスは構造が簡単で原理的には電源を必要としないため（照明等のために電源を必要とする場合がある），通常はジャイロコンパスを用いている大型船でも，バック アップの位置づけとして現在も磁気コンパスの装備義務がある．ジャイロコンパスと磁気コンパスの方位を比べることにより，例えばジャイロコンパスが正常に動作していない可能性を発見できることもある．

7.1.1　磁気コンパスの構造

一般的に思い浮かべる方位磁石は，磁気を帯びた軽い鉄片を画鋲の針の上に載せて，鉄片が回転できるようにしたものなどであろう．磁石を用いて方向を示すには，磁石が自由に動く（回る）ようにする必要がある．

航海用の磁気コンパスでは磁石が自由に回転できるようにするため，“浮き”に磁石を取り付け，それを液体に浮かせて自由に回転できるようにし，方位を示すようになっている．図7-2にその構造の概略を示す．図示した部分を「ボウル（Bowl）」，（“バウル”と表記されることがある），日本語では「羅盆（らぼん）」という．図において，上室は液体で満たされており，その中に磁石とコンパス カードが固定された「浮子」が入れられ浮かせている．下室は液体の上に空気が入っていて，上室と下室は導管によりつながれており，液体が上室と下室の間で行き来することができる．上室の上側はガラスで密閉されており，コンパス カードが上から見えるようになっている．もし液体を入れる空間が上室だけで，密閉されていれば，温度が上昇すると液体が膨張してガラス

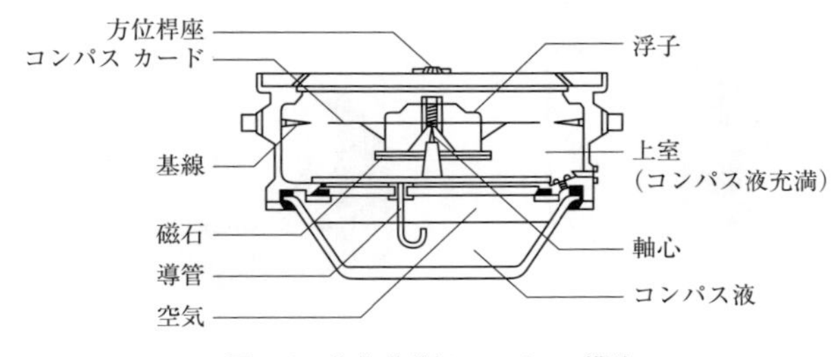

図 7-2　液体式磁気コンパスの構造

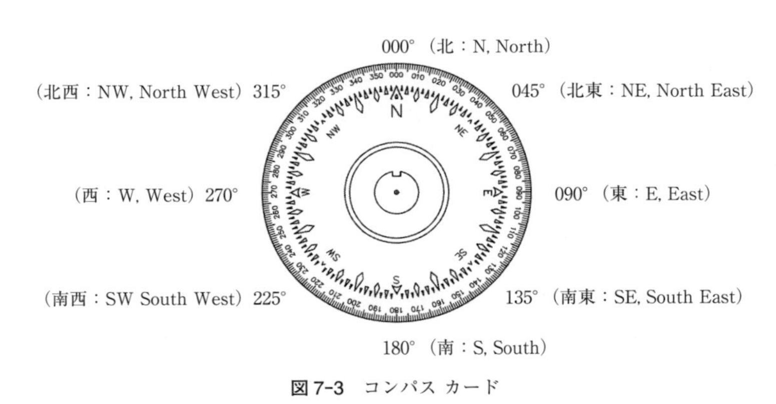

図 7-3　コンパス カード

が破損するおそれがある．そのため，膨張した分の液体が下室に移って，下室の空気が若干圧縮されることで圧力を逃がすように工夫されている．コンパス液は，凍結を防止するためアルコールを混ぜた蒸留水を用い，一般的にアルコール約 40%，蒸留水約 60%の比率とする．

コンパス カードは，図 7-3 のように，円のいちばん外側に 1 度ごとの目盛が描かれており，その内側には 16 方位や 32 方位（表 7-1 参照）の印が描かれているものがある．

「方位桿（ほういかん）」はシャドー ピンとも言い，直線状の細い針金を方位桿座に差して立てる．図 7-4(b)の中心に方位桿座の例が見られる．物標をシャドー ピンでとらえ，そのまま視線をコンパス カード上におろせば，それが測定方位となる．精密には方位環や方位鏡により測定する必要があるが（図 7-6 参照），常用ではこのシャドー ピンによる測定で十分な場合も多い．

実際に船舶で使用する磁気コンパスには，おもに小型船舶で使われる図 7-4(a)のような大まかな方位を知るための簡単なものと，同図(b)のような一般の商船において使われる，方位が 1° 単位で測定できる本格的なものがある．

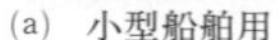

(a)　小型船舶用

(b)　一般商船で用いられるもの

図 7-4　磁気コンパスの例

SOLAS条約により150トン以上の船舶に義務づけられている法定備品として取り付ける磁気コンパスは型式検定を取得したものでなければならない．

磁気コンパスを設置するための架台を「ビナクル（Binnacle)」という．船舶に装備する磁気コンパスには，その設置の形態によって操舵型と基準型のビナクルがある．大型の船舶に装備するものは，図7-5のような外観で，船橋の屋根の上に設置したコンパスを，天井からつり下げた部分（ペリスコープ）で船橋内からも読めるようにしたものが一般的である．通常，船橋操舵室は船体上部構造物の最上階部分にあるので，その天井の上（一般の建物で言えば屋上部分）は，「コンパス船橋」と呼ばれ，最も高いところにある暴露甲板である．そもそもコンパス船橋というのはその場所に磁気コンパスを設置するのが常なので，そのように呼ばれている．図7-5のように，コンパス船橋の上に磁気コンパス本体（すなわち磁石が取り付けられている部分）を設置し，そのコンパス カードを，下の階の船橋の天井からつり下げられた筒の中で見ることができるようになっている．これを見る方式により「反映式」，「投影式」などの種類がある．

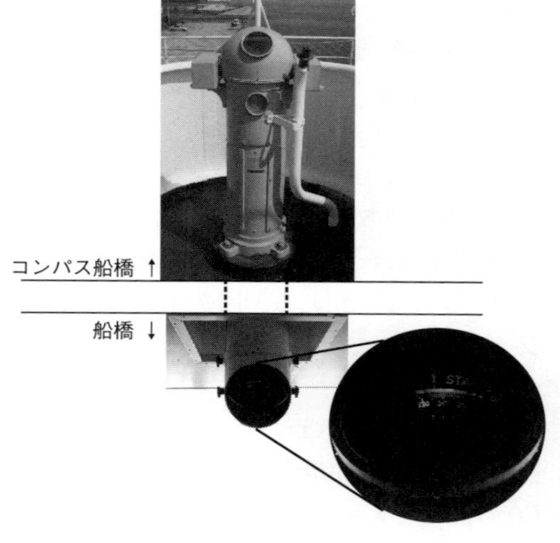

図 7-5　船舶用磁気コンパス

「操舵型」は，図7-5のコンパス船橋の部分に示された上側だけのようなもので，コンパスカードを直接見て測定するもの

である．

「反映式」は，磁気コンパスのビナクルにレンズを装着し，映像筒で真下の船橋操舵室内まで貫通させ，反射鏡を用いて映像を映す．「投影式」は，磁気コンパスのビナクルにレンズを装着し映像筒で真下の操舵室内まで貫通させるのは同様だが，投影されたコンパス カードの映像を映す構造で，反映式よりも映像が大きく鮮明に映る．大型船では，反映式または投影式を設置するのが一般的である．操舵スタンドから見やすいよう，そのやや前方の天井からつり下げた形で設置される．ただし，この方式では船首方位を読み取ることが目的であり，他船など周囲物標の方位を測定する目的では使用できない．他船その他の物標の方位を測定するためには，周囲が見渡せる暴露甲板であるコンパス船橋に設置された部分で上からコンパス カードを見ながら行う．

コンパスの測定方法は，操舵型の場合や反映式および投影式の上部（コンパス船橋）では，コンパスの中心に方位桿（シャドー ピン）を立てて，それと物標を重視させてコンパス カード上の方位を読み取る，という簡便な方法と，方位環（アジマス サークル：Azimuth Circle）や方位鏡（アジマス ミラー：Azimuth Mirror）をコンパスの上に置いて測定する方法がある．図 7-6 に方位環の例を示す．なお，方位環や方位鏡は，ジャイロコンパスにおいても精密に方位を測定する際に使用する．

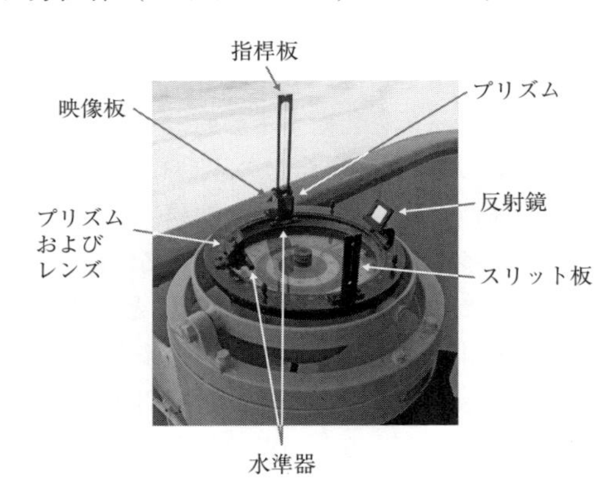

図 7-6　方位環（アジマス サークル）

7. 1. 2　磁気コンパスの誤差

磁気コンパスはつぎのような影響を受けて誤差が生じる．

(1) 加速度誤差（Acceleration Error）：加速や減速時に生じる誤差
(2) 旋回誤差（Turning Error）：旋回時に起こる誤差
(3) 自差（Deviation）：磁場の影響（船内での装備による）
(4) 偏差（Variation）：磁石の北と北極点（地軸）の違いのため生じる誤差
(5) 磁気コンパス自体の誤差（器差）

このうち，(1)や(2)は船舶ではそれほど大きな加速度や旋回を生じることはないので，通常，あまり問題にはならない．(3)自差は装備上生じる誤差であり可能な限り修正を行う．(4)偏差は本質的な誤差であり，次項以下で述べる手順で自差とともに改正する必要がある．(5)磁気コンパス自体の誤差（器差）にはつぎのようなものがある．

・目盛誤差
・基線誤差
・磁針とカード南北方向の不平行による誤差
・シャドー ピン（方位桿）座の偏心誤差
・軸針の摩擦誤差

7. 1. 3　自差

磁石を利用して地磁気を感知するのが磁気コンパスの原理である．そのため地磁気に影響を及ぼすようなものが磁気コンパスの付近にあれば，その影響で測定に誤差が生じる．

磁気コンパスを装備する船舶は，和船（木製），小型漁船，プレジャー ボート（木製やFRP製）などの小型船舶であっても鋼（鉄）製の部品が使われている可能性がある．また，大型船の多くは鋼船であり，甲板，外板や骨材などに鋼材が多用されて建造されている．鋼（鉄）は磁石をひきつけるため，磁気コンパスでの測定には誤差の要因となるものが周囲に多くあるといえる．また，他の計器や電気配線の中の電流なども磁気に影響を及ぼす可能性がある．

そもそも，建造中，船体は長期間同一方向に据えられて衝撃や振動，電磁気の影響などを受けるため鋼鉄部分は地磁気の影響を受けて永久磁力を帯びることになる．このとき，水平方向の構成材は地磁気水平分力に，垂直方向の構成材は垂直分力に影響する．船全体としての磁気分布は建造地の地磁気の方向と考えることができる．他にも要因があるが，そのような一定の傾向をもった磁気の影響による磁気コンパスの誤差を「自差（Deviation)」という．

この自差を軽減するためには，磁気コンパス本体のビナクルの内部や周囲に，永久磁気の影響を打ち消すためのコンパス修正用磁桿（永久磁石）やパーマロイ板（軟質性合金）を設置する．図7-7にその様子を示す．このような自差を軽減するための方策を「自差修正」という．ただし，影響がある磁気を簡単に測ることはできない．これらの修正用の材料をどのように配置すればよいかは簡単には見いだすことができるものではなく，この修正作業には技術と経験を要する．

そのような自差修正を施したとしても，自差をまったくなくすことはできない．そのため，船体に設置された個々の磁気コンパスにどのような自差が残っているか（残存自差）を予め計測し記録して備えておく必要がある．そのデータを用いてつぎに説明する自差改正を行う．船首方位が変われば自差も変わる．ただし，自差は一定の傾向をもった誤差であり，偶然誤差を含んで考えるものではない．従って，時間を置いても同じ船首方位で磁気コンパスを用いたときには，同じ傾向で自差が現れる．そのような自差を，船首方位ごとに計測して曲線（グラフ）として記録する．これを「自差曲線（Deviation Curve）」という．図7-8に自差曲線の例を示す．厳密に言えば，場所が異なれば同じ船首方位でも自差は異なる可能性もあるが，通常，ある地点で計測した結果で自差曲線が準備される．

コンパスキャップ
パーマロイボックス
傾船差修正磁桿調整口
修正磁桿挿入口

図7-7　磁気コンパスの自差修正

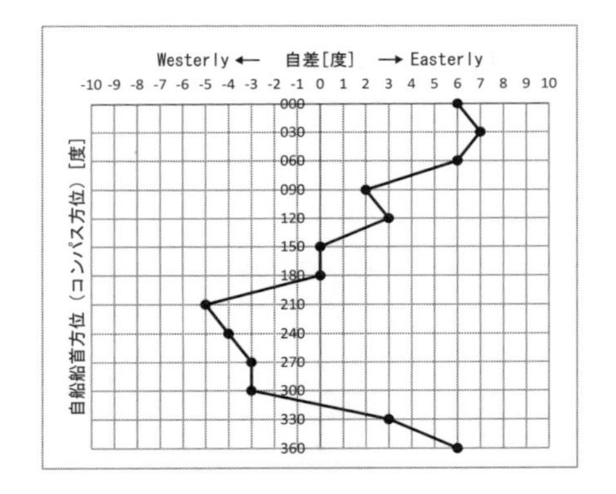

図7-8　自差曲線の例

図7-8のように，測定したときの船首方位（コンパス船首方位）を一方の軸に，自差の大小をもう一方の軸にとったグラフとして表す（縦軸と横軸はこの例とは逆の場合もある）．自差曲線にはグラフ化の方法により，直交座標による曲線，斜交座標による曲線，円形図表などがある．図7-8は直交座標による自差曲線の例である．

自差修正は，磁気コンパスによる測定方位に，その方位における自差を加減したものを磁方位（磁針方位）とする．自差は西寄りにずれる場合と東寄りにずれる場合がある．方位計測において，一般に西向きの回転方向へずれることを「Westerly（ウエスタリ）」，東向きにずれることを「Easterly（イースタリ）」という．それぞれW'lyおよびE'lyまたは単にW，Eと表記することがある．

自差はその大きさ（度単位）と方向（W'ly（Westerly）または E'ly（Easterly））により表示する．自差修正の際，測定方位から磁針方位に修正するには，測定方位に E'ly の場合は自差の大きさを足し，W'ly の場合は引く．

7.1.4　偏差

磁石が指す北をとくに「磁北」と言う．北極点の向き「真北」とわざわざ区別しているのは磁北は真北からずれているため，明示する必要がある場合に，単に北ではなく磁北と言う．

磁気コンパスで測った方位（磁北を0とする磁方位）と，真方位（真北を0度とする方位）のずれを「偏差（Variation)」といい，その大きさおよび向き（西向きにずれるか東向きにずれるか）は地域によって大きく異なる．日本列島付近では6〜7°程度，西寄りにずれる．

偏差は地点によって，ほとんどずれがない場合から高緯度の地域などでは45°以上ずれるところもあり，その傾向は一様ではない．その上，常に一定ということではなく，年々ずれの大きさは少しずつ変化する．

例えば，2014年頃には偏差は，サンフランシスコ付近では東に約14°，ニューヨーク付近では西に約13°，シンガポール付近ではほぼ0°，ケープタウンでは西に約25°等，様々である．

海図は真の南北（子午線）が紙の上下方向に描かれている．このため，磁気コンパスで測定した方位では，そのまま海図作業や航海に利用することはできない．海図には，必ず図7-9のようなコンパス ローズが描かれている．外側の分度器のような目盛は，真方位の場合に用いる方位の度数を示している．内側は，同様に分度器のような目盛であるが，外側の目盛からいくらか回転させた状態となっている．この回転分がその付近での偏差を意味している．図7-9の例では，内側の目盛は西向きに7度回転している．これは，磁北が真北より西に7°00′ずれていることを示してい

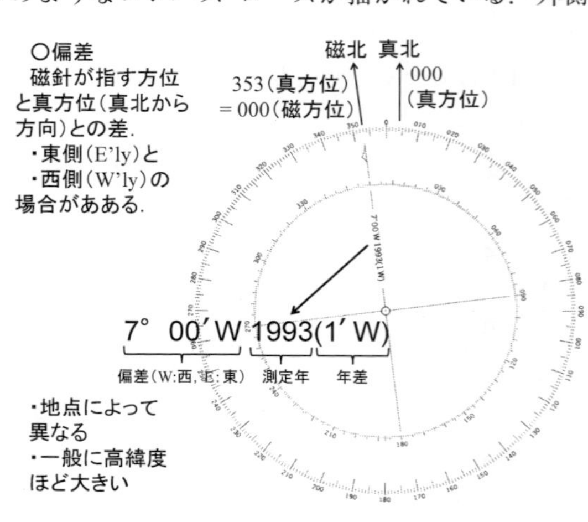

図7-9　コンパス ローズと偏差の表示

る．すなわち，磁方位を <000> に測定した場合，真方位では <353> であることを意味している．

海図のコンパス ローズでは，内側の円の磁北を示す線上に偏差に関する情報が記載されている．図の例のように，偏差，測定年，年差が順に書かれており，偏差は度・分単位で西向きか東向きか，測定年はその偏差が測定された年，年差は1年ごとにこの度数だけ偏差が変化すると予測していることを意味している．年差も，西向きに変化するのか東向きに変化するのかが示され，偏差と年差の向きが同じであれば増，向きが反対であれば減ということになる．

図7-9の例では，1993年に測定したときには偏差は西に7° 00′ であり，それから1年ごとに西に1分ずつ偏差が増えていくことを予想している，ということを示している．したがって，このコンパス ローズの海図を使用しているのが5年後の1998年には，偏差は7° 05′ W となる．

7. 1. 5　自差改正と偏差改正

磁気コンパスを用いて船舶の運航を行う場合，とくに海図上へプロットするなど，真方位での値を用いる必要があるときは，磁気コンパスの示度から自差改正を行い，その後，偏差改正を行う必要がある．

自差は，7. 1. 3項で説明したとおり，個々の磁気コンパスで固有の誤差であり，計測方位によっても異なるので，図7-8のような曲線（グラフ）で示されている．これを用いて，測定したコンパス方位から磁方位に改正する際には，その測定方位に対応する改正値をグラフから読み取る．度数とEasterly（E'ly）かWesterly（W'ly）かを確認し，東向き（E'ly）の場合は，測定値に改正値を足す，西向き（W'ly）の場合には測定値から改正値を引く，という計算を行う．このとき，計算結果が0度より小さく（負数に）なった場合には，一周分の360度を足す．また，360度以上になった場合には，360度を引いて，0度以上360度未満の値とする．これが磁方位となる．

つぎに磁方位から真方位への改正は，海図のコンパス ローズから，その付近の偏差を確認し，その度数と方向（東向き，西向き）を用いて，東向きの場合には磁方位に偏差の度数を足し，西向きの場合は磁方位から偏差の度数を引いて算出する．これが真方位となる．なお，測定方位，磁方位，真方位のいずれについても，慣習として＜＞で値を囲み，1桁または2桁の整数の場合には前に0をつけて常に3桁の数値を記入し，それが方位であることを示す．

【例題】 2016年，図のような海域で，図7-8に示した自差曲線の磁気コンパスを装備した船舶で，自船の船首方位が075°のときに物標の方位を測定したところ210°であった．この物標の真方位を求めよ．

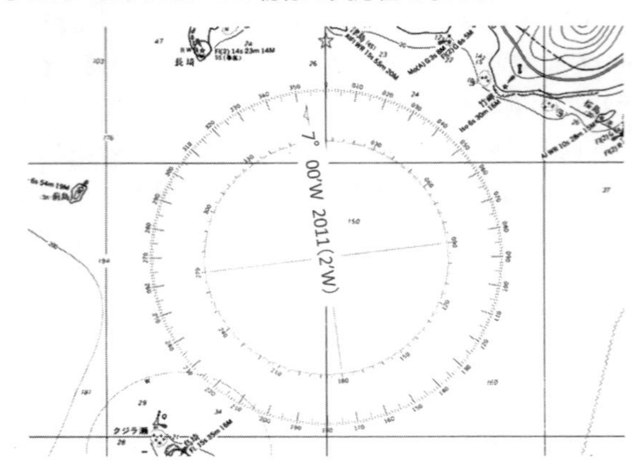

（解答例）

※改正値のE'lyは足す．W'lyは引く．

コンパス方位（磁気コンパス）<075>の自差は4° E'ly

　　↓　自差改正　　　　210 + 4 = 214

　磁方位

　　↓　偏差改正　　　　214 − 7 = 207

　真方位　　　　　　　　　答　<207>

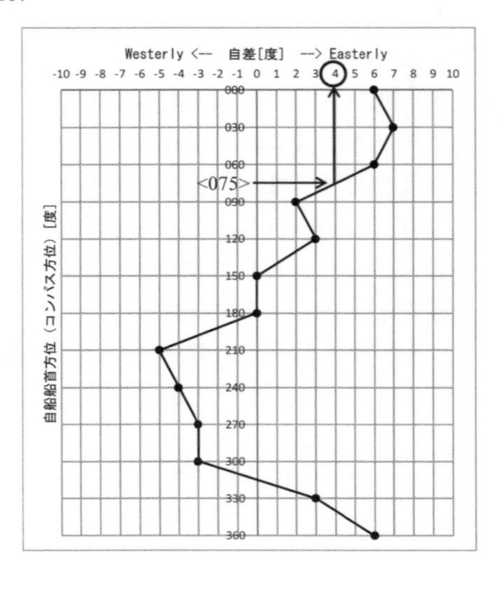

ただし，偏差

$= 7°00'\mathrm{W} + 2'\mathrm{W} \times 5\,\mathrm{year} = 7°10'\mathrm{W}$

$\fallingdotseq 7°\mathrm{W}$

（解説）

自差および偏差について，それぞれ改正値のE'lyは足す，W'lyは引く．

まず磁気コンパスの自差は，図7-8より自船の船首方位が<075>なので，コンパス方位（縦軸）75°のところ（60°と90°の真ん中あたり）のグラフの値を読むと4°（E'ly）である．東向きなので<210>に改正値4°を足して<214>が磁方位となる．

つぎに図のコンパス ローズより，この海域では2011年に計測した偏差が7°00′（W'ly）で，年差はW（西）に2′，2016年まで5年が経っているので2′×5年＝10′を2011年時点の偏差に足して7°10′となるが，この問題では有効数字は整数1位程度なので，偏差は約7°とする．西向きなので，磁方位 <214> から偏差7°を引いて <207> が求める真方位となる．

なお，真方位からコンパス方位への変換は，すべて逆の手順となり，真方位から偏差を加減して磁方位を求め，その後，自差を加減してコンパス方位を求める．この場合は，偏差，自差とも，E'lyは引き，W'lyは足す．

7.1.6　磁気コンパスの取扱い

(1) ボウルは丁寧に取り扱い，衝撃などを与えない．
(2) ボウルに急激に大きな傾斜を与えない．
(3) 軸棒の破損や軸針先端の摩耗などによる不具合を検出したときは修理する．
(4) ボウルのガラス カバーはやむを得ない場合をのぞき取り外さない．
(5) 気泡が生じたときは，ボウル上部の注液口をあけて注射器でコンパス液を注入する．
(6) 夏季や熱帯地域で暑いところではボウルを長時間炎天下にさらさないようにする．冬季または寒気の厳しいところでは停泊中，航海中を問わず照明電球を点灯して保温するか，防寒装置を利用する．
(7) 自差修正を行うとき以外，修正装置に手をふれない．
(8) 測定にあたってはボウルが水平であるときに方位を読み取る．

7.2　ジャイロコンパス

7.2.1　概要

高速で回転しているコマは宇宙の中で常に一定の方向を向き続けるという性質を利用し，コマをモーターで回転させて軸を北に向けておけば，北を指し続けるという原理により方位を測定する計器である．ただし，宇宙空間における一定の方向を示すので，コンパスとしては，地球の自転に合わせてコマを回転させる工夫が必要である．

「ジャイロコンパス」は磁気コンパスと違って，真北（北極点の方向）を指すので，真方位を測定することができる．500総トン以上の全船舶への搭載が義務づけられており，船舶運航に必要不可欠な方位測定のための計器である．なお，起動（電源投入）時にはコマ（実際には円盤）が安定して一定方向を指すようになるまで通常3～4時間程度を要し，方位測定に使用できるようになるまで時間がかかる．船舶で用いるジャイロコンパスは，原理によりアンシューツ系とスペリー系に大別される．

コマを回転させる部分（転輪球という）を有するジャイロコンパス本体（マスター コンパス）は，その船舶の重心近くでなるべく船体動揺の影響をうけにくい場所にある機器室に設置するのが一般的であったが，近年では，「マスター コンパス」も船橋（操舵スタンドの中など）に設置する形式が多い．いずれにせよ，船橋で通常用いるジャイロコンパスの指示器はすべてマスターコンパスからの電気信号により駆動され方位を示している．このような指示器を「レピーター コンパス」という．そのうち，船橋前面の航海士が主に使うものをとくにコマンダー コンパスということがある．

ジャイロコンパスの特徴として，とくに磁気コンパスとの比較で考えた場合には，つぎのような事項が挙げられる．

(1) 原理的に真北をさすため，偏差がない．

(2) 磁気コンパスのような自差がない（船体磁気等の影響を受けることはない．ただし，機器自体の誤差「器差」はある）．

(3) 指北力が安定していて，一般に緯度70度程度まで使用できる（それ以上の高緯度地域での使用は適さない）．

(4) 方位信号の伝送が容易であり，オートパイロット（自動操舵装置）やレーダー等，他の機器へ計測した方位データを送ることができる（ただし，磁気コンパスでもTMC（Transmitting Magnetic Compass）ユニットと呼ばれるインターフェイスを付加すれば，同様の機能は実現できる）．

7.2.2　原理

ジャイロスコープ（Gyroscope）は，物体がどちらを向いているかという角度やその向きが変化しているときの角速度を検出する計測器である．船舶や航空機，ロケットの自律航法に使用される．最近ではカー ナビゲーション システムやロボット，スマートフォン，デジタルカメラなどでも用いられている．例えば，スマートフォンで，縦横の持ち方を変えると画面表示が回転して，自動的に正しい方向に変わるのは，ジャイロスコープが内蔵されていて，スマートフォンの筐体が地面に対してどちらを向いているかを計測し，それに合わせて表示を変えているのである．

ジャイロスコープは1817年にドイツで発明され，1836年にはスコットランドの数学者が地球の自転の検出に使うことを提言した（ジャイロスコープという名称は後の1852年に名付けられた）．ジャイロスコープが実用に至ったのは後の研究者によるもので，1865年頃と言われている．ジャイロスコープのメカニズムに加えて，ジャイロ モーメントによって常に一定の方位を示す仕組みのある「ジャイロコンパス」は1907年に初めて開発された．

ジャイロスコープは，機械式（回転型，振動型），光学式に大別される．

機械式

・**回転型**　コマ（フライホイール）を高速で回転させると，その回転状態を維持しようとする（慣性の法則，角運動量保存の法則）．コマの回転面（軸）を傾けるような外力が加わると，回転軸と加わった外力の軸に直交する方向へ慣性力がはたらく．この慣性力を検出することで外力によって発生した物体の角速度を検出するのが回転型のジャイロスコープの原理である．このとき，コマは大きく重たいほど測定の精度はよくなるが，コマを回すためには一般にモーターなどを用い，そのための電力が必要となる．また，大きく重たいほど安定した回転になるまでの起動時間が長くなる．さらに回転部分があるため，ベアリングの摩耗などに対する定期的な保守が必要である．ジャイロスコープとしては最も古くから使われている方式であり，舶用のジャイロコンパスはこの方式に分類される．

・**振動型**　振動により角速度を検出するジャイロスコープである．振動する物体が回転している場合，その回転軸に垂直な平面上で振動に対して垂直な力が発生することを原理としている．振動子が回転している時に発生する力は，コリオリの力の運動方程式に起因するため，コリオリ振動ジャイロ（coriolis vibratory gyro：CVG）とも呼ばれる．振動型ジャイロスコープは，回転型ジャイロスコープに比べ同程度の精度を安価に実現可能である．

光学式

・**光ファイバー ジャイロ**　光ファイバーを円形に巻き，それぞれの端面にレーザー光を分けて入れる．巻いた面と垂直な軸方向を中心に角速度が加わると，相対論的効果により分離された光に光路差が生じる（サニャック効果という）．この光路差により分離された2つの光の間に位相差が生じるので，その位相差を検出することにより角速度を得る．なお，使用する光ファイバーは通信用ではなくジャイロ専用のものを用いる．レーザー発光素子の寿命，発光素子とファイバーの接点劣化，温度変化に敏感であること，リングレーザージャイロよりも低精度であること等の欠点はあるが，小型であるため用いられることが増えている．

- **リング レーザー ジャイロ**　　複数の鏡によってリング（多角形）状の光路をもつレーザー共振器を構成し，回転が加わったときに生じるサニャック効果を用いて角速度を検出する．精度が高く航空機やロケットの姿勢制御用に用いられる．

船舶に装備し運航に用いられるジャイロコンパスは，これらのうち機械式の回転型が主流であり，以下，その原理や特性などについて説明する．

7. 2. 2. 1　ジャイロの特性と地球自転の影響

ジャイロスコープが高速で回転していると，軸を動かすトルクを加えない限り，地球は自転しているため，時間経過によりジャイロスコープを支持している地球表面の向きは宇宙空間の中では変化していくが，ジャイロスコープの回転軸は宇宙空間に対して一定の方向を指し続ける（方向保持性）．

図7-10のようにX軸を中心にジャイロ（円盤）を角速度ω_0で回転させる．回転軸（X軸）は水平軸（Y軸）を中心に回転でき，またY軸は垂直軸（Z軸）を中心に回転できるようにしておく．

このとき，ジャイロの回転惰性の大きさは角運動量で表す．角運動量Hは，

$$H = I \cdot \omega_0 \tag{7.1}$$

となる．ただし，

慣性モーメント：I
回転の角速度：ω_0

従って，同じ質量のジャイロ（こま）であっても，円盤状のローターにして慣性モーメントを大きくし，回転数を高速にすることで回転惰性を十分に大きくする．

ジャイロに外部からトルクが作用すれば，ジャイロの回転軸は旋回して方向を変える．これを「プレセッション（Precession：歳差運動）」という．例えば，回転軸の一端を下に押すと，回転軸は傾くことなく水平を保ちながら，垂直軸を中心として垂直環周りに

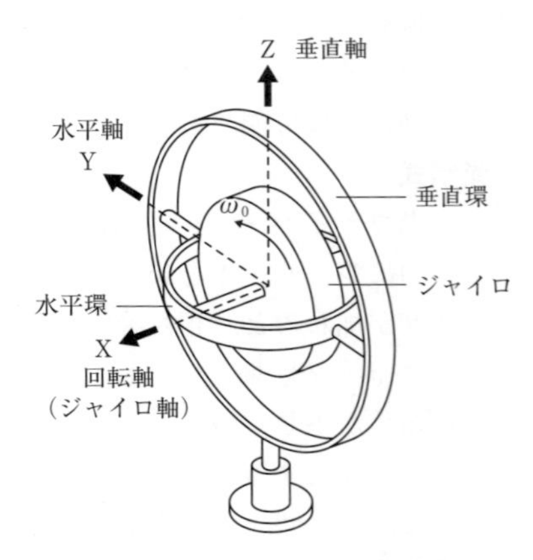

図7-10　ジャイロスコープの回転惰性

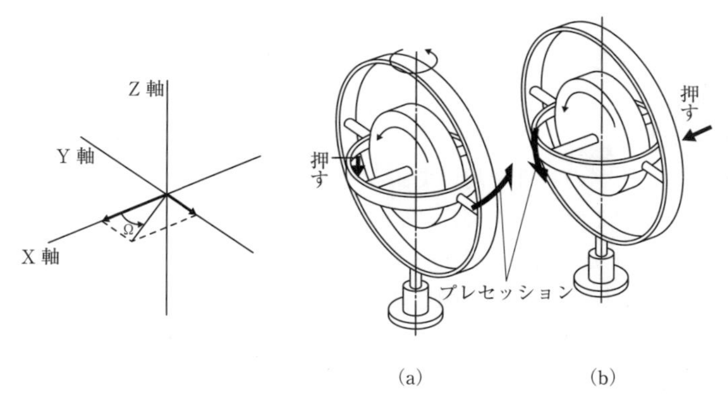

図 7-11　プレセッション

旋回運動を生じる（図 7-11(a)）．また，垂直環を押すと垂直環はその位置から動かず，ジャイロと水平環が傾斜をはじめる（図 7-11(b)）．このような運動がプレセッションである．

プレセッションの角速度Ωは，加えたトルク T に比例し，ジャイロの回転惰性（角運動量）H に反比例する．すなわち，

$$\Omega = \frac{T}{H} \tag{7.2}$$

である．ただし，

ジャイロの角運動量：H
ジャイロに加えたトルク：T

ジャイロスコープを地球表面上に設置すれば，時間が経過することで地球の自転により，宇宙空間中の一定方向を差し続けるジャイロ軸の向きはジャイロを設置している地面に対しては見かけ上，動くこととなる．たとえば，図 7-12 のように地球の中緯度地域で水平に置いたジャイロは，宇宙空間に対しては一定方向をさしているが，地球に対してはその方向および傾斜は自転とともに

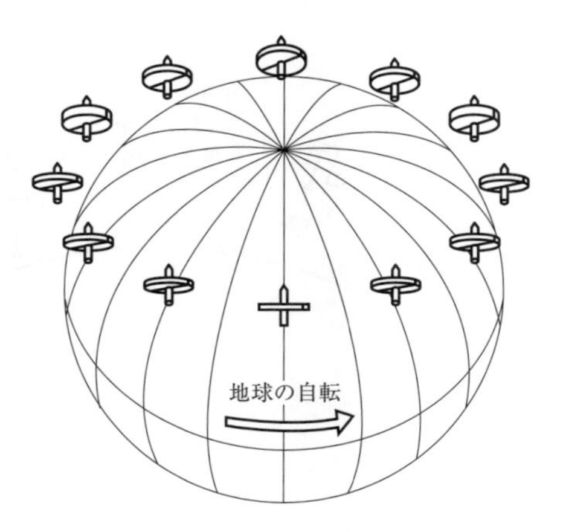

図 7-12　地球の自転とジャイロ

変化する．

このことも考慮した上で，ジャイロコンパスは北を指し続けるように工夫する必要がある．

7. 2. 2. 2　指北原理

ジャイロスコープの特性を用いて，ジャイロコンパスとして地球上で北を指し続けるようにするための工夫，すなわち北を指す原理（指北原理）を考える．

高緯度地域では旋回も考える必要があるが簡単のため，図7-13のように赤道上で，ある瞬間にジャイロの軸を地面に水平にして設置する(1)．このとき，N（指北端）が東を指すように軸を向ける（図の右側が東，奥が北）．また，ジャイロスコープの下にはおもりを付けておく．時間が経過して地球の自転により(2)の位置まで移動したとする．このとき，何もしなければ(2)のように地面から指北軸は傾斜しN端が上昇するが，おもりに重力が作用してN端を下げるようなトルクが働く．ジャイロ軸はプレセッションにより次第に北（図の奥側）を向くように旋回を始める．そのうち，ジャイロ軸が北を向くと地球の自転による影響を受けなくなり，プレセッションは生じなくなるのでその状態で止まる(3)．このようにジャイロ軸は北を中心に振揺を続ける．

実際にコンパスとして実現するには振揺の要素と制振の要素が必要となる．ジャイロ軸は北向きの水平に近い点を中心に左右，上下に振揺するため，中心に向かって振揺を減衰させて北に収れんさせる．これを「制振装置」といい微分動作ととらえることができる．ジャイロスコープを高速で回転させればその回転惰性のため宇宙空間に対して一定方向を指すが，地球上では自転のため，1日後に再び同じ方位を指すまで，見かけ上の方向は変化する．そこで地球の

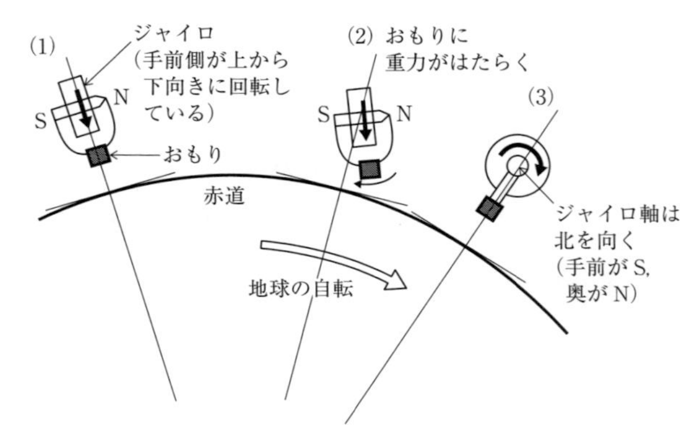

図7-13　おもりを使って北を指すよう工夫

重力により生ずるトルクを与えてプレセッションを促し，北を中心に振揺させる．これを「振揺装置」といい，変化に対する比例動作である．

船舶の運航に用いるジャイロコンパスは，これらの装置の原理を最初に実現して別々に製品化した２社のメーカーの名前をとって，「スペリー系」と「アンシューツ系」の２種類に大別される．ごく簡単に言えば，スペリー系とアンシューツ系のジャイロコンパスでは振揺と制振の要素が異なる．

スペリー系では振揺装置として液体安定器を用いている．従来のスペリー系は鋭感部（ジャイロ球を格納した容器）の重心位置は浮心位置からわずかに上方にあり，指北軸をプレセッションさせるための液体安定器では，南北側の容器が細い管によって連結されている．この安定器が指北と共に傾斜することで内部の液体が高い方から低い方へと自由に移動し，この液体の動きにより発生するトルクで指北動作を得ている．

一方，アンシューツ系は，動揺誤差を防止するためにジャイロ球内に２つのコマが，回転軸が子午線に対して左右同じ角度となるよう入れられており，支持液で満たされた筺体の中に常に浮いている．ジャイロ球の重心位置は浮心位置からわずかに下方にあり，傾斜した際の戻ろうとするトルクによって指北動作を得ている．また，これらジャイロの振揺を減衰させ静止させるために制振装置が取り付けられている．

スペリー系にはダンピング ウェイトと呼ばれる制振用のおもりが，アンシューツ系にはダンピング オイルの入った制振油器が取り付けられている．

20世紀の初頭（1910年前後）に実用化されたジャイロコンパスは，21世紀になった現在まで約100年あまりの間，改良が重ねられ，船舶運用に用いることを考えれば，扱い等において形式の違いはとくに意識する必要がないところまできていると言える．実際に使用する機種の説明書等に従った取り扱いおよび整備作業等を行う必要がある．

【例題】　スペリー系ジャイロコンパスの指北原理に関する次の問いに答えよ．

(1) どのようにプレセッションを起こさせているか説明せよ．

(2) (1) によって生じるジャイロ軸の振揺をどのように減衰させているか説明せよ．

(1)

ジャイロ軸の一端が東に偏していれば，その回転惰性と地盤の東方傾斜の影響によってその一端は上昇する．そのときジャイロの下部におもり等を取り付けると，地球重力がおもりに作用するため水平軸まわりにトルクが生ずる．このトルクを利用して北の方向へジャイロ軸をプレセッションさせる．このおもりにスペリー系では液体安定器を用いている．

(2)

ダンピングウェイトという制振用のおもりを用いて減衰させる．

【例題】 ジャイロコンパスの原理に関する次の問いに答えよ．

(1) 右図はジャイロスコープの一例を示したものである．図の(ア)～(エ)のそれぞれの名称を答えよ．

（ア）水平軸　　（イ）垂直軸

（ウ）垂直環　　（エ）水平環

(2) 上記 (1) のジャイロスコープを高速度で回転（↷印方向）させ，ジャイロ軸を⇧印方向に押すと，ジャイロ軸の方向はどのように変化するか．

垂直軸の上方から見て，反時計回りに回転する．

(3) 前項 (2) の特性を何というか．

プレセッション

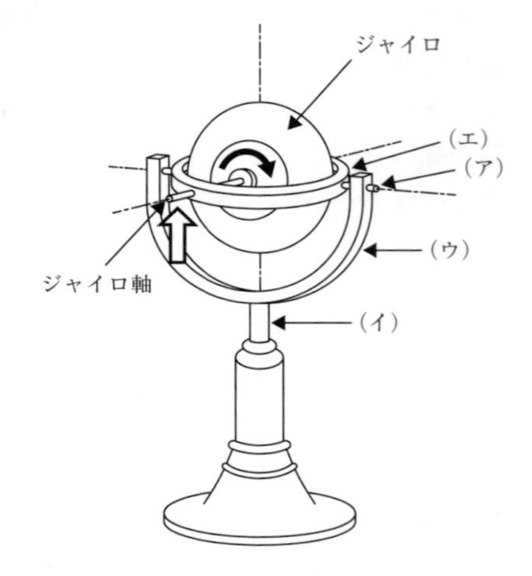

《問題》 スペリー系及びアンシューツ系のジャイロコンパスの指北原理をそれぞれ説明せよ．

7. 2. 2. 3　スペリー系ジャイロコンパス

米国のエルマー アンブローズ スペリー（Elmer Ambrose Sperry）によって自ら発明した船用ジャイロコンパスを1909年設立のスペリー ジャイロコンパス社で製造したのに始まる．なお，現在は買収等によりもともとのスペリー社は存続していない．

その原理を受け継ぎ日本のメーカーで現在製造されている大型商船向けの最新製品の仕様例を表7-2に示す．

7. 2. 2. 4　アンシューツ系ジャイロコンパス

1907年ドイツのヘルマン アンシューツ（Hermann Anschütz-Kaempfe）が発明したジャイロコンパスに始まる．その流れをくむ最新の国内メーカー製の仕様の例を表7-3に示す．

表7-2　ジャイロコンパスの仕様の例（東京計器 TG-8000/8500）

項目	仕様
性能仕様	
静定精度	
静定時間	4時間以内
静止点誤差	± 0.3° 以下
標準偏差	0.1° 以下
再現性	± 0.2° 以下
動揺誤差	± 0.5° 以下
追従速度	最大 75° / 秒
一般仕様	
主電源	AC100/110/115/220 V 1 ϕ 50/60 Hz
非常時電源	DC24 V
出力信号	ステップ信号（レピーター用）DC24V　9回路（オートパイロット含む） シリアル信号 IEC 61162-1 ed.2 または IEC 61162-2　5回路（オートパイロット含む） 回頭角速度　−5V〜＋5V/30° / 分 −10V〜＋10V/120° または 300° / 分　3回路
入力信号	船速　接点（200 または 400 パルス / 海里），シリアル信号（IEC 61162-1 ed.2） 船位　シリアル信号（IEC 61162-1 ed.2） 外部方位情報　シリアル信号（IEC 61162-1 ed.2 または IEC 61162-2）

表7-3　ジャイロコンパスの仕様の例（YDK テクノロジーズ CMZ-900S）

項目	仕様	
性能仕様		
静定時間	5時間以内（2時間以内で実用状態）	
指北精度	静的状態にて ± 0.25° ×（1／cos ϕ）以内（ϕ：所在地の緯度） 動的状態にて ± 0.7° ×（1／cos ϕ）以内（ϕ：所在地の緯度）	
追従精度	0.1° 以下	
追従速度	最大 30° / 秒	
一般仕様		
主電源	AC100 V/110 V/115 V/220 V 50/60 Hz　1 ϕ	
バックアップ	DC24 V	
警報電源	DC24 V	
出力信号	レピータコンパス駆動信号	8回路
	ステッパ形方位信号	4回路（オプション）
	シリアル信号 IEC 61162-1	1回路
	IEC 61162-1/-2 選択	2回路
	アナログ方位信号 方位信号	1回路
	アナログ回頭角速度信号	1回路
	方位偏差信号（接点信号）	1回路
入力信号	自動速度誤差修正機能用	
	緯度　IEC 61162-1	1回路
	船速　200 パルス / 海里または IEC 61162-1	1回路
	外部方位信号　IEC 61162-1	1回路

7.2.3　ジャイロコンパスの誤差

ジャイロコンパスの原理的な誤差には，「緯度速度誤差」，「変速度誤差」，「動揺誤差」，「旋回誤差」などがある．

- **緯度速度誤差**（Course, Speed and Latitude Error / Steaming Error）

  原理的にジャイロコンパスは地球上では静止した地点に置かれ，地球の自転により北を示すようになっている．しかし，ジャイロコンパス自体が地球上で南から北に移動したとすれば，北より西向きにずれて指すようになる．実際にジャイロコンパスは船に設置され，その船が航海して位置が移動するとジャイロ軸は北からずれる．このようにジャイロの位置が移動することで生じる誤差を「緯度速度誤差」または「速度誤差」という．ただし，地球の自転速度に比べて船の移動速度は小さいので，このずれはわずかである．緯度速度誤差は移動する針路速力によって変化し，また地球の自転速度は緯度で変化するので，誤差は計測する位置の緯度によっても異なる．速度誤差修正器によって修正するか，手動によって修正される．

- **変速度誤差**（Change in the Course and Speed Error/Ballistic Deflection Error）

  船が速度を変えると，その変化に緯度速度誤差はすぐには対応せず，誤差を生じる．これを「変速度誤差」という．また，同じ速度でも変針したときには，南北方向の速度成分が変化するので変速度誤差を生じる．速度を変えたり変針が行われると，加速度のため水平軸まわりおよび垂直軸まわりにトルクを生じる．これによりプレセッションが起こり，新しい静止点に収れんする．しかも収れんまでには約3時間も要し，その間はわずかに不定誤差を生じる．

- **動揺誤差**（Rolling Error）

  船が動揺すると，それにともない加速度や遠心力が発生する．そのためジャイロにトルクが作用して加速度や遠心力による誤差が発生する．これらをあわせて「動揺誤差」という．スペリー系では動揺誤差は構造的に生じない．アンシューツ系では2個のジャイロを用いることで防いでいる．

- **旋回誤差**（Turning Error）

  船が旋回した（方向を変えた）とき，垂直軸まわりに摩擦などによりトルクを生じる要因があると，そのトルクによってプレセッションを起こして誤差を生じる．これを「旋回誤差」または「摩擦誤差」という．垂直軸のベアリング摩耗などによりこの誤差が生じる．保守によって要因を取り除けば誤差はほぼなくなるかまたは小さくなる．

【例題】 ジャイロコンパスの速度誤差を正確に修正するために，自船の針路及び速力のほか，必要となる情報は何か．また，それが必要な理由を述べよ．

緯度情報が必要である．

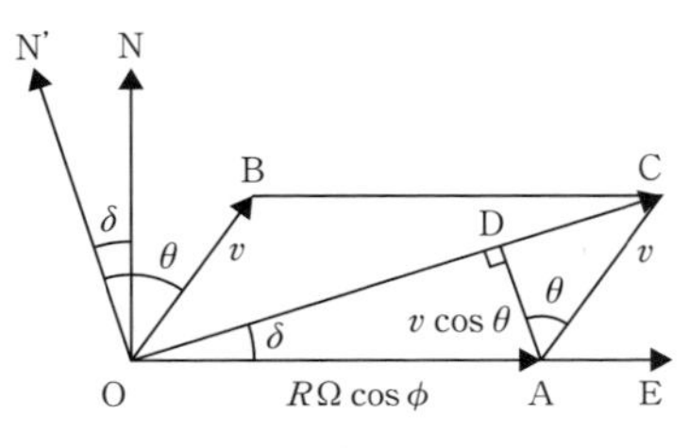

速度誤差とは，ジャイロコンパスを装備した船が東航又は西航以外を航行するときに発生する誤差である．この誤差はジャイロコンパスの形式に関係なく発生する．

ジャイロコンパスは地球の自転を利用して北を向くため，地球の自転方向（東西）以外の方向に運動があると，ジャイロコンパスは自転とそれ以外の運動の合力を地球の自転として指北するため，ずれた方向を北として指してしまう．

地球の半径を R，自転角速度を Ω，船のいる地点を O，その緯度 ϕ，船の針路を θ，速力を v とする．地点 O は東に速さ $\overrightarrow{OC}$（地球の自転 $R\Omega\cos\phi$ と船速 v との合力）となり，$\overrightarrow{OC}$ と緯度 OE の成す角 δ が速度誤差となる．

ΔOAD から次式を得る．

$$\sin\delta = \frac{v\cos\theta}{R\Omega\cos\phi}$$

この式から，緯度誤差を正確に修正するためには自船の緯度情報も必要であることが分かる．

《問題》 ジャイロコンパスの緯度速度誤差について説明せよ．

《問題》 ジャイロコンパスの変速度誤差について説明せよ．

《問題》 ジャイロコンパスの動揺誤差について説明せよ．また，通常どのように動揺誤差の発生を防止しているか述べよ．

7. 2. 4　ジャイロコンパスの装備

船舶にジャイロコンパスを装備する場合，とくに二重化などをしない場合はジャイロの機構を内蔵した筐体（マスター コンパス）は船内に1つだけ装備し，実際に方位を表示し船首方位や周囲の方位測定に使用する部分には，マスター コンパスからの信号により動作する指示器としてのレピーター コンパスを用いるのが一般的である．レピーター コンパスは船橋内に複数台設置することも多い．なお，万が一の故障に備えて，ジャイロコンパス本体を2台設置して二重化し相互に接続して，もし一方に不具合があった場合には他方のデー

タをレピーター コンパスその他（オートパイロット，レーダーなど）に送るような系統として装備することもできる．

図7-14に転輪球（ジャイロスコープ）の装置を内蔵したジャイロコンパス本体の例を示す．従来は同図(a)のようにコンパス カードで方位を確認できるようなものが多かったが，最近では同図(b)のように，一見コンパスとはわからないような箱形のケースの中にジャイロスコープを内蔵した転輪球が収納されており，計測中の方位はデジタル表示で確認できるようになっているものが一般的である．

図7-15にジャイロコンパスのいわゆるコマの部分である転輪球のカットモデルを示す．最近の機種では筐体とともに転輪球も若干サイズが小さくなっている．

図7-16に，実際に方位を計る際に見るレピーター コンパスの例を示す．物標の方位を測定したり，操舵する際に見るのは船橋等の各所に設置されたレピーター コンパスである．レピーター コンパス内のコンパス カードはマス

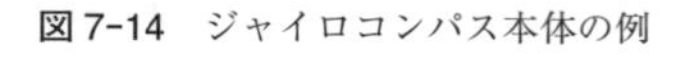

(a)　従来型の外観　　(b)　最近の機器の外観

図7-14　ジャイロコンパス本体の例

図7-15　転輪球のカットモデル

(a) コマンダー コンパス

(b) レピーター コンパス（船橋ウイング）

(c) レピーター コンパス（操舵スタンド）

図7-16　ジャイロコンパス指示器（レピーター）の例

ター コンパス（図7-14の例のようなジャイロコンパス本体）からの信号により，すべて連動して回転動作し表示するようになっている．

ジャイロコンパスでは，方位だけでなく回頭角速度のデータも得られるのが一般的である．そのためレピーター コンパスだけでなく，回頭角速度（ROT：Rate of Turn）の値を表示する回頭角速度計が装備されることがあり，ジャイロコンパスから接続され信号が入力される．船舶の規模によっては，回頭角速度計の装備が義務づけられる場合もある．

図7-17は，船舶にジャイロコンパスを装備する際の系統をデータ出力を中心に示した例である．マスター コンパスの筐体内に操作部等を含む制御箱の機能を内蔵しているものもあるが，図7-17の例では，マスター コンパスは制御箱の指示により動作し，計測した方位等のデータが制御箱に送られる．レピーター コンパスや他の機器へは，方位，回頭角速度等のデータが制御箱からの配線により送られる．方位のデータは従来，アナログ電圧やステッパ信号等を用いて電気的に転送される形式が多かったが，最近ではシリアル信号であ

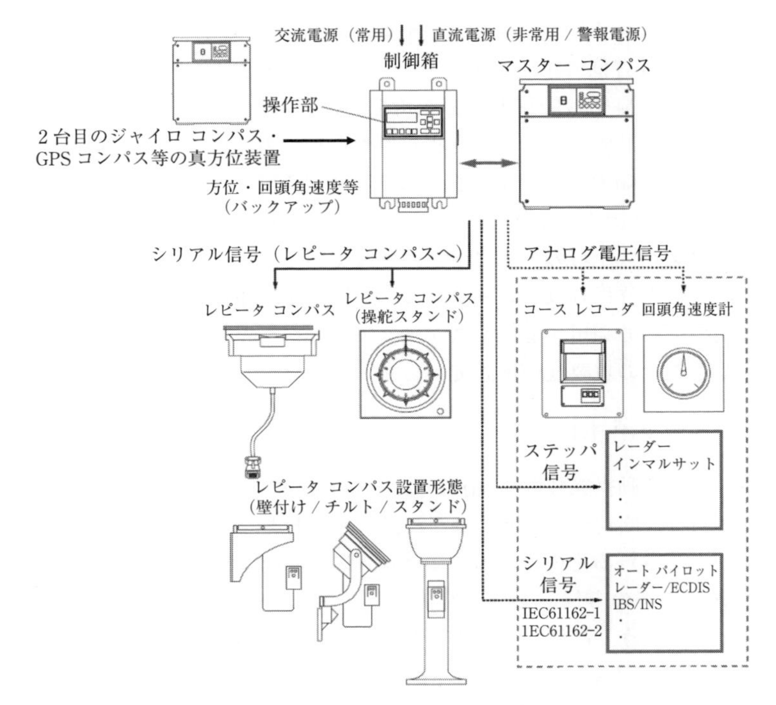

図7-17　ジャイロコンパス装備系統図（例）

るIEC 61162-1/2（NMEA 0183）に準拠したセンテンスによりデジタル データとして転送される形態が増えている．

ジャイロコンパスの制御の上で，とくに誤差の修正処理等に必要なデータは制御箱に他の機器から入力され処理に利用される．以前は誤差修正のための設定等をジャイロコンパスの制御装置で行う必要があったが，最近のジャイロコンパスでは緯度（船位）や船速などがGPS等からシリアル信号としてデジタル データで入力される．また，もしマスター コンパスが故障等により不具合が発生した場合に，補助的に2. 10節で述べたGPSコンパスやその他の船首方位伝達装置または磁気コンパスからの方位データを入力し，レピーター コンパスやオートパイロットの動作に用いることができるような装備形態もある．ただし，このような使用は現時点では規定上は認められていないので，あくまでジャイロコンパス故障時に他の代替え手段がない場合の緊急措置とするべきである．

次節（7. 3）で述べる「オートパイロット」は，航行中，操舵を自動で行い自船の船首方位を一定に保とうというもので，その制御のためにリアル タイムの方位信号が不可欠であり，ジャイロコンパスからのデータが入力されている．この他，真方位表示のためにレーダーや，送信データのためにAISトランスポンダー，自船の船首方位と舵角を記録するためにコース レコーダ，風向風速計や潮流計の計測データを相対値から真の方向に変換するためそれらの機器，また，自船のプロットや様々なデータ処理のためにECDISなどのナビゲーション システムやIBS/INSといった最新の統合船橋 / 航海システムへ，ジャイロコンパスからのデータが入力されている．このように，今日，ジャイロコンパスの方位信号はレピーター コンパスで直接的に利用するだけでなく，船橋の別の機器で利用するケースが増えており，ジャイロコンパス信号を外部に転送することの重要度が増している．

7. 3　オートパイロット

日本では「自動操舵装置」，俗に「オートパイロット」ということが多いが，正確には船首方位制御システムのことであり，正式にはHCS（Heading Control System）と称されるものである．これは，ジャイロコンパスや，磁気コンパス，GPSコンパス等の方位計測信号を入力し，指示に合わせて航行中に船首方位が一定となるよう，制御のための計算処理の結果で自動的に舵取り信号を操舵機に送るというものである．以下，本書ではこの機能および装置のことをHCSと記す．HCSは，通常は操舵スタンドの中に処理装置が収納され，手動操舵の舵輪等と一体化して操舵スタンドに操作パネル等が付加されており，その操作指示を行うのが一般的である．

オートパイロットという語からは高度な航行機能がイメージされる．しかしこの機能は船首方位を一定に維持するのみである．そのため，従来のいわゆるオートパイロットはHCSと呼ぶのが一般的になりつつある．近年，ECDISやその他の統合ナビゲーション システムと組み合わせて，より高度な航行制御を行う機能として，ルート トラッキングまたはトラック コントロールなどと呼ばれるシステムが実用化されている．これは，予めECDIS等のナビゲーション システムで定めたコース ライン上を追跡（トラッキング）するよう航行を制御するものであり，これをTCS（Track Control System）：航路制御システムと呼ぶ．

HCSとTCSの違いを図7-18で説明する．HCSは指示された方位を目標値としてコンパスで計測した自船の船首方位との差（自動制御では偏差とも言うが，磁気コンパスの偏差と混同しないよう以下では単に"差"と記す）が最小

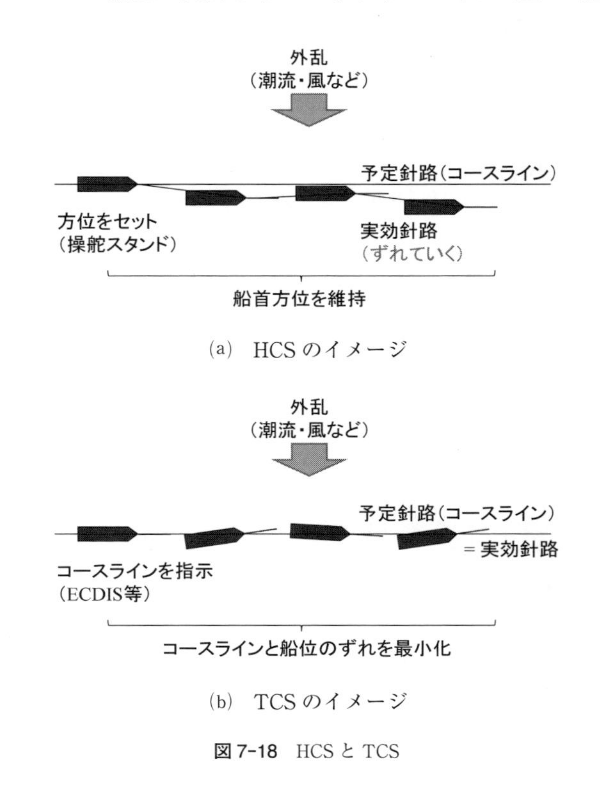

(a)　HCSのイメージ

(b)　TCSのイメージ

図7-18　HCSとTCS

となるように操舵を自動的に行うものである．例えば(a)図のように，予定したコース ラインでその針路のままの方位を目標値として入力しHCSを作動し続ければ，潮流，風などの外乱があったとしても，船首方位を一定に維持するようにシステムが操舵するので，外乱によって一般にコース ラインからは離れるものの，船首方位は一定に保たれる．潮流や風は時々刻々変化するので，コースにのせて航行するには，航海士の判断で外乱によるずれを生じる要因(潮流の場合ドリフト（Drift)，風の場合リーウェイ（Leeway)）によって落とされる分を相殺するように加減して，HCSに設定方位を指示する必要がある．

一方，TCSでは同図(b)のように，予定のコース ラインをECDIS等で指定すれば，GPS等の自船位置データをもとに，コースからのずれが最小となるように自動的に操舵を行う．その結果，船首方位は外乱を打ち消してコースラインにのせるために必要な変化をするが，航跡としては予定のコース ライン上を航行することになる．

今後は，操舵手による手動操舵に対して，HCSやTCSその他より高度な制御を含め，自動的に操舵して航行制御する機能の総称としてオートパイロットという語が通俗的に使われるようになるとも考えられ，HCSとは異なる概念としてとらえる必要がある．本章およびこの節のタイトルでは，オートパイロットを新しい意味で使用しており，HCS（従来の自動操舵装置）はその一部の機能ととらえている．

【例題】 操舵（だ）制御装置におけるヘディングコントロールシステム（Heading Control System）とトラックコントロールシステム（Track Control System）とは，どのようなシステムか．それぞれ概要を述べよ．

HCS（Heading Control System）

ジャイロコンパスなどから方位信号を入力して，船首方位が指示されたところで一定となるように制御するシステムである．一般に，風潮流などの外乱があるのでそれらの影響を加味して自動的に操舵することで船首方位が指定値からなるべくずれないように修正する．このためにPID制御や適応制御などの自動制御技術が使用されている．

TCS（Track control system）

ECDIS などで指定されたコースラインから自船位置のずれがなくなるように自動的に操舵することでコースライン上を航行するように制御するシステムである．風潮流などの外乱を加味した上でHCSに対して調整した船首方位を自動的に指定することで，船首方位を一定にするHCSとは異なり，コースライン上を航行することを目的としている．

---

7. 3. 1 HCS

HCSが実用化された当初は，ジャイロコンパスと組み合わせて機械制御式で舵取りを自動で行い，設定した船首方位を維持する機能が実現された．わが国では1960年頃から商船等に装備されてきた．

自動制御の最も基本的な手法は「フィードバック制御」であり，そのイメージを図7-19に示す．制御の最終的な目標値に対して，現在の出力がいくらであるかを計測し，その差にある値（係数：ゲイン）をかけた値を制御対象に対して適用して出力を増減し，目標値に近づけようというものである．これが最も基本的なフィードバック制御であり，目標値と計測値の差に係数をかけて制御指示を計算するので「比例制御」という．比例は英語でProportionalなので，頭文字をとってPと記す．制御出力$u(t)$は，y_dを設定値，$y(t)$を計測値，係数をKとすると，

$$u(t) = K \cdot (y_d - y(t)) \tag{7. 3}$$

となる．

図7-19中に括弧書きで示したとおり，これをHCSにあてはめれば，目標値として維持したい船首方位y_dを設定し，ジャイロコンパス等の船首方位計測結果$y(t)$との差を取る．例えば060度に設定しているのに現在のコンパス方位が055度であったとすると，その差は060－055 = 5度ということになり，もう5度右に船首方位を向ける必要がある．この差は左に5度ずれているのでこれに係数（ゲイン）Kをかけた値を舵角$u(t)$として右に舵を取ると，出力（結果）として自船の船首方位は右に回り060度に近づいていく．舵取り量を刻々計算してこれを繰り返し，行き過ぎれば逆に舵を取るよう制御されるの

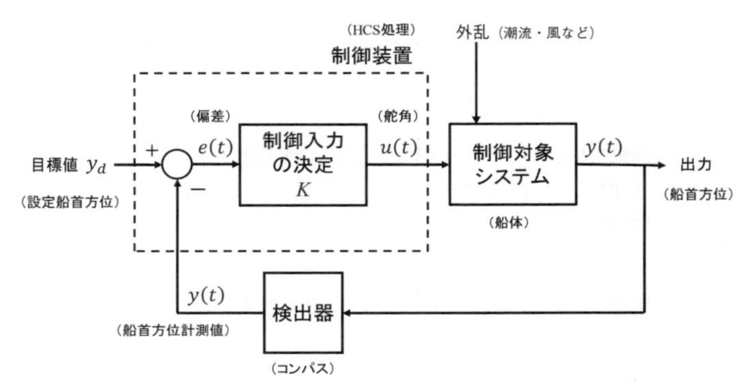

図7-19　フィードバック制御の概念図

で，最終的に設定船首方位の付近で維持されるようになる．なお方位は右に回頭すると数字が増加するので，HCSでは舵角について右を正，左を負にとって計算するのが一般的である．

このような比例制御により，ある程度の制御は可能であるが，出力が設定値に近づいてくると微少な制御は不可能になる（細かい制御ができない）ことがある．そこで，目標値と計測値の差をある時間にわたって積分し，それがある値以上になれば，そのタイミングで打ち消す方向に制御値を調整するということが行われる．積分は英語でIntegralなのでIと記す．PとIをそれぞれ適当な重みで加えた値で制御するものを「PI制御」と呼ぶ．

PI制御では，積分した結果が制御に反映されるまでに時間を要するため，目標値へ近づくのが遅くなるという問題がある．そこで，目標値と計測値の差の変化率に比例して適当な係数をかけて制御値をさらに調整するということが考えられる．変化率は微分値と言ってよく，微分は英語でDifferentialなのでDと記す．PIに加えてDもそれぞれ適当な重みで加えた値により制御する方法をPID制御（Proportional-Integral-Differential Controller）と呼ぶ．結局PID制御では，

$$u(t)=\underset{\text{(比例項)}}{K_p\times\text{偏差}}+\underset{\text{(積分項)}}{K_i\times\text{偏差の累積}}+\underset{\text{(微分項)}}{K_d\times\text{前回偏差との差分}} \tag{7.4}$$

とする．

今日，コンピューターのハードウェアの発達と情報処理技術の進歩により，HCS（従来のオートパイロット）もコンピューターを利用したものに移行し，電子制御によるPID制御を用いたものが現在でも使用されている．また，コンピューター処理による船体運動モデルを利用した適応制御型のHCSも増えている．HCSの今後としては，人工知能（AI）の手法を応用して，より人間の操舵に近づけるなど，さらに高性能のものになることも予想される．

《問題》　PID制御によるオートパイロット（自動操舵制御装置）における比例動作（戻し舵（かじ））及び微分動作（当て舵（かじ）の制御）について説明せよ．また，積分動作（制御）はどのようなことを修正するのに利用されるか．

【例題】　「適応制御（Adaptive control）」の機能を用いた自動操舵の特徴について述べよ．

・風や波などの外乱が作用しても，カルマンフィルターの効果によって在来の天候

調整を誤設定したようなむだ舵による蛇行運動を誘発することがないように改良されている.

・載貨状態，速力などが変化するなどして自船の操縦性が変化しても，その変化に適応するよう各種のゲインを自動的に変化させて，常に最適状態に保持される.
・外洋での自動操舵は，常に小舵角の操舵で航行できるので，省エネルギー効果を高める操舵モードへ設定することができる.
・狭水道等での自動操舵は，保針性に重点をおき比較的大きな舵角まで操舵する．また自動変針のときには一定の回頭角速度や回頭半径での変針ができるよう最適操舵が行われるため，安全な運航が期待できる.

7. 3. 1. 1　HCS の構成

図 7-20 に HCS のシステム構成の例を示す．システムの中枢となる制御部は船橋内の操舵スタンドの内部に収納されるのが一般的である.

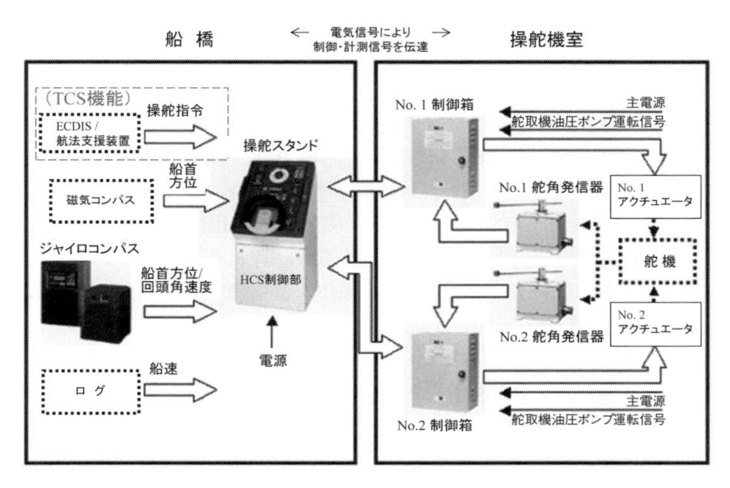

図 7-20　HCS のシステム構成の例

船橋では，操舵スタンドに HCS の操作部や表示部も一体化して装備され，維持する船首方位の指定や，各種 HCS 関係の調整に係る設定を行う．制御部では，船首方位を維持するために必要な処理を行うため，目標値に対して実際の制御結果としての船首方位のデータがジャイロコンパス等の機器からリアルタイムで入力される．処理の結果，必要な制御量（舵角）を計算すると同時に，電気信号の形で操舵機室の制御箱まで指示舵角が伝達され，そこから油圧シリンダ等実際に舵を動かす力を発生するアクチュエータを動作させて実際に舵取りが実行される．油圧式の舵取り装置は，指示をしてから実際に舵がその角度まで動くのに，舵角に比例して秒単位（最大数十秒）の遅れが生じる．そのため，操舵機室の舵の軸には角度を計測するセンサー（舵角発信器）が取り付けられており，実舵角の計測結果が電気信号で船橋の操舵スタンドや舵角指示器まで伝達される．船橋のHCS制御部では，実舵角およびコンパス方位の入力に対して次の制御量を計算して，指示舵角を舵機制御箱に対して伝達する．HCSの処理では，これが短い周期で繰り返される．

7. 3. 1. 2　HCSの使用

図7-21は，HCS機能を装備した操舵スタンドの例である．この例の機種では，HCSとしてPIDと適応制御の2種類から選択して実行でき，また，ECDIS等と接続してTCSも実行することができる．このように，HCSを使用するための表示や操作は，操舵スタンドと一体化されており，舵輪による手動操舵，ノンフォロー アップによる操舵等と切り換えて行う．一般的な操舵モードはつぎのとおりである．なお，FUはフォロー アップ（Follow Up），NFUはノンフォロー アップ（Non-Follow Up）を意味する．

操舵モード（操舵スタンドのモードスイッチで選択）

- **HANDモード（コントロール スタンド・FU操舵）**
  コントロール スタンド装備の舵輪によるマニュアル コントロールを行う．
- **NFU（ノンフォロー アップ）モード（NFUレバー操舵）**
  レバーにより舵取機のアクチュエータを直接制御する．レバーを倒している間だけ，倒した方向に舵が転舵し，その状態が保持される（自動的に舵中央には戻らない）．
- **AUTOモード（HCS・FU操舵）**
  設定コースとジャイロ方位信号を比較し，ヘディング コントロールを行う（船首方位保持）．従来のオートパイロット．
- **NAVIモード（TCS・FU操舵）**
  ECDISからの指令に従い，トラック コントロール（コース ライン追跡）を行う．
- **RCモード（遠隔・FU操舵）**
  ダイヤル リモコン等を使用して遠隔でのマニュアル コントロールを行う．

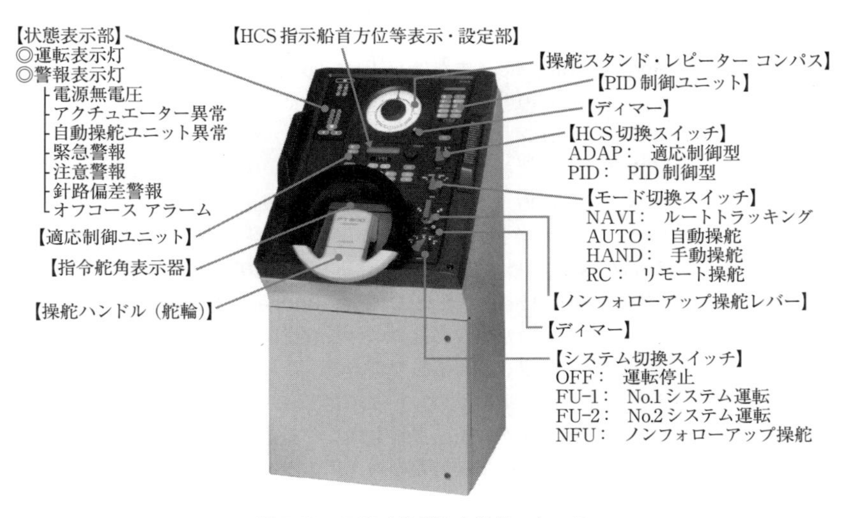

図7-21　HCSを装備した操舵スタンド

【例題】　操舵制御装置の制御方式に関し，フォローアップ（追従）操舵とノンフォローアップ（無追従）操舵の違いを説明せよ．

フォローアップ（追従）操舵は，操舵機に設置された舵角計測装置による舵角によるフィードバック制御方式で，指示舵角との差をゼロになるまで制御信号を操舵装置に送り，自動的に指示舵角まで舵を切る．舵輪を目標値に合せるよう操作すればよい．

ノンフォローアップ（無追従）操舵は，フィードバック機構を有しておらず，ノンフォローアップレバーをPまたはSの位置に倒すと，操舵機へ直接制御信号が送られ，左または右に舵を切る．舵角指示器や機側での角度目盛で計測しながら，指示舵角になるよう操作する必要がある．

HCSを使用して自動操舵を行うには，手動操舵のとき操舵スタンドでモードを切り換えて自動操舵モードにすると，現在の船首方位を読み込んで船首方位維持の制御が始まる．また，自動操舵で船首方位を維持しているときに変針するには，指示船首方位の設定をダイヤルまたはボタン等で変更すると，自動的に指示船首方位まで回頭した後，その方位で維持するよう制御を続ける．

現在の一般的なHCSでは，制御に関するいくつかの項目について設定によりパラメータを変更できる．設定項目としてつぎのようなものがあり，自動操舵による「直進時」と「変針時」に対してそれぞれ設定できるものもある．

HCSの調整項目

- **舵角調整（Rudder Adjustment または Helm Adjustment）**

  設定した船首方位からのずれに対するかじ取り量の大きさの係数を指定するもので，船体コンディション（喫水やトリム等）によって設定する．この値を大きくするほど，システムは大きな舵を取るようになる．大型船では大きな舵を取るほど負担が大きくなるため，これを軽減するための設定である．舵角調整を小さめに設定すると，舵への負担は減るものの保針にかかる時間が延びる傾向にある．一方，舵角調整を大きめに設定すると蛇行を誘発する要因となる場合がある．

- **当て舵調整（Rate Adjustment または Counter Rudder Adjustment）**

  船首方位がどれくらい設定方位に近づいたら舵を戻すかの調整である．やはり船体コンディションで設定を変える必要がある．この値が小さいと，ずれが0度に近いところで舵を戻す．そのため，行き過ぎて逆の舵をとって制御する必要が生じるため，舵に負担がかかる上，保針も悪くなる．これを軽減するための設定である．肥大船のような針路不安定船の場合，この値を大きめに取り，保針性を高める傾向にある．

- **天候調整（Weather Adjustment または Yaw adjustment）**

  風潮流の影響によるヨーイングのため，船首方位が左右に振れたときに舵取りを少なくするための調整である．値を大きくするほど感度が鈍くなり，ずれが大きくならないとシステムは舵を取らないようになる．波が高いような場合に，船首方位が少しずれただけで，いちいち舵を取れば操舵装置の負担となるので，それを軽減するための設定である．

- **舵角リミット（Rudder Limit）**

  HCSで大角度変針を行う場合，最大舵角まで転舵すると大きな外方傾斜が生じ，最悪の場合転覆する危険性がある．このためHCSが転舵できる最大の舵角を設定し，危険を回避することを狙ったものである．

これらの調整は，使用時の船体コンディションや気象海象等にあわせ必要に応じて，その船舶の特性等も勘案して適切な値を設定する必要がある．

《問題》 オートパイロットの舵角調整（Rudder adjustment または Helm adjustment）の機能について述べよ．

《問題》 操舵制御装置の当て舵（かじ）調整（Rate adjustment）の機能について述べよ．

【例題】 天候調整における二重ゲイン（Dual Gain）の機能について述べよ.

HCSにおいて，設定方位と現在の船首方位の偏差が比較的小さい（例えば±3度）ときはゲインを低く設定しておき大舵をとらないようにし，一方大きな偏差を生じているときは，大きい舵角をとって設定方位に戻りやすくするために高いゲインに切り替えられるようにしておく．このように高低2段階のゲインを設定することをデュアル ゲインという.

7. 3. 2　TCS

TCS（Track Control System）は図7-18(b)のイメージのとおり，HCSをさらに高度化して，指定したコース ライン上を自動的に追跡するよう航行を実現するものである．そのためには，図7-20中のECDIS等の外部機器から設定方位指令を受け付けるようなHCS機器が装備されている必要がある．ECDISではRoute Planning（航路計画）の機能で航行する予定の航路（コース ライン）を作成でき，また，Route Monitoring（航路監視）の機能により，GPS位置などから自船の位置と予定航路とのずれなどの位置関係も把握できる．予定航路からの左右のずれをXTD（Cross Track Distance）またはXTE（Cross Track Error）と言い，これを最小化して予定のコース ライン上を航行し続けるようHCSに時々刻々指令を出すというのが，ECDIS等のナビゲーション システムのTCS機能である．TCSはルート トラッキング（Route Tracking）とも言われる．また，ECDISとHCS（オートパイロット）を組み合わせた自動航行機能をオートセイリング（Automatic Sailing）とも言う．図7-22にECDISによるTCSの画面の例を示す.

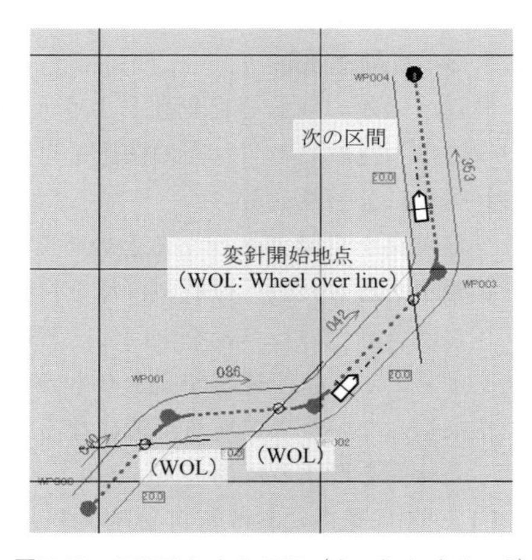

図7-22　ECDISによるTCS（オート セイリング）

図7-23は，TCS機能を実現した船舶により，海洋観測のために予め指定した測線どおりに航行するよう設定してTCSを実行した結果の例である．具体的には，海底地形の観測のために，機器（マルチ ナロー ビーム測深装置，9.3.2項参照）を動作させたまま，計画した測線上を正確に航行する

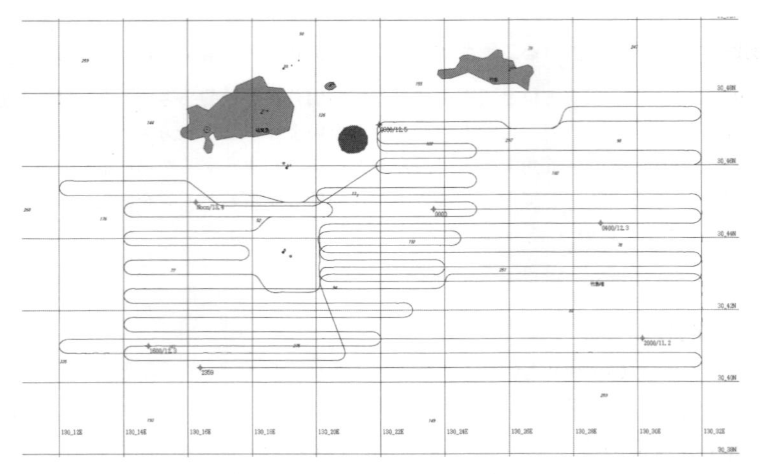

図 7-23　TCS による測線航行の例

必要があり，この図の例では，九州南方の太平洋において，東西 15 海里余りの距離を直線で航行し，南北 0.4 海里の間隔で測線の終わりの旋回も含め，図の様な区間を自動でトラック コントロールを続けた際の航跡図である．丸 1 日以上，ほぼ正確に測線上（予定コースラインとして設定）を航行した．この間，一切手動による操舵は行っていない．これは観測船における特殊な例であるが，今後は，一般の商船においても大洋航海中などには TCS による運航が利用されるようになる．

7. 3. 3　自動運航船

最近，船舶の運航を自動化しようという試みが進んでいる．「自動運航」という語は，運航のいずれかの機能を自動化するものを意味しており，いくつかのレベルに分類される．

予定航路を自動で航行するという TCS は，避航操船等は人間の航海士が行う必要があるものの，運航の一部を自動化した自動運航の初歩と言える．

さらに自動化のレベルを上げて，避航操船もシステムで行うものは「自律運航」と言える．自律運航が完全なものとなれば，船舶に人間（航海士）がまったく乗船しない無人運航も可能になるが，これが実現されるまでには，まだしばらく時間を要するであろう．

図 7-24 に船舶における自動運航のレベルを示す（出典：IMO MSC 100/20/Add.1 Annex2）．

図 7-24　自動運航のレベル

レベル1：自動化されたプロセスと意思決定サポートを備えた船：

船員が乗船し，船内のシステムと機能を操作および制御する．一部の操作は自動化されており，指示を必要としないが，船上の船員がいつでも制御できるようになっている．

レベル2：船員が乗った遠隔操縦船：

船は別の場所（陸上を想定）から制御および操作される．船員が乗船していて，船上で船内のシステムや機能を制御し，操作することもできる．

レベル3：船員が乗っていない遠隔制御船：

船は別の場所から制御および操作される．船員は乗船していない．

レベル4：完全自律運航船：

遠隔操作もせず，船を操作するシステムはそれ自体で意思決定を行い，動作を決定できる．

7.4　関係法規

7.4.1　コンパス

コンパスについては，SOLAS 第Ⅴ章 19 規則（2.1～2.5）において装備義務が規定されている．

また，国内法規では，船舶設備規程において

（磁気コンパス）第百四十六条の十八
（方位測定コンパス装置）第百四十六条の十九
（ジャイロコンパス）第百四十六条の二十

（船首方位伝達装置）第百四十六条の二十一
（羅針儀）第百四十六条の二十二

等の装備義務が規定されている．これらについては最新の船舶設備規程その他関係法令の原文を参照のこと．

7.4.2　自動航行装置（HCS と TCS）

HCS（従来のいわゆるオートパイロット）や TCS は，近年の技術動向にあわせて規則も変わっているものがある．SOLAS では第V章19規則（2.8）において，

10,000 総トン以上の船舶：　船首方位（HCS）または航路制御（TCS）その他自動で船首方位または航跡を直線的に維持する装置の装備

が規定されている．

さらに SOLAS 第V章24規則（1 および 4）において，運用上，

船首方位および/または航路制御システムの使用

1. 船舶輻輳海域，視界制限状態その他あらゆる危険な航行状況において船首方位および/または航路制御システムを使用している場合は，直ちに操舵を手動制御に切り換えることが可能であること
4. 船首方位および/または航路制御システムを長時間使用した後，とくに注意して航行する必要がある海域に入る前には，手動操舵をテストすること

と規定されている．

国内では船舶設備規程において，

（自動操舵装置）第百四十四条，第百四十五条

で，SOLAS 条約中の規則と同様の規定がある．

いずれも技術的また運用上の観点から改正されることがあるので，条約，規則，法令等は最新の原文を参照のこと．

7.5　データ転送フォーマット（コンパス関係）

最近のコンパスは，IEC 61162（NMEA 0183）形式準拠のシリアル センテンスでデジタル データとして方位や回頭角速度等の値を出力するものが一般的である．

磁針を直結して方位を測定する磁気コンパスでは従来データ出力は想定していなかったが，今日では TMC（Transmitting Magnetic Compass）ユニットを付けることでデジタル データを出力することができるようになっている．これにより小型船などでは，HCS（いわゆるオートパイロット）への船首方位

情報として磁気コンパスからの信号を入力することもできる．

また，THD（Transmitting Heading Device）「船首方位伝達装置」と呼ばれる装置もあり，これは真方位が出力されなければならないと規定されている．磁気コンパスからTHDを用いて真方位のデータを他の機器に入力できるものがある．

ジャイロコンパスが誤差修正のために用いるデータとして船位（とくに緯度）や船速の信号がGPS等から，さらに故障時に緊急措置として使用するための方位を計測する外部機器（船首方位伝達装置，GPSコンパスなど）の信号も入力できるようになっているものがある．

・コンパス

入力

　センテンス：

　　速力

　　　VBW　Dual Ground/Water Speed（前後および左右の対地，対水速力）

　　　VHW　Water Speed and Heading（対水速力）

　　　VTG　Course Over Ground and Ground Speed（対地針路，対地速力）

　　緯度

　　　GGA　Global Positioning System Fix Data（GPS測位データ）

　　　GLL　Geographic Position - Latitude/Longitude（位置－緯度，経度）

　　船首方位

　　　HDT　Heading, True（船首方位（真））

　　　HDG　Heading, Deviation & Variation（船首方位，自差，偏差）

　　　THS　True Heading & Status（船首方位（真）と状態）

　　回頭角速度

　　　ROT　Rate Of Turn（回頭角速度）

出力

　トーカー：

　　　HC　Heading - Magnetic Compass（磁気コンパス）

　　　HE　Heading - North Seeking Gyro（ジャイロコンパス）

　センテンス：

　　船首方位

　　　HDT　Heading, True（船首方位（真））

　　　HDG　Heading, Deviation & Variation（磁気船首方位，自差，偏差）

　　　THS　True Heading & Status（船首方位（真）と状態）

　　回頭角速度

　　　ROT　Rate Of Turn（回頭角速度）

オートパイロット（HCS, TCS）への方位や位置データの入力は最近のものではシリアル センテンスによるデジタル データが使用できるようになっている．また，オートパイロット関係の装置からは舵角等のデータが出力されるものがある．

・オートパイロット

入力

センテンス：

速力

VBW/VHW/VTG

自船位置

GGA/GLL

船首方位

HDT/HDG/THS

回頭角速度

ROT　Rate Of Turn

Set & Drift（圧流）

VDR　Set & Drift（(風潮流等による）圧流（方向と速力））

日付と時刻

ZDA　Time & Date

クロス トラック エラー

XTE　Cross Track Error, Measured（針路とのずれ）

船首方位操舵コマンド

HSC　Heading Steering Command（船首方位，操舵指令）

HCS/TCS コマンド

HTC　Heading/Track Control Command（船首方位／航跡維持指令）

出力

トーカー：

AG　Autopilot – General（オートパイロット（一般））

AP　Autopilot – Magnetic（オートパイロット（磁気コンパスによる））

センテンス：

船首方位コマンドデータ

HTD　Heading / Track Control Data（船首方位 / 航跡維持データ）

舵角（実）

RSA　Rudder Sensor Angle（実舵角）

舵角（指令）

ROR　Rudder Order Status（指令舵角）

【例題】 ジャイロコンパスと他の計器間で情報の入出力に利用されるシリアル信号（デジタルデータ）について，

ア　入出力される情報（データ）の項目をあげよ．

イ　シリアル信号（デジタルデータ）を用いる利点をあげよ．

ア．入力：　速力，緯度，船首方位，回頭角速度

　　出力：　船首方位，回頭角速度

イ．ジャイロコンパスで誤差修正に必要な緯度や船速の情報が信号の劣化なく高精度のまま自動的に入力することができる．

　また，ジャイロコンパスの故障時にも，緊急措置としてレーダーや HCS などデータが必要な機器にデジタルデータを出力することができるように，GPS コンパスなどの方位計測装置からの信号を入力しておけば，引き続き他の機器の動作が可能になる．

第8章　ログ

本章では，方位を測るコンパスと同様，船舶運航において基本的な計器として速力を測る「ログ」について説明する．コンパスは方位を測ってどちらに向かえばよいかということを考える上で必要であり，運航の中でも操船に直結している．一方，ログは速力を測って，目的地までどのくらいの時間がかかるかなど，運航計画に対する実行状況を確認する上で必要となる．ログは船速や航程を計測するための機器であり，日本語では船舶設備規程に「船速距離計」と規定されている．英語ではSDME（Speed and Distance Measurement Equipment）とも言い，直訳すれば「速力距離計測機器」となり，船舶設備規程の用語とほぼ対応している．なおここでの距離（Distance）とは2船間の距離や2地点間の距離ではなく，航走距離すなわち航程を意味している．

一般的にログと呼ばれる機器は直接，航程（距離）を測るのではなく，速力を計測して，その速力に時間を掛ければ移動距離となることを利用している，ログという語は速力と航程の両方の意味で使われることがある．機器としてのログも速力と航走距離の両方を測るための計器を意味するのが一般的である．

最近ではGPSなどのGNSSでも速力を計測することができ，ログの一種と考えることができる．以下，本章では具体的な機器として「電磁ログ」，「ドップラー ソナー」および「サテライト ログ（2軸対地船速距離計）」について取り上げる．

8.1　船速と航程

8.1.1　ログという語・ノットという単位

ログ（Log）とは，丸太のことである．大昔，船でその速さを測るにはどうしていたか．言い伝えによれば，航行中の船から木片（ログ）を海に投げ入れ，その木片がどれだけの時間で過ぎていくかを計って速力を求めたという．そこから，現在では船速を測る機器のことを「ログ」と呼ぶ．また，速力に走った時間を掛ければ距離になるので，速力を測り続けて時間で積算すれば航走距離が求められる．船速計には（航走）距離計の機能も備わっているものが多く，船速と航走距離を測る機器の総称を「ログ」と言うことが多い．

ログという言葉は業務日誌という意味でも使われている．たまたまどちらもログと言う，ということではなく，船速の計測結果（1時間の航程）を業務日誌に記録したので，日誌のこともログと呼ぶようになったからである．船速を測る機器が船に搭載されるようになると，1時間に航走した距離も計測（算出）できるようになった．船舶運航において，どれだけの時間で距離を移動できるかということが重要になって，運航計画をたてる上で，また，風潮流等の環境からくる外乱の影響をそのときどれほど受けたかということを確認するため等，いくつかの目的で1時間ごとの航走距離を日誌に記録するようになった．これが業務日誌（ログ）である．1時間の航走距離をログ リーディングというのはログという機械が示す値を読むことにより，その距離を記録するからである．1時間の航走距離はその1時間の平均速力でもある．

速力の単位は，ノット（knot，複数形はknots）が用いられる．ノットはknやkt（単数形）／kts（複数形）とも表記される．ノット（knot）とはもともと「結び目，こぶ」のことである．さきに，木片を水面に落として速度を測ると言ったが，ではどれくらい速いか遅いかを一目でわかるようにするために，木片にロープをつけて水面にたらし，単位時間で木片が流れてどれだけロープが伸びるかを測るという方法が考案された．これは，ストップ ウォッチなどない時代に，数十メートル程度のロープが何秒で流れたかの時間を測るよりも，一定の時間でどれだけ流れたかの距離（ロープの長さ）を測る方が精度を高く計測できるということから考えられた工夫であろう．ロープに一定の長さごとに結び目（英語でノット（knot））を作っておき，一定の時間で結び目何個分が伸びたかを計って船速とした．ここから「こぶいくつ分」というのがノットという単位の起源と考えられている．

速度という物理量は単位時間あたりの移動距離であり，SI単位系ではm/s（メートル毎秒）となる．m/s以外に陸上で速力の単位として一般的に使われるのは，人，車，列車等の移動の速さを示すのに便利な値として1時間あたりの距離を用いることが多く，km/h（キロメートル毎時）やMPH（マイル毎時）である．ここでのマイル（mile）は海里ではなく国際マイル（International mile，Statute mileとも言う）であり1国際マイル＝1.609344 kmである．

これに対し，船舶運航における速力の単位として，海上で用いる距離を表す単位「海里（Nautical Mile）」について考える必要がある．海里の元々の定義は「地球上における緯度1分角の弧長」であった．しかし，地球の形状を近似するための準拠楕円体が異なると1分角の子午線弧長が緯度によって異なることや測量誤差などにより，歴史上，さまざまな定義が生まれた．例えば，(旧)英海里（(old) Admiralty mile）は緯度1分の平均で＝6,082フィート＝1,853.793メートル，イギリスの法定海里（Nautical mile (UK)）＝1,853メートル，国際海里（International nautical mile）＝1,852メートル，米海里（US Nautical mile）＝約1,853.248666メートル，などである．このうち，船舶運航では通常，国際海里を用いることが多く，これはベッセル楕円体の極と赤道の距離の1／5,400分＝1／(90度×60分）に由来する．なお，海里を表記する際は陸上のマイル（M）と区別するためNautical Mileの頭文字をとって，船舶運航ではNMと表記することが多い．ただし，国際単位系の文書ではM，日本の計量法ではMまたはnmと定めている．

船舶だけでなく航空機の運航においても速力の単位ノット（＝海里／時）が用いられている．ノットをkm/hに換算するには，1 NM＝1,852 mなので

$$1\,\mathrm{knot} = 1.852\,\mathrm{km/h}$$

となる．

では，なぜ船舶や航空機の運航ではkm/hやMPHではなくノットを速力の単位として一般的に用いるのか．それは船舶にしても航空機にしても，陸上で車が道を走るのとは違って，地球上のある地点から別の地点まで，基本的に直線状の移動をするからである．このとき地点は一般に緯度，経度で示される．そして海里（NM）という距離の単位は，緯度の1分に相当する距離が1海里として定義されている．経度については，地球はほぼ球体なので赤道上では経度1分の長さ＝1海里でも，緯度が高くなるにつれて経度1分は1海里より短くなる．その短くなる割合は緯度の余弦（cos）であることが知られており，これは距等圏航法を意味する．緯度については，地球上のどの地点でも近似的に緯度の1分が1海里なので，真北，真南いずれかの針路で2地点間を移動する際の所用時間の計算には，海里単位の距離［NM］と海里毎時の速度：ノット［kn］を用いるのが便利である．例えば，対地速力12ノットの船舶が北緯30度の位置から真北に北緯31度まで航行するには緯度1度＝60分なので60海里÷12ノット＝5時間，と計算できる．また，対地速力360ノットの航空機が真北向きに緯度1度飛行するのに要する時間は，60海里÷360ノット＝1／6時間＝10分と計算できる．実際には，南北や東西だけでなく，あらゆる方向に移動するので航法計算が必要であるが，いずれの航法にしても緯度，経度で表された位置を用いて直線距離を計算すれば，結果は海里単位で得られるの

で，速度の単位として海里毎時（NM/h）すなわちノットを用いるのが便利である．

8.1.2　対水速力と対地速力

船舶は，流体である海水や川の水，湖水等，水の上に浮いている．それらの水は，潮流，川の流れ等により，海底や川底に対して，すなわち地球に対して水自体が動いている．船体はさらにその上を動いているので，地球に対しては船自身の移動速度に海水や川の水の動きを加味した速さで移動していることになる．水が動いていることを考慮せず仮に水が止まっていたとして，その水に対して船体が移動する速度を「対水速力（Speed Through Water：STW）」という．一方，その水（海水，川の水など）の動きを加味して地球上での船の動きを表す速度を「対地速力（Speed Over Ground：SOG）」という．船舶運航においては，これらを明確に区別してとらえる必要がある．なお，潮流，川の流れなどの地球に対する水の動きは，流れの向き（流向）と速さ（流速）で表されるベクトル量ととらえる．自船がどちらの向きに（移動方位）どれだけの速さ（対水速力）で動いているかを水に対する（仮に水が止まっているとして）船の移動ベクトルとして考える．その上で，これら水と船の移動をベクトルで加えたものが，地球に対する動きすなわち真針路（Course Over Ground：COG），対地速力（SOG）と考えられる．

海における潮流は，地点，日時により様々であり，目的地に向いている船体に対して相対的に後ろの方から潮流が流れていれば「連れ潮（つれしお）」となり，もともとの船の速力（対水速力）より潮流の影響分，対地速力は速くなる．一方，相対的に前から潮流が流れていれば「向かい潮（むかいしお）」となり，対地速力は対水速力より遅くなる．このことは川で考えれば分かりやすく，川の上流に向かって泳げば川底（地面）に対してなかなか進まず，同じ速さで泳いでいても下流に向かっているときは川底（地面）に対して速く進む，ということをイメージすればよい．

8.2　電磁ログ（EM ログ）

電磁ログはEM ログ（Electromagnetic Log）とも呼ばれ，船速を測るための計器である．電磁誘導の原理に基づき，磁界中を導体が運動するとその導体に電流が発生する．その際の運動，磁界，電流の向きを示しているのがフレミングの右手の法則である．図8-1に電磁誘導とフレミングの右手の法則のイメージを示す．

EMログは電磁誘導の原理を応用したもので，船底のEMログ センサー（受感部）には電磁石（コイル）により磁界がかけられていて，そこを海水すなわち導体が移動する（船底にとび出た2つの電極の表面を海水が流れる）ことにより，電極間に電圧が発生する．その電圧は導体である水の移動速度に比例して発生するため，これを増幅して電圧計に適切に目盛りをつけておけば速度を読み取ることができる．なお，電磁ログは船に対する海水の動きを測っているので水に対する動きであり対水速力が得られる．純水は電気を通さないが，海水はある程度電気を通すので導体ととらえられる．

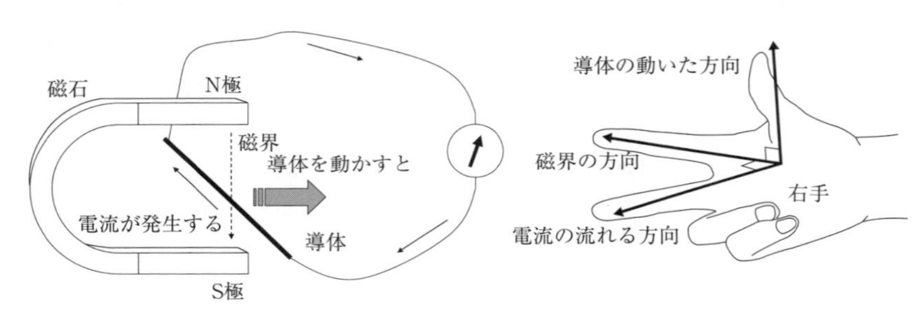

図 8-1　電磁誘導とフレミングの右手の法則

電磁ログセンサーの構造と，実際のセンサーのカットモデルを図8-2に示す．センサー（受感部）の電極間に発生する電圧 e は，

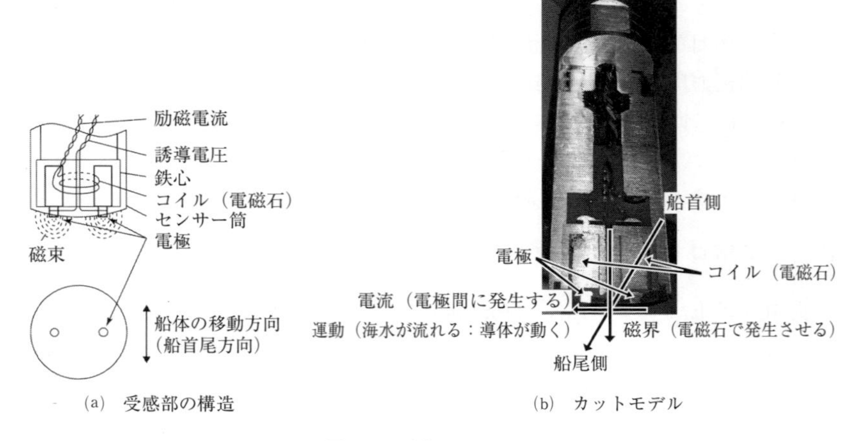

(a)　受感部の構造　　(b)　カットモデル

図 8-2　電磁ログセンサー

$$e=B\cdot v\cdot D\ [\mathrm{V}] \tag{8.1}$$

B：磁束密度［T］
v：移動速度［m/s］
D：電極間の距離［m］

図 8-3　EM ログ　船速指示計

となる．B は電磁石により発生させた磁束密度（単位は T：テスラ），v が電極付近を直角方向に流れる水流の速度，D は電極間の距離である．発生する起電力（電圧）e は，B および D が一定のとき，速度 v に比例する．結局，船底のセンサーの水に対する動きの速さに比例した電圧が出力され，対水速力が計測される．

EM ログで計測した結果の対水速力は一般的に図 8-3 の例のようなメーターで表示される．このメーターは船橋前面の窓の上に並ぶメーター類の 1 つとして装備されていることが多い．EM ログでは対水の航走距離も記録されているが，その値は別の表示器にデジタルで海里単位の値が表示される．航程はリセットの操作を行うまで積算される．

EM ログでは，船体前後方向（船首尾線に平行）の対水速力を計測しその値を表示している．これは一般的な船の対水速力を意味する．通常は前後方向のみの速力計測なのでこれを「1 軸」の速力計測という．

従来，EM ログは 1 軸の計測が一般的であった．しかし，現在ではセンサー部の電極の配置により，前後方向に加えて左右方向（船首尾線に直角）の対水速力も計測できるようにした機種を利用することができる．このような前後方向と左右方向の 2 つの軸の向きに対してそれぞれ対水速力を計測するものを「2 軸」の速力計測という．左右方向の速力は，離着桟操船の際に利用することができる．

表 8-1 に電磁ログの性能の例を示す．装備する船の速力にあわせて，計測範囲はいくつかの中から選択できる．

図 8-4 は，最近の EM ログの機種を例とした装備系統図である．1 軸または 2 軸のセンサーを選択して装備することができる．今日では，船橋内の計器，機器はデジタル信号で互いに接続されるようになっているが，EM ログも例にもれず，計測したデータをシリアル センテンスで出力できるようになっている．図中では，NMEA 0183 と表記しているが，IEC 61162-1/2 規格の RS-422 インターフェイス等で NMEA 0183 互換のセンテンスを出力するようになっ

表8-1　電磁ログの性能（製品仕様）の例

項　目	仕　様
船速計測範囲	−4kn ～ 20kn
	−5kn ～ 25kn
	−7kn ～ 35kn
(※センサーに追加加工が必要)	−10kn ～ 50kn※
左右船速計測範囲	0kn ～±6.5kn
航程	0NM ～ 9999.99NM
船速精度	±0.2kn または±2%のいずれか大きい方
航程精度	1時間あたり±0.2NM または±2.0%のいずれか大きい方

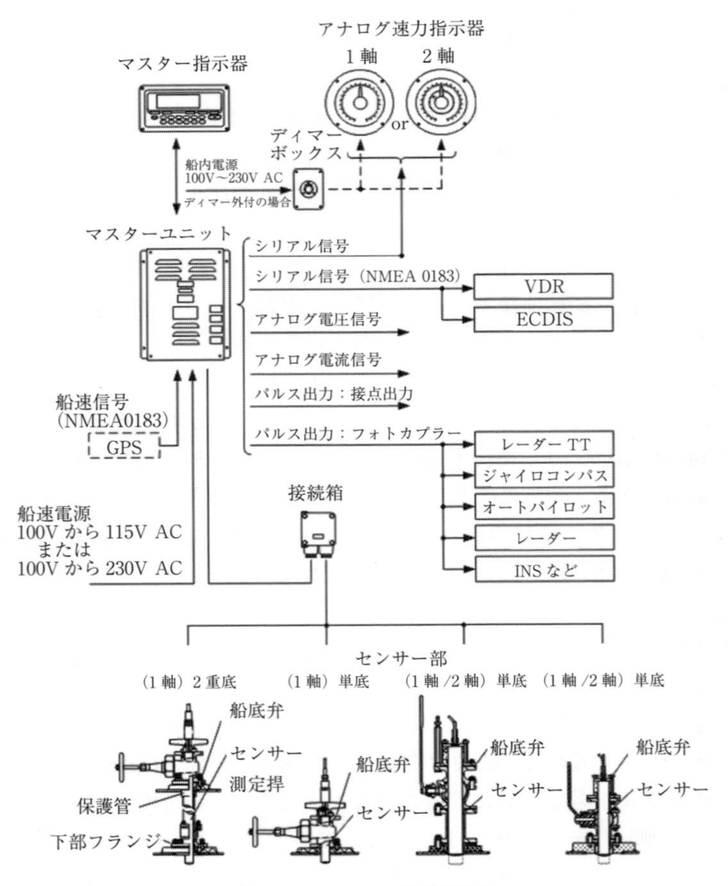

図8-4　EMログの装備系統図

ているものが一般的である．このデータは，図にもあるようにVDRへの記録やECDIS，レーダー等，対水速力のデータを必要とする機器に入力される．

電磁ログにおける調整項目

・**ゼロ点調整**

速力が0でも配線や外力等の影響で速力0と表示されないことがある．これを調整して0にするのがゼロ点調整である．つまりバイアスのように一定の速力誤差を消去するための調整である．

・**感度差調整**

製品としての測定桿（受感部が入っており，船底に取り付けるセンサー本体部）の感度が一定でないために速力に対する発電電圧に差異が生じる場合がある．これを補正するための調整である．近年はセンサーの製造上のばらつきがほとんどなく，この調整は使われなくなっている．

・**傾度調整**

速力に比例して起こる誤差を調整するためのものである．

・**中間誤差調整**

受感部（センサー）に対する海水の速力は必ずしも船の対水速力に線形で比例せず，その不均等な速力指示誤差を中間誤差という．これをなるべく均等にするための調整である．

《問題》　電磁ログのゼロ点調整は，どのような誤差を除去するための調整か．また，このほかの調整項目をあげよ．

《問題》　電磁ログの速力計測原理を簡潔に説明せよ．

8.3　ドップラー ソナー（ドップラー ログ）

移動体から発せられた音を固定地点で観測すると，近づいてくる時には元の音より高く，遠ざかっていくときには低くなるというのがドップラー効果であり，その周波数の変化と移動の速度には関係式が成り立つ．一般には音源と観測側の双方が移動している場合の関係式が示される．超音波を船底から海底にむけて送信し，海底面から反射してもどってきたものを受信して周波数を測定すれば，送信周波数と比較することによりドップラー効果の式から速度が算出でき，これにより求めた値を表示すれば速力計となる．このような原理で船速を測る計器を「ドップラー ソナー（Doppler Sonar）」または「ドップラー ログ（Doppler Log または Doppler Speed Log)」という．

8.3.1　ドップラー効果

音源（音を送信する点）と観測者（受信する側）の両方が移動している場合の送信周波数と観測される周波数の関係は次式で表される．

$$f_r = f_t \times \frac{C - v_0}{C - v} \tag{8.2}$$

f_t[Hz]　：音源の周波数
f_r[Hz]　：観測される周波数
C[m/s]：音速
v_0[m/s]：音源の移動速度
v[m/s]　：観測者の移動速度

ドップラー ソナーでは海底に，同じくドップラー効果を利用した潮流計（ADCP，9.2節参照）では海中の微小粒子等に反射した超音波を受信するので，行きと帰りでこの関係を2度使うことになる．浅水域ではドップラー ソナーは海底が止まっており送信点（船体）の方が移動していることになり対地速力が計測できる．

実際に船体が移動する速度を計測するためには，超音波を送信および受信する「送受波器」は船底に取り付けられ送信，受信はどちらもほぼ同じ点となる．そのため，ドップラー効果を利用して速度を計算するためには，船体の真下に超音波を送信したのでは計算できず，角度をつけて斜めに送信する．船首尾線に平行な船体前後方向の速力を算出するためには，同じ角度をつけて前（船首）方向と後ろ（船尾）方向に2つの超音波のビームを送信するという工夫をしている．この様子を図8-5に示す．

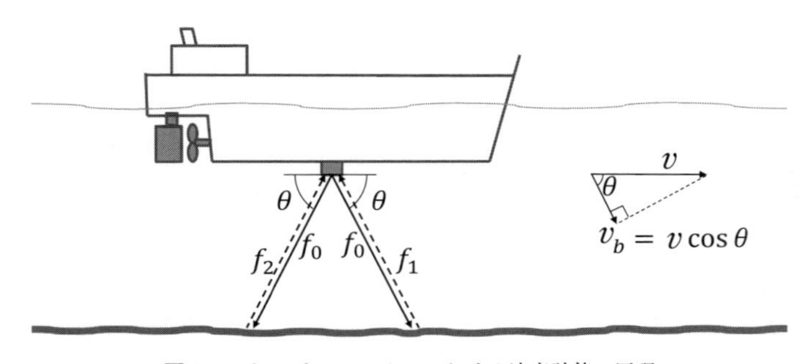

図8-5　ドップラー ソナーにおける速度計算の原理

図中で補足して説明しているようにビーム方向の移動速度 v_b は，船体に対して θ の角度で超音波を送信した場合，船体の移動速度 v の $\cos\theta$ 倍となる．送信周波数を f_0［Hz］，前方向の反射の受信周波数を f_1［Hz］，後ろ方向の反射の受信周波数を f_2［Hz］，超音波の水中における伝搬速度を C［m/s］，ドップラー効果による送受信周波数間の周波数変化を Δf［Hz］とすると，船体の移動速度 v［m/s］は，

$$\Delta f = \frac{2 f_0 v \cos\theta}{C} \tag{8.3}$$

$$f_1 = f_0 + \Delta f \tag{8.4}$$

$$f_2 = f_0 - \Delta f \tag{8.5}$$

$$f_1 - f_2 = \frac{4 f_0 v \cos\theta}{C} \tag{8.6}$$

$$v = \frac{C(f_1 - f_2)}{4 f_0 \cos\theta} \tag{8.7}$$

で計算される．ただし $C \gg v$ のときの近似である．

船体が前進している場合，f_1 は f_0 より高くなり，f_2 は f_0 より低くなる．後進している場合は，その逆となる．(8.7) 式で，f_1 と f_2 から計算した v は正負も意味を持ち，その符号により前進か後進かを含めて計測できる．

ドップラー ソナーは前後方向と左右方向の速力がそれぞれ別に測定できるものが一般的であり，2軸の速力を計測している．そのために，超音波ビームは前後方向に加えて左右方向にも送信し，それぞれ反射波を受信する．

図8-6に示すようなイメージで船首側のように4組の送受波器を用いて前後方向，左右方向に4つの超音波のビームを船底から送信し，反射波を受信することで，前後軸，左右軸の速力がそれぞれ計測できる．さらに船首部の横方向とは別に船尾部の横方向の移動速度を測るために船尾部の船底にも左右方向の2つのビーム用の送受波器を使用することも考えられる．しかし船尾部には

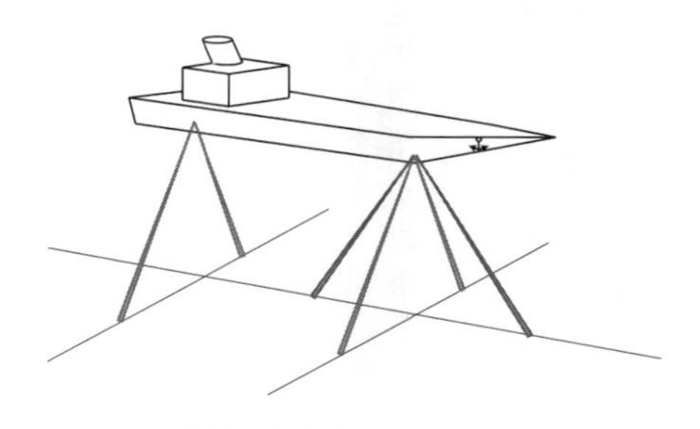

図8-6　前後・左右方向のビームのイメージ

推進器関係の機器などがあり，装備上の問題や航走時に船体周辺に発生する泡などの計測上の問題等から，一般的には船首部の4つのビームとジャイロコンパスなど外部機器から入力した回頭角速度（ROT：Rate of Turn）の値および船首尾間の距離を用いて計算することで，船首部に加えて船尾部の左右船速も表示する．この場合，前後，左右と船体の回転の3軸による計測となる．

《問題》 ドップラー ログでは，船体の上下運動による誤差をどのようにして補正しているか．その原理について式を用いて説明せよ．

8. 3. 2　データの表示と偏角

最も基本的なドップラー ソナーの表示の様子を図8-7に示す．この例では上から順に船首部の左右方向速力，前後方向速力，船尾部の左右方向速力が，方向を示す矢印とともに表示される．その下にはログ（航程）が表示されている．

前後および左右方向の速力の値をもとに，ベクトルとして船体がどちらの方向にどれだけの速力で移動しているか計算できる．これは船首方位と真針路の差に相当するもので，主に風や潮流等の影響により船がどれだけ左右に流されているかを示している．

なお，表示器のスイッチにより船速については対地（BT：Bottom）と対水（WT：Water）を，航程についてはトリップ（Trip）と総積算距離（Total Distance）を切り換えて表示できる．

図8-8に示すとおり，前後方向速力 V_d および左右方向速力 V_t が分かれば，実航速力 V および偏角（船首方位と実航針路の差）θ がつぎのような計算で

図8-7　表示器の例

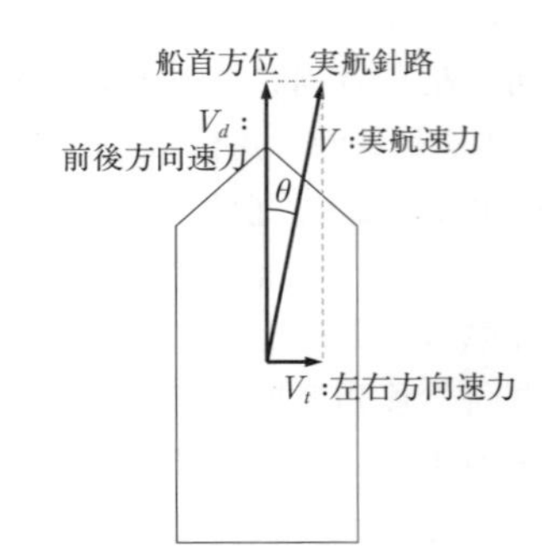

図8-8　風潮流の影響による実航針路・速力

求まる．

ここで，偏角 θ は，風により流される風圧差（leeway）や潮流により流される流圧差（drift）が主な要因であるが，外乱の影響により生じたものをすべて含んだものとしてとらえる必要がある．

$$V=\sqrt{V_d^2+V_t^2} \tag{8.8}$$

$$\theta = \mathrm{Tan}^{-1}\left(\frac{V_t}{V_d}\right) \tag{8.9}$$

ドップラー ソナーの表示器には，切換によりこの偏角も表示することができる．浅水域で前後，左右船速を対地で計測しているときには，ジャイロコンパスによる船首方位（heading）とGPS等による真針路（COG）の差ともほぼ一致するはずである（実際にはそれぞれの機器の精度に依存する）．操船時に針路を指定してオーダーを出す際にはこれらのデータを考慮して，実航針路が望むコースとなるよう加味する必要がある．ただし，水深が深く対水で計測しているときにはドップラー ソナーからは偏角のデータは得られない．

8. 3. 3　ドップラー ソナーの装備

計測した速力データを用い，速力に航行（経過）時間を掛けることで，航走距離を算出して積算し航程（ログ）の数値も表示できる．この場合，とくにドップラー ログと呼ぶことがある．

ドップラー ソナーでは，超音波が海底に届いて反射してきたものを受信できる程度の水深のところでは対地速力を計測することができ，同時に対水速力も計測される．深い水域で超音波が海底まで届かない（反射波を受信できない）ときは対水速力のみが計測される．現在使用できる機種では水深250m程度より浅い場合に対地速力が計測できる．GPSが普及するまでは対地速力を直接，計測できる唯一の機器であった．

図8-9は，ドップラー ソナーを船舶に装備する際の系統図の例である．データ分配器にはいくつかの外部機器からデータが入力される．これには3軸表示のための回頭角速度をジャイロコンパス等からの入力と，遠隔ディスプレイに表示するためのGPS船速，風向・風速等のデータ入力が想定される．ドップラー ソナーで計測し，計算によって求めた値は，パルス信号やIEC 61162-1等のシリアル センテンスによりデジタルでデータが出力されるので，ECDISやVDRその他の機器に入力することができる．

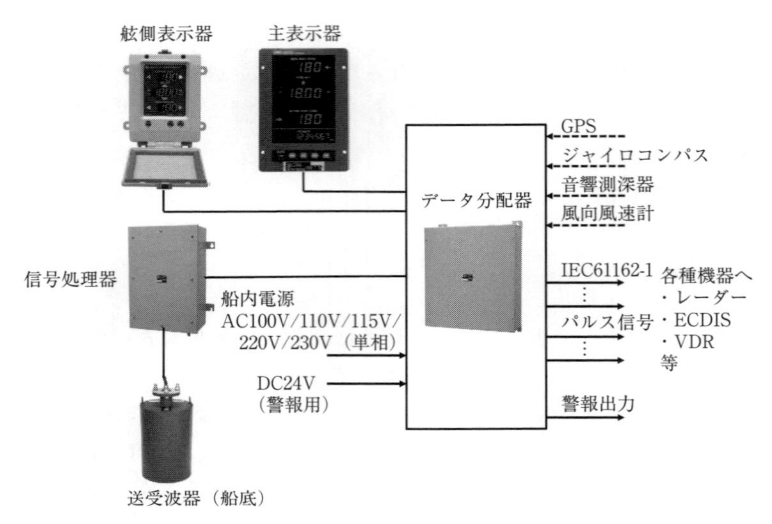

図 8-9　ドップラー ソナーの装備系統図

《問題》　ドップラー ログで対地速力が測定できるのはどのような場合か.

8. 3. 4　性能

水中における超音波の減衰は周波数が低いほど少ないので，水底からの反射を有効に得るためには周波数は低い方がよい．一方，ビーム幅は一般的に5度前後であり，周波数が高い方が超音波発振のための素子の寸法を小さくできる．これらを勘案し舶用のドップラー ソナーでは超音波の周波数は200 kHz〜600 kHz が用いられる．対地で計測できる水深は周波数によりその性能が変わる．底質にもよるが 250 kHz 程度の周波数で 250 m 程度までの水深のとき対地の計測が可能である．また，対水の計測のために，もっと高い 2 MHz 程度の超音波を発振する機能をもった機種もある．超音波はパルス状に送波される．

表 8-2 のように，一般的な機種では，速力について

±1%または±0.1 kn の大きい方

距離（航程）について

±1%または±0.1 NM の大きい方

の精度で計測できるとされている．

ドップラー ソナーの計測精度に影響を及ぼす要因として次のものが挙げられる．

(1) 海水の温度，塩分濃度，水圧
　超音波の伝搬速度に影響する．
(2) 海底の状況
　対地を計測する場合，海底での反射の強度に影響する．
(3) 船体の傾斜
　ビームと海底との角度が変わり誤差の要因となる．
(4) 送受波器（発振子）の装備状況
　ビームの方向に影響する．
(5) 水中に発生する気泡
　気泡による反射雑音により影響を受けることがある．

【例題】　ドップラー ログにおいて，速力の測定精度に影響を与える事項をあげよ．

・海水の温度，塩分濃度，圧力
・海底の状況（急激な変化や傾斜など）
・船体の傾斜
・送受波器（発振子）の装備状況（取り付けの精度）
・水中に発生する気泡

表 8-2　ドップラー ソナーの性能（製品仕様）の例

項　目	仕　様	
動作モード	2軸4ビーム パルス ドップラー ソナー 3軸4ビーム パルス ドップラー ソナー ＋　回頭角速度ジャイロ （回頭角速度ジャイロはオプション）	
超音波周波数	240 kHz（BT：水底追跡） 2MHz（WT：対水追跡）	
船速計測範囲	対地（BT）	前後 − 10.00 to + 40.00 kn 左右 − 9.99 to ＋9.99 kn 船尾左右 − 9.99 to + 9.99 kn （回頭角速度が必要）
	対水（WT）	前後 − 10.00 to + 40.00 kn
航程表示範囲	0 to 99999.99 NM	
水深範囲	対地（BT）	2 〜 250 m（船底下）
	対水（WT）	3 m 以上（船底下）
船速精度	1％または 0.1 kn の大きい方	
航程精度	1％または 0.1 NM（1 時間あたり）のいずれか大きい方	
表示	デジタル表示単位＝kn または m/s	
IEC61162-1 出力	5 回路（NMEA0183 Ver 1.5 or 2.3） （VBW, VLW, DPT, DBT）	

8.4　サテライト ログ

50,000総トン以上のすべての船舶に対して，とくに高機能の船速距離計（SDME）としてSOLAS V章第19規則（2.9）により「回頭角速度」および「前後／左右方向の対地船速・距離と前後方向の対水船速・距離」を計測する機器の装備が義務づけられている．

この要求を満たすためにはいろいろな原理の機器が考えられるが，本書の第2章（2.10節）でも説明したGPSコンパスを基にして上記のデータを計測，表示できるようにしたものが開発された．わが国のメーカーではこれを「サテライト ログ」等と呼んでいる．

前節（8.3）ではドップラー ソナーにより，偏角を求めることができると説明し，図8-8には次の図（8-10）と同様の図を示した．

GPSコンパスでは，GPS位置から計算した対地速力（SOG）と対地針路（COG）が求められる．またGPSコンパスの基本機能である船首方位（Ship heading）データ，回頭角速度（ROT）が得られる．これらのデータを用いて，図8-10に示すイメージで計算することにより，必要な前後方向および左右方向の対地船速を求める．ここで，θは対地針路（実航針路）と船首方位の差であり，この角度から三角関数により前後方向対地速力V_dと左右方向対地速力V_tを求めることができる．

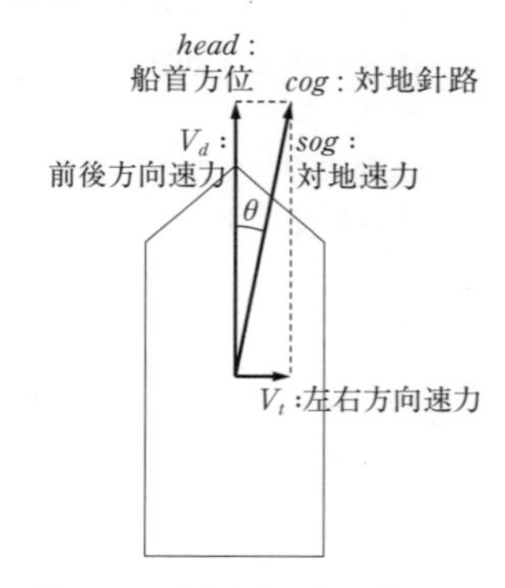

図8-10　前後方向，左右方向の対地船速の計算イメージ

$$\theta = cog - head \tag{8.10}$$

$$V_d = sog \cdot \cos\theta \tag{8.11}$$

$$V_t = sog \cdot \sin\theta \tag{8.12}$$

図8-11にサテライト ログの実例を示す．船橋上部の暴露甲板（コンパス ブリッジ デッキ）等にGPSコンパス センサーを装備し，船内（船橋内）の分配器を通して必要な箇所にデータを配信する．直接的には主表示器によって航海士等が確認できるよう船橋内に主表示器を設置し，その他ウイング等の必要な箇所には別に表示器を設置する．このほか，IEC 61162-1（NMEA 0183）センテンス等が分配器から複数のインターフェイスで出力されるので，ECDIS，VDR，その他の機器に船速距離データを入力できる．

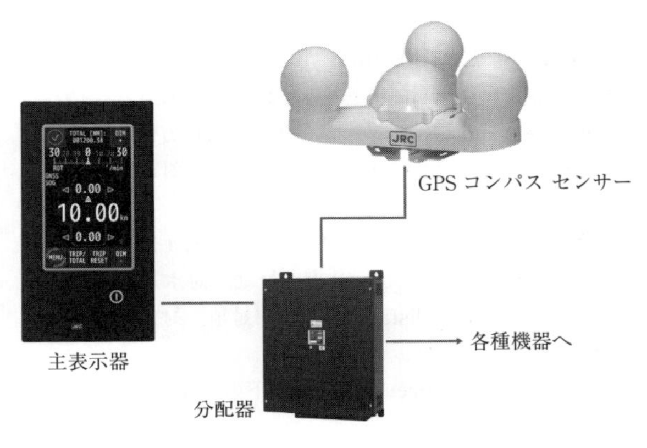

図 8-11　サテライト ログの実例

サテライト ログの性能を示す製品仕様の例を表 8-3 に示す.

表 8-3　サテライト ログの性能（製品仕様）の例

項　目	仕　様
対地計測原理	衛星（GPS 衛星）
船首左右船速 計測範囲	−99.99 to＋99.99 kn
前後方向船速 計測範囲	−99.99 to＋99.99 kn
船尾左右船速 計測範囲	−99.99 to＋99.99 kn
表示桁数	4 桁（固定）
最小表示単位（デジタル）	0.01 kn
航程表示範囲	0−999999.99 NM
船速精度	船速の 1% または 0.1 kn のいずれか大きい方船速の 0.2% または 0.02 kn のいずれか大きい方（5 つ以上の衛星を捕捉している場合）
航程精度	1 時間あたり 1% または 0.1 NM のいずれか大きい方

8.5　データ転送フォーマット

この章で取り上げた機器から出力されるデータのセンテンスはつぎのとおりである. 詳細は付録に示す. ログは船速を測り航程を積算する計器であるので, 速力および距離（航程）を転送するためのセンテンスが用いられる. それぞれ対地および対水の別および速力については前後方向, 左右方向の値を表現するためのセンテンスが用意されている.

- **電磁ログ IEC 61162-1（NMEA 0183）**
  VBW： Dual ground/water speed（2方向対地，対水速力）
  VHW： Water speed and heading（対水速力，船首方位）
  VLW： Dual ground/water distance（2方向対地，対水距離）

- **ドップラー ソナー IEC 61162-1（NMEA 0183 Ver. 1.5 or 2.3）**
  VBW： Dual ground/water speed（2方向対地，対水速力）
  VLW： Dual ground/water distance（2方向対地，対水距離）
  DPT： Depth（水深）
  DBT： Depth below transducer（送受波器下の水深）

- **サテライト ログ IEC 61162-1**
  VBW： Dual ground/water speed（対地，対水速力）
  ※対地のみ出力
  VLW： Dual ground/water distance（対地，対水距離）
  ※対地のみ出力
  VTG： Course over ground and ground speed

この他，船首方位，回頭角速度等のデータが他の計器から入力できる．

第９章　音響計測機器

音響と言っても人間の耳に聞こえる可聴周波の音ではなく，それより高い周波数の「超音波」を利用した計測機器を航海計測では用いることが多い．具体的には数十 kHz～数百 kHz 程度の振動である（機器によっては 2MHz 程度の場合もある）．何を振動させるのか，振動は何を伝わるのか，というと，空中では当然大気（空気）を振動させて伝わっていく．人の話や音楽が聞こえるのは可聴周波で空気が振動しているのを耳で聞き取っている．一方，水中では水が振動して伝わっていく．舶用の計測機器では，おもに超音波が水中で伝わることを利用したものが多い．計測に音波を用いるのは，電波（電磁波）は一般に水中を伝わることがないためである．例えばレーダーはマイクロ波帯の電波を空中で利用して物体を探知するものであることは第３章で説明したが，同じ原理を水中において適用するのは，電波を用いる方法では不可能である．水中での観測は超音波を用いた機器が主流となっており，測位や測距は水上（大気中）とは異なった原理により実現する必要がある．

本章では，超音波を利用して水深を測るための音響測深機，潮流を測るための潮流計について説明した後，近年，海底探査等で利用される測深や地層探査機器のいくつかを簡単に紹介する．

9. 1　音響測深機

9. 1. 1　測深

船が安全に航行するためには，その船の喫水に対して安全かつ十分な水深が確保されている必要がある．誤って浅い水域に進めば乗りあげ事故ということになる．しかし，常に深さを測りながら航行するのも現実的でない上，その先がどうなっているかを計り知ることはできない．そのため，海図には重要な情報の１つとして各位置における水深が詳細に記載されており，自船位置が分かれば海図からその地点および周囲の水深を知ることができる．逆に自船で実際に測深したデータがあれば，海図記載の水深と照合することで大略の自船位置を確認するという使い方もできる．海図を作成する上で水深データの計測は最重要であるといっても過言ではない．海図は各国で公認された水路測量機関が発行することになっており，日本では現在，海上保安庁海洋情報部が担当している．海域の地形とともに水深情報は軍事上の重要情報となる場合があり，日本でもかつては「軍機海図」というものが存在したと聞く．世界では，現在でも海図の発行は軍が行っている国もあるが，その場合でも通常の海図情報は一般商船に対して公開されている．

水深を測る（測深）方法としては，古くはロープの先におもりを付けて水中に垂らし，水底につくまで伸ばしたロープの長さで測るという原始的かつ正確な方法が用いられた．おもりには鉛製のものを用いるのが一般的で，これを「手用測鉛（Hand Lead）」（しゅようそくえん）と呼ぶ．おもりの下面にグリスを塗っておけば，引き上げた際，そこに海底の物質がついてくるので，砂，泥等の底質もわかる場合がある．測深の基本はこの方法である．

ただし，水深が深くなると，手用測鉛ではロープが垂直に下りるかどうか等の問題もあり限界がある．また，測深のためには測りたい地点の水上で停止する必要があり一箇所の測深にある程度の時間を要する．そこで，より手間なく測る方法として音波または超音波を利用する方法が考案された．音響（Sound）で見えない水中（海中）の様子を探って水深を知るので，比喩的に，物事に探りを入れることを「サウンディング（Sounding）する」という．これは，音響測深から来ていると考えられる．

9.1.2　超音波を利用した測深

海図を作成するための詳細な測深とは異なり，一般の船舶において測深が必要なのは，航行する水域がその船舶にとって十分に安全な水深が確保されているか，また投錨の際に実際の水深がどのくらいかを知る等の場面である．この目的で一般に超音波が海底に反射して返ってくるまでの時間から，その距離（水深）を算出する「音響測深機」が用いられる．音響（実際には超音波）がこだまして戻ってきたものを聞くようなものなので，音響測深機はエコーサウンダー（Echo Sounder）とも言う．超音波は魚群でも反射されるので，海底だけでなく魚群までの深さも分かる．もともと今日の音響測深機は魚群探知機の開発に始まった．商船では水深を測るために用いるが，その原理は魚群探知機とほぼ同じである．

図9-1のように，音響測深機において超音波を送波し受波する送受波器は船底に取り付けられる．そこから真下方向の水底に向けて超音波を発信し，水底

にあたって反射し戻ってきたものを受信して，その時間差を計測する．

送受波器は一般にキール横の船底に取り付けられるので，厳密にはキール下とは若干異なるが，送受波器の位置を船底とすると船底下の水深 D_{ub} は（9. 1）式のとおり，超音波の水中における速度 v と，送信してから受信するまでの時間 t を乗じて距離を計算し，これは海底（水底）までの往復分なので，2で割って水深とする．

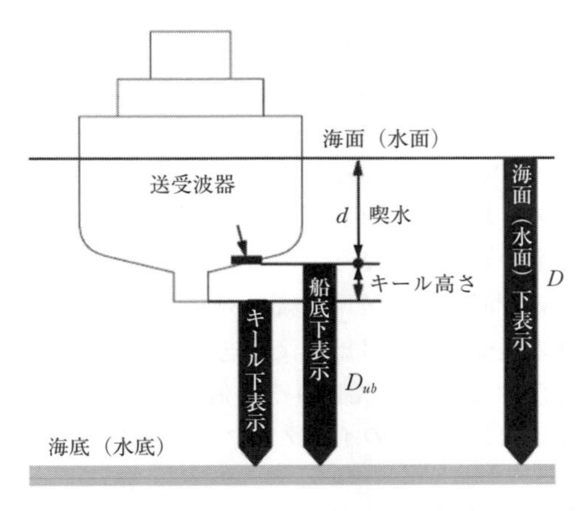

図 9-1　船体と海底の距離の関係（海面，船底，キール）

$$D_{ub} = \frac{v \times t}{2} \qquad (9.\ 1)$$

$$D = D_{ub} + d \qquad (9.\ 2)$$

ここで

v　：超音波の水中速度［m/s］
d　：喫水［m］
D_{ub}：船底下の水深［m］
D　：水深［m］

なお，海中における超音波の速度は水温，塩分濃度等により変化するが，ほぼ1,500 m/s である（空気中では約 340 m/s なので，海中の方が速い）．

D_{ub} は船底（送受波器位置）下の水深となるので，水面からの水深を求めるには（9. 2）式のとおり D_{ub} に喫水 d を加える必要がある．一方，キール下の水深（一般に UKC：Under Keel Clearance と呼ばれる）を求めるには，送受波器取り付け位置からキール下面までの距離（キール高さ）を測定値（船底下水深）から引けばよい．喫水は貨物の状態により異なるので，水面下の水深を表示するモードでは喫水の設定を変更できるものが一般的である．船底の送受波器とキール下の距離は一定なので，機器装備の際に一度設定すればよい．

9. 1. 3　音響測深機の装備

音響測深機の表示画面では，そのときの水深だけでなく時間とともに水深が変化した様子をグラフ状に示すことで，船が通った地点の海底の形状を知ることもできる．図 9-2(a)は旧式の音響測深機表示器で，放電式の記録紙に表示する．最近は同図(b)の写真のように液晶ディスプレイなどに像として表示するものが主流となっている．

音響測深機の装備系統の例を図 9-3 に示す．本体は通常船橋に装備され，船底の送受波器とは整合筐を通して接続される．また，本体表示器でデータを見るだけでなく，ECDIS その他の機器でも表示できるようにデジタル データがIEC 61162-1 等のインターフェイスからシリアル センテンスで出力される．

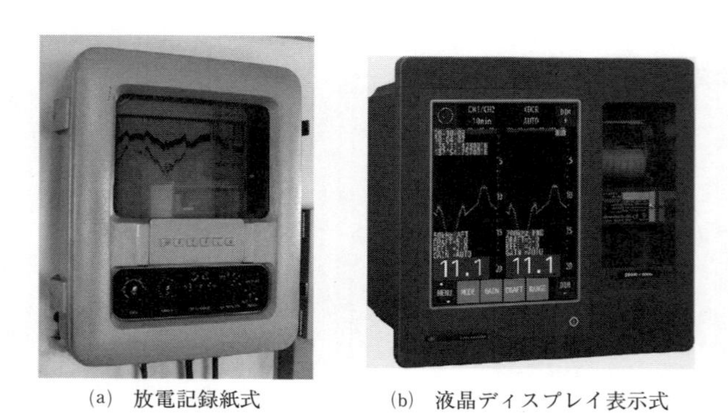

(a)　放電記録紙式　　(b)　液晶ディスプレイ表示式

図 9-2　音響測深機（表示部）の例

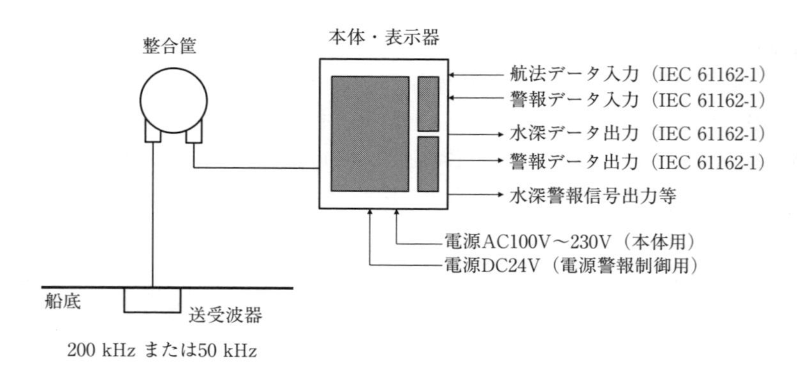

図 9-3　音響測深機の系統図（例）

【例題】 音響測深機で使用している超音波について，
　(1) 指向特性（ビーム幅）
　(2) 減衰の大小
は，周波数とどのような関係があるか．それぞれについて述べよ．

(1) 指向特性（ビーム幅）

送受波器の大きさ（音波の放射面）が同じであれば，周波数が高くなると指向特性は鋭くなる（ビーム幅が細くなる）．

(2) 減衰の大小

周波数が高くなると減衰が大きくなり，到達距離が小さくなる．一方，周波数が低くなると減衰が少なくなり，到達距離が大きくなる．

---

9. 1. 4　音響測深機の操作

音響測深機本体表示器における表示として，図 9-4 の例では 3 つのモードを切り換えることができる．

(1) 標準モード（Standard）

横軸が経過時間，縦軸が水深で，過去 10 分程度，船が航行した直下の超音波反射の様子を示す．水底が 1 本の線で示されるのではなく，同図(a)の例のように反射強度に比例して少し幅をもった帯状に表示されるのが一般的である．この場合，帯状の表示のうちもっとも浅いところを水深としてとらえる．例では，送受波器が船首および船尾の 2 箇所に装備されている場合の表示で，左半分が船尾，右半分が船首のデータを表示している．

(2) 履歴モード（History mode）

数分から 10 分程度のデータ（画面右側）とともに，標準モードよりは長い時間（数時間～十数時間程度）にわたって航行した直下の超音波反射の様子（画面左側）を示す表示モードである．

(3) 着桟モード（Berthing mode）

離着桟時にバース直下の水深を測る等の場面を想定し，直下の水深を数値で表示するモードである．同図(c)の例では，船首および船尾に装備した送受波器による計測値を表示している．

図 9-4 の例は，適切に調整された場合に正しく計測されていることを想定したものである．実際には，超音波の反射をとらえるための感度（ゲイン）の調整が不適切であったり，何らかの要因で雑音をとらえたりして，正しい表示とならない場合もある．図 9-5 は，(a)ゲイン調整が過小で反射のとらえ方が弱い場合，(b)適正なゲインの場合，(c)ゲインが過大で本来の反射以外のもの

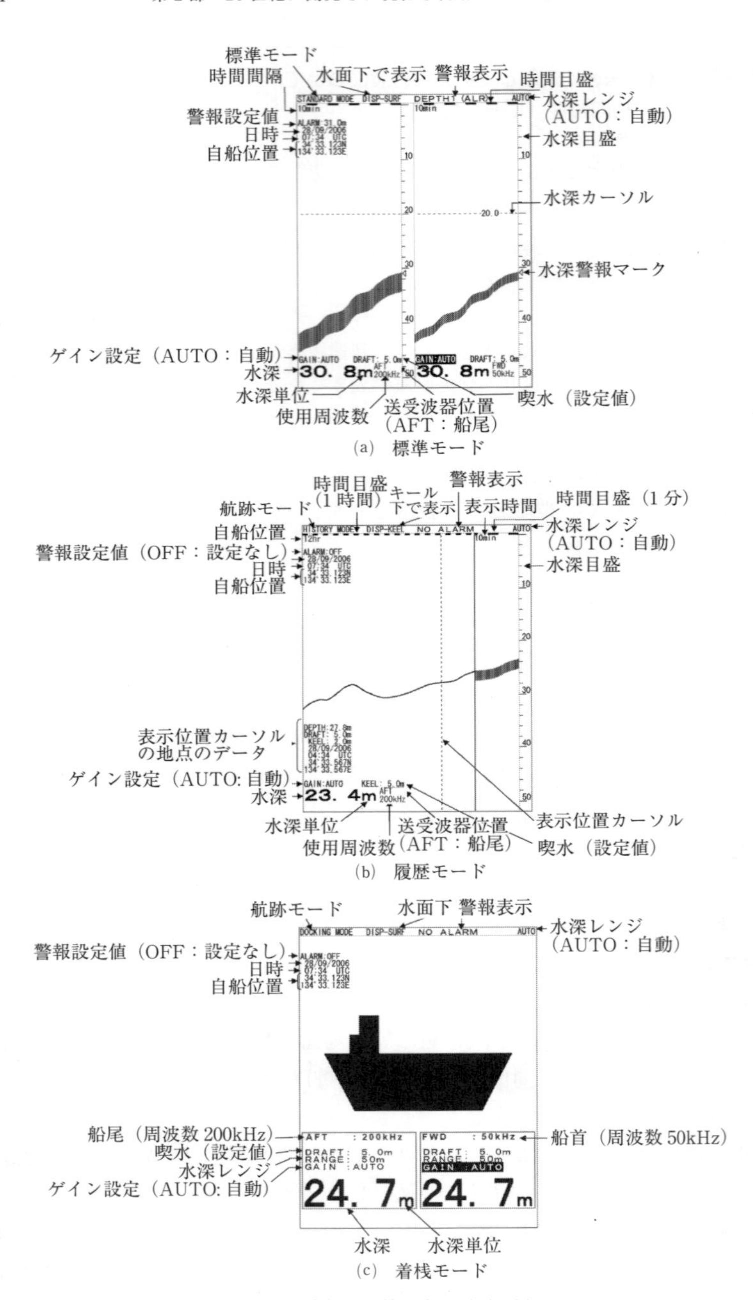

図 9-4　音響測深機の表示画面の例

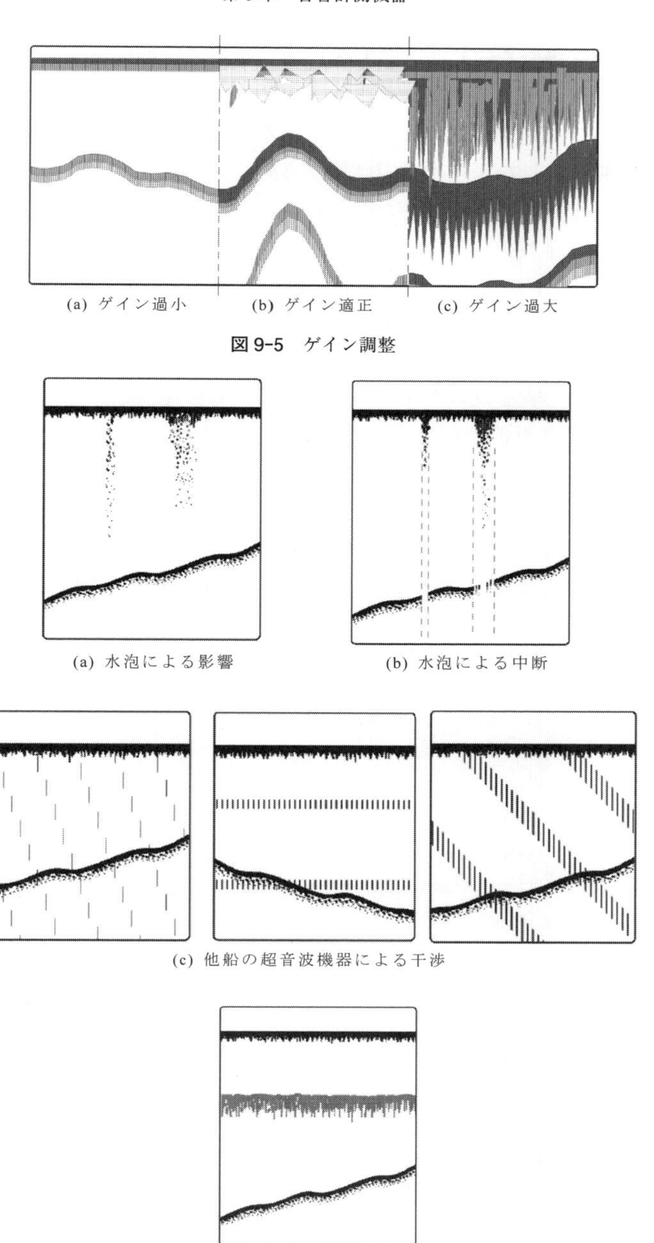

図 9-5　ゲイン調整

図 9-6　音響測深機における雑音の影響

まで映っている場合をそれぞれ示している．現行の機種ではゲイン調整は自動的に適正なゲインとする機能（自動（AUTO）モード）が用意されているのが一般的なのでこれを利用することもできるが，ゲインが適当でないと思われるときには画像を見ながら手動で調整する必要がある．

ゲインは適正に調整されていたとしても，様々な雑音の影響を受けることがある．図9-6は雑音の影響を受けている場合の表示の例である．同図(a)および(b)は，船底直下から水底までの間の水中に発生した泡の影響を受けた例である．同図(c)は近くを航行する他船の超音波機器から発信された超音波の干渉の影響を受けた場合の表示例，同図(d)は直下にプランクトン等が浮遊していてその反射の影響を受けた例である．なお，音響測深機は魚群探知機とほぼ同様の原理により計測を行うものなので，プランクトンに限らず魚群があれば，それが映る可能性がある．

9.1.5　データ転送フォーマット（水深関係）

音響測深機で計測した水深は，一般的にIEC 61162-1（NMEA 0183）形式のシリアル センテンスとしてデジタル データが出力される．その概要はつぎのとおりである．詳細は巻末の付録を参照のこと．

- **音響測深機　IEC 61162-1（NMEA 0183）**

  トーカー：SD（Sounder, Depth）

  水深データ出力

  　DBS　Depth Below Surface（水面下の水深）

  　DBT　Depth Below Transducer（送受波器下の水深）

  　DBK　Depth Below Keel（キール下の水深）

  　DPT　Depth（水深）

  警報出力

  　ALR　Set Alarm State（警報状態）

9.2　潮流計（ADCP）

潮流計は超音波を用いて，船底下の潮流の流向・流速を計測するものである．英語では「ADCP（Acoustic Doppler Current Profiler)」と呼ばれる．

超音波を利用して速度を計測する機器として，前章（8.3節）でドップラー ソナーを説明した．要約すればドップラー ソナーは船底から発した超音波が海底に反射して戻ってきたものを受信し，送信と受信の周波数の差異からドップラー効果により移動速度を算出するというものである．船底の送受波器を基準にして考えれば船に対する海底の移動速度が計測されるが，実際には海底の方が止まっているので，船の移動速度すなわち船速がわかる，というのがドップラー ソナーの原理である．

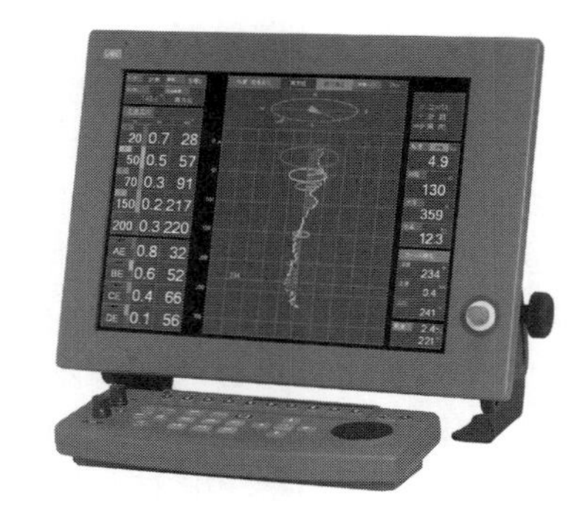

図 9-7　潮流計（ADCP）の表示器

9.2.1　超音波を利用した潮流計測

潮流の計測もドップラー効果を利用して計測するという点で原理はドップラー ソナー（8.3節）に似通っているが，水底の動きを測るのではなく，潮流計は途中の水中のある層の水の動き（流れ）すなわち潮流を計測したい．

川や湖でも水の流れが発生しており，その流れを計測するということも可能であるが，おもに潮の流れ（潮流）を測るためにADCPが用いられる．海水は地球（海底）の上に，ある厚さをもって流体である水の層として存在している．天体間の引力等を要因として，この水の表面（水準）が時間と場所によって，上昇したり下降したりするのが「潮汐」である．その潮汐の変化により，高いところから低いところに流れようとして地形にも影響されて潮の流れとなるのが「潮流」である．その潮の流れは，表層部，水面からいくらか潜ったところ，もっと深いところと，海面から海底までのすべての層で一様に（同じ方向に同じ速さで）移動しているのではなく，層（深さ）により，流れの向き，速さ（「流向」，「流速」という）は異なっている．

なお，潮流の流向は流れていく方向で表す．風向が吹いてくる方向で表すのとは逆なので注意を要する．

図9-8は，水面から水底までの間にいくつかの層を想定し，それら各層における水の流れを測るというイメージを示している．船底からある角度をもって超音波を海底方向に向けて送信するのはドップラー ソナーと同様であるが，受信して周波数を計測する

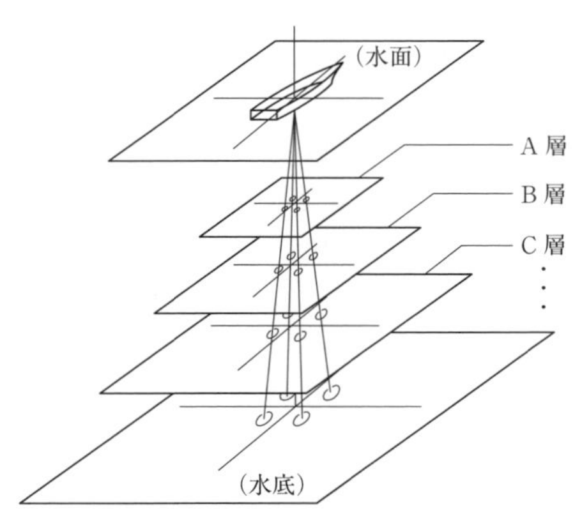

図 9-8　超音波を利用した潮流計測のイメージ

タイミングを，超音波がA層で反射して返ってきたとき，B層で反射して返ってきたとき…と，超音波の進む速度から計算してそれぞれの層に対して時間差でその都度周波数計測を行うことで，それぞれの層の反射物の動きをとらえることができる．なお，時間を計測するために，ドップラー ソナーなどの他の超音波利用機器と同様，パルス状に超音波を送波する．これは電波を用いて時間を計測するためにレーダーがパルス状に送信するのとも似ている．

各層で超音波が何に反射するかというと，水中に浮遊しているプランクトン，ゴミなど微小粒子等である．これにより，浮遊物の動きをとらえることができ，その動きはその層付近の海水の動きであると考えて，流向，流速が計測される．

直接計測される流向，流速はその船に対する相対的なものとなるが自船の真針路，対地速力を用いてベクトル計算し，自船の船首方位を加味すれば，海底を基準としたその地点における真の流向，流速に変換できる．海底の動きをとらえることを海底追跡（Bottom Track）と言い，ある程度浅い水深でADCPが超音波で海底をとらえることができる場合は，海底追跡も含めて潮流計で計測できるので，自船の真針路，対地速力はADCP自身でも計測できる．深い水域でそれが不可能な場合には自船の針路，速力データをGPSなどの外部機器から入力し，自船の動きを相殺するようベクトル計算することで，海底に対する各層の流れを真の流向，流速として算出する．ただし，いずれの場合も自船の船首方位がコンパスから入力されている必要がある．船舶で使用するADCPでは，真の流向は360°方式の方位で，流速はノット単位で表示される．

なお，海洋観測などを目的とした船舶をのぞき，一般的な商船では潮流計を装備していない場合も少なくない．一方，漁船では潮流データを必要とすることも多く比較的小型の漁船でも装備している場合がある．

9.2.2　潮流計（ADCP）の装備

図9-9にADCPを装備する際の系統図の例を示す．

船底には送受波器が設置され，信号処理箱中の回路で必要な計算処理等が行われる．そこには，他のセンサーから必要なデータをNMEA 0183センテンス等のデジタル フォーマットで入力することができる．また，潮流計で計測したデータや船速（海底追跡によるデータ）をIEC 61162-1等のNMEA 0183シリアル センテンスで出力し，ECDISその他の外部機器へ転送することができる．

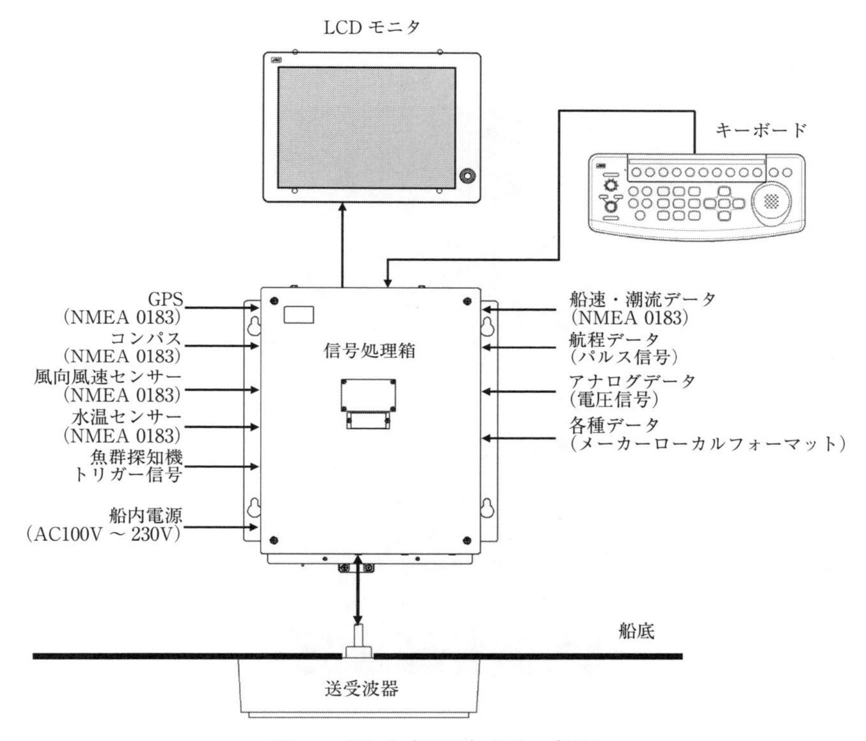

図 9-9　潮流計（ADCP）装備の系統図

9. 2. 3　潮流計（ADCP）の表示

図 9-10 に ADCP の表示画面の例を示す．メーカーにより様々な表示方法，表示画面を提供しているが，図 9-10 には代表的なものを 3 種類挙げた．同図(a)は一般的な表示画面で，数値により潮流の流向（360° 方式の方位）と流速（ノット単位）と，各層の流向流速をベクトル（向きと長さ）で真上から見たような円状のグラフに表示した画面である．いくつかの層のベクトルを表示するために，色やパターンを変えて示している．同図(b)は潮流の流向，流速を数値データで示している．同図(c)のグラフは水中の流れの様子を斜め上方向から俯瞰したような表示である．縦軸（画面の上下方向）を深さ方向として，斜め上から眺めた楕円状にそれぞれの層で流向，流速をベクトルとして立体的に示している．このようなグラフによる表示を「プロファイル」表示という．最近の機種では機能や表示画面が豊富に用意されているので，その見方や操作方法については，それぞれの機種のマニュアルを参照して熟知しておく必要がある．

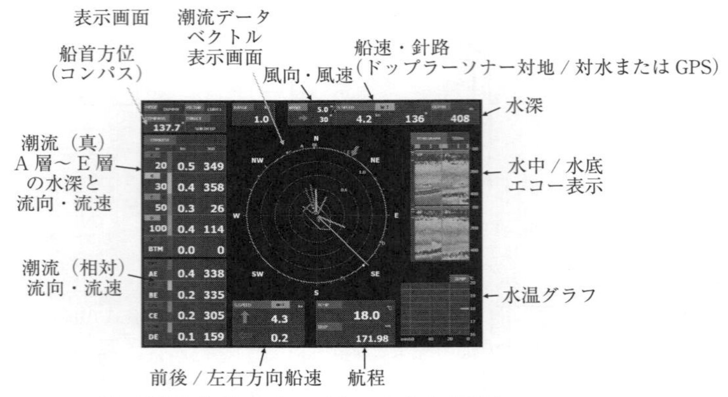

(a)　数値およびベクトル（グラフ）による表示

(b)　数値データ中心の表示

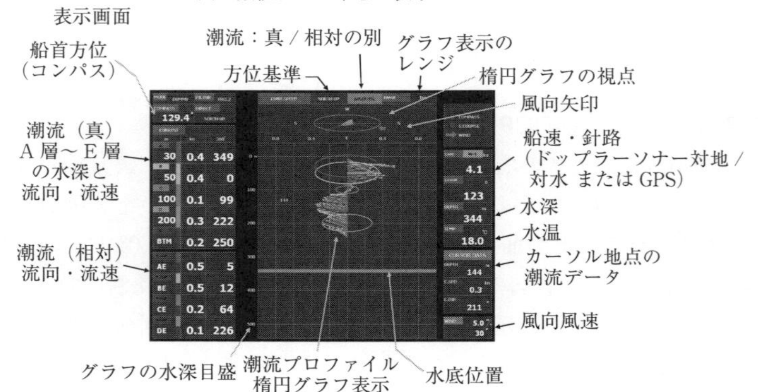

(c)　プロファイル表示

図9-10　潮流計の表示画面

9. 2. 4　データ転送フォーマット（潮流計）

潮流計（ADCP）による計測データは，IEC 61162-1のインターフェイスからNMEA 0183センテンス等のデジタル形式で出力される．その概要はつぎのとおりである.

・**潮流計データ出力：潮流・船速（NMEA 0183）**
トーカー：VD（Velocity Sensor, Doppler, other/general）
センテンス：

VBW	Dual Ground/Water Speed	（対地，対水速力）
VLW	Distance Traveled Through the Water	（対水航程）
VHW	Water Speed/Heading	（対水速力，船首方位）
DBT	Depth Below Transducer	（送受波器下の深さ）
DPT	Depth	（水深）
CUR	Water Current Layer	（各層の潮流）

《問題》　風の風向と潮流の流向について説明せよ.

9.3　海中・海底機器

第2部のテーマ（20世紀の計器）ではないが，最新の技術により開発され海洋観測などで利用されているものに海洋観測，海底探査機器がある．海中では一般的に電波を利用することができないので，通信や計測などのためには音波や超音波などの音響を用いるものが多く，この章で簡単に紹介する.

9.3.1　高精度音響測位装置

海中，海底における測位は，水中で航行するROV（Remotely Operated underwater Vehicle）等の移動体の制御や，水面から投下して水底に着底させ設置した観測機器の位置測定など，近年の海洋観測，海底探査で必要不可欠である.

地上ではGPS等が普及し高精度の測位が可能である．しかし，GPS等のGNSSが用いるマイクロ波帯の電磁波は水中を伝搬しないため，水中でのGPS測位は不可能である．そこで音響を使ったシステムが利用される．水中における位置測定で用いられるシステムには，ロング ベースライン（LBL）方式とスーパー ショート ベースライン（SSBL）方式がある．LBL方式のイメージを図9-11(a)に，SSBL方式のイメージを同図(b)に示す.

LBL方式は，あらかじめ海底に基準点となる発信器（トランスポンダー）を3つ以上設置し，それらの相互距離を最初に計測して校正しておく必要がある．アレイ状にトランスポンダーを海底に設置すれば，その内側では精度の高い計測が可能である．LBL方式では，水深による測位精度への影響はとくにない.

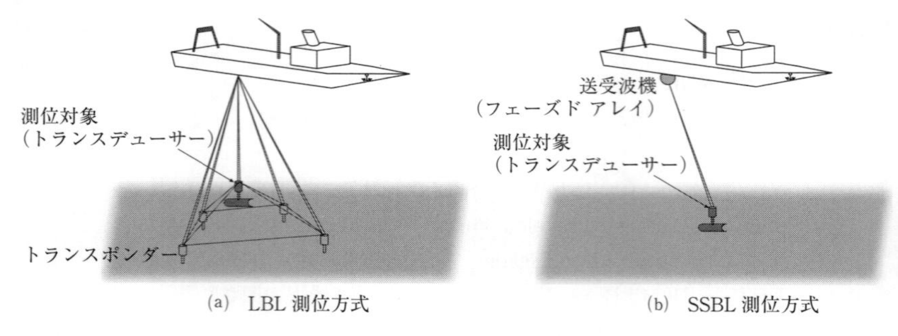

(a)　LBL 測位方式　　(b)　SSBL 測位方式

図 9-11　音響測位システムのイメージ

これに対して SSBL 方式は，船底に取り付けたトランスデューサーの内部に配置した圧電（ピエゾ）素子間の非常に短い距離を参照して測位を行う．そのため，測位したいものにトランスポンダーを取り付けておけば，他に海底に参照位置のためのトランスポンダーを設置する必要はない．この方式では，船底に取り付けたトランスデューサーから測位対象までの距離とともに水平および垂直の角度が計測されるので，対象の三次元位置が測定可能である．SSBL 方式では，対象までの距離が長くなるほど，角度の誤差に対して位置の変化が大きくなるので，一般に水深が深くなるほど精度は低下する．しかし，対象物以外に参照位置のトランスポンダーを設置しておく必要がなく容易に測位が可能であるため，海洋観測などで多用されている．深いところでも測位精度を向上するには角度の測定精度を上げる必要がある．

9. 3. 2　マルチ ビーム音響測深装置

以前から船舶運航において超音波を用いた測深機である音響測深機が利用されてきた．時間経過とともに船舶が航行した航跡直下の水深の変化を捉えることができる．運航においてはそれで十分であるが，海底形状をつかむため，また水路測量等のために，より詳細な計測が必要な場合には船底直下だけではなく，ある幅をもって少し広い地帯の水深を一度に計測することが望まれる．その実現方法として，音響測深機の超音波ビームを細くして同時に複数，幅をもって送受信するという方式が実現された．この装置を「マルチ ビーム音響測深装置（Multi Beam Echo Sounder＝MBES）」または「マルチ ナロー ビーム測深装置」と呼ぶ．通常，船体の左右方向に幅をもたせ，船が進むことによって海底の地形を面状に観測する．これにより，直下だけではなく一度にある幅にわたって水深を計測することができ，海底形状をとらえることができる．図

9-12 にマルチ ビーム測深のイメージを示す.

MBES では農地で牧草を刈り取るように海底を計測していくので，この幅のことをスワス（Swath）という．スワスはもともと英語で刈り跡，帯状の地帯という意味である．船底に装備した MBES のビーム幅（角度）は変わらないので，水深が深くなるほどスワスの幅は広くなる．高性能なものでは，水深数千メートルまで観測できるものもある.

水深数百メートルから数千メートルまで観測するには，少しのずれでも水底では大きな誤差となるので，送受波部は船底に対して精密に水平の状態で取り付ける必要がある．図 9-13 に船底に MBES の送受波器を装備している様子(a)とそれを収納した船底送受波器ドームの例(b)を示す．測定中には船体動揺を精密に計測してデータを補正する必要がある.

図 9-14(a)の表示例では，画面中央の上側約半分のウインドウが水底を船から見下ろした状況で浅い方から深い方に対応して（実際の色では）赤色から緑色に変化させて水深を表している．画面の上が北として表示しており，この例

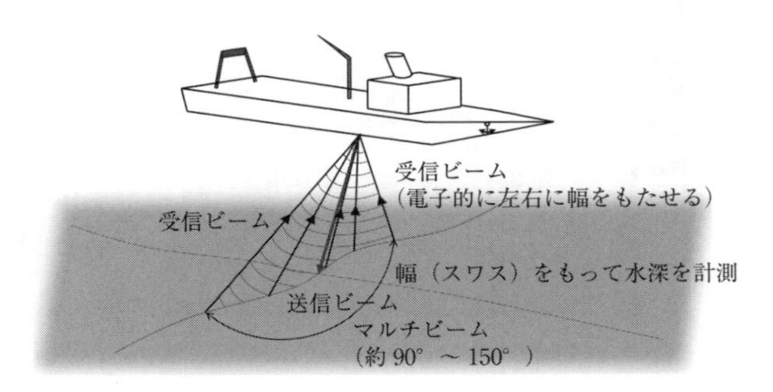

図 9-12　マルチ ビーム測深のイメージ

(a)　送受波器の取り付け

(b)　船底送受波器ドーム

図 9-13　MBES 送受波器の装備

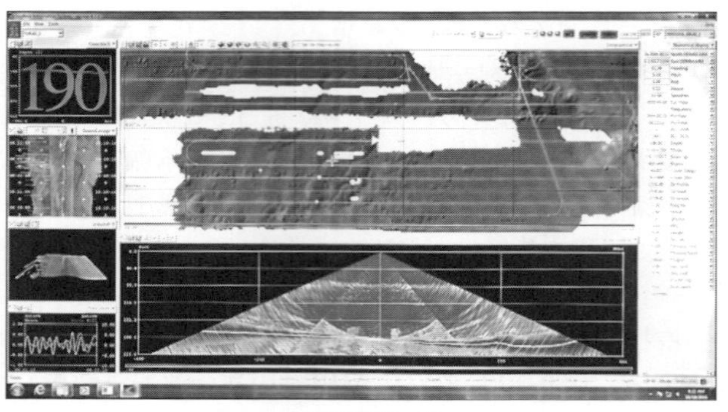

(a)　観測画面の例1

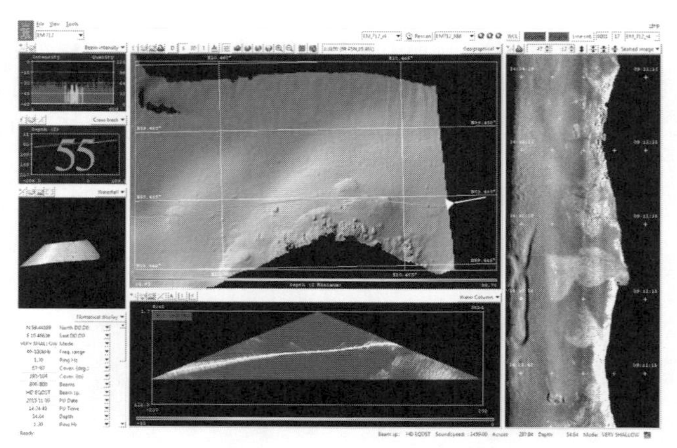

(b)　観測画面の例2（写真提供：日本海洋株式会社）

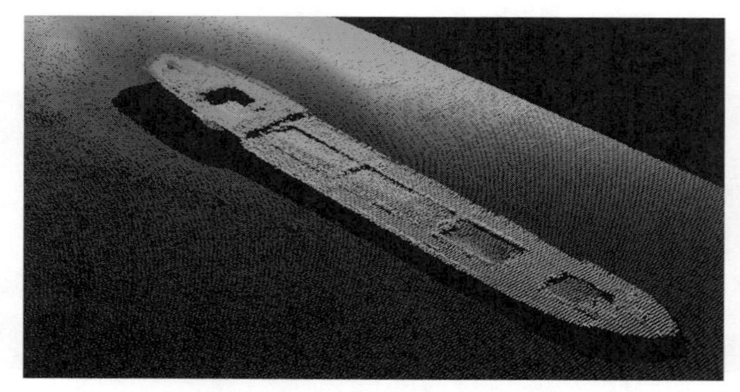

(c)　観測結果の表示例（写真提供：日本海洋株式会社）

図 9-14　MBESによる観測システムの画面の例

では東西方向の測線で船を進めることによりスワスを描いている．同図(b)は別の例で見方を変えたものである．同図(c)はさらに別の観測結果の表示例であり，海底の沈船の様子がよくわかる．

9. 3. 3　サイドスキャン ソナー

サイドスキャン ソナーは，マルチ ビーム測深とは異なり測深するためのものではなく，海底の状況をより詳細に調査するための装置である．水中曳航される装置から連続的に音波の送受波を行い，海底の音響的な写真画像を作成する．取得される画像は，海底からの戻り散乱強度に対応した濃淡図であり，曳航体の両舷に沿った帯状の記録となる．周波数が高くなるにつれて分解能が上がるが探査幅は狭くなる．海底面近傍，深さ 100～300 m を曳航する深海曳航式サイドスキャン ソナーは，10～500 kHz 程度の周波数を用いて数 km 幅で画像化ができる．

海底面から戻ってくる音波の強さは、海底面の「地質」を反映している．岩盤や溶岩などは音波が強く散乱し反射強度も大きいが，平らな泥の面では音波の散乱が小さいため，そのほとんどは遠方に反射して戻ってこない．この音波の強弱を濃淡表示することにより，海底面の音響的パノラマ写真のようなものを得ることができる．

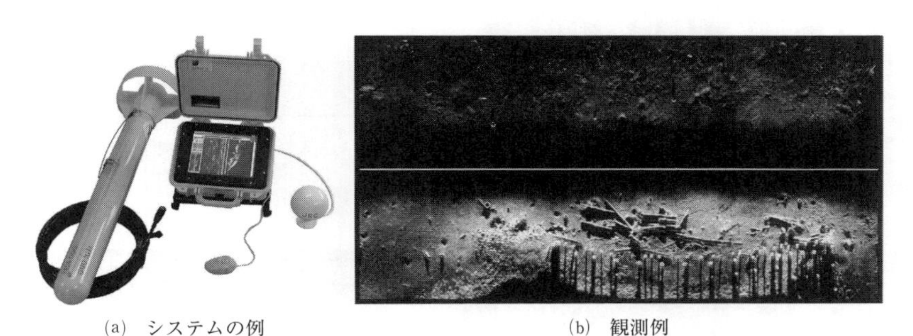

(a)　システムの例　　(b)　観測例

図 9-15　サイドスキャン ソナー（写真提供：日本海洋株式会社）

9. 3. 4　サブボトム プロファイラー

サブボトム プロファイラー（Sub Bottom Profiler = SBP）は，数 kHz 程度の比較的周波数の低い音波を用い，海底下の地層面からの反射波をとらえて海底から少し入った層までの構造を探る．

実用化されているパラメトリック方式のサブボトム プロファイラーでは，

周波数のわずかに異なる2つの音波（1次波）を高エネルギーで発信し，それらの音波による和の周波数（高周波）と差の周波数（低周波）にあたる2つの2次波を形成する．2次波は1次波と同じビーム幅で海底に向け発射し，海底から反射されエコーとして1次波2つと2次高周波，2次低周波の4つが得られる（例えば18kHzと21kHzの音源から低周波3kHzと高周波39kHz）．周波数が低いほどより深く海底下まで到達する．低周波のビームを発生させるためには大きな発信器が必要となるが，パラメトリック方式では1次波の周波数の差の2次波により，もとの音源よりはるかに低い周波数を形成できるという特徴がある．

図9-16は浅海域用の曳航式サブボトム プロファイラーの例で，これを水中に沈めて曳航する．図9-17は船底に装備したサブボトム プロファイラーの例である．

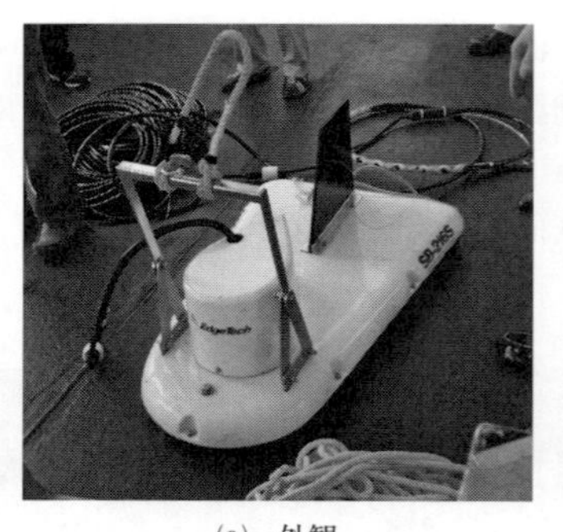

(a)　外観

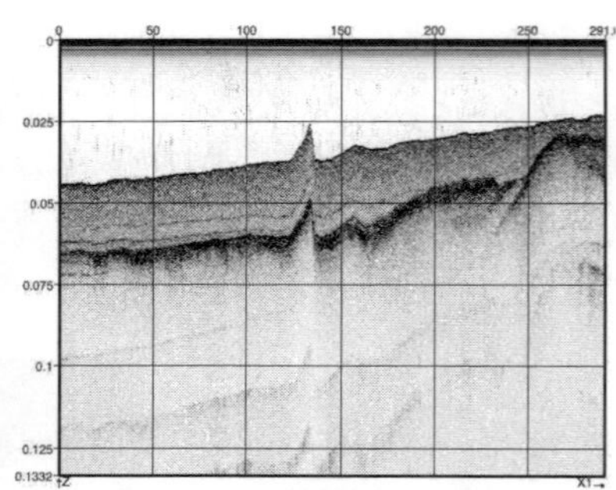

(b)　観測結果の例

図9-16　浅海域用サブボトム プロファイラー

(a)　船底の装備の様子

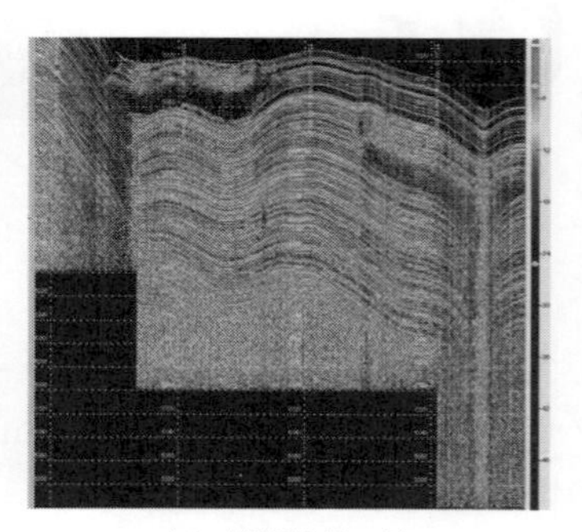

(b)　観測結果の例

図9-17　船底に装備したサブボトム プロファイラー（写真提供：日本海洋株式会社）

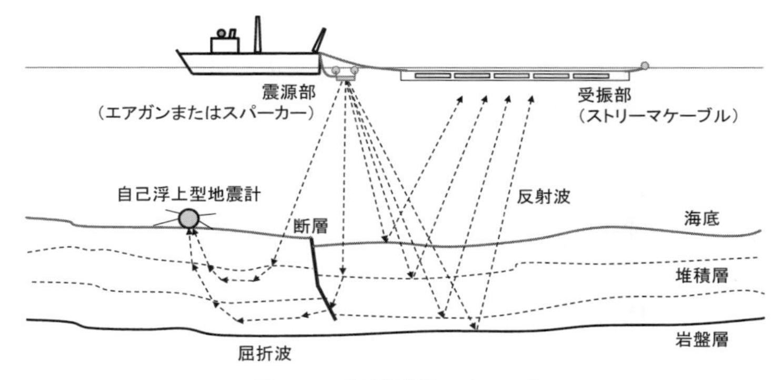

図 9-18　地震探査法のイメージ

9. 3. 5　地震探査システム

圧縮空気を一瞬で水中に放出する「エアガン」という装置，または電気を短絡して火花を発生させる「スパーカー」という装置で音波を発生させることで，人工的に微弱な地震波を発生させる．海底下の地中でいくつかの層を通過・反射して戻ってきた地震波をストリーマー ケーブル内の受振器でとらえ，その信号から海底下の構造を調べるのが「地震探査システム」である．1 つの受振器で地震波をとらえるシングル チャンネル反射法地震探査（Single-Channel Seismic Reflection：SCS），多数の受振器で地震波をとらえ、地下の速度構造の推定に有効なマルチ チャンネル反射法地震探査（Multi-Channel Seismic Reflection：MCS），海底に設置した海底地震計（Ocean Bottom Seismograph：OBS）で地震波をとらえる屈折法地震探査がある．

図 9-18 に地震探査法による探査のイメージを示す．エアガンやスパーカーは観測船の船尾から曳航し，ストリーマー ケーブルも同様に曳航する．図 9-19 はストリーマーケーブルを船上で収納している様子で，使用する際には船尾から流して曳航する．この例では全部で 150m 程度の長さがあり，複数のマイクロフォンのような受振素子（ハイドロフォン）が透明のチューブ状の中に配置されている．

（透明のチューブ内に音波を受信するためのハイドロフォンが配置されている）

図 9-19　ストリーマー ケーブル

図9-20(a)はエアガンの例で，コンプレッサーやタンクから圧縮空気をチューブで送り込み，水中で一瞬に放出する．同図中央の金属の筒状のものがエアガンで，これを船尾から曳航するので，表層近くで水深を保つためにブイにより水中でつり下げる形となる．同図(b)は曳航中のエアガンから，空気を放出した瞬間の様子である．エアガンで発射する地震は可聴周波の音波であり，圧縮空気を放出すると低い大きな発射音が人間の耳にも聞こえる．連続的に探査を行うため，エアガンやスパーカーによる地震波の発生は周期的に繰り返される．

図9-21は地震探査の結果，海底下の地層の様子を示した例である．地層を構成する物質により音波の伝わり方が異なるので，とらえた反射波を解析することで，それぞれの層の厚さや物質の状況が分かる．海底の火山やカルデラの構造を明らかにするため，このような地層探査システムが利用されている．

(a)　エアガン
(中央やや右の金属の筒状のもの)

(b)　圧縮空気を水中に放出したところ

図9-20　エアガンの例

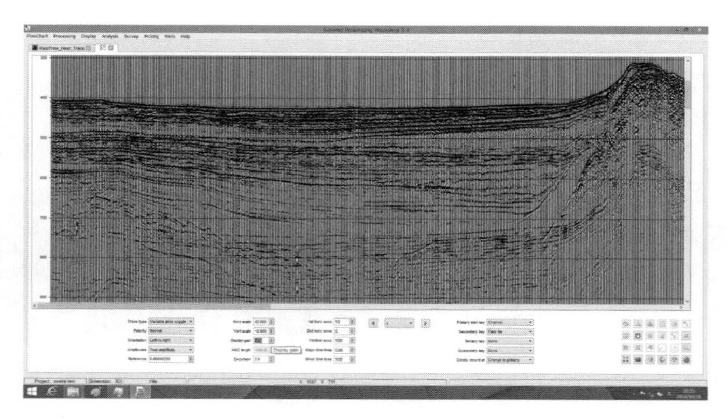

図9-21　地震探査の結果表示画面

第 10 章　その他の計器・機器

本書の最終となるこの章では，船舶運航においてデータ計測に用いる機器のうち，これまでの章では取り上げなかったもの，その他現在も船橋で利用することが多い機器のいくつかについて，新旧にかかわらず紹介する．

10. 1　気象観測

船舶運航の安全性確保に必要なデータとして周囲環境のうち気象関係の項目がある．すなわち，風向，風速，気圧，気温，水温等である．また，計測機器を用いるものではないが，天候や海面状態（波高）なども目視により観測して，計測した気象データとともに航海日誌に記録することとなっている．

10. 1. 1　風向風速

10. 1. 1. 1　機械式風向風速計

従来から一般的な気象観測に用いられるものと同様，船上においても図 10-1 のような機械式の風向風速計が用いられてきた．

同図の例のように飛行機に似た形状のセンサーでは，先端に風で自由に回転するプロペラ（羽根）が取り付けられ，最後部には尾翼のような形状の板が取り付けられている．センサー本体が 360 度自由に回転するようになっていて尾翼様の板が風を受けることでこのセンサーが風上に向く．プロペラが風速に比例して回転するので，その回転数を計測することで風速が，またセンサーの方向により風向が計測される．他にプロペラではなく球を半分に切ってお椀のような形にしたもの（風杯という）を垂直な

図 10-1　機械式風向風速計

回転軸に3〜4個取り付けた風杯型の風速計もある．風杯型の場合はいずれの方向から風が吹いていても風速を計測することができるが，風向については別に風見鶏のように尾翼様の板を付けた軸により計測する必要がある．

10. 1. 1. 2　超音波風向風速計

従来の機械式とは原理が異なり，超音波を利用して風向風速を測る機器が開発され用いられるようになっている．

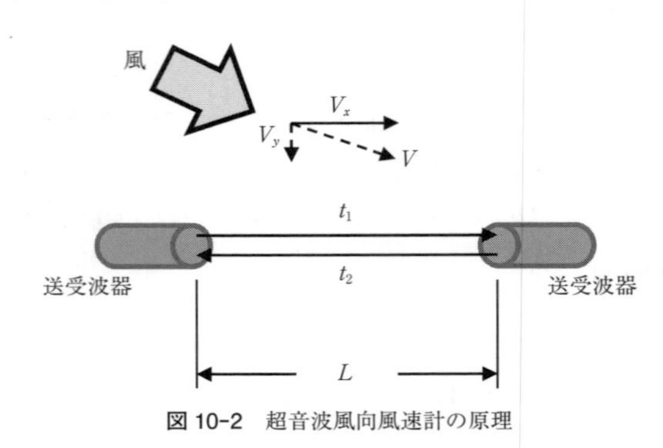

図 10-2　超音波風向風速計の原理

図10-2のように超音波の送受波器を測りたいところで向かい合わせて設置し，お互いに超音波を送波および受波する．その際，超音波が伝わる途中の気体（空気）が風により移動していれば，ある方向は速度が速くなって到達時間は短くなり，反対向きには速度が遅くなって到達時間は長くなる．

たとえば，図のように送受波器の設置軸をx軸とし，その直角方向をy軸とする．風Vの影響で途中の気体がx軸向きに速度V_xで移動していたとする．すなわちベクトルVのx方向成分をV_xとする．送受波器は固定して設置されており距離Lは既知である．片方の超音波到達時間をt_1，反対向きの到達時間をt_2とすると，つぎのような計算式（10. 1〜10. 4）が成り立ち，V_xは（10. 3）式により計算される．なお，その場所における音速C_xも同時に（10. 4）式で計算できる．このように双方向の超音波到達時間を計測すれば，音速が既知である必要は無く，気体（その場の空気）の移動速度すなわち風速が計算できる．

$$t_1 = \frac{L}{C_x + V_x} \tag{10. 1}$$

$$t_2 = \frac{L}{C_x - V_x} \tag{10. 2}$$

$$V_x = \frac{1}{2}\left(\frac{L}{t_1} - \frac{L}{t_2}\right) \tag{10. 3}$$

$$C_x = \frac{1}{2}\left(\frac{L}{t_1} + \frac{L}{t_2}\right) \tag{10. 4}$$

送受波器をもう1組直交させて置けばベクトル V の y 方向成分である V_y も同様に計測されるため，V_x と V_y を合成することにより，風ベクトル V が求まる．

V の大きさと向きを計算すれば，それらは送受波器間を通る風の風速と風向ということになる．

超音波風向風速計の実例として，図10-3のように120度ずつ3組の超音波送受波器を配置して，それぞれの間の3方向の風速を計測し，ベクトル計算により風向風速を求める形式のものもある．

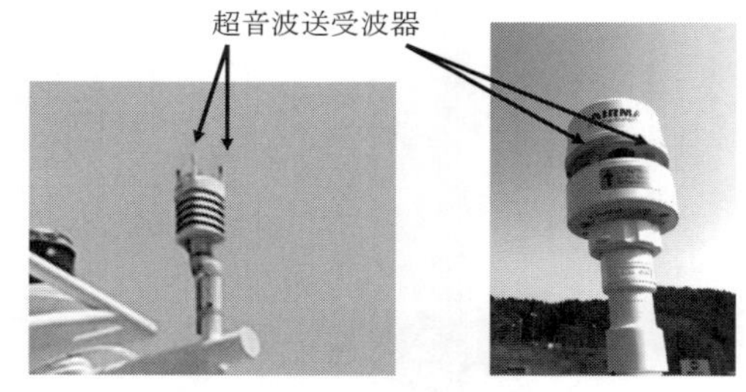

図10-3　超音波風向風速計の例

10. 1. 1. 3　風向風速の記録

風向とは風が吹いてくる方向をいう．機械式にせよ超音波を用いた電子的な計測方式にせよ，船舶に設置した風のセンサーは船体に設置されている．したがって，船が移動（航行）しているときに測った風は，そこに吹いている真の風に自船の動きにより発生する風の効果が加味されたものとなる．さらに真の風向はもし自船が停止していたとしてもそのときの船首方位により回転したものとなる．そのため，その地点での一般的な観測値としての風は，船の風向風速計で観測した自船に対する相対的な風のベクトルから，自船が動いていることにより発生する風のベクトルを差し引いた上で，船首方位を加味して最終的に真方位になおす必要がある．

自船の動きによる風は，自船の移動ベクトルを前後逆にしたもの，すなわち大きさは同じで向きが180度反転したベクトルとなる．観測した風ベクトルからこれをベクトル計算で引けば真の風を示すベクトルとなる．自船針路速力の反対向きのベクトルを引くので，結局，針路速力ベクトルを足すことと同じになる．この様子を図10-4に示す．

旧来の風向風速計では，図10-5のようなメーターで自船に対する相対風向風速が表示されているため，これから風向および風速を読んで，自船の針路速力を加味して，記録するための真風向風速に変換する計算を行う．

同図(a)はアナログ メーターの風向計で，左舷または右舷何度からの風かという表示，同図(b)の風速計もアナログ メーターで，この例では外側の目盛が

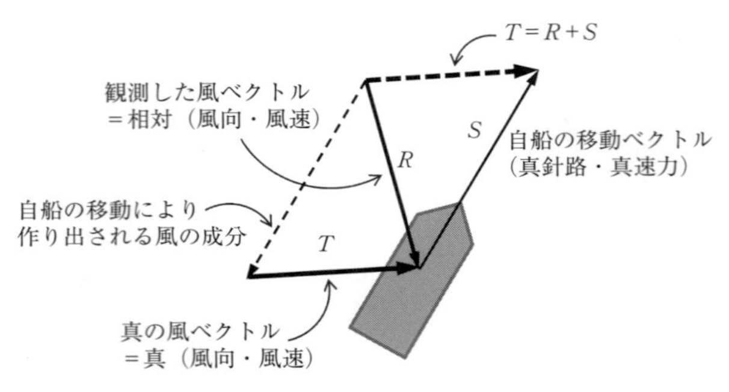

図 10-4　風のベクトル計算

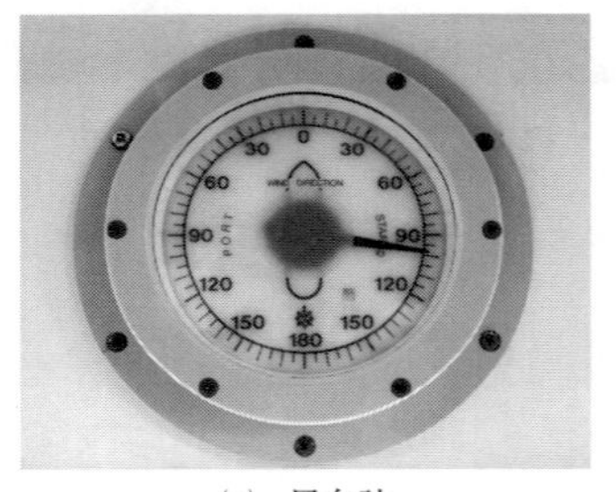

(a)　風向計

(b)　風速計

図 10-5　船橋に設置された風向風速計のメーター

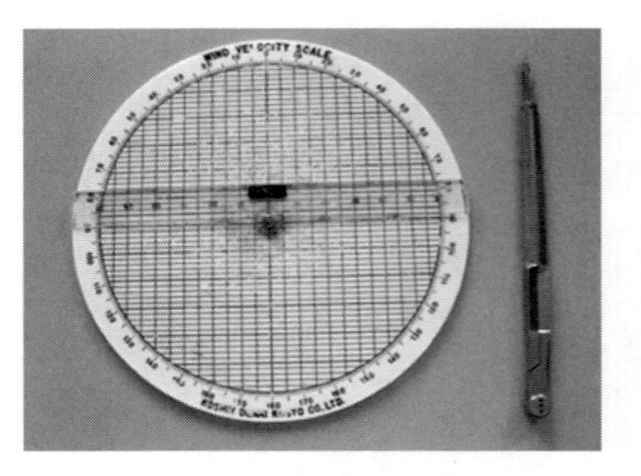

図 10-6　風向風速計算盤

m/s 単位，内側の目盛がノット単位である．いずれも相対風向・風速であり風向とノット単位の風速を読めば，自船のノット単位の船速を用いて風のベクトル計算が可能となる．結果の風向は自船の船首方位を加味して北を基準とする 360 度方式の度数（方位）に変換する．

従来は，図 10-6 のような計算盤を利用して，ベクトル計算を図的に行う工夫がなされていた．今日では ECDIS 等でコンピューターを利用した計算で，観測した相対の風向風速と自船の針路速力および船首方位の記録データを簡単に真の風に変換して表示できる．

超音波式などの電子的なセンサーで風を観測した場合，デジタルで得られた風向風速データ（相対）をコンピューターに直接入力すれば，リアル タイムで計算を行うことができ，船首方位も入力されていれば，風向風速（真）をオンラインで自動的に瞬時に計算して表示することも可能である．

このようにして算出された真の風について航海日誌に記録する．その際，風向は，図10-7のようにコンパスと同様の16方位を用いるのが一般的である．

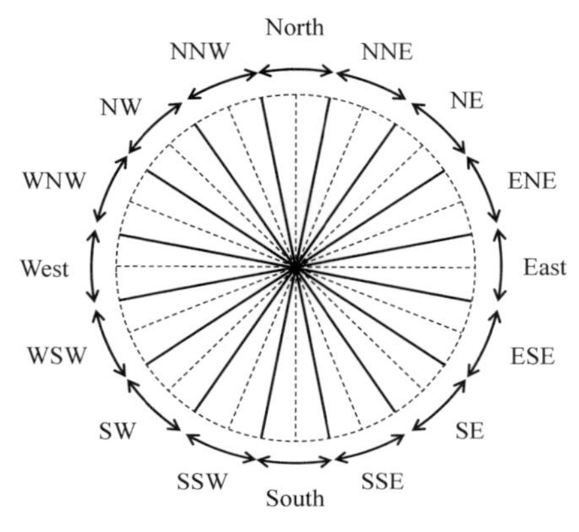

図10-7　風向の表示方法

たとえば，風向North（北の風）は，真方位348.75°～11.25°から風が吹いてきている場合を意味する．

風速は，気象庁では，0.25秒ごとに（すなわち1秒間に4回）計測されるデータを3秒間（12サンプル）平均したものをそのときの風速（瞬間風速）としている．そして計測したデータを10分間にわたり平均したものを平均風速と定義している．ただし，航空機の離着陸のための観測では2分間の平均とすることとなっている．船舶で観測する場合，そこまで厳密に定義することは実用的でないが，最近のデジタル データを出力する超音波風向風速計のセンサー

表10-1　風力階級

階級	英語名	風速［kn］	風速［m/s］
0	Calm	1未満	0.0～0.2
1	Light air	1～3	0.3～1.5
2	Light Breeze	4～6	1.6～3.3
3	Gentle Breeze	7～10	3.4～5.4
4	Moderate Breeze	11～16	5.5～7.9
5	Fresh Breeze	17～21	8.0～10.7
6	Strong Breeze	22～27	10.8～13.8
7	Moderate Gale	28～33	13.9～17.1
8	Fresh Gale	34～40	17.2～20.7
9	Strong Gale	41～47	20.8～24.4
10	Whole Gale	48～55	24.5～28.4
11	Violent Storm	56～63	28.5～32.6
12	Hurricane	64以上	32.7以上

では，計測周期やデータ出力の時間間隔等の設定が可能なものもあり，一般的な気象庁の定義に則ったデータも出力することができる．

日本においては，風速は一般に m/s（秒速メートル）単位を用いて表示するが，船舶運航においては上記のベクトル計算にも便利なためノット単位を用いる場合が多い．航海日誌への記録等では，表10-1のとおり，風速を1～12の階級に換えて「風力」として記載する．例えば風速7ノットであれば，風力3となる．この1～12の数字で表す風力をビューフォート風力階級（Beaufort Scale）という．これは，イギリス海軍提督のフランシス・ビューフォートが1806年に提唱したものである．

10. 1. 2　温度と湿度

10. 1. 2. 1　液柱温度計

ガラスの細い筒の中に液体を封入しておけば，温度が上がるとその液体が膨張するので，ガラスに目盛をつけておき液面がどこまで上下しているかで温度を読み取るのが「液柱温度計」である．理科実験に用いる棒温度計や室内の温度を測る寒暖計，水銀体温計など広く使われている温度計がこの種のものである．液柱温度計には，感温液の種類によりアルコール温度計と水銀温度計がある．

アルコール温度計は，実際に封入されている液体はアルコールではなく着色された白灯油で，クレオソート等を添加して感温液の性質を整えている．一般に－100～200℃の範囲で用いる．精度の点では水銀温度計の方が優れているが，安価であることからアルコール温度計は幅広い用途で使用される．

水銀温度計は感温液に水銀を用いたもので，アルコール温度計よりも精度の高い計測が可能である．－50～630℃程度という広い温度の範囲で使用可能であり，例えば機関室では排気温度その他アルコール温度計では計測できない高温の気体や液体の計測に用いられる．

10. 1. 2. 2　乾湿計

一般の気象観測で用いられる温度計には，気温とともに湿度も求まる乾湿計が広く用いられてきた．船舶でも図10-8のような小さな百葉箱の中に乾湿計が設置されている．

図のように2本の液柱温度計があり，乾球温度計は周囲の気温をそのまま計測する．湿球温度計は，水（純水）に浸したガーゼで球部を覆って常に湿らせておき，水が蒸発することによって蒸発熱を奪った結果の温度を計測する．気温は乾球温度をそのまま用い，精密に相対湿度を求めるには乾球温度または湿球温度と，乾球・湿球の温度差および気圧から計算式により求める．簡便には気圧は常にほぼ1気圧であると仮定して乾球温度と乾球と湿球の差から表により求める．表10-2のような表が書かれた乾湿球もある．

表10-2　乾湿球による相対湿度の早見表

	乾球と湿球との目盛りの読みの差（℃）									
乾球の読み（℃）	0	1	2	3	4	5	6	7	8	9
35	100	93	87	80	74	68	63	57	52	47
34	100	93	86	80	74	68	62	56	51	46
33	100	93	86	80	73	67	61	56	50	45
32	100	93	86	79	73	66	61	55	49	44
31	100	93	86	79	72	66	60	54	48	43
30	100	92	85	78	72	65	59	53	47	41
29	100	92	85	78	71	64	58	52	46	40
28	100	92	85	77	70	64	57	51	45	39
27	100	92	84	77	70	63	56	50	43	37
26	100	92	84	76	69	62	55	48	42	36
25	100	92	84	76	68	61	54	47	41	34
24	100	91	83	75	68	60	53	46	39	33
23	100	91	83	75	67	59	52	45	38	31
22	100	91	82	74	66	58	50	43	36	29
21	100	91	82	73	65	57	49	42	34	27
20	100	91	81	73	64	56	48	40	32	25
19	100	90	81	72	63	54	46	38	30	23
18	100	90	80	71	62	53	44	36	28	20
17	100	90	80	70	61	51	43	34	26	18
16	100	89	79	69	59	50	41	32	23	15
15	100	89	78	68	58	48	39	30	21	12
14	100	89	78	67	57	46	37	27	18	9
13	100	88	77	66	55	45	34	25	15	6
12	100	88	76	65	53	43	32	22	12	2
11	100	87	75	63	52	40	29	19	8	
10	100	87	74	62	50	38	27	16	5	
9	100	86	73	60	48	36	24	12	1	
8	100	86	72	59	46	33	20	8		
7	100	85	71	57	43	30	17	4		
6	100	85	70	55	41	27	13	0		
5	100	84	68	53	38	24	9			
4	100	83	67	51	35	20	5			
3	100	82	65	49	32	16	1			
2	100	82	64	46	29	12				
1	100	81	62	43	25	8				

10. 1. 2. 3　電気式温度計

電気式の温度計におけるセンサーとして旧来，熱電対が用いられてきた．現在でも高精度の測定には熱電対が用いられることがあるが，近年は物質の温度抵抗特性を利用した温度センサーが用いられるようになった．これには「サー

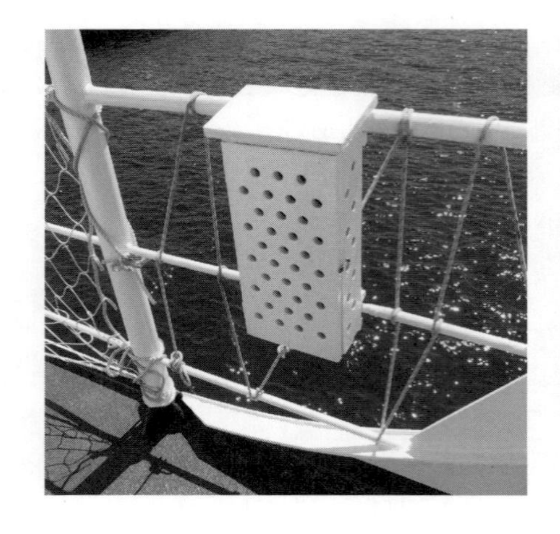

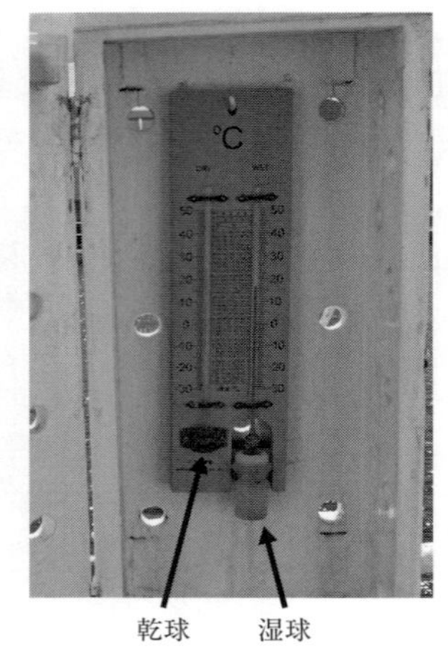

図 10-8　百葉箱と乾湿計

ミスタ」や「白金抵抗体」がある．今日では，工業用温度測定に用いる主なセンサーとして白金測温抵抗体を用いることが多い．サーミスタは抵抗変化特性の直線性が悪く測定精度も悪いが，小型，安価で衝撃にも強くかつ感度が良いため温度センサーとして広く利用されている．

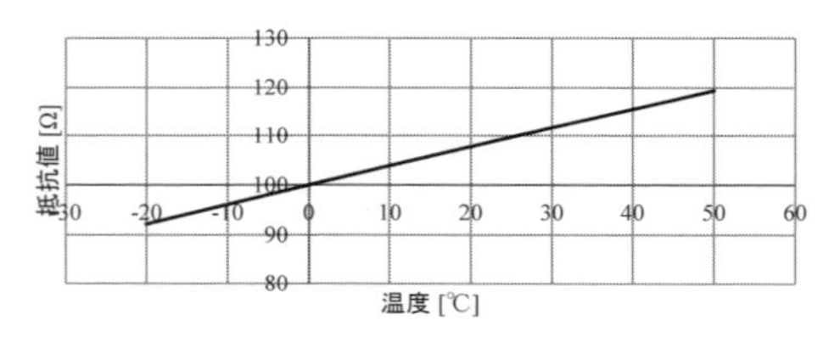

図 10-9　白金抵抗体の抵抗温度特性

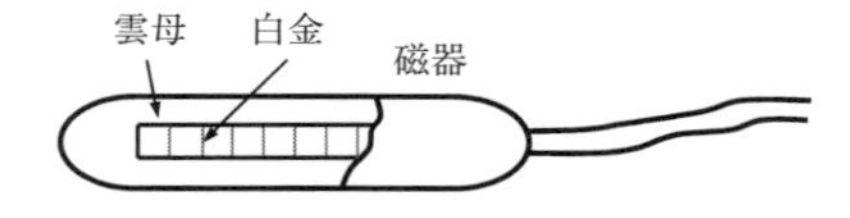

図 10-10　白金抵抗体温度センサーの構造

工業計測ではなく気象観測としての気温計測には一般に白金測温抵抗体を使った電気式温度計が用いられる．これは白金の温度変化に対する抵抗値の変化が図 10-9 のような特性であり，気温を測るための常用範囲内では優れた直線性を示すことを利用して，抵抗値から温度を求めるものである．白金抵抗体の温度センサーの構造は，図 10-10 のように，絶縁体である雲母の上に白金を配置して配線し，全体を絶縁物である磁器で覆っている．このセンサーを用いて，電気回路で処理し計測した温度を表示，またはデータとして出力する．

10. 1. 2. 4　電気式湿度計

電気式の湿度計はセンサーに高分子膜湿度センサーを用いる．これは相対湿度の変化に応じて高分子膜に含まれる水分の量が変化し，これにより誘電率が変化することから相対湿度を測定するというものである．原理的には，図10-11のような一種のコンデンサーを作れば，高分子膜の誘電率の変化がコンデンサーの静電容量の変化として測定される．実際のセンサーの電極は極めて薄い金属の蒸着膜で，電極を通して高分子膜が水分を吸収または放出する．

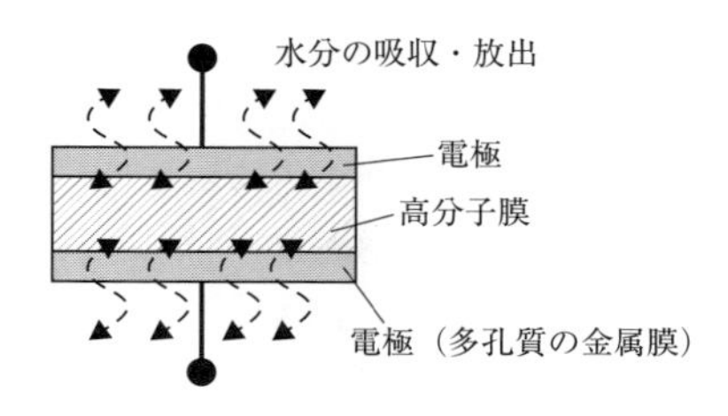

図10-11　高分子膜湿度センサーの原理

10. 1. 3　気圧

気圧の測定には，「液柱型水銀気圧計」，「アネロイド気圧計」，「ブルドン管気圧計」，「電気式気圧計」などがある．

液柱型水銀気圧計は，上部の一端を密閉した筒の中に水銀を封入し，もう一方の端を下側にして水銀を満たした容器の中に浸けると，気圧の変化に比例して水銀柱の高さが上下するというものである．1気圧は水銀柱の高さ76cm（= 760mmHG）であり，1013.25hPaに相当する．

船舶における気象観測の気圧測定に液柱型水銀気圧計を用いることはまずなく，メーター式のアネロイド気圧計を用いることが多い．

最近では電気式気圧計によりデジタルデータを得ることもできる．

なお，高度が高くなるほど気圧は低くなるので，船橋で観測した気圧は海面上の大気圧に更正する必要がある．気温にもよるが高度10,000m以下の低高度では一般に10mの上昇に対して約1.1hPa減少する．厳密にはつぎの計算式が知られている．

$$p_0 = p\left(1 - \frac{0.0065h}{T + 0.0065h + 273.15}\right)^{-5.257} \tag{10.5}$$

ここで

p_0 ：海面上の気圧（更正値）［hPa］
p ：観測気圧［hPa］
h ：海抜［m］
T ：観測場所の気温［℃］

である．

10. 1. 3. 1　アネロイド気圧計（Aneroid Barometer）

密閉し内部を真空にした円盤状の金属製容器の面が外囲の気圧に応じて膨らんだりしぼんだりするのを感知し，機械的に針の動きに変えて気圧を表示する機械式の気圧計である．温度の影響が大きいため精密な測定には不向きであるが，小型で容易に装備できることから広く利用されている．

アネロイド型気圧計の一種で，指針の代わりに記録ペンを駆動し，ゼンマイ等の動力で回転するドラムに巻かれた記録紙に，気圧の変化を時系列で自動的に記録する「自記気圧計」も利用される．

(a)　アネロイド気圧計

(b)　自記気圧計（ガラス　カバーを開けたところ）

図 10-12　気圧計

10. 1. 3. 2　ブルドン管圧力計

ブルドン（Bourdon）管圧力計はCの字形の扁平密閉管（ブルドン管）が大気圧の増減によって変形するのを利用し指針を動かすようにした圧力計である．気圧のような微細な圧力変化では扁平密閉管の変形量が小さく直読するのは困難なため，テコと歯車の組み合わせで変形量を拡大して指針を駆動する．精度はやや低いが構造が簡単で丈夫なため気圧計としても用いられている．大きな圧力差に対しては直線性も精度も高いものが製造できるため，一般には産業用の圧力計として多用されている．

10. 1. 3. 3　電気式気圧計

電気式気圧計にはセンサーの方式により，ピエゾ抵抗式，静電容量型，振動式などがある．

ピエゾ抵抗式気圧計は，圧力をかけると電気抵抗が変化するピエゾ抵抗効果という現象を利用した圧力センサーを内蔵した電気式の気圧計である．小型なので腕時計に内蔵するような場合にも使われている．

静電容量型気圧計は，固定した電極とシリコン膜に取付けた電極とを向い合せてコンデンサーを形成し，外部の気圧の変化によってシリコン膜が動くと電

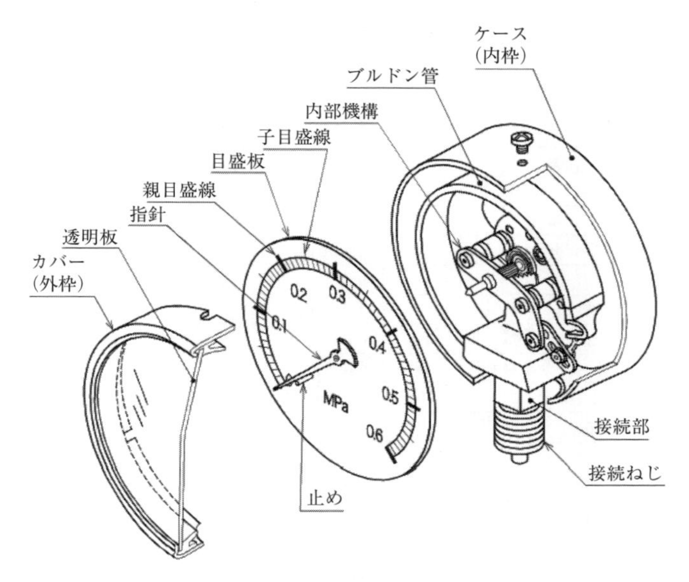

図 10-13　ブルドン管圧力計の構造

極同士の距離が変化することで静電容量も変化するので，これを電気信号に変換するという原理である．気象庁での観測には静電容量型気圧計が使われている．

振動式気圧計は，真空にした薄い金属製の円筒に水晶等の圧電素子から振動を加えると，気圧によって振動数（共振周波数）が変化することを利用した気圧計である．

10. 1. 4　天候

雨量を計測する方法は，従来から使われてきた転倒マス型や最近の電気式の雨量計などがあるが，一般の船舶で計測することはない．天候については目視で観測するしか方法がなく，とくに計器や機器があるわけではないが，航海日誌に記載する項目であるので，その記載方法を説明する．まず周囲を見渡し空のうち雲がどの程度を占めているか見当をつける．それにより快晴，晴，曇を判断する．雨が降っている場合でも，いくつかの種類に分類されているので，実際に経験を積んでどれに該当するかを判断する．天候の表記方法について，表 10-3 に示す．

表 10-3　天候の表記

天　気	表　記	意　味
快　　晴	b	blue sky（雲量 0〜2）
晴　　れ	bc	fine but cloudy weather（雲量 3〜7）
曇	c	clouds detached（雲量 8 以上）
霧　　雨	d	drizzling rain
霧	f	foggy
陰　う　つ	g	gloomy
ひ　ょ　う	h	hail
電　　光	l	lightning
も　　や	m	mist
本 曇（すきまなし）	o	overcast
し ゅ う 雨	p	passing showers
早　　手	q	squalls
雨	r	rain
雪	s	snow
雷　　鳴	t	thunder
天 気 陰 悪	u	ugly
大 気 透 明	v	visibility
露	w	dew, or wet
煙　　霧	z	haze

10. 1. 5　記録装置

10. 1. 5. 1　風向風速記録装置

風向風速などの観測値を記録紙に描き，時系列のデータを示すための装置としてアネモメーター レコーダー（Wind and Anemometer Recorder）が船舶に設置されていることがある．

図 10-14　風向風速記録装置

10. 1. 5. 2　複合気象センサーとデジタル式記録装置

これまでに説明した気象センサーのうち，電気式のものを組み合わせて複数を1つの筐体に収納した複合気象センサーが実用化され，製品として入手可能である．計測項目として多いものでは，風向，風速，気温，湿度，気圧，降水量等を1つの装置で計測できるものもある．センサーがすべて電気式であれば，デジタルでデータを出力することが可能なので，気象データを送信する装置という意味でそのような機器を「ウェザー トランスミッター」と呼ぶことがある．

データがデジタルで得られるようになり，記録も従来から用いられてきた記録紙式に代わり，デジタル データをメモリに記録しておき，端末画面上で必要なデータを読み出して表示するデジタル式の記録装置が利用可能となっている．また，以前はアナログ式の気象関係計器で測定したものをインターフェイスでデジタル信号に変換してVDR等に記録する方式が一般的であったが，最近は，ウェザー トランスミッターからのデジタル データを直接入力することができるようになった．さらに，専用の記録装置を用いなくても，ECDISに気象関係のデジタル データが入力されていれば，一定期間さかのぼってデータをECDIS画面上で参照することも可能である．

【例題】　風向と潮流の流向について注意点を説明せよ．

風向は，風が吹いてくる方向を言う．潮流の流向は流れていく方向を言う．

---

10. 2　コース レコーダー

VDRが開発されるまでは，事故の際に検証を行うためのデータとして，「コース レコーダー」に記録された自船の船首方位や舵角の時系列データを用いるしかなかった．現在でもVDRの搭載義務は限定的であり，これを搭載しない船舶にはコース レコーダーを装備するものが多い．図10-15(a)のように従来はジャイロコンパス等の自船船首方位と舵角指示器等の舵角の値を巻き取り式の記録紙にペンで描き，時系列データとして記録する形式のものが用いられてきた．現在では，同図(b)のように，データを電子的に記録して，表示はディスプレイ画面上で行うペーパーレスのコース レコーダーも開発されている．

なお，航海時の各種記録については，SOLAS V章において“Recording of Navigational Events”として附属書にガイドラインが示されている．これに基づき，VDRはもちろんのこと，VDRを搭載していない船舶でも航海日誌への記載事項をはじめ，気象海象，針路速力（コース レコーダーのデータ項目），自船位置などに関する情報を記録することとなっている．

《問題》

1．コース レコーダーにはどのようなことが表示されているか説明せよ．
2．コース レコーダーのデータは何から入力されているか説明せよ．

(a) 記録紙式

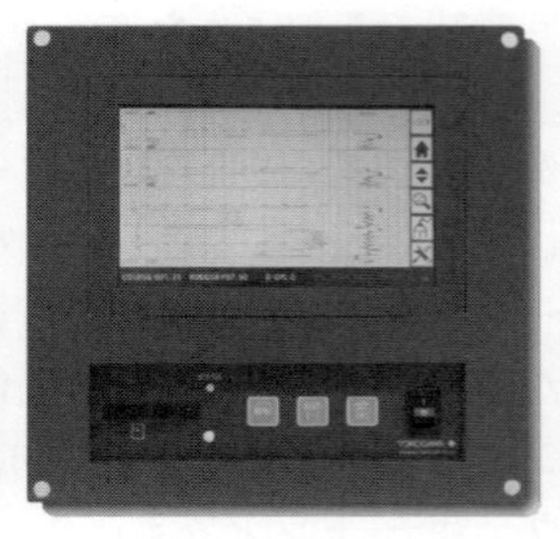

(b) ペーパーレス

図 10-15 コース レコーダー

10. 3 海図プロッター

海図は，航海の前に予定コースを作成し，航行中には実際に予定どおりに航海が進捗しているか，また安全な航行に問題が無いか等を確認するという船舶航海のための重要な作業に用いられる．海図が電子化された現在ではECDISを用いてこれらの作業のかなりの部分を自動化できる時代となった．しかし，紙海図上で航行中に自船の位置を各種航法（地文航法および天文航法等）による測位を行ってその結果を記入することは，今日においても重要な作業である．そのような測位作業を，GPS等も併用して効率化するために，紙海図にその測位結果としての自船位置を示す「海図プロッター」がある．海図プロッターは船舶への搭載義務はないものの，図10-16のような装置が船橋に装備されている場合がある．装置の上に紙海図をセットすると，海図の表記範囲を予め設定しておくことで，GPS等による自船位置を光で紙海図の裏から照らして示すという構造である．

図 10-16　海図プロッターの例

10. 4　無線方位測定機

「無線方位測定器」は，到来する電波により無線送信所の方向を測定する装置で，方向探知機（Direction Finder，略称 DF）ともいう．海上を航行する船舶において，位置のわかっている複数の陸上無線局からの電波を受信してその到来方位が測定できれば，交差方位法と同様に自船位置を決定できる．円形枠型のループ アンテナを回転させて電波の到来方向にあわせると，到来方向が枠の面に直角のとき起電力がゼロとなり，平行のとき最大となることを応用して，ブラウン管上に 2 枚羽根のプロペラ様（8 の字形）の図形が表示され，電波の到来方位を示す．1910 年頃にはこの装置が実用化されていた．1948 年の SOLAS 条約により搭載義務が課せられたが，GPS に代表される高精度の航法システムが多く開発され，2000 年には SOLAS 条約の改正によりこの装置の装備義務づけは廃止された．

図 10-17 に無線方位測定機の本体およびアンテナの外観の例を示す．

日本近海では，海上保安庁が基準となる電波を送信する無線標識局を運用していたが，装備義務もなくなったことから，無線方位測定機向けの中波による航路標識はすでに廃止されている．

(a)　本体外観

(b)　ループ　アンテナ

図 10-17　無線方位測定機

10. 5　傾斜計と慣性計測装置

船体の傾き（動揺）は貨物船における積載貨物の移動などの事故を招く可能性もあり，また網を入れる漁船などでも転覆しないかなど重要な事項となる．船体の動揺を計測するために従来から傾斜計（クリノメーター）が用いられてきた．近年はより精密にロール角，ピッチ角や前後，左右，上下方向の加速度を計測できる慣性計測装置を用いることも可能となり，安全な運航のために，今後，貨物船への装備が広がることも考えられる．

10. 5. 1　傾斜計（クリノメーター）

クリノメーター（Clinometer）とはもともと一般に地質調査において地表踏査の際に用いる地層面，断層面などの走向（地層面と水平面の交線），傾斜を測る道具を指す．主に傾斜計（振り子），方位磁針，水準器から構成される．船舶運航では，このうちとくに傾斜計のみを「クリノメーター」と呼ぶ．

船橋に装備したクリノメーター（傾斜計）は，一般に船体の左右方向の揺れであるロール角を表示するように船橋前面の窓の上や，その他左右方向の壁面に取り付けられる．原理は簡単で，軸を支点として平面的（左右）に自由に動くようつるした振り子を取り付け，船体の揺れにあわせて針が振れるのを，そのまま指している角度により水平からの傾斜を読み取る．船橋に設置された傾斜計の例を図 10-18 に示す．

図 10-18　船橋操舵室に設置された傾斜計

10. 5. 2　慣性計測装置

慣性計測装置（Inertial Measurement Unit）は船体運動をとらえるため，ジャイロスコープと加速度計を用いて，角速度（または角度）と加速度を検出する装置で，慣性センサーともいう．一般に3軸のジャイロスコープと3方向の加速度計によって3次元の角速度と加速度が計測できる．これを3軸6自由度といい，x軸，y軸，x軸の軸まわりの回転と，x軸，y軸，z軸の軸方向の動き（並進運動）の6つの計測を意味する．

図10-19中にその軸と方向のイメージを示す．各軸ごとに角速度を積分することでロール角，ピッチ角，ヨー角が算出できる．また，加速度を積分することで各方向の移動速度が計算でき，もう1回積分すれば前後揺（サージ）左右揺（スウェイ）上下揺（ヒーブ）が算出できる．慣性計測装置には，以前は機械式のジャイロスコープが使用されていたが，近年はレーザー式や光ファイバー式が使用される．設置にあたっては，できる限り船体の重心位置付近に固定するのが望ましい．

図10-19に示した装置は，3次元的な運動をする移動体（例えば航空機など）の姿勢や方位を制御するための制御入力信号の計測を目的として使われる「姿勢方位基準装置」と呼ばれるものの例である．これは慣性計測装置として船体運動の計測にも用いることができる．図に示した装置の例では，表10-4に挙げた項目のデータを最大50Hz（1秒間に50データ＝20ミリ秒ごと）で計測することができる．

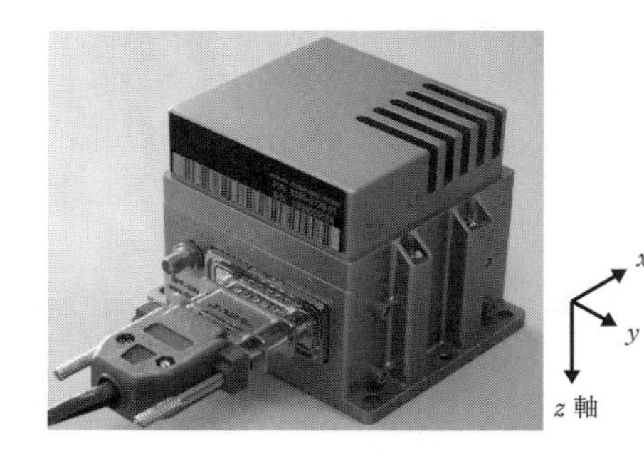

図 10-19　姿勢方位基準装置の例

表10-4　姿勢方位基準装置の計測データ項目

データ項目	単位
ロール角	rad［または　°］
ピッチ角	rad［または　°］
ヨー角·(真北)	rad［または　°］
X 軸角速度（補正済）	rad/s［または　°/s］
Y 軸角速度（補正済）	rad/s［または　°/s］
Z 軸角速度（補正済）	rad/s［または　°/s］
X 軸加速度	g
Y 軸加速度	g
Z 軸加速度	g
北方向への速度	m/s
東方向への速度	m/s
対地面への速度	m/s

10.6　時計

時計は，言うまでもなく時間を計測し時刻を表示するための計器であり，はるか昔から様々な方式のものが考案されてきた．船舶の運航においては，大航海時代以降，大洋航海中に自船の位置を知るために天文測位が考案され，そのために正確な時刻の情報が必要となって時計への要求が高まった．天文測位に用いる精度の高い時計は「船用基準時計」または「クロノメーター(Chronometer)」と呼ばれる．

近代，18世紀半ばから19世紀にかけて起こった産業革命には，さまざまな前提が考えられるが，その1つとして工業技術の向上が挙げられる．機械工学，なかでも精密機械がそのころ飛躍的な発展を遂げていた．

多くの部品を正確に製作して組み合わせ，精密に動作するように仕上げる技術は，時計産業の発達によってもたらされた．時計は多数の部品を正確に組み合わせないと動作しない高度な機械製品であり，18世紀後半にはハリソンのクロノメーターに代表される時計製作技術が格段の進歩を遂げ，イギリスをはじめフランスやスイスには時計を分業によって製作できる高度な技術を持った職人集団が成立していた．この機械製作技術やシステムはそのまま蒸気機関や紡績機といった黎明期の産業機械製作にも応用され産業革命の原動力となった．その頃の時計技術の進歩が現在に通じる機械式時計の起源と考えられる．

ここでは，現代の船舶運航で用いる機械式以降の時計について紹介する．今日の時計の方式には，機械式時計，クォーツ時計，原子時計，電波時計，GPS時計などが挙げられる．

10. 6. 1　時計の方式

機械式の時計は円盤状の時計の文字盤上で針（長針と短針）により時刻を表すものが長年用いられてきた．これに対して20世紀の後半には数字で直接時刻を表示する時計が現れた．針で示すものをアナログ時計，数字で示すものをデジタル時計と呼んでいた．しかし，現在では時計としてのこの分類は意味をもたなくなっている．現在の時計は，ほぼすべてがデジタル方式である．今日，時計が止まったときにぜんまいを巻くことを経験することはなく，そのかわりに電池を交換する必要があることからも分かるように，時間源は電子式でデジタル処理により作り出されている．従って，針で示すのか数字で示すのかによりアナログ表示式かデジタル表示式かという分類がなされるが，原理的にはデジタル式がほとんどである．

10. 6. 1. 1　機械式時計

近代，十分に精密な時計として最初に実用化されたのは振り子時計である．ぜんまいばねやおもりが下がる力などを動力源とし，振り子の等時性によって速度を制御して針を進めることで時を刻む．振り子時計の制御機構は振り子の等時性に影響を与えないように工夫されており，動力源から伝えられる運動エネルギーをごくわずかずつ，かつ振り子の往復運動が減衰しないよう振り子に伝えつつ，振り子の運動を歯車の回転に変換する．しかし，振り子が必要なため，小型化には難があり，動揺にも弱い．

そこで，懐中時計や腕時計にも使用可能な大きさまで小型化するために，振り子ではなく「てんぷ」を用いる方法が実用化された．巻き上げられたぜんまいがほどけようとする力が歯車に伝わり針を回して計時するが，そのままでは針が高速で回転し正しい時刻を刻むことができない．そのため「調速機構」を使って正しい時刻を刻むよう歯車の回転を調節する．てんぷは薄いコマのような形をした部品で1秒間に3〜4回，規則正しい往復回転運動をすることで時を刻んでいる．てんぷに取り付けられたひげぜんまいが右回りと左回りを繰り返しながら同じ周期で往復回転運動を続け，その往復回転運動をもとに針を動かす．

これら機械式時計は，現在ではアンティーク時計など一部で存在するが，実用に供されることはまずない．

10.6.1.2　クォーツ時計

一定の速度で動くものとして，振り子やてんぷに代わり水晶振動子が用いられるようになった.「クォーツ」とは水晶の組成となる鉱石の一種である石英のことであるが，水晶振動子のことを「クォーツ」とも呼ぶ.

水晶は圧電体の一種であり，交流電圧をかけると一定の周期で規則的に振動する．1921年，世界最初の水晶振動子が開発され，1923年には水晶振動子による精密な時間測定が行われた．1927年，最初のクォーツ時計が開発された．しかし，当時は真空管を用いたアナログ回路で制御していたため相当の大きさであった．クォーツ時計が一般に広く使われるようになったのは，半導体によるデジタル回路が安価に利用できるようになった1960年代以降である．日本において1932年に従来型より温度による影響がはるかに小さいRカット式水晶振動子が発明された．また国内の時計メーカーは早くからクォーツ時計に注目し1964年の東京オリンピックでは壁掛け時計並のサイズまで小型化した時計を大会公式時計として提供し，実用に耐える技術水準を達成した．その後クォーツ時計は，価格は高価だったものの船舶用など特殊分野向けの市販製品として提供された．腕時計ではクォーツの実用化は遅れたが世界初の市販クォーツ腕時計が1969年に国内の時計メーカーによって発売された．1980年代までにクォーツ時計の技術はほぼすべての用途の時計に応用され，機械式時計は姿を消していった.

現在のクォーツ時計では，通常，32,768 Hz（= 2^{15} Hz）で振動する水晶振動子を用いて，振動を分周してデジタル方式のカウンターで数えることで1Hz（1秒に1回）の時間源を作り出して，LEDや液晶画面により数字で時刻を示すか，モーターを制御し針を動かして時刻を示す．表示の方式にかかわらず計時の方式としてはいずれにしてもデジタル処理を行っている.

水晶振動子の温度特性や水晶の加工により個々のバラツキがあるので周波数の誤差が存在する．そのため一般的なクォーツ時計の誤差は1ヶ月で15～20秒程度が一般的だが，特に精度の高いモデルでは1年で数秒程度のものが実現されている．後述する電波時計も計時の方式自体は基本的にクォーツ時計であり，電波で送信される正確な時刻情報を1日に数回受信して時刻を修正することで精度を維持している.

クォーツ時計は従来の機械式時計に比べて精度が高く保守が容易であるなどの利点があるが，定期的に電池交換が必要であり内蔵している電子部品の故障時には修理が難しいという欠点もある.

10. 6. 1. 3　原子時計

原子時計は，測位の原理上精密な時刻情報が必要なGPSにおいても利用され，各衛星に装備されている（2. 8. 4項）.

1秒の定義は，

「セシウム133の原子の基底状態の2つの超微細準位の間の遷移に対応する放射の周期の9,192,631,770倍に等しい時間」

と規定されている．この定義をそのまま時計にしたのが「原子時計」である．原子や分子は水晶振動子等よりも高精度な周波数標準となり，その振動をカウントすれば時間を高精度で測定できる．原子時計は，このような周波数標準器と超高精度の水晶振動子によるクォーツ時計とを組み合わせ，その水晶振動子の発振周波数を常に調整・修正する仕組みによって実現される.

セシウム原子時計の誤差は3000万年に1秒（10^{-15}の精度）程度とされている．ただし，最高精度を実現しているのは世界中でも1次標準の数台に限られており，多くは商業用に作られた若干精度の低いもので2次標準とされる.

原子時計には他に水素メーザー原子時計，ルビジウム原子時計，イッテルビウムイオン原子時計などの種類がある．これらはセシウム原子時計に比べれば安価である．小型化された精度の低いものでも10^{-11}(3000年に1秒）程度の誤差である.

国際原子時（TAI）は，世界50ヵ国以上に設置されているセシウム原子時計を多数含み他の種類の原子時計も含む約300個の原子時計により算出される時刻の加重平均である．(2. 8. 4項参照)

10. 6. 1. 4　電波時計

「電波時計」は，基本的にはクォーツ時計であり，内蔵の受信機（アンテナと受信回路）で標準電波を受信し，それに含まれるデータを時刻情報を取り出してクォーツ時計の時刻を自動的に修正する機能が付加されていて，高精度を実現している.

電波時計の処理の手順はつぎのとおりである.

1）送信所から送信された標準電波を時計内蔵の受信機で受信する.
2）受信回路で信号を増幅して復調し，デジタル データを解読する.
3）デジタル データとなった時刻コードをCPUへ送る.
4）CPUで時刻コードから時刻情報を解析する.
5）時刻情報に基づき，クォーツ時計の時刻を自動修正する.

標準電波は，ほぼ常時送信されており，電波時計は1日に1回～1時間に1

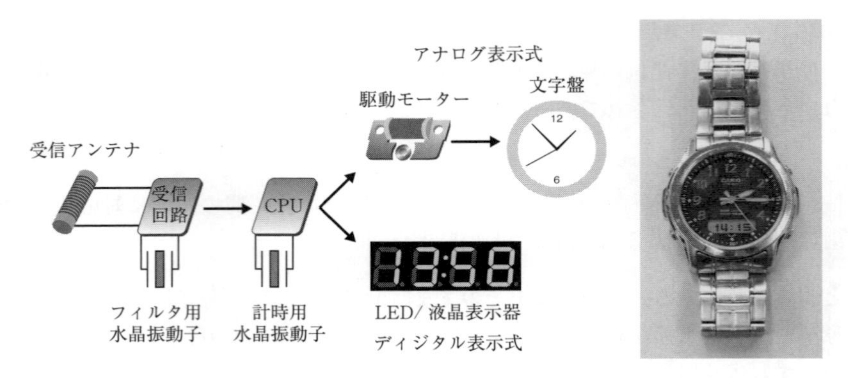

図 10-20 電波時計のしくみ

図 10-21 電波時計の例

回程度，決められた時間に自動受信と時刻修正を行う．電波を受信していないときは通常のクォーツ時計としてその精度（一般に月差±15 秒～20 秒程度）で作動するが，標準電波が受信できれば自動修正により日差1秒以内が維持される．

日本における標準電波は，独立行政法人情報通信研究機構（NICT）が管理する日本の標準時を送信する電波のことでJJYと呼ばれる．国内の標準としてセシウムビーム型原子周波数標準器をはじめ水素メーザ型や実用セシウムビーム型原子時計群を用いて，精度は誤差 10^{-13} 程度である．さらに人工衛星などを使った国際時刻との比較により常に国際標準との同期及び諸外国の標準との関係も確かめられた上で正確な信号が送信されている．受信された電波は電離層の影響などで精度が低下するが，長波では電離層の影響を受けにくく24時間の平均値で 10^{-11} の精度が得られるとされている．

長波JJYは福島局と九州局からそれぞれ電波が空中線電力50kWで送信されている．送信所からの受信範囲の目安はおおむね1,000kmで，一般に東日本地域は福島局（おおたかどや山：40kHz），西日本地区は九州局（はがね山：60kHz）の電波を受信しやすく，両局からの電波でほぼ日本全国をカバーしている．標準電波では分，時，通算日，年，曜日の時刻情報をコードとして1分毎に分割し低速のデジタル通信で配信している．

外国においても標準電波をサービスしている地域があり，北米やヨーロッパ大陸では対応した電波時計を使用することができる．

10. 6. 1. 5 GPS 時計

地上波で送信される標準電波で時刻修正を行う電波時計に対して，GPS時計はGPS衛星からの電波を受信して正確な時刻日付情報をもとに受信機の時刻日付を合わせる（GPS時については2. 8. 4参照）．さらにGPSで位置も分かるため，その地点のタイムゾーンの情報をもとに時差も自動修正が可能である．

電波時計は主に陸上での使用を想定しており，標準電波が届かない海上では受信できず時刻の自動修正ができないことも少なくない．そのため，電波時計にGPS時計の機能も加え「ハイブリッド」と呼ばれる，地球上のあらゆる場所でどちらかの信号を受信して時刻修正を自動的に行う時計が近年開発され，腕時計でもそれが実現されている．

レーダーやECDISなどの機器に現在時刻が表示されている場合があるが，これは船内のGPS受信機からの信号が入力され，それを時間源としているのが一般的で，一種のGPS時計ということができる．ECDISの航路監視における到着予定時刻など，ECDISの内部で計算等に用いる時間もGPSによる現在時刻をもとにしている．

10. 6. 2　船用基準時計（クロノメーター）

一般に正確な時計のことを「クロノメーター（Chronometer）」と呼ぶ．時計の精度が顕著に高くなり，腕時計レベルでも日差1秒以内の電波時計等が安価に入手できるようになった．その結果，現在では船舶に装備されている，いわゆる「船用基準時計」を用いる必要がほぼなくなり，通常は目にすることもないという時代になった．しかし，天文測位などの航法では時刻は重要な情報であり，正確な時計は船舶運航に不可欠である．

そもそも，大航海時代に大洋航海を実現するためには地上の物標がまったくない海上でも自船の位置を正確に知る必要にせまられ，天文測位の技術が開発された．天文測位には正確な時刻が不可欠であり，精度の高い時計への要求が生まれた．これは，産業革命の基礎となる機械工学や精密工学が発展する時期とも重なり，現代につながる高精度の機械式時計が競って開発された．中でも有名なのが「ハリソンの時計」の挿話である．

イギリス人時計製作者ジョン・ハリソン（John Harrison，1693～1776）は，大洋航海に必要とされる，経度の測定が可能な精度をもった機械式時計（クロノメーター）を初めて製作した．ハリソンは独学で物理学や機械工学を学び1713年に仕事の合間に自力で製作した時計が性能の良さで近所の話題となった．その頃，イギリス海軍とロンドンの貿易商人，商船の船長らが合同で経度すなわち時計に関する請願を英国議会に提出した．これをうけて英国王室が正確な時計に対して懸賞金をかけて開発を促進した．ハリソンは，資金援助をう

図 10-22　船用基準時計

けながら，1736年の1号機から1764年の5号機まで改良を重ね，1773年に行われた実験では彼の時計の誤差は1日あたり1/14秒に過ぎないことが立証され，ついに懸賞金のすべてが授与されることとなった．これが，世界初のクロノメーターとされる．現在のクォーツ時計などと比べれば精度は低いが，完全な機械式時計で，当時これだけの精度が実現されたのは画期的なことであった．

クロノメーター（Chronometer）は，

・船の揺れや温度変化に影響されない高精度な携帯用機械式時計
・天文台で精度検定を受けた時計
・クロノメーター検定協会による検定に合格した機械式時計

等と定義され，現在では機械式ではなくクォーツ時計も含めてスイスのクロノメーター検定協会の検定に合格したものをクロノメーターと呼ぶ．

このうち，船舶に装備して基準時計として用いるものをとくに「マリン クロノメーター」と呼ぶことがあり，日本語では「船用基準時計」などと呼んでいる．ただし，現在では，天文測位に必要な六分儀や天測暦なども法定で搭載する必要がなくなっており，時計についてもとくに規定は見あたらない．ただし，義務船舶局では必ず無線通信装置を装備しなければならず，また任意であっても無線局として免許を受けている場合を含め，電波法の規定により正確な時計を備え付けておく必要があり（電波法第60条），毎日1回以上標準時に照合しなければならない（無線局運用規則第3条）．その時計の形式等についてはとくに規定されていない．

10. 6. 3　船内時計

船内ではあらゆる場面で正確な時刻を知る必要があり時計が装備されている．小型船舶では腕時計でもよいが，それより大きな船舶では船内の各所に電

(a)　マスター（親時計）

(b)　船内時計（子時計）

(c)　無線室の時計（子時計）

図 10-23　船内時計

気式の時計が設置される．これを「船内時計」と呼ぶことがある．

船内時計は1台のマスター（親時計）から，電気信号で他の時計（子時計）を制御して，すべて同じ時刻を表示する親子式になっている．現在，一般的に用いられる船内時計の親時計はクォーツ時計である．今日では，船員の腕時計の方が精度が良い場合もあるかもしれないが，様々な記録に用いる時刻は自分の時計ではなく船内時計の時刻を用いるのが基本である．

ただし，親時計がクォーツ時計の場合，一般に月差±15～20秒程度の精度であり，1日に1回程度は照合を行って，マスターの時刻を調整しないと秒単位の誤差を生じる可能性がある．

船内時計では，時刻改正の際など，マスターの時刻を修正すればすべての子時計もそれに合わせて表示が変わるようになっている．

《問題》

1．クロノメーターとは何か説明せよ．
2．電波時計の仕組みと標準電波について説明せよ．

10. 7　六分儀

「六分儀（Sextant）」は，天文測位の手順において，太陽，月，恒星，惑星などの天体の観測高度を求める際に，水平線と天体の仰角を計測するために用いる器械として知られている．また，地文航法において2物標間の夾角を測定するためにも用いることができる．

六分儀の名称は計測に用いる弧の角度が約60度であり，全円の6分の1であることに由来している．ただし後述する原理により，角度は倍の120度まで測れる．大航海時代に天文航法が確立された頃から考案され，弧の角度により，八分儀（Octant），五分儀（Quintant），四分儀（Quadrant）などが存在したが，現在はこれらも含めて六分儀と総称している．

六分儀の外観は図10-24に示すような，目盛を読むためにマイクロメーターを利用したものが普及している．

(a)　外観

(b)　ケースに収納したところ

図10-24　六分儀

10. 7. 1　六分儀の原理

六分儀は図10-25のように，水平鏡Hが反射する鏡であると同時に透過してまっすぐ先の像も重畳して望遠鏡で見えるようになっている．水平鏡Hは固定されているが，その角度は，もう1つの鏡である動鏡Iの像を反射するような角度で取り付けられている．すなわち，観測している視点から水平鏡の点を通る軸（図10-25では線分HE）と，水平鏡の点と動鏡の点を結ぶ線（線分HI）の2等分線（線分HM）の向きに固定されている．動鏡はその中心の点（I）を軸に回転するようになっており，回転した角度を弧上で点PとQのなす角度（β_2）により測定する．点Qは，水平鏡Hの鏡面と平行に動鏡の位置（点I）から弧まで延長した点であり，PがQに一致しているとき，観測対象は望遠

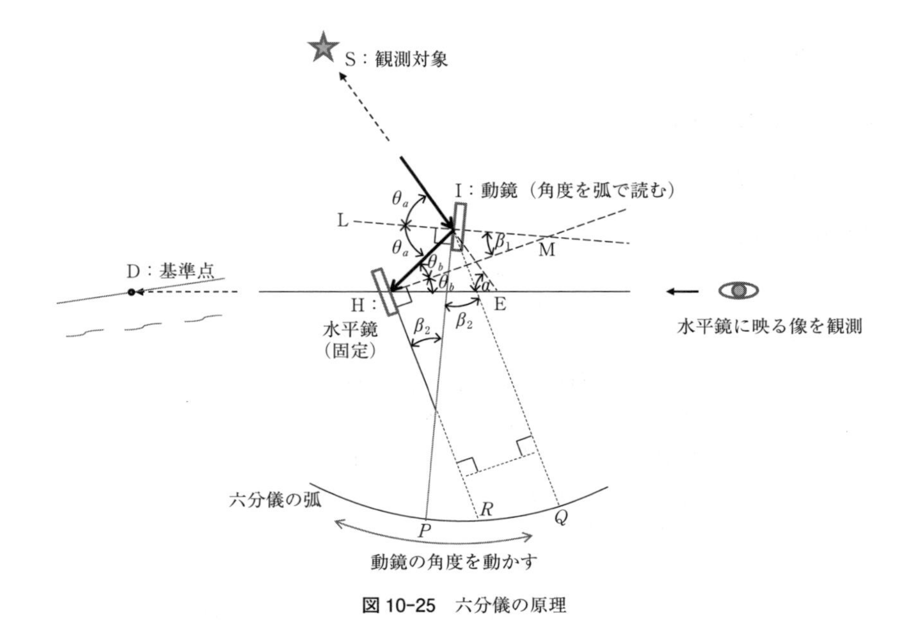

図 10-25　六分儀の原理

鏡軸と平行の延長線上にあって，角度は 0 度となる．P を弧上で動かし動鏡 I が上方を向くと観測する高度は高くなっていく．

図 10-25 において，観測している角度（仰角）を α，すなわち

$$\angle \mathrm{SED} = \alpha \tag{10.6}$$

とし，線分 LM は動鏡 I の鏡面に垂直な線，点 E は観測対象 S から動鏡 I までの線をそのまま延長した，視点と水平鏡の軸との交点であり，線分 HE は視点から水平鏡 H を通る軸上の線とすると，三角形の性質により

$$\angle \mathrm{SIH} = 2\theta_a = 2\theta_b + \alpha \tag{10.7}$$

$$\angle \mathrm{LIH} = \theta_a = \theta_b + \beta_1 \tag{10.8}$$

となり（10. 8）式の θ_a を（10. 7）式に代入すれば

$$\alpha = 2\beta_1 \tag{10.9}$$

が成り立つ．ここで，線分 LM は動鏡 I の鏡面の垂線，線分 HM は水平鏡 H の鏡面の垂線なので，2 つの直角三角形は相似形であり，

$$\beta_1 = \beta_2 \tag{10.10}$$

である．したがって，測るべき角度αは（10.9）および（10.10）式より

$$\alpha = 2\beta_2 \tag{10.11}$$

となる．なお，

$$HR \parallel IQ \tag{10.12}$$

（平行）である．

このように，水平鏡を透過して見える基準点（例えば水平線）から観測対象（例えば恒星）の仰角αは，弧上でPを動かすことによってなす角β_2の2倍となるので，六分儀の弧には実際の角度の倍の目盛が付けてある．一般的には−5度から125度までの計130度の観測角度に対する読みの目盛が実際の角度65度の弧の上に刻まれている．

動鏡の角度を大きく動かすときにはつまみをはさんでPの位置を前後に動かすが，大体のところまで合わせた後は，マイクロメーターを回すことで角度の分単位まで読み取れるようになっている．

図10-26は，一般的な六分儀の各部の名称を示したものである．

主要な構成部品は，フレーム（Frame，儀枠），インデックス バー（Index bar，指標かん），マイクロメーター（Micrometer），動鏡（Index glass），水平鏡（Horizon glass），ハンドル（Handle，把手），望遠鏡腕（Collar，重環），望遠鏡（Telescope）である．

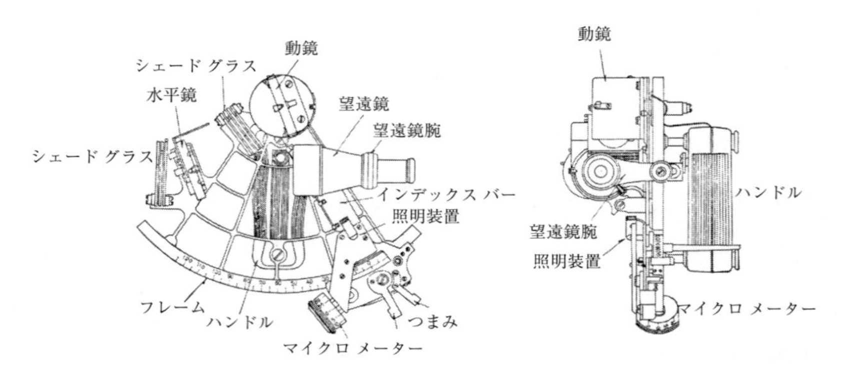

図10-26　六分儀の各部の名称

10. 7. 2　六分儀の誤差

六分儀は精密な測定器具であるが，様々な要因で誤差を生じる．誤差を分類するとつぎのようなものがある．

(1)　六分儀自体の誤差

修正可能な誤差

・垂直差（Error of perpendicularity）
・サイド エラー（Side error）
・器差（Index error）

修正不可能な誤差

・中心差（Centering error）
・目盛誤差
・ガラス差
・弧面の不整一による誤差
・鏡面の不整一による誤差
・コリメーション エラー

(2)　測定上の誤差

・測定誤差
・個人誤差

《問題》

1．六分儀の誤差のうち，修正不可能なものをあげて説明せよ．
2．六分儀において修正可能な誤差の種類とその原因を説明せよ．

10. 8　双眼鏡

10. 8. 1　双眼鏡の方式

双眼鏡は操船時の見張り作業等に不可欠のものである．光学的な原理により大別すると，ポロ プリズム式とダハ プリズム式の2種がある．

ポロ プリズム式

イタリア人のポロにより発明されたポロ プリズムを使用した双眼鏡である．プリズムのすべての反射面で全反射するため光の損失がなく，明るい視野を実現する．

ダハ プリズム式

正立プリズムにダハ プリズムを使用した双眼鏡である．接岸レンズ，対物レンズの光軸を一直線に設計できるため，スリムなデザインとなる．

図10–28は，これらの方式の原理を示すイメージ図である．

(a)　ポロ　プリズム式

(b)　ダハ　プリズム式

図 10-27　双眼鏡外観

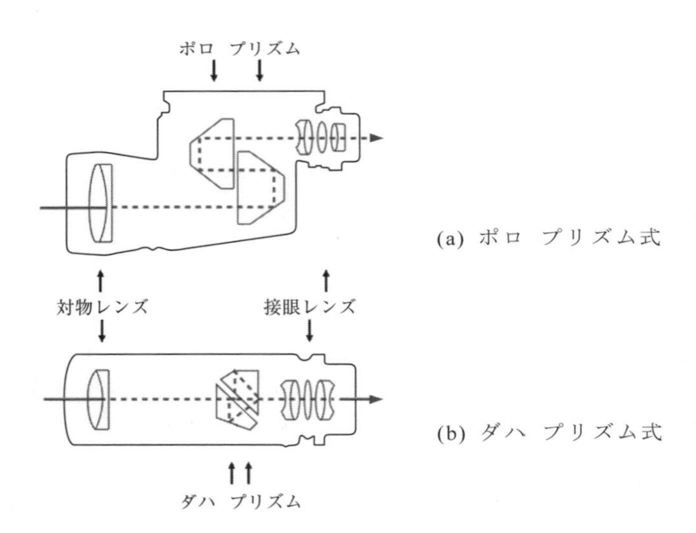

図 10-28　双眼鏡の原理

10. 8. 2　各部の名称と使い方

図 10-29 に一般的な双眼鏡の各部の名称を示す．

双眼鏡を使用する際の手順はつぎのとおりである．

(1) 吊りひもで首からかけて落とさないよう注意する．

(2) ボディを両手で持ち接眼レンズを両眼にあてる．その際，人により左右の目の幅が異なるので，左右のボディを開くまたは閉じることにより幅を調整し，自分の目の幅に合わせる．

(3) 適当な対象を見て，左目の方のみフォーカス（ピント）が合うようにピント合わせリングを回して調整する．

(4) その状態で，右目の接眼レンズの根もとにある視度調整リングを回して，右目もピントが合うようにする．これは人により左右の視力は様々なので，視度の差を調整できるようにするためのものである．

(5) 対象物を見て，ピント合わせリングを回してよく見えるようにフォーカスを調整する．通常，(4)の視度調整は最初に一度行えば，同じ人が使う場合，見る物の距離が変わっても，ピント合わせリングの調整のみで両眼のフォーカスがあう．

以上の説明は，右目側に視度調整リングがある場合で，視度調整の方法が異なる双眼鏡を使用するときは構造にあわせて調整すること．

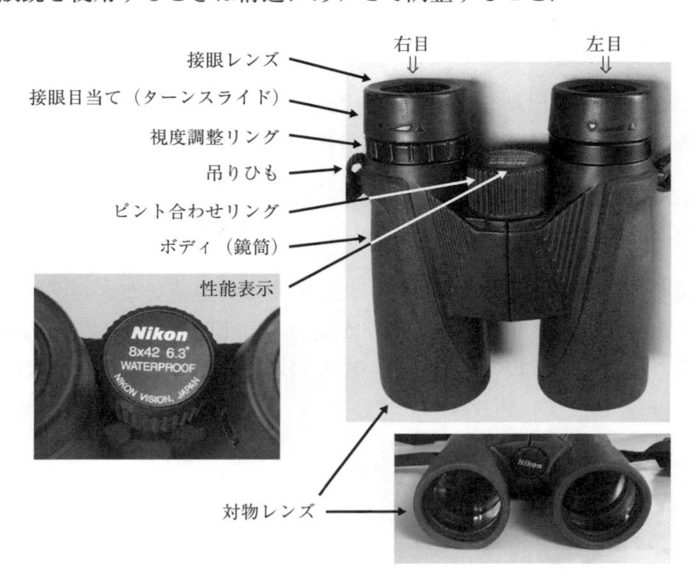

図 10-29　双眼鏡の各部の名称

10. 8. 3　双眼鏡の仕様・性能

双眼鏡の仕様は，

倍率 × 対物レンズの口径　実視界（度）

のように3組の数字で表す．

（例）

6.5 × 21　7.5°

意味：倍率　6.5倍
対物レンズの口径　21 mm
実視界　7.5度

図10–29の例は，倍率8倍，対物レンズの口径42mm，実視界6.3°を示している．

倍率は大きいほど良いように思うかもしれないが，明るさは倍率の2乗に反比例するため倍率があまり大きいと画面が暗くなり，さらに実際に見える視界も狭くなるため見張り作業には適さなくなる．船橋で使用する双眼鏡は一般に7倍～10倍程度のものが適当である．

レンズの明るさBは，射出ひとみ径Pの2乗となる．

$$P=\frac{D}{N} \tag{10.13}$$

$$B=P^2 \tag{10.14}$$

となる．ここで，射出ひとみ径Pは対物レンズの口径Dを倍率Nで割ったものである．なお，射出ひとみ径と観測者のひとみ径とはつぎの関係がある．

射出ひとみ径　<　観測者のひとみ径　……　暗く感じる
射出ひとみ径　>　観測者のひとみ径　……　瞳より大きい分の光量が無駄になる

双眼鏡の性能は，見張り作業の効率に影響するので適切なものを選ぶ必要がある．また，床に落とすなどして衝撃が加わると光軸がずれるなど光学系に支障を来すおそれもあるので，取り扱いはていねいにするよう注意しなければならない．

付　　録

A1　NMEA0183 センテンス一覧（抜粋）

通常，1つのセンテンスは1行で表現される．1行の形式はつぎのとおり．

$--ooo, 値1，値2，・・・ ＊hh<CR><LF>

行頭の $--ooo の部分のうち，最初の1文字目は $ か！で決まっており（$ は従来の形式，！はカプセル化されたデータなど），続く--（2文字）がトーカーを示し，その後の ooo（3文字）がセンテンスの種類を示す．それに続けて，各センテンスの種類に対応した項目のデータが“,”（カンマ）で区切られて順に並んでいる．データは数値，文字または文字列である．各行末の＊（アスタリスク）の後の hh（2文字）はチェックサムであり，行頭の $ または！の次の文字から，行末の＊の前までのすべての文字を1文字ずつ，すなわち1バイトごとに，排他的論理和（Exclusive OR）の演算を行った結果を2桁の16進数で表したものである．通信時の誤り判定に利用される．<CR> は復帰記号（アスキー コードで16進の0D ），<LF> は改行記号（アスキー コードで16進の0A）を示す．

NMEA0183 センテンスの形式の詳細については，文献：「船用電気・情報概論―航海・機関計測の基礎知識―」成山堂書店（2011. 4），10. 4. 2 項（pp.256～）参照．

A1. 1　GPS・GPS コンパス

○ GPS

トーカー：

GP　　Global Positioning System　（GPS）

センテンス：

GGA　　Global Positioning System Fix Data　（測位データ）

GLL　　Geographic Position-Latitude/Longitude　（緯度・経度）

RMC　　Recommended Minimum Specific GNSS Data　（最小限データ項目）

VTG　　Course Over Ground and Ground Speed　（真針路，対地速力）

ZDA　　Time & Date　（時刻と日付）

GGA － GPS 測位データ　Global Positioning System Fix Data

GPS 受信機による時刻，位置，測位関連情報

$--GGA, hhmmss.ss, ddmm.mmm,a,dddmm.mm,a,x,xx,x.x,x.x,M,x.x,M,x.x,xxxx ＊hh<CR><LF>

1　　2　　3 4　　5 6 7　8　9　10 11　12 13　14　15

1）協定世界時（hh 時 mm 分 ss.ss 秒）　Coordinated Universal Time（UTC）
2）緯度（dd 度 mm.mmm 分）　Latitude
3）北緯／南緯　N or S（North or South）
4）経度（dd 度 mm.mmm 分）　Longitude
5）東経／西経　E or W（East or West）
6）GPS 精度　GPS Quality Indicator,
　0＝測位不能　fix not available,
　1＝GPS 測位　GPS fix,
　2＝ディファレンシャル GPS 測位　Differential GPS fix
　3＝PPS 測位　PPS fix
　4＝リアルタイム キネマティック　Real Time Kinematic
　5＝フロート リアルタイム キネマティック　Float RTK
　6＝推測　estimated（dead reckoning）
　7＝手入力　Manual input mode
　8＝シミュレーション　Simulation mode
7）受信衛星数　Number of satellites in view, 00 ～ 12
8）水平方向精度（HDOP）　Horizontal Dilution of precision（meters）
9）平均水面からのアンテナ高度　Antenna Altitude above/below mean-sea-level（geoid）（in meters）
10）高度の単位（メートル）　Units of antenna altitude, meters
11）ジオイド差，WGS-84 楕円体と平均水面（ジオイド）との差　Geoidal separation, the difference between the WGS-84 earth ellipsoid and mean-sea-level（geoid）, "–" means mean-sea-level below ellipsoid
12）ジオイド差の単位（メートル）　Units of geoidal separation, meters
13）ディファレンシャル GPS データの履歴　Age of differential GPS data, time in seconds since last SC104 type 1 or 9 update, null field when DGPS is not used
14）ディファレンシャル局の ID　Differential reference station ID, 0000 ～ 1023
15）チェックサム　Checksum

GLL － 位置（緯度経度）　Geographic Position - Latitude/Longitude

自船位置の緯度経度，測位時刻と状態

```
$--GLL,ddmm.mmm,a,ddmm.mmm,a,hhmmss.ss,a,m,*hh<CR><LF>
        1       2 3       4 5         6 7  8
```

1）緯度（dd 度 mm.mmm 分）　Latitude
2）北緯／南緯　N or S（North or South）
3）経度（dd 度 mm.mmm 分）　Longitude
4）東経／西経　E or W（East or West）
5）協定世界時（hh 時 mm 分 ss.ss 秒）　Universal Time Coordinated（UTC）
6）測位状態（A：データ有効，V：データ無効）　Status A-Data Valid, V-Data

Invalid

7）FAA モード（NMEA2.3 以降）　FAA mode indicator（NMEA 2.3 and later）

8）チェックサム　Checksum

RMC ー必要最低限のデータ　Recommended Minimum Navigation Information

GNSS 航法受信機による時刻，日付，位置，針路，速力

$--RMC,hhmmss.ss,A,ddmm.mmm,a,ddmm.mmm,a,x.x,x.x,ddmmyy,x.x,a,m,＊hh<CR><LF>

1　2 3　4 5　6 7　8　9　10　1112　13

1）協定世界時（hh 時 mm 分 ss.ss 秒）　Universal Time Coordinated（UTC）

2）測位状態（A：データ有効，V：データ無効）　Status A＝Data Valid/ V＝Data Invalid

3）緯度（dd 度 mm.mmm 分）　Latitude

4）北緯／南緯　N or S（North or South）

5）経度（dd 度 mm.mmm 分）　Longitude

6）東経／西経　E or W（East or West）

7）対地速力（ノット）　Speed over ground, knots

8）真針路（度）　Track made good, degrees true

9）日付　Date, ddmmyy

10）磁気偏差（度）　Magnetic Variation, degrees

11）磁気偏差の方向（東／西）　E or W

12）FAA モード（NMEA2.3 以降）　FAA mode indicator（NMEA 2.3 and later）

13）チェックサム　Checksum

VTG ー 対地針路，速力　Course Over Ground and Ground Speed

$--VTG,x.x,T,x.x,M,x.x,N,x.x,K,m,＊hh<CR><LF>

1　2 3　4 5　6 7　8 9　10

1）真針路（度）　Track Degrees

2）T：真方位　True

3）磁針路（度）　Track Degrees

4）M：磁針方位　Magnetic

5）速力（ノット）　Speed Knots

6）N＝ノット　Knots

7）速力（キロメートル毎時）　Speed Kilometers Per Hour

8）K＝キロメートル毎時　Kilometers Per Hour

9）FAA モード（NMEA2.3 以降）　FAA mode indicator（NMEA 2.3 and later）

10）チェックサム　Checksum

ZDA ー日付・時刻 Time & Date

UTC の日，月，年，地方時の自差

```
$--ZDA,hhmmss.ss,xx,xx,xxxx,xx,xx*hh<CR><LF>
         1          2  3  4     5  6    7
```

1）協定世界時（hh 時 mm 分 ss.ss 秒） UTC time（hours, minutes, seconds, may have fractional subsecond）

2）日，01～31 Day, 01 to 31

3）月，01～12 Month, 01 to 12

4）年（4 桁） Year（4 digits）

5）地方時と協定世界時との時差（時） Local zone description, 00 to +/− 13 hours

6）地方時と協定世界時との時差（分） Local zone minutes description, apply same sign as local hours

7）チェックサム Checksum

○ GPS コンパス（GPS と同じセンテンスも含まれる）

トーカー：

GP Global Positioning System（GPS）

または

HE Heading-North Seeking Gyro （ジャイロコンパス）

（GP と HE のいずれかを選択して設定可能）

センテンス：

HDT Heading, True （真方位）

THS True heading and status （真方位と状態）

ROT Rate Of Turn （回頭角速度）

HDT ー 真船首方位 Heading true

```
$--HDT,xxx.x,T*hh<CR><LF>
         1      2
```

1）真船首方位（度） Heading, degrees true

2）チェックサム Checksum

THS ー 真方位と状態 True heading and status

```
$--THS,xxx.x,x*hh<CR><LF>
         1    2  3
```

1）真船首方位（度） Heading, degrees true

2）モード Mode indicator

A＝自律 Autonomous

E＝推測 Estimated（dead reckoning）

S＝シミュレーター モード Simulator mode

V＝データ利用不可　Data not valid (including standby)

3）チェックサム　Checksum

ROT ― 回頭角速度　Rate of turn

```
$--ROT,uxxxx.x,A*hh<CR><LF>
        1      2 3
```

1）回頭角速度（度／分）＋：右回頭，－：左回頭　Rate of turn, °/min, "−"＝bow turns to port

2）状態（A：データ有効，V：データ無効）　Status

3）チェックサム　Checksum

A1. 2　レーダー

トーカー：

RA　　Radar and/or Radar Plotting　（レーダー／レーダー プロッティング）

センテンス：

TTM　　Tracked Target Message　（追跡ターゲット情報）

TTM ― 追跡ターゲットに関するメッセージ　Tracked target message

```
$RATTM,nn,x.x,x.x,a,x.x,x.x,a,x.x,x.x,a,c--c,a,a,hhmmss.ss,a*hh<CR><LF>
       1  2   3     4   5     6   7   8 9    10 11 12       13 14
```

1）ターゲット番号 00～99　Target number, 00 to 99

2）自船からの距離　Target distance from own ship

3）自船からの方位，真／相対　Bearing from own ship, degrees, true/relative (T/R)

4）ターゲットの速力　Target speed

5）ターゲットの針路，真／相対　Target course, degrees true/relative (T/R)

6）最接近距離　CPA　Distance of closest point of approach

7）最接近時間　TCPA　Time to CPA, min., "−"increasing

8）速力および距離の単位　Speed/distance units, K/N/S

9）ユーザー データ（ターゲット名など）　User data (e.g. target name)

10）ターゲット状態，下記注参照　Target status (see note)

11）参照ターゲット　Reference target＝R, null otherwise

12）データの時刻　Time of data (UTC)

13）補足の種類　Type of acquisition A＝automatic, M＝manual, R＝reported

14）チェックサム　Checksum

注　NOTE

－ターゲット状態　Target status：

L＝ロスト　lost, tracked target has been lost

Q＝捕捉開始，初期処理中　query, target in the process of acquisition
T＝捕捉中　tracking
－参照ターゲット　Reference Target：
ターゲットが自船の位置や速力を決定するために用いられる参照の場合，“R”がセットされ，それ以外のときはヌル（文字なし）となる．
set to “R” if target is a reference used to determined own-ship position or velocity, null otherwise.

（例）
$RATTM,01,1.58,157.2,T,,,,T,2.50,,N,,Q,,111816.00,M＊05
$RATTM,02,2.46,171.2,T,,,,T,6.08,,N,,Q,,111816.00,M＊07

A1. 3　コンパス，オートパイロット
○コンパス
トーカー：
HC　Heading-Magnetic Compass（磁気コンパス）
HE　Heading-North Seeking Gyro（ジャイロコンパス）
センテンス：
船首方位
HDT　Heading, True（真方位）
HDG　Heading, Deviation & Variation（偏差と自差）
HDM　Heading, Magnetic（磁針方位）
THS　True Heading & Status（真方位と状態）
回頭角速度
ROT　Rate Of Turn（回頭角速度）

HDG － 船首方位，自差，偏差　Heading, Deviation & Variation

磁気センサーによる船首方位，自差についての改正を行えば磁気船首方位となり，偏差も改正すれば真方位となる．

$--HDG,x.x,x.x,a,x.x,a＊hh<CR><LF>
　　1　2　34　5　6

1）磁気計器による船首方位（度）　Magnetic sensor heading, degrees
2）自差（度）　Magnetic deviation, degrees
3）自差の向き（東／西）　E/W
4）偏差（度）　Magnetic variation, degrees
5）偏差の向き（東／西）　E/W
6）チェックサム　Checksum

注　Notes：
自差，偏差が不明のときは，それぞれヌル（文字なし）になる．　Variation

and deviation fields shall be null fields if unknown.

HDM ― 磁気船首方位　HDM - Heading, Magnetic　（新たな規格では，HDG を用いるよう推奨されている）

$HCHDM,x.x,M＊hh<CR><LF>
　　　　1　2　3

1）磁気船首方位　Heading, degrees Magnetic
2）磁気による測定：'M' 固定
3）チェックサム　Checksum

○オートパイロット

センテンス（入力）：

XTE	Cross-Track Error, Measured（クロス トラック エラー）
HSC	Heading Steering Command（船首方位操舵コマンド）
HTC	Heading/Track Control Command（HCS／TCS 指令コマンド）

（出力）

トーカー：

AG	Autopilot-General　（オートパイロット－一般）
AP	Autopilot-Magnetic　（オートパイロット－磁気）

センテンス：

HTD	Heading/Track Control Data（船首方位コマンドデータ）
RSA	Rudder Sensor Angle（実舵角）

XTE ― クロス トラック エラー（計測値）　Cross - Track Error, Measured

予定航路からのずれと予定航路に戻すための方向

$--XTE,A,A,x.x,a,N,a＊hh<CR><LF>
　　　1 2 3　4 5 6　7

1）状態　Status
　V＝Loran-C Blink or SNR warning
　A＝general warning flag for other navigation systems when a reliable fix is not available
2）状態　Status
　V＝Loran-C Cycle Lock warning flag
　A＝OK or not used
3）クロス トラック エラーの大きさ　Magnitude of Cross-Track-Error
4）方向（左右）　Direction to steer, L/R
5）単位（海里）　Units, nautical miles
6）モード　Mode Indicator[注1]
7）チェックサム　Checksum

注　Notes：

1 測位システムモード　Positioning system Mode Indicator：

A＝単独　Autonomous mode

D＝ディファレンシャル　Differential mode

E＝推測　Estimated (dead reckoning) mode

M＝手入力　Manual input mode

S＝シミュレーター　Simulator mode

N＝データ利用不可　Data not valid

2 測位システムモードの項目は測位システムの状態項目を補足し，状態項目はつぎのいずれかとなる　The positioning system Mode Indicator field supplements the positioning system Status fields, the Status fields shall be set to

V＝以下の場合を除き，すべての値が無効　Invalid for all values of Indicator mode except for

A＝単独　Autonomous and

D＝ディファレンシャル　Differential. The positioning system Mode Indicator and Status fields shall not be null fields.

HSC ― 船首方位指定　Heading Steering Command

```
$--HSC,x.x,T,x.x,M*hh<CR><LF>
       1     2     3
```

1) 船首方位（指示），度（真）　Commanded heading, degrees True

2) 船首方位（指示），度（磁気）　Commanded heading, degrees Magnetic

3) チェックサム　Checksum

HTC ― HCS／TCS 指定（入力）　Heading/Track Control Command

HTD ― HCS／TCS データ（出力）　Heading/Track Control Data

```
$--HTC,A,x.x,a,a,a,x.x,x.x,x.x,x.x,x.x,x.x,x.x,a*hh<CR><LF>
       1 2   3456  7   8   9   10  11  12  13  14
```

```
$--HTD,A,x.x,a,a,a,x.x,x.x,x.x,x.x,x.x,x.x,x.x,a,A,A,A,x.x*hh<CR><LF>
       1 2   3456  7   8   9   10  11  12  1314  16     18
                                                 15   17
```

1) オーバーライド（A：使用中，V：使用せず）　Override, A＝in use, V＝not in use

2) 指示舵角，度　Commanded rudder angle, degrees

3) 指示舵角の方向（L＝左／R＝右）　Commanded rudder direction, L/R＝port/stbd

4) 選択されている操舵モード（T＝回頭率制御／R＝半径制御）　Selected steering mode

5）変針のモード　turn mode, R＝radius controlled / T＝turn rate controlled / N＝turn is not controlled
6）舵角制限（指令），度（絶対値）　Commanded rudder limit, degrees (unsigned)
7）船首方位ずれの制限（指令），度（絶対値）　Commanded off-heading limit, degrees (unsigned)
8）変針の半径（指令），海里　Commanded radius of turn for heading changes, n. miles
9）変針の回頭率（指令），度／分　Commanded rate of turn for heading changes, deg./minute
10）保持する船首方位（指令）（度）　Commanded heading-to-steer, degrees
11）針路のずれの制限（指令）（海里，絶対値）　Commanded off-track limit, n. miles (unsigned)
12）針路（指令），度　Commanded track, degrees
13）船首方位の基準（真／磁気）　Heading Reference in use, T/M
14）チェックサム　Checksum（HTCセンテンスのとき）
（以下，HTDセンテンスのとき）
14）舵角の状態（A：制限未満／V：制限以上）　Rudder status, A＝within limits / V＝limit reached or exceeded
15）船首方位ずれの状態（A：制限未満／V：制限以上）　Off-heading status, A＝within limits / V＝limit reached or exceeded
16）針路のずれの状態（A：制限未満／V：制限以上）　Off-track status , A＝within limits / V＝limit reached or exceeded
17）船首方位，度　Vessel heading, degrees
18）チェックサム　Checksum

RSA ― 実舵角　Rudder Sensor Angle

舵角センサーによる舵角

```
$--RSA,x.x,A,x.x,A*hh<CR><LF>
        1  2 3  4  5
```

1）右（または単）舵角　Starboard (or single) rudder sensor,
2）状態 A＝有効，V＝無効　Status A＝Data Valid, V＝Data Invalid
3）左舵角　Port rudder sensor
4）状態 A＝有効，V＝無効　Status A＝Data valid, V＝Data Invalid
5）チェックサム　Checksum

注　Notes：

舵角は単位なしの値．負(−)はポート，正はスターボードを表す．Relative measurement of rudder angle without units, "−"＝"Bow Turns To Port". Sensor output is proportional to rudder angle but not necessarily 1：1.

(例)
$HEHDT,160.2,T＊2A
$TIROT,-000.5,A＊13
$HCHDM,217,M＊33
$GPHDT,200.5,T＊32
$GPTHS,200.5,A＊30
$GPROT,+0001.7,A＊2C
$AGRSA,0.22,A,,＊19

A1. 4　速力，水深，超音波機器

○電磁ログ

トーカー：

VM　Velocity Sensor, Speed Log, Water, Magnetic　(速力センサー，ログ，対水，電磁)

センテンス：

VBW　Dual ground/water speed　(対地／対水速力)
VHW　Water speed and heading　(対水速力および船首方位)
VLW　Dual ground/water distance　(対地／対水航程)

VBW ― 対地／対水速力 (前後および左右方向)　Dual Ground/Water Speed

$--VBW,x.x,x.x,A,x.x,x.x,A,x.x,A,x.x,A＊hh<CR><LF>
　　1　2　3 4　5　6 7 8 9　10 11

1) 前後方向対水速力注1 (ノット)　Longitudinal water speed[1], knots
2) 左右方向対水速力注1 (ノット)　Transverse water speed[1], knots
3) 対水速力状態 (A：有効)　Status, Water speed, A＝Data valid
4) 前後方向対地速力注1 (ノット)　Longitudinal ground speed[1], knots
5) 左右方向対地速力注1 (ノット)　Transverse ground speed[1], knots
6) 対地速力状態 (A：有効)　Status, Ground speed, A＝Data valid
7) 船尾左右方向対水速力注1 (ノット)　Stern transverse water speed[1], knots
8) 船尾対水速力状態 (A：有効)　Status, stern water speed, A＝Data valid
9) 船尾左右方向対地速力注1 (ノット)　Stern transverse ground speed[1], knots
10) 船尾対地速力状態 (A：有効)　Status, stern ground speed, A＝Data valid
11) チェックサム　Checksum

注　Notes：

1 左右方向速力では正が右，負が左方向を，前後方向速力では正が前進，負が後進を示す　Transverse speed："–"＝port, Longitudinal speed："–"＝astern

VHW - 対水速力および船首方位　Water Speed and Heading

$--VHW,x.x,T,x.x,M,x.x,N,x.x,K＊hh<CR><LF>
　　　1　2　3　4　5

1）船首方位（度 真方位）　Heading, degrees True
2）船首方位（度 磁針方位）　Heading, degrees Magnetic
3）速力（ノット）　Speed, knots
4）速力（キロメートル毎時）h　Speed, km/h
5）チェックサム　Checksum

VLW － 対地／対水航程　Dual Ground/Water Distance

$--VLW,x.x,N,x.x,N,x.x,N,x.x,N＊hh<CR><LF>
　　　1　2　3　4　5

1）対水総積算距離（海里）　Total cumulative water distance, nautical miles
2）リセット後の対水航走距離（海里）　Water distance since reset, nautical miles
3）対地総積算距離（海里）　Total cumulative ground distance, nautical miles
4）リセット後の対地航走距離（海里）　Ground distance since reset, nautical miles
5）チェックサム　Checksum

○ドップラー ソナー

トーカー：

VD	Velocity Sensor, Doppler, other/general （速力センサー，ドップラー，その他／一般）

センテンス：

VBW	Dual ground/water speed （対地／対水速力）
VLW	Dual ground/water distance （対地／対水航程）
DPT	Depth of water （水深）
DBT	Depth below transducer （送受波器下の水深）

DPT － 水深　Depth

$--DPT,x.x,x.x,x.x＊hh<CR><LF>
　　　1　2　3　4

1）送受波器からの相対水深（メートル）　Water depth relative to the transducer, meters
2）送受波機からのオフセット[注1, 2]（メートル）　Offset from transducer[1,2], meters
3）目盛の最大レンジ　Maximum range scale in use
4）チェックサム　Checksum

注　Notes：

1　正＝送受波器から水面までの距離／負（“−”）＝送受波器からキールまでの距離
“positive”＝distance from transducer to water-line, “−”＝distance from

transducer to keel

2 IECでは常にキールからの相対深さを適用する For IEC applications the offset shall always be applied so as to provide depth relative to the keel.

DBT ー 送受波器下の水深 Depth Below Transducer

$--DBT,x.x,f,x.x,M,x.x,F*hh<CR><LF>
1 2 3 4

1) 水深（フィート） Water depth, feet
2) 水深（メートル） Water depth, Meters
3) 水深（ファゾム） Water depth, Fathoms
4) チェックサム Checksum

○サテライト ログ

トーカー：

GP	Global Positioning System（GPS）

センテンス：

VBW	Dual ground/water speed （対地／対水速力，サテライト ログではground speedのみ）
VLW	Dual ground/water distance （対地／対水航程，サテライト ログではground distanceのみ）
VTG	Course over ground and ground speed （真針路，対地速力）
ROT	Rate of Turn （回頭角速度）

○音響測深機

トーカー：

SD	Sounder, Depth （音響測深機）

センテンス：

DBS	Depth Below Surface （水面下の水深）
DBT	Depth Below Transducer （送受波器下の水深）
DBK	Depth Below Keel （キール下の水深）
DPT	Depth （水深）

○潮流計データ出力： Ship speed current data NMEA0183

トーカー：

VD	Velocity Sensor, Doppler, other/general （速力センサー，ドップラー，その他／一般）

センテンス：

VBW	Dual Ground/Water Speed （対地／対水速力）
VLW	Distance Traveled Through the Water （対水航程）

VHW　Water Speed/Heading　（対水速力および船首方位）
DBT　Depth Below Transducer　（送受波器下の水深）
DPT　Depth　（水深）
CUR　Water Current Layer　（各層の潮流）

CUR ー 複数の層における潮流　Water Current Layer

$--CUR,A,x,x.x,x.x,x.x,a,x.x,x.x,x.x,a,a,*hh<CR><LF>
1 2 3 4 5 6 7 8 9 10 11 12

1）データの有効（A）／無効（V）　Validity of the data, A = Valid, V = not valid
2）データセット番号[注1]（0〜9）　Data set number[1], 0 to 9
3）層番号[注2]　Layer number[2]
4）潮流の深さ（メートル）　Current depth in meters
5）流向（度）　Current direction in degrees
6）流向の基準，T：真方位／R：相対方位　Direction reference in use, True/Relative T/R
7）流速（ノット）　Current Speed in Knots
8）層の深さの基準[注3]　Reference layer depth in meters[3]
9）船首方位　Heading
10）船首方位の基準，T：真／M：磁気　Heading reference in use, True/Magnetic T/M
11）速力の基準[注4]，B：対地，W：対水，P：測位システム　Speed reference[4], B : Bottom track, W : Water track, P : Positioning System
12）チェックサム　Checksum

注　Notes：

1 データセット番号は1度の測定で複数の潮流データを測定したとき，識別するために用いられる．各計測結果は同じデータセット番号をもつ1つ以上のセンテンスとなることがある．これは，1度の計測結果のデータの組が別のものと認識されるのを防ぐ．The Data set number is used to identify multiple sets of current data produced in one measurement instance. Each measurement instance may result in more than one sentence containing current data measurements at different layers, all with the same Data set number. This is used to avoid the data measured in another instance to be accepted as one set of data.

2 層番号は潮流データがどの層で計測されたかを識別する．機器により異なるが典型的には3〜32である．The Layer number identifies which layer the current data measurements were made from. The number of layers that can be measured varies by device. The typical number is between 3 and 32, though many more are possible.

3 各層の潮流はこの基準によって計測される．水深が深く対地が不可能なときには対水がセットされる．The current of each layer is measured according to this Reference layer, when the Speed reference field is set to "Water track", or the depth is too deep for Bottom track.

4 潮流の流速を計測するために用いる船速の基準を示す．"Speed Reference" identifies the method of ship speed used for measuring the current speed.

A1. 5　その他

○気象

トーカー：

WI　　Weather Instruments （気象観測機器）

センテンス：

MWD　　Wind Direction & Speed （風向と風速）
MWV　　Wind Speed and Angle （風速と角度）
MTW　　Water Temperature （水温）
XDR　　Transducer Measurements （トランスデューサー計測データ）

MWD － 風向風速　Wind Direction & Speed

```
$--MWD,x.x,T,x.x,M,x.x,N,x.x,M*hh<CR><LF>
        1     2     3     4     5
```

1）風向（0～359 度 真方位）Wind direction, 0 to 359 degrees True
2）風向（0～359 度 磁針方位）Wind direction, 0 to 359 degrees Magnetic
3）風速（ノット）Wind speed, knots
4）風速（メートル毎時）Wind speed, meters/second
5）チェックサム　Checksum

MWV － 風速と風の角度　Wind Speed and Angle

```
$--MWV,x.x,a,x.x,a,A*hh<CR><LF>
        1   23   45   6
```

1）風向（0～359 度 真方位）Wind angle, 0 to 359 degrees
2）基準（R＝相対／T＝原理的に計算した真） Reference, R＝Relative/T＝Theoretical
3）風速　Wind speed
4）風速の単位（K＝キロメートル毎時／M＝メートル毎秒／N＝ノット） Wind speed units, K/M/N
5）状態（A＝データ有効／V＝データ無効） Status, A＝Data Valid, V＝Data invalid
6）チェックサム　Checksum

MTW － 水温　Water Temperature

$--MTW,x.x,C＊hh<CR><LF>
　　　　1　　2

1）温度（℃）　Temperature, degrees C
2）チェックサム　Checksum

XDR － トランスデューサーの計測値　Transducer Measurements

$--XDR,a,x.x,a,c--c, ・・・・・・・・ ,a,x.x,a,c--c＊hh<CR><LF>
　　　　1 2　3 4　　5　　　　6　　　　7

1）トランスデューサーのタイプ　Transducer type, Transducer #1
2）計測データ（トランスデューサー#1）　Measurement data, Transducer #1
3）計測値の単位（トランスデューサー#1）　Units of measure, Transducer #1
4）トランスデューサー#1 ID　Transducer #1 ID
5）2 番目以降のデータ（任意の個数：1）～4）の繰り返し）　Data for variable # of transducers
6）n 番目のデータ（内容は上記 1）～4））　Transducer 'n'
7）Checksum

注　Notes：

1 タイプ，データ，単位，ID の 4 つの項目の不定の組が可能である．最大の組数 n は一行の長さの制限による．Sets of the four fields 'Type-Data-Units-ID' are allowed for an undefined number of transducers. Up to 'n' transducers may be included within the limits of allowed sentence length, null fields are not required except where portions of the 'Type-Data-Units-ID' combination are not available.

2 トランスデューサーのタイプおよび単位は次のとおり．Allowed transducer types and their units of measure are：

トランスデューサー Transducer	タイプ Type Field	単　位 Units Field	備　考
温度 temperature	C	C＝degrees Celsius（℃）	
角度 angular displacement	A	D＝degrees（度）	"–"＝anti-clockwise（反時計周り）
距離 linear displacement	D	M＝meters（m）	"–"＝compression
周波数 frequency	F	H＝Hertz（Hz）	
力 force	N	N＝Newton（N）	"–"＝compression
圧力 pressure	P	B＝Bars, P＝Pascal	"–"＝vacuum（負圧）
流量 flow rate	R	l＝liters/second（リットル毎秒）	
回転計 tachometer	T	R＝RPM	
湿度 humidity	H	P＝Percent（%）	
体積 volume	V	M＝cubic meters（m^3）	
一般 generic	G	none（null）なし	x.x＝variable data
電流 current	I	A＝Amperes（A）	
電圧 voltage	U	V＝Volts（V）	
バルブ switch or valve	S	none（null）	1＝ON/CLOSED，0＝OFF/OPEN
塩分濃度 salinity	L	S＝ppt	ppt＝parts per thousand

A2　データ収集記録システム（練習船深江丸）

神戸大学の練習船深江丸（Ⅲ世）では多くの航海計器，機器および機関データロガーからのデータを1台のコンピュータに集約し，デジタル形式で記録可能なデータをすべてファイルに記録している．データ収集記録システムは，深江丸が装備している船内LANを活用し，船内各所に設置されている計器，機器類のデータを収集する．図A2-1にその構成イメージを示す．

各機器からのデータは船内LANを通じてUDPのパケットとして送信する．多くの機器からのデータが送信されるが，どの機器のデータかを識別できるようにするため，機器ごとにUDPのポート番号をユニークに割り当てている．

このシステムで記録するファイルの書式は，図A2-2のように定めている．機器から受信した1つのデータごとにファイル中の1行とし，アスキー形式とする．最初にタイム スタンプとして西暦年，月，日，時，分，秒およびミリ秒を固定の桁数で並べる．1秒間に多数のデータが各機器から受信されるので，そのデータの発生順に記録しミリ秒単位まで再現できるようにしている．データは機器から転送されたNMEA0183規格のシリアル センテンスを基本とし，規格にない種類については深江丸で独自に書式を定めて記録している．また，アナログで計測されるデータもあるが，それについては，A/D変換した結果をセンテンス データに変換する．この例のように多数の機器からのデジタル データを記録する場合，別の機器から同じトーカーとセンテンスのデータが送信されることがあり，その場合，どの機器のデータかを区別できなくなるため，機器ごとに英字または数字1文字で機器識別のための文字をつけ，それに続けて受信したセンテンスをそのまま結合し，1行のデータとする．例えば実際，GPSとGPSコンパス等ではトーカーとセンテンスが同じデータが送信されることがあり，機器識別文字に

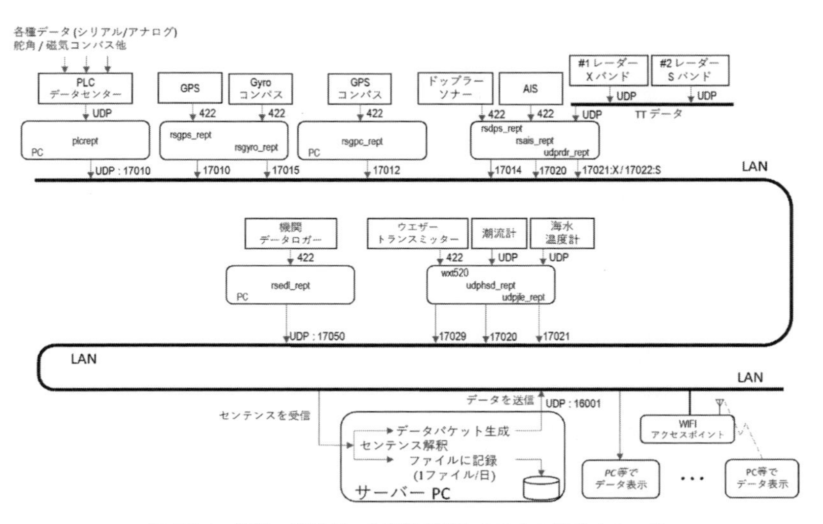

図A2-1　航海・機関データ収集記録システムの構成イメージ

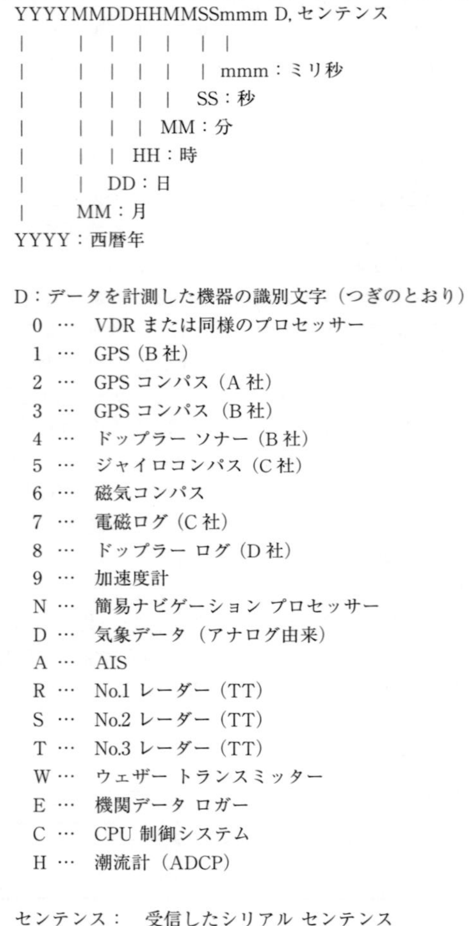

図 A2-2　記録データのファイル フォーマット

よってどの機器の計測データかを区別できるようにしている．機器識別の文字はとくに規格等があるわけではなく，深江丸で独自に決めている．

実際の航海において記録したデータの例を図 A2-3 に示す．この例は約 1 秒間のみのデータで，さらに抜粋したものである．練習船深江丸において，このシステムの記録データは 24 時間航行を続けた場合，1 日で約 500MB のファイル サイズとなる．

VDR ではセンテンス データを記録するということが行われており，そのための記録フォーマットが定められている．しかし，VDR は事故解析を主な目的として限られた

```
20170303094529990 2,$GPZDA,004529.00,03,03,2017,,＊68
20170303094530001 1,$GPVTG,93.6,T,100.1,M,2.9,N,5.4,K＊78
20170303094530009 W,$WIXDR,A,241,D,1,S,4.0,M,1＊56
20170303094530010 2,$GPGGA,004528,3047.4740,N,13023.6814,E,2,06,02,＋0012,M,
＋029,M,00,0000＊67
20170303094530012 5,$TIROT,0006.4,A＊09
20170303094530019 2,$GPVTG,089.4,T,,,002.9,N,005.4,K＊22
20170303094530043 3,$GPROT,1.3,A＊33
20170303094530046 2,$GPDTM,W84,,0.0,N,0.0,E,＋0.0,W84＊44
20170303094530075 1,$GPZDA,004530,03,03,2017,−09,00＊6A
20170303094530103 S,$RAOSD,093.4,A,093.6,P,03.1,P,,,N＊76
20170303094530131 2,$GPGLL,3047.4740,N,13023.6814,E,004528.00,A＊00
20170303094530131 2,$CCVTG,101.77,T,,,3.00,N,5.56,K＊0f
20170303094530131 2,$CCVLW,528.64,N,528.64,N＊4d
20170303094530212 5,$TIROT,0009.7,A＊05
20170303094530291 W,$WIXDR,C,11.2,C,0,H,52.2,P,0,P,1018.2,H,0＊73
20170303094530318 3,$GPROT,8.1,A＊38
20170303094530360 2,$GPHDT,094.2,T＊3A
20170303094530365 2,$GPROT,−0004.3,A＊2B
20170303094530372 5,$HEHDT,093.3,T＊26
20170303094530383 A,!AIVDM,1,1,,A,16KVqWO02qaEh：dB3dW6@E0n0<18,0＊1E
20170303094530408 0,$WIXDR,P,1.0169,B,0,C,13.1,C,0,H,63.1,P,0,C,20.1,C,1＊50
20170303094530412 5,$TIROT,0012.1,A＊09
20170303094530463 A,!AIVDM,1,1,,B,16KVrW0PC49F5B@Al440o0ft0@An,0＊4A
20170303094530482 3,$GPVTG,95.6,T,101.4,M,2.9,N,5.4,K＊7A
20170303094530543 A,!AIVDO,1,1,,,16KDMp@00OaDqU<AWVtSb2pt042l,0＊0B
20170303094530557 3,$GPZDA,004531,03,03,2017,−09,00＊6B
20170303094530560 2,$GPHDT,094.3,T＊3B
20170303094530565 2,$GPROT,−0003.6,A＊29
20170303094530574 5,$HEHDT,093.3,T＊26
20170303094530599 A,!AIVDM,1,1,,A,34h?B7002;aER0<AUE;ICWQ001V@,0＊31
```

図 A2-3　記録データの例

データを記録するものであり，記録データを積極的に利用することは想定されていない．もし，全く同じトーカーとセンテンスのものが別の機器から入力されている場合，どの機器からのデータを識別することができない，秒単位の記録なので，それより細かい再現はできない，等の問題がある．

今後，航海計器，機器等から得られるデジタル データはさらに豊富になることが考えられ，計測したデータは事故解析以外に海洋観測その他の目的でも活用できるよう，記録ファイル形式の共通化について検討されることが望まれる．

A3 AISデータ解析

受信のみの機能をもったAIS受信機を容易に入手することができ，海上交通観測などで利用される場合が多くなっている．ここでは，AISの受信データを解釈するためのプログラムの例を紹介する．なお，開発環境としては，C言語やJavaアプリケーションなど，いずれのプログラミング言語でも構わないが，ここではデータ処理等に便利な表計算ソフトを用いたプログラムの例を紹介する．ただし，メッセージID＝1または2または3の位置報告のみを対象とし最低限の処理を行う例なので，実際にはITU-R M.1371勧告等の資料を参照し，必要なメッセージを解釈するためのコードを記述しプログラムを修正の上，利用されたい．

なお，VBAには，ビットごとのシフトやANDの演算子がないため，2^nを掛けることでnビット左シフト，2^nで割ることでnビット右シフト，2^nのMod（剰余）をとることで下位nビットのマスクを計算している．

エクセルVBAマクロによるAIS受信データ処理

```
'AISデータ解析マクロ


Sub decode()
  Worksheets("ais").Select

  '元のデータ("ais" ワークシート) の最終行を見つける
  endrow = ActiveCell.SpecialCells(xlLastCell).Row

  For k = 1 To endrow            '1行ごとにデコードする
    Call aisdecode(k)
  Next k

  Cells(1, 1).Select

  Worksheets("csv").Select
  Cells(1, 1).Select
End Sub

'デコード サブ マクロ


Private Sub aisdecode(i)
  Dim va(200) As String
  Dim v(200) As Long
  Dim mmsi As Long
```

```
Dim longitude As Long
Dim latitude As Long

Worksheets("ais").Select

'タイム スタンプ

strts=Cells(i, 1)
n=InStr(strts, " ")             '最初の空白文字を見つける

If n < 18 Then                  '空白まで 18 文字未満の時
                                'エラー（処理しない）
  Exit Sub
End If

ts = Left(strts, n - 1)         '空白文字の 1 つ前までがタイム スタンプ
                                '文字列
ts1 = Left(ts, 8)               '日付文字列
ts2 = Mid(ts, 9, 6)             '時刻文字列
ts3 = Mid(ts, 15, 3)            'ミリ行文字列

yy = Int(ts1 / 10000)           '年
a = ts1 - yy*10000
mon=Int(a / 100)                '月
dd=a - mon*100                  '日

hh=Int(ts2 / 10000)             '時
a=ts2 - hh*10000
mm=Int(a / 100)                 '分
ss=a - mm*100                   '秒

datestr=Str$(yy) & "/" & Str$ (mon) & "/" & Str$ (dd)    '日付
timestr=Str$(hh) & ":" & Str$ (mm) & ":" & Str$ (ss)     '時刻

Worksheets("csv").Cells(i, 1)=datestr         '日付（A 列）
Worksheets("csv").Cells(i, 2)=timestr         '時刻（B 列）
Worksheets("csv").Cells(i, 3)=ts3             'ミリ秒（C 列）
```

```
sno = Cells(i, 3)                '1 センテンスの行数
If sno <> 1 Then                 '1 以外のときは処理しない (ID=1 のみを対象)
  Exit Sub
End If

'センテンス（以下，ITU-R1374 の定義に従って解釈）

sent = Cells(i, 6)               'センテンス文字列
For j = 1 To Len(sent)           '1 文字ずつ繰り返し
  va(j) = Mid(sent, j, 1)        '1 文字切り出して
  v(j) = decode6(va(j))          '6 ビットエンコードを解釈して整数に変換
Next j

message_id = v(1)                ' v(1)：  メッセージ ID
data_terminal_ready = Int(v(2) / 32)
  'v(2)を 5 ビット右シフト：  データ ターミナル レディ
data_indicator = Int(v(2) Mod 32 / 16)
  'v(2)の下位 5 ビットを 4 ビット右シフト：  データ インディケーター
mmsi = (v(2)Mod 16) * 67108864 + v(3) * 1048576 + v(4) * 16384 + v(5) *
256 + v(6) * 4 + Int(v(7)/16)
  'v(2)の下位 4 ビットを 26 ビット左シフト，v(3)を 20 ビット左シフト，
  'v(4)を 14 ビット左シフト，v(5)を 8 ビット左シフト，v(6)を 2 ビット
  '左シフト，v(7)を 4 ビット右シフトしたものをすべて足す：  MMSI
Worksheets("csv"). Cells(i, 4) = message_id          'メッセージ ID
Worksheets("csv"). Cells(i, 5) = mmsi                'MMSI

'メッセージ ID が 1，2 または 3 のときのみ処理する

If message_id = 1 Or message_id = 2 Or message_id = 3 Then
  navigation_status = v(7) Mod 16
    'v(7)の下位 4 ビット：  航海状態
  rate_of_turn = v(8) * 4 + Int(v(9)/16)
    'v(8)を 2 ビット左シフト，v(9)を 4 ビット右シフトしたものを足す：
    'ROT
  speed_over_ground = (v(9) Mod 16) * 64 + v(10)
    'v(9)の下位 4 ビットを 6 ビット左シフト，v(10)を足す：  対地速力
  position_accuracy = Int(v(11)/32)
    'v(11)を 5 ビット右シフト：  測位精度
```

```
longitude = (v(11) Mod 32) * 8388608 + v(12) * 131072 + v(13) * 2048 + v
(14) * 32 + Int (v(15)/2)
  ' v(11)の下位5ビットを23ビット左シフト, v(12)を17ビット左シフト,
  ' v(13)を11ビット左シフト, v(14)を5ビット左シフト, v(15)を1ビット
  '右シフトしたものをすべて足す：　経度
If longitude >= 134217728 Then
  '負数を判断（28ビットで2の補数表示）
  longitude = longitude - 268435456
End If

latitude = (v(15) Mod 2) * 67108864 + v(16) * 1048576 + v(17) * 16384 +
v(18) * 256 + v(19) * 4 + Int(v(20)/16)
  ' v(15)の下位1ビットを26ビット左シフト, v(16)を20ビット左シフト,
  ' v(17)を14ビット左シフト, v(18)を8ビット左シフト, v(19)を2ビット
  '左シフト, v(20)を4ビット右シフトしたものをすべて足す：　緯度
If latitude >= 67108864 Then
  '負数を判断（27ビットで2の補数表示）
  atitude = latitude - 134217728
End If

course_over_ground = (v(20) Mod 16) * 256 + v(21) * 4 + Int(v(22)/16)
  ' v(20)の下位4ビットを8ビット左シフト, v(21)を2ビット左シフト,
  ' v(22)を4ビット右シフトしたものをすべて足す：　真針路
true_heading = (v(22) Mod 16) * 32 + Int(v(23)/2)
  ' v(22)の下位4ビットを5ビット左シフト, v(23)を1ビット右シフト
  'したものを足す：　船首方位
utc_second = (v(23) Mod 2) * 32 + Int(v(24)/2)
  ' v(23)の下位1ビットを5ビット左シフト, v(24)を1ビット右シフト
  'したものを足す：　UTC秒
repeat_indicator = (v(24) Mod 2) * 2 + Int(v(25)/32)
  ' v(24)の下位1ビットを1ビット左シフト, v(25)を5ビット右シフト
  'したものを足す：　繰り返しインディケーター
communication_status = (v(25) Mod 5) * 4096 + v(26) * 64 + v(27)
  ' v(25)の下位5ビットを12ビット左シフト, v(26)を6ビット左シフト,
  ' v(27)をすべて足す：　通信状態

'必要に応じて定義により数値を変換し, 各項目をそれぞれの列に入れる
```

```
    Worksheets("csv"). Cells(i, 6) = navigation_status
    Worksheets("csv"). Cells(i, 7) = rate_of_turn * rate_of_turn / 22.401289
    Worksheets("csv"). Cells(i, 8) = speed_over_ground / 10#
    Worksheets("csv"). Cells(i, 9) = position_accuracy
    Worksheets("csv"). Cells(i, 10) = longitude / 600000#
    Worksheets("csv"). Cells(i, 11) = latitude / 600000#
    Worksheets("csv"). Cells(i, 12) = course_over_ground / 10#
    Worksheets("csv"). Cells(i, 13) = true_heading
    Worksheets("csv"). Cells(i, 14) = utc_second
  End If
End Sub

'6 ビットデコード関数

Function decode6(c)
  x = Asc(c)

  If x < 48 Then
    decode6 = -1                    'エラー
  ElseIf x > 119 Then
    decode6 = -1                    'エラー
  ElseIf x < 96 And x > 87 Then
    decode6 = -1                    'エラー
  Else
    x = x + 40
    If x > 128 Then
      decode6 = (x + 32) Mod 128
    Else
      decode6 = (x + 40) Mod 128
    End If
  End If
End Function
```

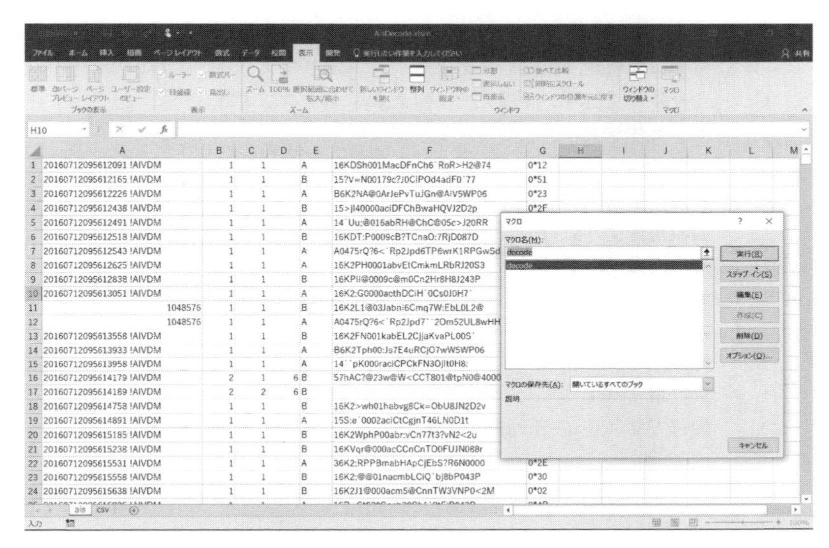

図 A3-1　処理する元の AIS 受信記録データ（ワークシート：“ais”）

（実行例）

エクセルのワークシート “ais” に受信データを入れておく．A2 で説明したデータ収集記録システムの書式で機器識別文字はなくした AIS のみの記録データをカンマ区切り形式（CSV 形式）ファイルとしたものをエクセルで読み込み，シートの名前を変更すれば図 A3-1 のようになる．ワークシート “ais” の各列の内容はつぎのとおりである．

A：　タイム スタンプ（受信時）とセンテンスの始まり（!AIVDM または !AIVDO）
B：　センテンスの行数
C：　センテンスの番号
D：　センテンスの識別番号（センテンスの行数（B 列）が 2 以上のとき）
E：　受信チャンネル（A または B）
F：　データ
G：　フィル ビットとチェックサム

VBA のマクロ（“decode”）を実行すると，図 A3-2 のようにワークシート “csv” に解釈した結果が入る．“csv” ワークシートの各行は “ais” ワークシートの行に対応している．なお，例では 11 行目と 12 行目はデータ エラーのため処理されない．

解釈結果の “csv” ワークシートの各列は，左から順に

A：　日付（受信時，記録データのタイム スタンプより）
B：　時刻（受信時，記録データのタイム スタンプより）
C：　ミリ秒（受信時，記録データのタイム スタンプより）
D：　メッセージ ID
E：　MMSI
F：　航海状態（Navigation Status）
G：　回頭角速度（ROT）
H：　対地速力（SOG）
I：　測位精度
J：　緯度
K：　経度
L：　真針路（COG）
M：　船首方位（True Heading）
N：　UTC 秒

のデータである．

	A	B	C	D	E	F	G	H	I	J	K	L	M	N
1	2016/ 7/ 12	9: 56: 12	91	1	431301568	0	0	9.3	1	135.2920983	34.51845667	73.4	71	12
2	2016/ 7/ 12	9: 56: 12	165	1	351899000	0	0	7.1	0	135.2752	34.63871667	309	310	11
3	2016/ 7/ 12	9: 56: 12	226	18	431005253									
4	2016/ 7/ 12	9: 56: 12	438	1	351050000	0	0	0	1	135.3909517	34.52373	240.2	51	13
5	2016/ 7/ 12	9: 56: 12	491	1	311000365	0	0	7	1	135.1215067	34.52384	2.2	359	13
6	2016/ 7/ 12	9: 56: 12	518	1	431301674	0	0	0	0	135.2848833	34.69716667	259	89	10
7	2016/ 7/ 12	9: 56: 12	543	17	4310506									
8	2016/ 7/ 12	9: 56: 12	625	1	431005792	0	0	0.1	1	135.2169567	34.674275	321	337	13
9	2016/ 7/ 12	9: 56: 12	838	1	431501765	0	0	0	0	135.2800533	34.680485	259.3	260	13
10	2016/ 7/ 12	9: 56: 13	51	1	431000156	0	0	0	1	135.42999	34.55344	7.9	352	13
11														
12														
13	2016/ 7/ 12	9: 56: 13	558	1	431003256	0	0	11.5	1	135.077335	34.59184833	306.6	304	14
14	2016/ 7/ 12	9: 56: 13	933	18	431006947									
15	2016/ 7/ 12	9: 56: 13	958	1	311048300	0	0	5.8	1	135.3909067	34.60713333	89.5	90	30
16	2016/ 7/ 12	9: 56: 14	179	5	520377149									
17	2016/ 7/ 12	9: 56: 14	189											
18	2016/ 7/ 12	9: 56: 14	758	1	431001343	0	0	11.2	1	135.2183	34.60330333	270.8	269	15
19	2016/ 7/ 12	9: 56: 14	891	1	372420000	0	0	0.2	1	135.39093	34.51001667	104	206	15
20	2016/ 7/ 12	9: 56: 15	185	1	431007715	0	731.39	0	1	135.2027183	34.682505	308.4	511	15
21	2016/ 7/ 12	9: 56: 15	238	1	431602153	0	0	0	1	135.288525	34.69503333	9	173	15
22	2016/ 7/ 12	9: 56: 15	531	3	431000458	0	742.86	18.1	1	135.0870333	34.57948333	83	67	15
23	2016/ 7/ 12	9: 56: 15	558	1	431000385	0	0	11.8	1	135.4057833	34.55728333	276	277	16
24	2016/ 7/ 12	9: 56: 15	638	1	431004165	0	0	0	1	135.4038	34.70275	180.6	207	16

図 A3-2　AIS データの解釈結果（ワークシート：“csv”）

索　引

【欧文】

【和文】

〔あ行〕

〔た行〕

〔な・は行〕

〔ま行〕

〔や・ら行〕

著者紹介

若林伸和　わかばやし　のぶかず

情報工学者で航海学者．ソフトウェア システムの開発と運用が専門．学生時代には電気工学も修めた．現在は，情報工学の手法を駆使して船舶の運航システムや制御システムの高度化について研究．大学で講義をする傍ら附属練習船の教官（航海士，通信士）も務めた．海上通信システムや海難事故の原因究明等についても関心をもっている．さらに海洋探査のための船舶運航実務も経験．無線の資格や大型船舶の各種免許（電子通信，航海等）を受有．

【略歴】

1965年　兵庫県西宮市生まれ
明石工業高等専門学校電気工学科卒業
電気通信大学電気通信学部電子情報学科卒業
電気通信大学大学院電気通信学研究科電子情報学専攻修士課程修了
大阪大学大学院工学研究科通信工学専攻博士後期課程修了

1992年　電気通信大学大学院情報システム学研究科 助手
1995年　静岡大学工学部システム工学科 助教授
（1998年～1999年　カナダ ブリティッシュ コロンビア州立サイモン フレイザー大学応用科学部計算科学科 客員研究員）
2001年　神戸商船大学航海システム学講座 助教授
2003年　神戸大学海事科学部 助教授
2011年　神戸大学大学院海事科学研究科 教授
2021年　神戸大学海洋政策科学部 兼務
現在に至る

博士（工学）
第一級陸上無線技術士，第一級海上無線通信士
一級海技士（電子通信），三級海技士（航海）
五級海技士（機関），一級小型船舶操縦士

詳説 航海計器　2訂版
—六分儀からECDISまで—

定価はカバーに表示してあります

2018年6月28日　初版発行
2021年3月28日　改訂初版発行
2024年9月28日　2訂初版発行

著　者　若林伸和
発行者　小川啓人
印　刷　倉敷印刷株式会社
製　本　東京美術紙工協業組合

発行所 株式会社成山堂書店
〒160-0012　東京都新宿区南元町4番51　成山堂ビル
TEL：03(3357)5861　FAX：03(3357)5867
URL　https://www.seizando.co.jp
落丁・乱丁本はお取り換えいたしますので，小社営業チーム宛にお送りください。

©2024　Nobukazu Wakabayashi
Printed in Japan
ISBN978-4-425-43183-0

※辞　典・外国語※

✣辞　典✣

書名	著者	定価
英和海事大辞典(新装版)	逆井編	17,600円
和英英和船舶用語辞典(2訂版)	東京商船大辞典編集委員会編	5,500円
英和海洋航海用語辞典(2訂増補版)	四之宮編	3,960円
英和和英機関用語辞典(2訂版)	升田編	3,520円
新訂 図解 船舶・荷役の基礎用語	宮本編著 新日検改訂	4,730円
LNG船・荷役用語集(改訂版)	ダイアモンド・ガス・オペレーション㈱編著	6,820円
海に由来する英語事典	飯島・丹羽共訳	7,040円
船舶安全法関係用語事典(第2版)	上村編著	8,580円
最新ダイビング用語事典	日本水中科学協会編	5,940円
世界の空港事典	岩見他編著	9,900円

✣外国語✣

書名	著者	定価
新版英和対訳IMO標準海事通信用語集	海事局監修	5,500円
英文和文新訂 航海日誌の書き方	水島著	2,420円
実用英文機関日誌記載要領	岸本大橋共著	2,200円
新訂 船員実務英会話	水島編著	1,980円
復刻版海の英語 —イギリス海事用語根源—	佐波著	8,800円
海の物語(改訂増補版)	商船高専英語研究会編	1,760円
機関英語のベスト解釈	西野著	1,980円
海の英語に強くなる本 —海技試験を徹底攻略—	桑田著	1,760円

※法令集・法令解説※

✣法　令✣

書名	著者	定価
海事法令シリーズ①海運六法	海事局監修	23,100円
海事法令シリーズ②船舶六法	海事局監修	52,800円
海事法令シリーズ③船員六法	海事局監修	41,250円
海事法令シリーズ④海上保安六法	保安庁監修	23,650円
海事法令シリーズ⑤港湾六法	海事法令研究会編	23,100円
海技試験六法	海技課監修	5,500円
実用海事六法	国土交通省監修	46,200円
最新小型船舶漁船安全関係法令	安基課・測度課監修	7,040円
加除式危険物船舶運送及び貯蔵規則並びに関係告示(加除済み台本)	海事局監修	30,250円
危険物船舶運送及び貯蔵規則並びに関係告示(追録23号)	海事局監修	29,150円
最新船員法及び関係法令	船員政策課監修	7,700円
最新船舶職員及び小型船舶操縦者法関係法令	海技・振興課監修	7,480円
最新水先法及び関係法令	海事局監修	3,960円
英和対訳 2021年STCW条約〔正訳〕	海事局監修	30,800円
英和対訳 国連海洋法条約〔正訳〕	外務省海洋課監修	8,800円
英和対訳 2006年ILO海上労働条約〔正訳〕2021年改訂版	海事局監修	7,700円
船舶油濁損害賠償保障関係法令・条約集	日本海事センター編	7,260円
国際船舶・港湾保安法及び関係法令	政策審議官監修	4,400円

✣法令解説✣

書名	著者	定価
シップリサイクル条約の解説と実務	大坪他著	5,280円
海事法規の解説	神戸大学編著	5,940円
四・五・六級海事法規読本(3訂版)	及川著	3,740円
運輸安全マネジメント制度の解説	木下著	4,400円
船舶検査受検マニュアル(増補改訂版)	海事局監修	22,000円
船舶安全法の解説(5訂版)	有馬編	5,940円
図解 海上衝突予防法(11訂版)	藤本著	3,520円
図解 海上交通安全法(10訂版)	藤本著	3,520円
図解 港則法(3訂版)	國枝・竹本著	3,520円
逐条解説 海上衝突予防法	河口著	9,900円
海洋法と船舶の通航(増補2訂版)	日本海事センター編	3,520円
船舶衝突の裁決例と解説	小川著	7,040円
海難審判裁決評釈集	21海事総合事務所編著	5,060円
1972年国際海上衝突予防規則の解説(第7版)	松井・赤地・久古共訳	6,600円
新編 漁業法のここが知りたい(2訂増補版)	金田著	3,300円
新編 漁業法詳解(増補5訂版)	金田著	10,890円
概説 改正漁業法	小松監修 有薗著	3,740円
実例でわかる漁業法と漁業権の課題	小松有薗共著	4,180円
海上衝突予防法史概説	岸本編著	22,407円
航空法(2訂版) —国際法と航空法令の解説—	池内著	5,500円

❈海運・港湾・流通❈

✣海運実務✣

書名	著者	価格
新訂 外航海運概論(改訂版)	森編著	4,730円
内航海運概論	畑本・古莊共著	3,300円
設問式 定期傭船契約の解説(新訂版)	松井著	5,940円
傭船契約の実務的解説(3訂版)	谷本・宮脇共著	7,700円
設問式 船荷証券の実務的解説	松井・黒澤編著	4,950円
設問式 シップファイナンス入門	秋葉編著	3,080円
設問式 船舶衝突の実務的解説	田川監修・藤沢著	2,860円
海損精算人が解説する共同海損実務ガイダンス	重松監修	3,960円
LNG船がわかる本(新訂版)	糸山著	4,840円
LNG船運航のABC(2訂版)	日本郵船LNG船運航研究会 著	4,180円
LNGの計量 —船上計量から熱量計算まで—	春田著	8,800円
ばら積み船の運用実務	関根監修	4,620円
載貨と海上輸送(改訂版)	運航技術研編	4,840円
海上貨物輸送論	久保著	3,080円
国際物流のクレーム実務—NVOCCはいかに対処するか—	佐藤著	7,040円
船会社の経営破綻と実務対応	佐藤 雨宮共著	4,180円
海事仲裁がわかる本	谷本著	3,080円

✣海難・防災✣

書名	著者	価格
新訂 船舶安全学概論(改訂版)	船舶安全学研究会著	3,080円
海の安全管理学	井上著	2,640円

✣海上保険✣

書名	著者	価格
漁船保険の解説	三宅・浅田 菅原 共著	3,300円
海上リスクマネジメント(2訂版)	藤沢・横山 小林 共著	6,160円
貨物海上保険・貨物賠償クレームのQ&A(改訂版)	小路丸著	2,860円
貿易と保険実務マニュアル	石原・土屋 水落・吉永共著	4,180円

✣液体貨物✣

書名	著者	価格
液体貨物ハンドブック(2訂版)	日本海事検定協会監修	4,400円

■油濁防止規程	内航総連編
150トン以上200トン未満タンカー用	1,100円
200トン以上タンカー用	1,100円
400トン以上ノンタンカー用	1,760円

■有害液体汚染・海洋汚染防止規程	内航総連編
有害液体汚染防止規程(150トン以上200トン未満)	1,320円
〃 (200トン以上)	2,200円
海洋汚染防止規程(400トン以上)	3,300円

✣港　湾✣

書名	著者	価格
港湾倉庫マネジメント —戦略的思考と黒字化のポイント—	春山著	4,180円
港湾知識のABC(13訂版)	池田・恩田共著	3,850円
港運実務の解説(6訂版)	田村著	4,180円
新訂 港運がわかる本	天田・恩田共著	4,180円
港湾荷役のQ&A(改訂増補版)	港湾荷役機械システム協会編	4,840円
港湾政策の新たなパラダイム	篠原著	2,970円
コンテナ港湾の運営と競争	川崎・寺田 手塚 編著	3,740円
日本のコンテナ港湾政策	津守著	3,960円
クルーズポート読本(2024年版)	みなと総研監修	3,080円
「みなと」のインフラ学	山縣・加藤編著	3,300円

✣物流・流通✣

書名	著者	価格
国際物流の理論と実務(6訂版)	鈴木著	2,860円
すぐ使える実戦物流コスト計算	河西著	2,200円
新流通・マーケティング入門	金他共著	3,080円
グローバル・ロジスティクス・ネットワーク	柴崎編	3,080円
増補改訂 貿易物流実務マニュアル	石原著	9,680円
輸出入通関実務マニュアル	石原 松岡共著	3,630円
ココで差がつく! 貿易・輸送・通関実務	春山著	3,300円
新・中国税関実務マニュアル	岩見著	3,850円
リスクマネジメントの真髄 —現場・組織・社会の安全と安心—	井上編著	2,200円
ヒューマンファクター —安全な社会づくりをめざして—	日本ヒューマンファクター研究所編	2,750円
シニア社会の交通政策 —高齢化時代のモビリティを考える—	高田著	2,860円
交通インフラ・ファイナンス	加藤 手塚共著	3,520円
ネット通販時代の宅配便	林 根本編著	3,080円
道路課金と交通マネジメント	根本 今西編著	3,520円
現代交通問題 考	衛藤監修	3,960円
運輸部門の気候変動対策	室町著	3,520円
交通インフラの運営と地域政策	西藤著	3,300円
交通経済	今城監訳	3,740円
駐車施策からみたまちづくり	高田監修	3,520円

❖航　海❖

書名	著者	定価
航海学（上）（6訂版）（下）（5訂版）	辻・航海学研究会著	4,400円 4,400円
航海学概論（改訂版）	鳥羽商船高専ナビゲーション技術研究会編	3,520円
航海応用力学の基礎（3訂版）	和田著	4,180円
実践航海術	関根監修	4,180円
海事一般がわかる本（改訂版）	山崎著	3,300円
天文航法のABC	廣野著	3,300円
平成27年練習用天測暦	航技研編	1,650円
新訂 初心者のための海図教室	吉野著	2,530円
四・五・六級航海読本（2訂版）	及川著	3,960円
四・五・六級運用読本（改訂版）	及川著	3,960円
船舶運用学のABC	和田著	3,740円
魚探とソナーとGPSとレーダーと舶用電子機器の極意（改訂版）	須磨著	2,750円
新版 電波航法	今津・榧野共著	2,860円
航海計器シリーズ①基礎航海計器（改訂版）	米沢著	2,640円
航海計器シリーズ②新訂増補 ジャイロコンパスとオートパイロット	前畑著	4,180円
航海計器シリーズ③新訂 電波計器	若林著	4,400円
船用電気・情報基礎論	若林著	3,960円
詳説 航海計器（改訂版）	若林著	4,950円
航海当直用レーダープロッティング用紙	航海技術研究会編著	2,200円
操船の理論と実際（増補版）	井上著	5,280円
操船実学	石畑著	5,500円
曳船とその使用法（2訂版）	山縣著	2,640円
船舶通信の基礎知識（3訂増補版）	鈴木著	3,300円
旗と船舶通信（6訂版）	三谷・古藤共著	2,640円
大きな図で見るやさしい実用ロープ・ワーク（改訂版）	山﨑著	2,640円
ロープの扱い方・結び方	堀越・橋本共著	880円
How to ロープ・ワーク	及川・石井・亀田共著	1,100円

❖機　関❖

書名	著者	定価
機関科一・二・三級執務一般	細井・佐藤・須藤共著	3,960円
機関科四・五級執務一般（3訂版）	海教研編	1,980円
機関学概論（改訂版）	大島商船高専マリンエンジニア育成会編	2,860円
機関計算問題の解き方	大西著	5,500円
船用機関システム管理	中井著	3,850円
初等ディーゼル機関（改訂増補版）	黒沢著	3,740円
新訂 舶用ディーゼル機関教範	岡田他共著	4,950円
舶用ディーゼルエンジン	ヤンマー編著	2,860円
初心者のためのエンジン教室	山田著	1,980円
蒸気タービン要論	角田著	3,960円
詳説舶用蒸気タービン（上）（下）	古川・杉田共著	9,900円 9,900円
なるほど納得!パワーエンジニアリング（基礎編）（応用編）	杉田著	3,520円 4,950円
ガスタービンの基礎と実際（3訂版）	三輪著	3,300円
制御装置の基礎（3訂版）	平野著	4,180円
ここからはじめる制御工学	伊藤監修 章著	2,860円
舶用補機の基礎（増補9訂版）	島田・渡邊共著	5,940円
舶用ボイラの基礎（6訂版）	西野・角田共著	6,160円
船舶の軸系とプロペラ	石原著	3,300円
舶用金属材料の基礎	盛田著	4,400円
金属材料の腐食と防食の基礎	世利著	3,080円
わかりやすい材料学の基礎	菱田著	3,080円
エンジニアのための熱力学	刑部監修 角田・山口共著	4,400円

■航海訓練所シリーズ（海技教育機構編著）

書名	定価
帆船　日本丸・海王丸を知る（改訂版）	2,640円
読んでわかる　三級航海　航海編（2訂版）	4,400円
読んでわかる　三級航海　運用編（2訂版）	3,850円
読んでわかる　機関基礎（2訂版）	1,980円